U0362868

国家出版基金资助项目
中国城市建设技术文库
丛书主编　鲍家声

Study on Microclimate Regulation Strategy of Urban Water Network: Based on WRF Simulation Technology

城市水网微气候调节策略研究

——基于WRF模拟技术

周雪帆　著

中国·武汉

图书在版编目(CIP)数据

城市水网微气候调节策略研究：基于WRF模拟技术 / 周雪帆著. -- 武汉：华中科技大学出版社, 2024. 7. -- (中国城市建设技术文库). -- ISBN 978-7-5772-0632-5

Ⅰ. P463.3

中国国家版本馆CIP数据核字第2024VG5979号

城市水网微气候调节策略研究——基于WRF模拟技术 周雪帆　著

Chengshi Shuiwang Weiqihou Tiaojie Celüe Yanjiu——Jiyu WRF Moni Jishu

出版发行：华中科技大学出版社（中国・武汉）　　电话：（027）81321913

地　　址：武汉市东湖新技术开发区华工科技园　　邮编：430223

策划编辑：王一洁

责任编辑：叶向荣　　封面设计：王　娜

责任校对：李　琴　　责任监印：朱　玢

录　　排：华中科技大学惠友文印中心

印　　刷：武汉科源印刷设计有限公司

开　　本：710 mm×1000 mm　1/16

印　　张：24

字　　数：403千字

版　　次：2024年7月第1版第1次印刷

定　　价：180.00 元

投稿邮箱：3325986274@qq.com

本书若有印装质量问题，请向出版社营销中心调换

全国免费服务热线：400-6679-118　竭诚为您服务

“中国城市建设技术文库”
丛书编委会

作者简介

周雪帆　华中科技大学建筑与城市规划学院副教授，硕导。华中科技大学工学博士，东京大学交换留学博士。长期从事绿色建筑设计策略研究、建筑与城市物理环境数值模拟分析研究、城市微气候调节策略研究等。在国内外知名学术杂志、会议上发表相关科研成果论文数十篇。主持国家自然科学基金青年项目1项、中国博士后科学基金面上项目1项、湖北省自然科学基金面上项目1项、校自主创新基金2项，参与国家自然科学基金重点项目、面上项目及省部级科研项目多项。

前　言

近年来，随着全球气候变暖和城市化进程的进一步加速，全球各地频繁出现高温天气，严重影响居住环境和人类健康。城市自然水体作为城市内最重要的生态资源之一，因其热容量大、蒸发潜热大及水面反射率小等物理性质，成为天然的冷源，特别是城市中的湖泊、河流等是城市的气候调节枢纽。随着经济建设发展，部分城市曾一度出现填湖、围垦等侵蚀城市水体的现象，同时城市建筑的高密度、高层化发展，也导致城区出现废热堆积、通风不畅等问题，这些现象和问题使得水体的微气候调节作用受到一定程度影响，并导致城市气候及环境舒适性显著下降。

武汉市作为长江经济带核心城市，内部水系发达，总水域面积达2217.6平方千米，约占全市土地面积的1/4。然而，近年来武汉市面临着水体生态面积萎缩、城市热岛强度逐年升高等气候环境问题，在此大背景下，本书针对拥有大量天然水体的“水网城市”武汉，挖掘水体绝佳的气候生态补偿作用，探寻水体与城市之间的相互影响规律，并据此优化水体和城市空间布局，充分利用“蓝色空间”效能，以“城水耦合”重塑城市建设与水体生态调节作用之间良性友好关系，实现借助水体气候调节能力改善城市气候环境的目标，从而应对未来气候环境变化的挑战。

全书共分8章，第1章主要探讨城市气候特点及水网城市特点，梳理全国典型水网城市发展脉络及规律，为水网城市气候调节策略寻求参考案例；第2章从机理上分析水体的热、风、空气质量调节作用及调节方法和策略；第3章从方法角度归纳总结城市微气候及城市水体研究的相关前沿技术；第4章基于武汉市历年遥感数据及GIS地理信息平台，对武汉市水体热环境及空气质量调节作用时空变化规律进行分析；第5章、第6章均是基于WRF气象模拟模型，分别对水体的季节调节规律与不同方向和位置水体的调节作用进行工况对比分析；第7章重点探讨了城市规模与形态变化对水体微气候调节作用的影响，旨在发现城市化进程对水体生态效益的影响；第8章基于遥感数据与模拟结果，探讨了水网城市发展注意事项与生态调节策略。

感谢王一洁编辑从本书构思之初到逐步成型过程中给予的指导和帮助，感谢朱顿、张帅、张甜甜、高宇辰、周庆施、吴标平、李圣美等课题组团队成员对本书编写工作的支持。由于时间关系，本书难免存在不足之处，恳请各位读者批评指正！

作　者

2023年9月

目　录

1 城市气候特点及水网城市

早在1818年，英国学者鲁克·霍华德（Luke Howard）通过对伦敦及周边区域气温监测发现城市气候具有区别于周边区域的独特性。我国气象学者周淑贞曾给出城市气候定义，它是指在区域气候的背景上，经过城市化，并在城市特殊下垫面和人类活动的影响下（主要是无意识的）而形成的一种局地气候[1]。

我们回首行走于城市街道中的经历，时常体会到气候环境的不断变化，体验到阵风或无风、阳光及阴影交替，以及一股股暖空气和冷空气。而城市气候随位置不断发生变化，主要受城市空间形态影响，城市空间形态可阻碍和引导空气流动，造成阴影和天空可视化率降低，从而导致靠近地面的气候变得极为复杂[2]。

随着城市化进程的加剧，城市气温显著高于周边区域，风速却常低于周边，城区空气质量长期不达标，这些现象与城市复杂的空间形态产生多次反射、吸收并蓄积热量，高密度人群聚居产生大量热量，高低错落的建筑物阻碍气流流动，不透水下垫面增加带来蓝绿生态空间面积萎缩，城市冷源与生态补偿空间不足均有关联。

反思过去失败的案例，未将气候问题纳入规划实践是主要原因。从城市规划角度，通过城市用地属性调整、城市空间形态调控、交通与道路规划、城市蓝绿生态空间的规划利用可有效调节并改善城市气候环境。因此，我们希望通过城市气候研究，为规划决策者提供科学合理的城市微气候改善策略与方案。特别是以水网城市武汉为例，探究充分利用水体生态资源调节与改善城市热、风环境与空气质量的方法与策略。

本章将基于以上几点，探究城市热环境、风环境、城市空气污染物的特点与形成机理，并以水网城市为例，分析水网城市特点及其对城市气候的调节特征。

1.1 城市气候特点

1.1.1 城市热环境特点

城市气温普遍高于周边乡村区域，具有显著的热岛效应，这主要与城市内不透水下垫面增加、城市建筑空间形态变化、高强度经济活动带来的高人为热排放量相关[3]。当然，城市热环境依然受其所在的局地气候影响，具有地域差异，这里仅就城市热环境共性特点从城市热环境影响因素与热量平衡机理两个方面展开讨论。

1.城市热环境影响因素

城市热环境的形成取决于太阳辐射、温度、湿度、风、云等气象要素，以及季节气候、地理环境、城市规模、城市下垫面性质、人工热源、大气污染物和温室气体等因素。总体而言，城市热环境的影响因子可归纳为气象要素、城市要素和生态因素[4]。

在针对城市热环境影响因素中气象要素的研究中，丁硕毅等[5]利用珠三角地区1999—2008年20个气象站的气温、低云量、相对湿度、风速、降水量等数据，分析了珠三角城市群热岛空间结构和时间演变特征，研究得出较低的云量和较高的相对湿度、风速、降水量对于城市热岛效应具有负贡献，能够减弱城市热岛强度。

城市热环境影响因素中的城市要素包括用地属性与用地布局、城市空间形态、交通与道路规划等。随着城市化进程加速，城市不透水下垫面面积、建筑高度、建筑密度逐年攀升，大量的人工构筑物改变了城市下垫面属性，从而呈现热容量大的特点，长、短波辐射在构筑物间多次反射，多次吸收，从而呈现反射率小的特点。城市居民数量和城市工业、商业用地面积的增加，使人为热排放量大幅增长。

城市热环境影响因素中的生态因素包括水域面积、植被覆盖度等。水体表面平滑，其上方空气流动阻力较小，进而导致水面风速增加，有利于城市通风。另外，城市水体所具有的反射率小、透射率大的辐射特性使得水面获得辐射能量比陆地多，水的比热容较高，水面对流换热和蒸发作用将热量传递给周边大气环境，进而能够调节滨水区城市气候环境。与此同时，城市水体和绿地具有较强的蒸发作用，能够通过潜热为城市降温。绿色植被能大量吸收太阳辐射用于植物蒸腾作用与光合作用，将热能转化为化学能，较高的植被覆盖度能够很大程度地降低周围环境的温度。有研究表明每公顷绿地平均每天可从周围环境中吸收81.8兆焦耳的热量，相当于189台空调的制冷作用[4]。有学者研究得出，在城市人口多、建筑密度大、自然下垫面占比小的区域，空气温度较高；而在植被或水体覆盖度高的区域，空气温度较低。

2.城市热量平衡机理

地表和大气边界层的气候变化都是由地表能量平衡驱动的，而地表能量平衡描述的是通过一个“面”、一个“单元”或是地表和大气层之间的辐射、对流、传导来进行能量交换的最终结果，热量平衡表达式[6]为：

$$Q_N + Q_F = Q_H + Q_K + \Delta Q_S + \Delta Q_A \tag{1-1}$$

在城市得热方面，式（1-1）中Q_N表示城市冠层内的净辐射量，Q_F表示与居民生活、工作、交通等相关的人为热排放量，Q_N和Q_F相加之和为城市冠层内的城市得热量。且已知

$$Q_N = (S_{D\downarrow} - S_{D\uparrow}) + (S_{Q\downarrow} - S_{Q\uparrow}) + (L_{\downarrow} - L_{\uparrow}) \tag{1-2}$$

式（1-2）中L表示长波辐射，S_D代表直射短波辐射，S_Q代表散射短波辐射。

得热项包括净辐射量与人为热排放量，当城市化进程加速，城市不透水下垫面面积扩张，城市空间形态向着更密集、更高方向发展，导致长波、短波辐射在城市街谷内在墙面、屋面、地面间多次反射、多次吸收，因此，增加了城市冠层内得热量。除此之外，人工下垫面吸收并蓄积更多热量，在夜晚街道内温度降低时放出热量，造成高温夜现象。城市化进程的加速，同时也带来城市居民人口的增长，经济活动的加剧，人为热排放量增高。因此，随着城市化进程加速，城市冠层内得热量显著上升。

失热项中，Q_H表示城市下垫面与空气间的显热交换量。显热指物体在加热或冷却过程中，温度改变而不影响其原有相态所吸收或放出的能量，城市地表温度的升高和地面材质蓄热量的增加使城市显热量大幅增加。Q_K表示城市下垫面与空气间的潜热交换量。潜热是指在温度保持不变的条件下，物质从某一个相态转化为另一种相态所吸收或放出的能量。比如水体蒸发、植被蒸腾作用下放出的热量便是潜热量，因此城市中绿地面积、水体面积的增加与人工材质下垫面的减少能够使城市潜热排放量增加，从而有利于缓解城市热岛效应。ΔQ_S表示城市三维空间内的净储热变化。ΔQ_A表示热移流项，与城市通风降温能力相关。城市热量平衡示意图见图1-1。

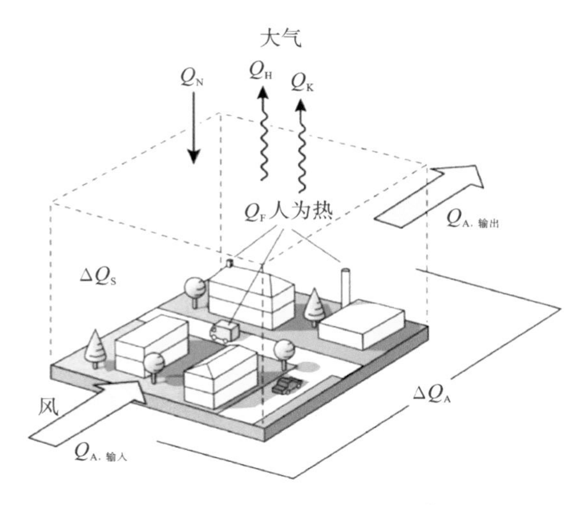

图 1-1　城市热量平衡示意图①

有关研究表明，城市热环境与城市布局和地表性质关系密切[7]。城市热环境的形成机理如下[8]：①人工建筑物对太阳辐射的吸收和反射，夜间的长波辐射，以及城市下垫面的不透水特性，造成蒸发消耗的潜热量小，对空气的增温作用显著；②密集的城市建筑物使城市通风不良，不利于热量扩散；③城市居民生活和生产活动消耗能源，排放大量废热、空气污染物等；④空气粒子、大气污染物对太阳能量的吸收和散射，以及二氧化碳等温室气体的增温作用，加剧了城市热岛效应。

3.城市热岛现象

城市化进程和人类活动严重影响了城市的气候情况，使得城市与郊区呈现出不同的气候特征[9]，大量研究表明城市的近地面空气温度普遍高于郊区的近地面温度。“在气温的空间分布层面上，城区气温高于郊区，城市犹如一个温暖岛屿”，这种现象被称为热岛效应（urban heat island，UHI）[10]。英国学者鲁克・霍华德（Luke Howard）[11]在1833年首次对伦敦城市中心的温度比郊区高的现象进行文字记载，并把这种气候特征命名为热岛效应。城市热岛的强弱由城市热岛强度值（urban heat island intensity）表征，城市热岛强度是由城市气温与郊区气温的差值（城郊气温差法）来确定的[12]。Rao在1972年[13]首次利用卫星遥感手段观测并分析城市热岛效

① 图片来源：Oke T R，Mills G，Christen A，et al. Urban Climates[M].Cambridge：Cambridge University Press，2017.

应前，大多数热岛观测研究主要依赖气象站点数据。随着科学技术的进步，卫星遥感监测、数值模拟等技术开始应用于城市热岛效应研究[14]，城市热岛效应的形成机制、强度、时空变化特征、危害以及缓解对策等问题被进一步分析和探讨。

城市热环境的研究方法经历了从传统观测至遥感技术应用，再到模型模拟几个阶段，研究的时空分辨率有了很大程度的提高。早期城市热环境的研究主要是根据定点观测的城乡气温资料进行的[15]，通过对不同时段多个城乡站点进行对比观测，得到城市热环境时空变化规律。

除站点观测外，遥感观测方法也广泛应用于热岛的观测研究中，其主要原理是通过卫星或机载平台搭载的传感器接收地表辐射信息并进一步转化为地表温度，在此期间不考虑任何可能影响长波辐射从地表发射传输至传感器的因素，最终的地表温度需要根据大气传输系数、地表发射率等进行校正。遥感观测除易受到云量影响的限制外，相比于地面观测具有空间覆盖范围大、时空分辨率高的特点，有利于对不同地区的同时期城市热环境进行比较。遥感观测被大量应用于大气城市热岛（atmospheric UHI）和地表城市热岛（surface UHI）相互联系的研究中。很多研究将同期近地面气温和遥感地表温度结合来揭示地表温度-空气温度的关系[16]，其中不少研究是基于一个科学假设：遥感地表温度相比于气温可以更准确地监测城市热岛并且修正城市因素对气温的影响[17]。

利用数值模型模拟城市热环境不仅可以有力地支持观测分析，而且能加深人们对城市热环境形成的物理过程的理解。对于城市地表模型，研究者早期主要专注于调整地表特征因子，例如粗糙度长度、反照率、热导率等，之后开始考虑城市形态结构对城市能量和辐射过程的影响，直到21世纪初耦合城市参数化方案的陆面过程模型才开始逐渐发展起来。

Masson[18]将城市参数化方案分为三大类：经验模型、植被模型、包含三维城市冠层的单层或多层模型。经验模型主要指通过观测数据建立统计关系，例如LUMPS（local-scale urban meteorological parameterization scheme）模型[19]，这一方法很大程度上受制于观测期间的条件。有研究者通过该模型计算湍流感热通量和潜热通量，对七个北美城市地块进行了城市热环境评估，提出了一种新的城市热环境参数定义方案，该方案有望在计算大气污染扩散与城市中尺度热环境模型中具有广泛实用价值。植被模型通过重点调试地表特性参数，如反照率、粗糙度、零平面位移、地表发射率、热容量等，使其适用于城市地区的模拟。前两种模型较为简单，但是无法全面地揭示城市对气候影响的基础过程。Masson[20]和Kusaka[21]最早建立单层城市冠层模型（UCM），该模型已经被广泛嵌套到MM5、WRF等中尺度模式并进行调试[22]。单层冠层模型具有较多优点，比如，计算代价小、充分考虑城市形态参数和人类活动影响、可与陆面模式耦合[23]。Kusaka等发展了单层城市冠层模式并对其进行了改进，考虑了城市地形对表面能量平衡和风切变的作用。而为了使中尺度模式对城市地区的模拟得到改进，Tewary等又把单层城市冠层模型耦合到WRF-Noah陆面模型中，使城市地区的热量、动量和水汽交换在中尺度模式中得到更加合理的体现。多层城市冠层模型相对于单层城市冠层模型更为复杂，计算量大，但考虑到的因素更多，即对城市冠层进行分层计算，使得模型对城市特征的描述更加精准。

麦健华等利用新一代中尺度数值模式 WRF 及其耦合的单层城市冠层模型（UCM）设计了3个模拟试验，以探讨城市下垫面改变以及引入人为热源对珠三角热岛效应的影响。结果表明，城市下垫面以及人为热排放均加强了该地区的城市热岛效应，而敏感性试验表明，下垫面的改变引起的城市地区增温幅度比引入人为热源的增温幅度相对要大。另外，珠三角城市区域为明显的感热通量大值中心和潜热通量小值中心，其表现出的总效果是城市地区温度比其他地区要高，该地区的城市热岛效应主要是由感热通量决定。

在气候变化与城市化进程背景下，为了改善城市气候环境，不少学者提出了缓解城市热岛效应的方案与策略（图1-2）。张宇轩等人[15]从城市绿化、“冷材料”使用、土地利用规划、通风廊道建设等角度总结了缓解城市热岛效应的策略及其研究进展。概括起来，这些策略分别是：①绿色植物通过蒸腾作用和遮阳作用降低环境温度，从而缓解热岛效应；②具有高反射率和高发射率的“冷材料”通过减少吸热量和增加散热量降低表面温度，进而降低环境温度和建筑能耗；③城市通风廊道通过改善城市空气动力学，达到缓解热岛效应的目标。

除上述策略外，官雨洁等[24]更加精细化地总结了四种缓解城市热岛的方案，分别是增加城市地区反照率、增加城市地区蒸发量、城市节能减排和城市通风廊道设计。

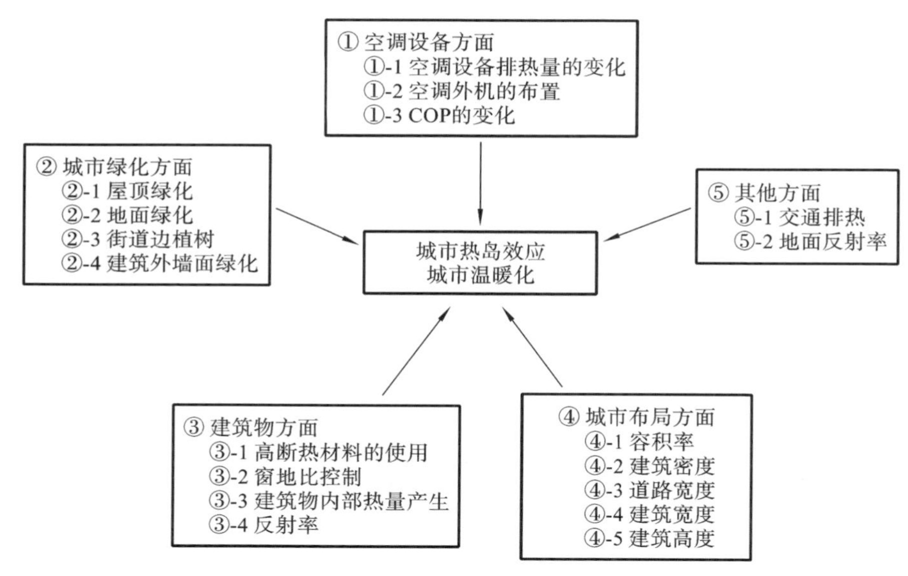

图 1-2 城市热岛效应缓解策略①

增加城市地区反照率就是增加建筑物屋顶、墙体以及道路等表面材料的反照率，使得进入城市冠层的太阳短波辐射减少。美国芝加哥市在1995年通过比较实施前后的城市热环境发现增加屋顶反照率可有效降低热岛强度[25]。大多数冷屋顶的研究方案设计人员都将注意力放在减少可见光波段的太阳辐射，但其实近红外波段（700～2500 nm）的太阳辐射占到达地表总太阳辐射的52%左右，比可见光波段（400～700 nm）所占比例还要高9%。因此有研究者开始关注冷色屋顶材料，用于有效反射近红外波段太阳辐射[26]，在屋顶上涂刷冷色染料或者再覆盖一层具有高可见光反照率的材料，可起到冷却屋顶的作用。此外还可采用热变色材料，其对温度敏感，在高温情况下其反照率会随之变高[27]。但这些材料均存在使用年限的问题，外界环境风化导致材料老化、烟灰沉降覆盖在材料表面，会使得材料高反照率性能降低。除屋顶外，道路也是城市表面的重要组成部分，大多数道路材料是沥青或者水泥，反照率都相对较低。Pomerantz[28]分析了多种材料，包括高反照率水泥、种草砖、渗透砖的反射特性，其中一些高性能材料已被用于美国部分城市道路的铺设。

要增加城市地区蒸发量，首先要扩大城市绿地、森林覆盖面积。植被蒸散有

① 图片来源：自绘。

利于潜热扩散，降低城市温度，同时，植被通过光合作用吸收二氧化碳，可以有效控制城市温室气体排放，降低温室效应。在屋顶上种植植被来缓解城市热环境的方法通常称为绿色屋顶，绿色屋顶通过降低屋顶表面温度，有利于城市建筑节能，同时还能改善建筑物周边微气候环境[29-33]。新加坡学者发现，通过栽种爬墙植物从而覆盖城市建筑物墙壁对热岛效应也可起到显著的缓解作用，绿色墙壁可使最高温度降低10 ℃[34]。城市“蓝绿空间”作为城市生态补偿空间，降温效果十分显著，许多研究表明，城市“蓝绿空间”的降温效果可以延伸至其周边数百米甚至上千米的区域[35]。

随着城市化进程加速，城市经济活动加剧，人为热排放量日益增长，成为导致城市升温的主要因素之一。缓解城市热岛效应的措施之一就是减少人为热排放，可从生活方式的改变以及相关方面的技术革新入手。如采取适当的生活出行方式，减少空调、汽车等使用，改进工业设备等来减少热排放。我国各大城市均已展开太阳能、风能、水能等可再生资源的开发和利用，大力推广节能型电气设备；合理控制私家车出行数量，注重发展城市公共交通，并逐步开始用电动车代替燃油车；建筑物采用反射、遮光玻璃起到保温隔热的作用等。此外，将排放的废热重新利用，也可在一定程度上缓解城市热岛问题，如有效回收空调系统的废热、废能，并再次利用来满足城市集中供暖等需求，从而减少人为热排放量[36]。

风对城市形态极为敏感，建筑物高度、密度，街道的长高比、纵横比和方向都对城市通风起着重要作用[37, 38]。城市通风廊道的营造能有效减小城市建筑对气流的阻碍作用，增加城市内部与城市冷源之间的空气交换，促进空气流动，改善城市热环境。Ren等[39]通过WRF模型为成都设计城市通风廊道以缓解城市热压力。武汉打造的通风廊道利用自然风和水体流动性带走中心城市湿热空气，改善中心城区微气候，使武汉夏季平均最高温度下降1～2 ℃[40]。合肥市为保持城市的通风效益，在城市东南侧保留了未开发的农田保护区作为东南风的引风口，引入冷平流来调节市区温度[41]。为提高城市环境的舒适性并避免雾霾天气产生，贵阳市政府自2013年组织开展贵阳市通风道专项规划，该规划项目利用中尺度气象模拟模型WRF（weather & research forecasting model）对贵阳市城区范围内风环境进行模拟，并根据城市原有绿地、水系、路网等自然资源条件，规划设计了城市一级通风道6条、二级通风道16

条和三级通风道30条。模拟结果显示，经过通风道规划后，贵阳市冬季平均风速提高了近8%，夏季平均风速提高了近6%，非常有效地改善了贵阳市城市环境与通风质量[42]。

4.城市群对城市热环境的影响

随着全球城市化进程加速，城市高速发展导致城市下垫面热力性质发生改变，带来严重的城市热岛问题[43]。根据联合国2008年的人口预测报告，到2030年城市人口数量会上升到全球人口数量的60%左右，在过去的半个世纪中，城市化进程不仅代表着大量的人口向城市移居，而且改变了城市的下垫面物理属性。纵观中国几十年来的城市化进程，我国的城市化水平已从1949年的10.64%提高到2016年的57.35%，再到2021年的64.89%，中国城市发展模式已进入城市群发展新常态[44]。然而，在加快城市范围扩张、促进社会经济发展和城镇人口增长的同时，城市化发展所引起的城市环境问题和生态破坏现象给人居环境建设、生态可持续发展带来了重大影响[45]。城市下垫面地表覆盖类型、规模布局、空间形态、粗糙度、反照率、热容等的改变影响了城市地区及其周围的大气辐射、空气动力、热湿特性等，而城市热岛效应是城市化进程对热环境作用的集中体现。

有研究表明，城市化在近50年中国气候变暖中的贡献占20%～30%。陈智龙等人[46]对国内城市热环境的研究显示，城市化因素对我国近50年来的平均气温变化有显著影响，20世纪初至21世纪我国地表温度上升1.16 ℃，城市热岛效应导致平均每十年地表温度升高0.11 ℃。黄聚聪等[47]通过研究得出，厦门城市化进程中各高等级热岛景观斑块都经历了数量增加、面积扩大、等级升高三个方面的变化，形成了海沧、新阳、杏林、厦门岛西北港口区和北部机场5个高温组团，高温斑块大片连接趋势明显，尤其在新阳、杏林两工业区。

随着城市化发展，城市结构和形态的复杂程度逐渐提升，“城-郊”二元划分（即将城市地表划分为城区和郊区2种类型）已不够表征城市的复杂性，因此引入了局地气候分区（local climate zone，LCZ）分类体系来对城市热环境进行研究。

LCZ是由英属哥伦比亚大学Oke等人为研究城市热岛效应而建立的一套城市局部气候研究方案。在几百米或者几千米范围内，空间结构、材质、地表覆盖以及人类活动和其他地区有明显区别，这一区域内的气候环境可以用一个典型的城市空间形态类型来进行对应。LCZ模型提供了17种地表分类，包含10种城市地表类别和7种自然地表类型（表1-1），平均建筑高度是城市地区LCZ分类的关键参数。局地气候区的地表环境特性由10个城市形态指标和热环境指标定义，包含地表结构（天空可视因子、高宽比、粗糙元高度、地形粗糙级）、地表覆盖（建筑密度、植被和不透水地面比例）、地表材料（热传导率、表面反照率）和人类活动（人为热排放）四个方面。而上述的各个形态指标便是在城市热环境影响因子的基础上划分出来的城市气候影响因子。

表 1-1　LCZ 分类体系[①]

建筑类型	定义	土地覆盖类型	定义
LCZ 1 密集高层建筑	密集混合的高层建筑（10 层以上）；几乎无树木；不透水路面；建筑材质为混凝土、钢材、石头和玻璃	LCZ A 茂密树木	茂密的落叶林和（或）常绿林；地表覆盖大量可透水面（低矮的植被）；区域功能为天然林、苗圃林或城市公园
LCZ 2 密集中层建筑	密集混合的中层建筑（3 ～ 9 层）；几乎无树木；不透水路面；建筑材质为石头、砖、瓦片和混凝土	LCZ B 稀疏树木	稀疏的落叶林和（或）常绿林；地表覆盖大量可透水面（低矮的植被）；区域功能为天然林、苗圃林或城市公园
LCZ 3 密集低层建筑	密集混合的低层建筑（1 ～ 3 层）；几乎无树木；不透水路面；建筑材质为石头、砖、瓦片和混凝土	LCZ C 灌木和矮树	开阔分布的灌木、矮树丛和矮小的树木；地表覆盖大量可透水面（裸土或沙）；区域功能为天然灌木林地或农用地
LCZ 4 开阔高层建筑	开阔分布的高层建筑（10 层以上）；地表覆盖大量可透水面（低矮的植被、稀疏的树木）；建筑材质为混凝土、钢材、石头和玻璃	LCZ D 低矮植被	草地或草本植物 / 作物；几乎无树木；区域功能为草地、农用地或城市公园

① 表格来源：林中立，徐涵秋 . 基于 LCZ 的城市热岛强度研究 [J]. 地球信息科学学报，2017，19（5）：713-722.

续表

建筑类型	定义	土地覆盖类型	定义
LCZ 5 开阔中层建筑 	开阔分布的中层建筑（3～9层）；地表覆盖大量可透水面（低矮的植被、稀疏的树木）；建筑材质为混凝土、钢材、石头和玻璃	LCZ E 裸露的岩石或道路	岩石或不透水路面；几乎无植被；区域功能为天然荒漠（岩石）或城市交通运输干道
LCZ 6 开阔低层建筑 	开阔分布的低层建筑（1～3层）；地表覆盖大量可透水面（低矮的植被、稀疏的树木）；建筑材质为木头、砖、石头、瓦片和混凝土	LCZ F 裸土或沙 	土或沙；几乎无植被；区域功能为天然沙漠或农用地
LCZ 7 轻质低层建筑 	密集混合的单层建筑；几乎无树木；夯实的土质路面；轻质建筑材质（木头，茅草和波纹状板材）	LCZ G 水体	大面积开阔的水体，如海和湖；或小面积水体，如河、水库和池塘
LCZ 8 大型低层建筑 	开阔分布的低层大型建筑（1～3层）；几乎无树木；不透水路面；建筑材质为钢材、混凝土、金属和石头		土地覆盖的可变特性（因气候变化、农业耕作和季节循环所引起的土地覆盖特性的变化）
LCZ 9 零散建筑 	自然环境中零散的中、小型建筑；地表覆盖大量可透水面（低矮的植被、稀疏的树木）	b 光秃的树木	冬季少叶落叶林
		s 积雪覆盖	积雪覆盖厚度大于10 cm
LCZ 10 工业厂房 	中低层工业建筑（塔、贮水池、堆积物）；几乎无树木；不透水路面或夯实的土质路面；建筑材质为金属、钢材和混凝土	d 干燥地表	焦土（如火烧迹地）
		w 湿润地表	浸水土壤

城市化对城市热岛效应的影响研究先后经历了单个城市、超大城市和城市群的

热岛效应研究阶段。张艳等[48]以超大城市上海为例，分析了近50年四季城郊温差的总体变化趋势，同时利用城市化进程中4个年份中9个气象站的气温数据，重点研究了上海地区热岛效应的季节变化特征及年际差异。结果表明，近50年来上海城郊温差逐年显著增长，年平均热岛天数频率为86.0%，年平均热岛强度为1.17 ℃，秋季热岛频率和强度高于其他季节，累积热岛强度也最大。

随着城市的蔓延，城市与城市之间的郊区面积逐渐减少，多个城市逐渐接壤形成城市组团，城市化对城市群形态的改变进一步导致了对城市群热岛效应的影响。丁硕毅[5]、葛伟强[49]、刘伟东[50]等开始致力于我国的珠三角、长三角和京津冀3个特大城市群热岛效应研究。在某些天气条件下，城市群热岛之间相互作用可能加强热岛现象或产生上下游效应[51, 52]，城市群热岛也可能与局地环流（如海风）相互作用对午后强降水产生重要影响。

丁硕毅等利用珠三角地区1999—2018年20个气象站的气温、低云量、相对湿度、风速、降水量等数据，分析了珠三角城市群热岛空间结构和时间演变特征，得出了珠三角热岛强度的年际变化趋势和昼夜及季节性变化规律，并研究出珠三角热岛强度空间分布主要呈纬向三极子分布，高强度带位于广州、佛山、东莞、深圳等地，两侧热岛强度有所减弱，形成两个低强度中心。

葛伟强等[49]用近八年的MODIS历史资料反演计算出长三角平均地表温度分布图，并以长三角城市群作为整体来研究热岛效应，分析了城市群热岛分布特征，指出城市热岛主要呈“Z”字形分布格局。该研究指出长三角城市群热岛强度季节变化呈现夏季最强，春季次之，秋冬季除少数地区为较强热岛外，大部分地区为弱热岛或无热岛状态。

1.1.2 城市风环境特点

城市风环境是指城市中的自然风在城市空间中的分布状态，而城市环境中的风压差及热压差则是形成自然风的动力源[53]。城市的大规模发展建设极大地改变了原始的自然地貌条件，致使城市空间内部的风场呈现复杂多样的特征，因此，城市构筑物对自然风的引导或阻碍作用成为决定城市风环境的重要因素。

在大气边界层内，风速沿大气分层纵向高度的变化，一般会表现为随高度的增加而增大，呈现梯度变化规律。地球大气最底层与地面直接接触的一层被称为大气边界层（ABL），大气边界层中受城市存在影响的部分被称为城市边界层（UBL）[54]。从地面到100 m左右高度处的一层叫作近地面层（SL），该层属于大气边界层最下部的10%。近地面层又由惯性子层（ISL）与粗糙子层（RSL）两部分组成，惯性子层的底层，即主要城市元素高度以下的一层，称为城市冠层（UCL）。城市冠层是人们赖以生存的城市空间，与居民的关系最为密切，是能量、动量、水交换的场所。城市冠层内的城市元素对城市风环境具有显著影响作用，在城市下垫面摩擦作用下，城市地表处风速为零，越往高处摩擦力影响越小，风速逐渐增大，城市下垫面粗糙度越大，风速从地面随高度的变化越显著[55]。

以上是基于宏观视角分析城市风环境的分层特点，下面将从微观视角，从一栋建筑物出发，探讨城市单一元素对城市风环境的影响特征。在城市中，当风吹向单体建筑物时，由于遇到建筑物阻挡，在迎风面，一部分气流会上升越过屋顶，一部分气流会下沉至地面，另一部分则绕过建筑物两侧向建筑后方流去。其中上升气流经过屋顶后在建筑背风面下沉会形成“背风涡旋气流”，而下行的气流沿建筑墙面下沉到地面，形成一定的回流，该回流与水平方向的风叠加会在建筑迎风面形成湍流风。在城市建筑物平行布局且建筑间距相对较小的情况下，建筑之间的气流会使风速极剧增大，而当来风方向与建筑体量垂直时，建筑之间则会出现涡旋和升降气流，建筑物周边风速会呈现不同程度的减弱。城市街道风环境就是基于以上的来风情景呈现出不同的特点，当扩大到整个城市当中时，建筑物分布、组合、排列的多样化与复杂性会使城市风环境产生更多复杂的变化。下面将针对引起这些复杂变化的主要因素展开讨论。

1.城市风环境的影响因素

风环境影响因素按尺度可分为城市、街区、建筑三种[56]。城市尺度研究着重探讨地表粗糙度、城市建成环境的空间形态等因素，多将城市风环境与周边乡村区域风环境进行比较分析。

城市尺度的风环境影响因素研究中多涉及城市建成环境空间形态指标，包括建筑密度、容积率和建筑平均高度等，也是城市开发强度规划控制性指标[57]。城市建成环境中较大面积的城市建设区被建筑体所覆盖，建筑的三度空间（长度、宽度和高度）在很大程度上影响着城市的通风环境。建筑密度越大，建筑占地面积越大，建筑高度越高，空气流动的空间越小，气流受到阻碍，而风速降低。例如，Kubota等[58]对多个街区地块进行了风洞实验，将建筑模型放置于风场中，对不同建筑密度和容积率的建筑地块的平均风速进行了相关性分析，发现建筑密度是影响地块风环境的重要因素。

街区尺度的研究侧重于探讨街区建筑群组团对风环境的影响，相关研究表明，小区建筑风环境主要受建筑体量、平面形状和小区建筑布局方式的影响[59，60]。故而，对街区建筑群风环境进行模拟分析，并对街区建筑体量与布局进行改善具有重要的学术价值[61]。陈惜墨[62]以某居住小区为例，对其风环境进行CFD模拟分析，提出居住建筑物的朝向和裙房高度对小区建筑群风环境有影响，并对小区建筑布局提出了如下调整策略。

①建筑物按照行列式平行布局，且建筑长边平行于主导风向或与其保持30°以下夹角时，建筑物对流动风的阻碍较小，可以使小区内具有良好的通风环境。

②居住小区迎风面的“风墙效应”随着裙房高度的增加而越发明显，导致了小区内的静风区（风速0～1 m/s）面积逐渐增加。因此，小区规划部门应对裙房建筑的高度进行合理设计，结合风环境模拟分析出裙房的最佳高度。

另外，刘祥等[63]针对行列式、错列式、斜列式、点式4种典型的城市住宅小区布局形式，采用SketchUp软件建立96种不同参数的数值模型后，通过计算流体力学软件进行了三维流场模拟，并提出建筑参数（架空层布局）、气象参数（主导风向、风向角）、建筑布局参数（布局形式、容积率、建筑间距）对典型城市住宅小区风环境具有较大的影响作用，其研究结论如下。

①4种典型城市住宅小区布局形式中，行列式、错列式布局小区内部的风环境状况较差，点式、斜列式小区内部的风环境状况良好且风速适宜。

②当季节性主导风平行于小区建筑群时，无风区面积显著减小，小区建筑群室外风环境状况明显提升。

③建筑布局参数和气象参数对小区风环境的影响较大，而建筑参数对小区风环境状况有良好的改善作用。

除建筑布局方式影响外，街区建筑群风环境还受建筑类型、建筑朝向、街区布局的影响[64-68]，陈瑾民等[69]以湿热地区城市广州为例提取当地城市形态原型，提出街区建筑形态类型、街区建筑平面布局和街区建筑高度布局对建筑群风环境具有显著影响，并展开街区建筑风环境优化研究，结论如下。

①在建筑形态类型方面，具有最优舒适度指标的工况中，建筑群的建筑形态原型均为两种，且两种建筑形态的数量基本相同，而建筑群内包含三种及以上建筑形态原型的组团，其风环境舒适度较差。

②在建筑平面布局方面，具有较高舒适度指标的建筑群分布均匀，形成了明显的通风廊道，而具有零星分布的小尺度开敞空间和集中分布的大尺度开敞空间的建筑群，通风状况较差。

③在建筑高度布局方面，具有高质量通风状况的建筑群高度，呈现出沿盛行风向由低到高的均匀布局方式，而建筑高度布局混乱的建筑群的风环境舒适度较差。

建筑尺度的研究多侧重于探讨典型单体建筑对风环境的影响，特别是城市中高层建筑，因此类建筑周围会出现局部风力、风速瞬间增大的现象，又因建筑体量过大减缓了建筑群间的空气流动。王洋[70]通过CFD数据模拟的方法，对西安市典型高层建筑群的风环境进行了模拟分析和优化设计，提出高层建筑群风环境主要受建筑布局与主导风向的夹角、建筑横截面形状、建筑布局形式、建筑架空布局的影响，其根据数据分析得出改善高层建筑风环境的建议如下。

①控制建筑物朝向与主导风向的夹角在30°～60°，可以使建筑物室内通风效果良好，同时使高层建筑局部地区出现风速过大的现象得到改善，也减少了建筑下行风的产生。

②在设计板式建筑时应注意其宽度不能过小，长度也应适宜，以免因建筑体量过长导致出现较大的建筑风影区，降低建筑周边的风环境舒适度。

③当街边商业裙房或者单体楼栋长度过大时，可将部分裙房改建为连廊或在合适的位置进行架空、开口设计，从而改善高层建筑底层风环境状况。

2.城市风环境研究方法及技术手段

城市风环境研究方法比较见表1-2。

表1-2 城市风环境研究方法比较①

研究方法	原理	优点	缺点
现场实测	利用相关仪器等实时监测建筑物所在场地风环境	1. 操作简单易行 2. 数据真实 3. 直接、有效	1. 检测周期长 2. 需要大量人力物力 3. 实际操作环境难控制 4. 无法在建造之前为设计提供可行性预估
计算机流体力学（CFD）数值模拟	利用动力学基本方程（质量守恒方程、动量或能量守恒方程等）建立以空气为基本流体的数学模型，对流体运动进行仿真数值模拟	1. 成本低 2. 计算周期短 3. 结果直观详细	1. 对计算机硬件要求较高 2. 计算结果的精准度有待商榷
风洞试验	通过建立缩尺比模型，在风洞内还原项目真实情况，通过测试探头和仪器进行检测，并获得相关测试结果	1. 便于实际操作 2. 可靠性较高 3. 在方案设计阶段即可进行风环境预估	1. 成本较高 2. 试验所需时间长 3. 应用中无可参照的统一规律

曾忠忠等[71]通过文献收集与整理将城市风环境研究分为三个尺度，分别是宏观尺度、中观尺度和微观尺度（表1-3），由此可知基于城市风环境的研究需结合不同城市空间尺度的分类分级进行。学者提出了针对三种尺度风环境研究内容的概述：宏观尺度风环境研究主要是指结合城市尺度，从城市尺度出发整体把握城市风环境，结合城市规划层面内容集中探索利于夏季散热的城市通风廊道；中观尺度风环境研究主要包含街区尺度和建筑群体尺度两部分；微观尺度指城市内单个或若干个连续街区的范围。伴随城市化进程的发展，建筑高度的增加和城市规模布局的多样化给城市气候带来了不容忽视的影响，针对城市风环境特点的研究成果可以为城市规划和城市气候优化提供更多的科学依据。

① 表格来源：曾忠忠，侣颖鑫．基于三种空间尺度的城市风环境研究 [J]. 城市发展研究，2017，24（4）：35-42.

表 1-3　城市风环境研究尺度划分①

不同视角		宏观尺度	中观尺度	微观尺度
气候学视角	垂直层面	城市边界层	城市冠层	街区峡层
	水平层面	区域尺度 （直径覆盖几百千米）	中观尺度 （直径覆盖几十千米）	微观尺度 （直径覆盖几百米）
建筑学视角		城市或区域范围	街区或建筑群范围	单体建筑

研究技术的发展能帮助研究者更好地预测与评估城市风环境，还可以辅助城市营造和城市规划设计。目前风环境研究方法主要有三类：现场实测、风洞实验和计算机模拟[72，73]。

现场实测法是指采用地面风速、风向仪器，对城市地块内的某一处或多处地点的风场数据进行记录，以采集研究所需的原始数据的方法。该方法最大的优点在于可以真实准确地收集建筑周围风环境的第一手资料，但也有不足之处，一是数据采集工作量大，不利于大面积和多次数据获取；二是气象条件和地形条件等难以改变，无法通过控制变量进行规律探索。

风洞实验法是指利用风洞设备来模拟大气边界层的自然风环境，对城市地块的实体模型进行模拟的方法。风洞实验法在航天飞行器和汽车设计等领域内运用得较为成熟，现已有专门运用于建筑的风洞，能较好地模拟近地面的大气边界层。此类风洞在高层建筑的结构抗风实验中运用得十分广泛，而在城市地块室外风环境的模拟上也具有很大的可行性。大气边界层的风洞模拟是可靠性比较高的预测方法。与现场实测相比，该方法测量容易、结果精确，可以控制经常改变的自然条件。但其缺点是实验费用高、周期长，同时受到不同时期实验手段的限制[74]。

计算机模拟法是在计算机上对建筑物周围风流动所遵循的动力学方程进行数值

① 表格来源：曾忠忠，侣颖鑫．基于三种空间尺度的城市风环境研究 [J]. 城市发展研究，2017，24（4）：35-42.

求解（通常称为“计算流体力学”，computational fluid dynamics，CFD），从而模拟实际的城市风环境。现有的文献中以理论研究和定性分析为主。在定量研究中使用数据实测法的文献数量较少，而借助计算机模拟进行研究的占据了绝大多数，这一方面是由于数据实测和风洞模拟的实施难度及成本远远大于计算机软件模拟；另一方面是由于数据实测法多运用于建成地块，而计算机模拟法更多运用于设计方案阶段，相比之下后者由于方案比选、评价和优化的需要，更具有研究动力。随着计算机软硬件和模拟技术的高速发展，计算机模拟法作为快速、便捷和低成本的研究手段，将会在城市风环境研究中起到越来越重要的作用。

除了CFD计算流体力学模拟模型外，城市尺度的天气研究和预报模式（WRF）也是一类常用的风环境计算机模拟研究方法。WRF系统是由美国国家大气研究中心（NCAR）、美国国家海洋与大气管理局（NOAA）等科研机构合作开发的，始于20世纪90年代后期，其目标是建立一个由研究和运营部门共享的系统，并创建下一代数值天气预报（NWP）功能。该模型适用于从数万米到数千千米的范围广泛的气象应用。WRF系统包含两个动力核心［分别称为 ARW（advanced research WRF）与NMM（非静力中尺度模式）］、一个数据同化系统以及一个支持并行计算和系统可扩展性的软件体系结构。ARW由NCAR中尺度和微尺度气象实验室开发和维护，而NMM由美国国家环境预测中心（NCEP）开发，目前用于HWRF（WRF 飓风）系统。

学者们对城市风环境的研究重点在于结合具体研究尺度搭配合适的研究方法与技术手段，进行合理的参数设置与操作，对模拟方法进行选择性搭配，通过将三类城市风环境研究方法的结果进行比较验证，不断精进研究工具的准确性，从而使风环境研究的技术手段更加成熟完善。

3.城市风环境调控策略

研究城市风环境的过程是寻找风与城市空间作用规律的过程，而研究的最终目的是探索如何优化城市风环境。城市所在的区域风环境是难以调控的，因此，优化城市风环境实质就是通过优化城市空间形态来改善城市通风。总体来看，现有的研究对于城市风环境的优化措施探索尚显不足，这也导致了目前城市规划设计大多缺乏有效的空间手段去控制城市的通风质量[74]。

在城市风环境调控策略研究中，风道能增强城市中空气的流动，有助于提高风速、引导通风，是能帮助城市通风、降温、减污的通道。研究表明，具备顺应城市的主导风向、下垫面粗糙程度低、城市环境污染少、空间较开敞、绿化条件好等特点的空间都可认为是风道的组成部分。德国斯图加特、英国曼彻斯特、日本东京以及我国香港、台湾、武汉、北京等地均对城市通风道在规划中的不同层面展开了研究，如表1-4所示。

表 1-4 国内外城市通风道研究总结[①]

城市		研究内容	研究方法	研究成果
国外城市	斯图加特（德国）	山谷盆地区域重工业城市通风道规划	CFD 技术模拟	确定了斯图加特山地区域城市通风道的指导方针和具体规划目标
	曼彻斯特（英国）	研究城市通风模式来缓解市区环境中的热不适风险和过热问题	GIS 系统 形态学方法	通过改变地表下垫面的粗糙度来改善城市热环境和制造城市通风廊道；将城市中不同区域通风模式作为规划人员和设计师解决不同季节通风问题的突破
	东京（日本）	针对城市风环境，提出利用“风、绿、水”的概念改善夏季城市的热环境	数据收集分析 CFD 技术模拟	在东京市内，根据城市规划与实施的不同需求评定出五级风道系统；建筑层面，出版相关评价书籍指出在城市规划和建筑设计时都要考虑风的因素
国内城市	北京	对城市风热环境进行评估，检验城市的风流通潜力	数据收集分析 CFD 技术模拟	根据城市不同区域气候特点预留通风廊道；致力于打造 5 条宽度 500 m 以上的一级通风廊道、多条宽度 80 m 以上的二级通风廊道
	武汉	提出基于风道的夏热冬冷地区城市设计控制引导	GIS 系统 Ecotect 技术 遥感技术	确定“三纵、四横、四片、六点”的空间格局，将风道分为宏观、中观和微观三个等级，确定城市重要风道的数量和位置

① 表格来源：叶锺楠 . 我国城市风环境研究现状评述及展望 [J]. 规划师，2015，31（S1）：236-241.

续表

城市		研究内容	研究方法	研究成果
国内城市	长沙	避免加剧夏热冬冷气候，打造城市防风带和通风道	案例对比分析 CFD 技术模拟	利用现有城市中的带状空间，如河流、车行道等兼做城市通风廊道
	福州	城市主导风向和地形特征下的城市尺度通风格局规划方法	案例对比分析 数据收集分析	规划了福州“一轴十廊、一门多点”的城市通风格局，并制定了相应的控制指标、方案及措施
	香港	针对高密度城市类型的城市空气流通研究及风环境评估	GIS 系统、CFD 技术 风洞实验、现场实测	在香港特有城市形态下划分 9 个市区风环流区；为高密度城市开展风道设计提出策略
	高雄	评估市区地面粗糙度和空气流通潜力，提出配合城市气候评估的风环境概况	数据收集分析 GIS 系统	对城市盛行风和海陆风效应加以分析运用，将表面粗糙度低的河流、朝南北方向的主要道路作为城市主要通风廊道；慎重考虑高雄周围寿山的降温作用以及海风的渗透作用

以下几点为城市风环境调控策略[75]。

①保护城市景观山水格局，构建网络化的城市绿地体系。

保护和恢复城市中心地区的自然山水格局，并建立网络化的城市绿地体系，对于形成良好的城市气候具有重要意义。保护并恢复区域内的河流湖泊、自然山体、生态湿地等生态敏感性资源，重塑区域自然本底，并建立与城市“蓝绿空间”紧密结合的城市通风廊道，能够将城市空间与自然生态结合为一体，建立完整的城市“蓝绿”生态网络。

可结合城市河流形成河风局地环流，因此应控制河流两岸的建筑高度以及布局方式，避免阻挡河风，并结合与河流走向垂直的带状绿地，通过绿地通风廊道网络改善城市通风状况。

②结合城市规划营造城市大通风廊道。

城市通风廊道的合理设计有助于增强城市中空气的流动性，从而提高风速并正确引导城市风向，将风有效地从郊区引入城市内部。城市通风廊道应结合大型城市空旷地区进行设计，例如城市主要道路、连续的休憩用地、城市景观绿地、非建设用地等，形成网络化的通风廊道，有利于城市中心区良好通风。

③高层建筑阻挡风的流动，应注意调控。

高层建筑的阻挡造成城市通风不畅，因此街区边界应尽量避免建设高层建筑，以改善街区内部通风环境，而且建筑高度由内向外逐渐降低，以利于引导风进入内部，促进大气流动，稀释污染空气；高层建筑应尽量缩小体量，以此来留足通风廊道的面积与体积，避免多个建筑连成一排形成屏障。而大体量建筑则应进行适当的碎化，保持街区整体通风廊道的畅通。

④行列式建筑的排布方向应尽量顺应城市夏季主导风向。

建筑布局在顺应主导风向的同时，建筑高度顺应风向呈阶梯提升的形态方式，可以借助建筑的高度差将气流引入较低建筑的背风面，促进空气流通。

在建筑尺度上，王辉等[76]通过建筑单体与群体布局的风环境研究得出，单体、群体建筑应通过对建筑布局的控制引导城市通风，达到良好的微观尺度通风效果。

1.1.3 城市空气污染物特点

随着城市规模的扩大和非农业人口的增加，城市空气污染问题已经成为影响城市高速度发展的重要因素。空气污染是人类和自然环境之间复杂的相互作用的结果，分析城市空气质量现状及空气质量影响因素，对城市空气污染的防治与调节起着至关重要的作用。本节将通过对空气质量现状及污染物特点的分析，结合不同空气污染物的时空分布特征，归纳出相应的调控策略，同时整理了几类空气污染物研究方法及技术手段。

1.城市空气质量现状及污染物分类

中国气象局发布的《大气环境气象公报（2021年）》指出，2021年全国大气环境继续改善，虽然气象条件较2020年有沙尘天气偏多偏强的趋势，但我国大气环境质量整体呈稳中向好趋势。《大气环境气象公报（2021年）》数据显示，2021年全国平均霾日数为21.3天，较2020年和近5年平均分别减少2.9天和6.9天。全国地面细颗粒物（$PM_{2.5}$）和臭氧平均浓度分别较2020年下降9.1%和0.7%。近年来，我国大部分城市空气质量持续好转，呈现稳中向好趋向，但仍亟需继续钻研切实有效的空气污染物调控技术与策略。

按照国际标准化组织（ISO）的定义，大气污染物通常是指由于人类活动或自然过程引起某些物质进入大气中，呈现出足够的浓度，存留足够的时间，并因此危害了人类舒适、健康和环境的气体和颗粒物。这里将对空气污染物按照以下三项分类标准进行梳理：①空气污染物按照形成过程分为一次污染物和二次污染物；②按照污染物存在状态分为气体污染物和颗粒污染物；③按照污染物来源分为自然排放污染物和人为排放污染物。

一次污染物指的是直接排放到大气中并保持其化学性质的污染物，它们来源于燃料燃烧的化学过程、污染物的直接释放过程，主要有SO_2、CO、NO_2、颗粒物（飘尘、降尘、油烟等）及含氧、氮、氯、硫有机化合物以及放射性物质等。二次污染物是由于阳光照射污染物、污染物间相互发生化学反应、污染物与大气成分发生化学反应生成的有害物质。光化学烟雾就是一种二次污染物[54]，其毒性较一次污染物增强，例如SO_2转变成硫酸雾，NO_2转变成硝酸雾，以及烃类物质和NO_2转化成光化学烟雾，汽车尾气中的NO、碳氢化合物等发生光化学反应生成臭氧（O_3）和过氧乙酰硝酸酯等都是二次污染物。

大气中的气体污染物主要包含含硫化合物、碳的氧化物、含氮化合物、碳氢化合物、卤素化合物等，而颗粒污染物根据物理性质的不同分为粉尘、烟、飞灰、雾、悬浮颗粒物等。在颗粒污染物中，粉尘指悬浮于气体介质中的细小固体粒子，粒径一般为1～200 μm；烟指由冶金过程形成的固体粒子的气溶胶，粒径一般为0.01～1 μm；飞灰指由燃料燃烧后产生的烟气带走的较细粒子；雾指小液体粒子的悬浮体，它是在液体蒸气的凝结、液体的雾化以及化学反应等过程中形成的，其粒径范围在200 μm以下，如水雾、酸雾、碱雾、油雾等就是雾状颗粒污染物；悬浮颗粒物指大气中粒径小于100 μm的所有固体颗粒，如$PM_{2.5}$、PM_{10}、O_3等都是空气中的悬浮颗粒污染物。

空气污染物来源于自然排放和人为排放，但在大多数情况下城市环境中的人为排放源占主导地位[77]。人为污染物主要分为五类：颗粒污染物、硫氧化物、氮氧化物、CO_2和CO气体及烃类化合物。颗粒污染物包含由于尘埃、火山灰、森林燃烧等自然现象产生的自然排放颗粒污染物以及由于工业排放、尾气排放、化石燃烧等人类活动所产生的一次颗粒污染物和二次颗粒污染物。硫氧化物主要指空气中的SO_2和SO_3气体，主要来自发电厂和供热厂中含硫化石燃料的燃烧过程，硫氧化物与水作用产生的硫酸会促使酸雨的产生，严重危害城市环境。氮氧化物主要指空气中的NO_2和NO气体，它们主要来自矿物燃料的高温燃烧和工厂加工过程，与水反应产生的硝酸是产生酸雨危害的原因之一。CO_2和CO气体主要来自燃料的充分燃烧和不充分燃烧，近年来城市中汽车尾气排放、工厂燃料燃烧等作用产生的CO_2和CO气体越来越多，CO气体能参与光化学烟雾的形成从而对城市环境造成巨大危害，而CO_2气体浓度的提高将加速温室效应对城市气候环境的恶化影响。烃类化合物主要来自汽车油箱蒸发和工业生产排放等气体，其中一些活性较高的烯烃易与O_2、NO、O_3等发生光化学反应，生成的烟雾含有大量的有害成分。

2.颗粒污染物时空分布特征及调控手段

大气颗粒污染物是指在大气中达到一定浓度时，危害人类、动物、植物或微生物健康，或对基础设施或生态系统造成损害的固体颗粒物质。城市排放的主要中长期空气颗粒污染物便是$PM_{2.5}$和PM_{10}，大气污染控制领域用$PM_{2.5}$表示直径不大于2.5 μm（可能进入血液）的颗粒污染物，用PM_{10}表示直径不大于10 μm（可入肺）的颗粒污染物。相关研究表明，大气环境中的颗粒物污染已对人类健康造成严重影响，做好大气环境颗粒物污染的预防治理工作显得尤为重要[78]。本书这里将对这两类颗粒污染物的时空分布特征与调控策略进行一定的说明。

在城市$PM_{2.5}$浓度分布特征方面，周鹏等[79]使用加拿大达尔豪斯大学大气成分分析小组根据NASA公布全球气溶胶数据反演的2009—2018年大气$PM_{2.5}$遥感反演数据集对中国区域的$PM_{2.5}$浓度分布情况进行了空间格局分析，其研究结论如下。

①在时间尺度$PM_{2.5}$浓度演变方面，该污染物浓度在我国西北部变化趋势较小，在华中、华东、华北、东北等地区变化较为显著。华中、华北及华南地区是$PM_{2.5}$年平均浓度最高的区域，且$PM_{2.5}$颗粒污染物的污染逐渐向中国沿海地区移动。

②在空间尺度$PM_{2.5}$浓度演变方面，2009—2018年我国$PM_{2.5}$浓度的变化呈显著的地区性差异，山东、江苏及浙江是沿海地区$PM_{2.5}$高浓度聚集区，其$PM_{2.5}$浓度变化幅度略高于内陆城市。

③在$PM_{2.5}$浓度空间聚集特征方面，我国$PM_{2.5}$时空集聚效应明显，且呈“东热、西冷”的集聚格局。2009—2018年$PM_{2.5}$浓度高值聚集区向东北部扩张后又向中部收缩。2015年$PM_{2.5}$浓度高值区域不仅集中在华中地区、华北地区，在东北地区也集中出现。而$PM_{2.5}$浓度低值区域主要分布在新疆、青海、贵州、甘肃等地区。

另外，赵梅等[80]基于大量文献资料，分析了北京市、深圳市、长沙市、乌鲁木齐市4个典型城市的$PM_{2.5}$浓度变化趋势，其研究结论如下。

①位于华北平原的北京市，由于常住人口众多且重工业发展迅速，城区内多次爆发以$PM_{2.5}$为主的雾霾气象灾害。北京市的$PM_{2.5}$浓度呈现南高北低的分布特征，并遵循秋冬高、春夏低的规律，这主要是受工业发展与燃煤取暖等因素的影响。

②深圳市作为珠三角重要的城市之一，其$PM_{2.5}$浓度受气候环境、工业布局和交通运输等因素的影响，在空间分布上呈西北高、东南沿海地区低的浓度梯度。深圳市的月均$PM_{2.5}$浓度表现为冬季＞秋季＞春季＞夏季的特点，这与不同季节的对流强度和降水量有关；日均$PM_{2.5}$浓度呈双峰型，与深圳市的通勤出行高峰期紧密相关。

③长沙市作为我国中部地区的重要发展城市，其城镇化进程的飞速增长也导致了严重的空气污染问题。其$PM_{2.5}$浓度受人类活动的影响，表现为由中心城区向四周逐渐递减的趋势；长沙市不同季节的$PM_{2.5}$浓度受湘江谷地对细颗粒物的聚集影响，呈冬季＞春季＞秋季＞夏季的特征。

④乌鲁木齐市位于我国大陆腹地，是全球距海洋最遥远的内陆城市。其月均$PM_{2.5}$浓度受逆温层的影响，呈冬季＞春、秋季＞夏季的规律。该城市的空气质量受周边多个传统重工业城市的影响，其$PM_{2.5}$浓度随地势变化表现为西北高、东南低的分布特征。

而在针对城市PM_{10}浓度分布特征的研究中，李名升等[81]利用地级及以上城市2002—2012年的监测数据对我国PM_{10}污染的时空格局进行分析，其研究结论总结如下。

①在时间变化趋势方面，2002年以来全国地级及以上城市的年均PM_{10}浓度呈下降趋势，2002—2012年的PM_{10}浓度降幅达41.5%。同时，我国PM_{10}高浓度（＞0.2 mg/m^3）城市数量由2002年的32个减少至2012年的4个，PM_{10}低浓度（＜0.04 mg/m^3）城市数量保持在10个左右。

②在空间变化趋势方面，2002—2012年我国PM_{10}污染有较大程度减轻，重污染区域明显减少，且由集中连片分布变为零星点状分布。但从区域分布看，PM_{10}污染空间格局未发生明显变化，北方地区尤其是西北、华北地区以及山东、江苏、湖北是我国PM_{10}污染相对严重的地区。

另外，刘一二等[82]利用中国366个环境质量监测站的逐时观测资料，统计分析了中国区域2017年PM_{10}浓度的分布情况，并得出结论如下。

①通过分析各区域年均PM_{10}浓度可知，我国的年均PM_{10}浓度低值分布于呼伦贝尔草原等自然区域，而高值主要分布于新疆和田地区。

②通过分析各区域月均PM_{10}浓度可知，我国春季PM_{10}浓度的高值区域集中在新疆中部地区，而冬季PM_{10}浓度的高值区域集中在华北平原和新疆中部等地。

③通过分析各区域日均PM_{10}浓度可知，2017年我国PM_{10}的日均浓度在春、冬季的波动幅度大于夏、秋季，且日均PM_{10}浓度小于150 $\mu g/m^3$，对应的空气质量指数为良以上。

针对大气颗粒污染物调控策略的研究中，姚晓玲[83]以大气污染防治为切入点，结合$PM_{2.5}$监测数据，探讨了改进大气$PM_{2.5}$污染防治措施的方法，并提出三点建议。首先，在工业污染物控制排放方面，地方相关部门应加强对企业污染物的有效监测，将$PM_{2.5}$作为重点监测对象，并针对不同地区的工业生产设定不同数量的排放指标以控制污染物排放。比如在不影响环境的基础上，应对我国西北地区的工业生产部门适当提高污染物排放指标，其他地区可适当降低。其次，在加强治理技术应用方面，地方政府应鼓励企业引进先进机械设备，注重企业对环境友好型生产工艺的研发，并配合有关部门研发和应用污染物处理技术。最后，在加强绿化建设投入方面，应增加城市绿化面积并选择对$PM_{2.5}$具有较强吸附力的树种进行广泛种植，同时应合理优化绿地布局，强化绿化建设对工业区污染物扩散的有效隔离。

王程涛等[84]通过数据分析、源解析和模拟技术，确定了影响大气颗粒污染物的主要因素，并探讨了改善空气中颗粒物（$PM_{2.5}$和PM_{10}）的城市管理措施，具体如下。

①盯紧重点时段，合理确定减排力度。对不同程度的颗粒污染物排放设定不同级别的应急响应，尽最大可能削弱排放峰值。同时加强挥发性有机物专项整治，减

少$PM_{2.5}$、PM_{10}的二次生成，减少颗粒污染物的排放。

②重视气象因素的影响。姚婧等[85]的研究表明风速越大，污染物扩散越快，而空气湿度的增加有利于PM_{10}吸收水分并沉降至地面。因此，低风速和适度的降水量可起到降低大气颗粒污染物的作用。

③做好扬尘管理。管理部门应提升城市道路的保洁水平，重污染天气应加大城市快速路、主次干路的洒水冲刷率。

3.CO_2气体时空分布特征及固碳策略

城市是人口、建筑、交通、工业、物流的集中地，也是能源消耗的高强度地区。城市的CO_2排放问题成为全球碳减排和低碳发展的核心，城市排放了世界80%的人为温室气体[64]。因而，研究城市CO_2气体排放特征，进而总结碳减排方案，对城市气候调节和城市低碳发展具有一定的指导意义。

王兴民等[86]运用碳排放系数法估算了2016年中国198个地州市的CO_2气体排放量，并对其空间格局和尺度特征进行分析，结论如下。①从整体看，中国城市CO_2排放在总量、人均和排放强度上呈现一定程度的空间分离特征。其中，中国CO_2排放总量较高的城市主要集中在华北、华东和重庆等地区，人均排放水平和排放强度较高的城市则主要集中在西北和华北地区。②不同类型城市的CO_2排放特征有所不同，资源型城市的CO_2排放总量和排放强度两个指标均较高，旅游与欠发达城市则均较低，而超大城市和许多特大城市CO_2排放总量较高，但排放强度较低，其他城市则不存在明显规律。③空间分析表明，中国CO_2高排放城市呈现聚集特征，京津冀、长三角、山东以及晋豫皖资源产区是高排放城市的聚集区。

关于不同时间城市CO_2气体分布特征，有研究表明：在日变化中，城市CO_2浓度呈现出“双峰型”变化。一年四季都在7：00—9：00出现第一个峰值，冬季的峰值到达的时间则比其他季节晚约1个小时；在周末，城市CO_2浓度的日变化曲线要比工作日城市CO_2浓度日变化曲线起伏更大，这代表着城市居民活动的不均匀性，周末的人们出行不如工作日规律[87]。

城市固碳策略如以下两点所示。

①在城市空间规划方面，合理降低人口密度，选择科学的城市布局模式。

在进行城市规划时应在满足合理规模的基础上，充分考虑将中心城区的人口进行有机疏解，科学建设新的城镇组团，从而降低城市人口密度，达到减碳的目的。另外，在城市空间结构方面，要大力发展集中型、紧凑型、组团型的城镇空间布局模式来减少碳排放，推动各城市街区功能朝多样化的方向发展，从而实现减少碳排放的目的。

②在城市生态设计方面，大力发展林业碳汇，合理保护城市蓝绿空间。

众所周知，绿色植被可通过光合作用吸收CO_2，放出氧气，把大气中的CO_2固定到植物和土壤中，在一定时期内起到稳定乃至降低大气中温室气体浓度的作用[68]。因此，要加大力度保护森林资源，绿地与水体规划设计是核心内容，应合理设计人均绿地面积、绿地覆盖率等指标，最大限度地科学保留城市蓝绿空间，在考虑绿地碳汇作用的同时也积极考虑湿地和水系对CO_2的吸收转化作用。

4.其他气体污染物时空分布特征及调控手段

本书这里将对SO_2、NO_2、O_3这三种气体污染物的时空分布特征与调控手段进行说明。

薛婕等[88]将全国各省、直辖市和自治区分为东、中、西和东北部四个区域，利用《中国统计年鉴》发布的SO_2气体排放数据对SO_2排放特征进行了分析，该研究得出我国SO_2气体排放总量的年际变化大致分为如下3个阶段。

①1995—2001年为缓慢增长阶段。这期间全国SO_2排放量呈波动性增长，增速较缓，年均增幅约为2%，且各区域SO_2气体排放弹性系数均小于1。

②2002—2005年为快速增长阶段。这期间我国SO_2排放量年均增幅为5%，特别是2004年SO_2增幅达到13%。且2003年、2005年我国SO_2气体排放弹性系数大于1，这说明这两年我国SO_2的排放量已进入增速状态。

③2006年以后为下降阶段。2006年经过对工业SO_2气体排放的治理调控后，我国每年的SO_2气体排放速度开始下降，年均降幅大约为5%。比如2010年我国SO_2气体排放量为2185.1万吨，相较2009年下降1.3%。

该研究指出我国SO_2气体排放量的地区分布特征是：西部地区>东部地区>中部地区>东北地区。其中，工业SO_2排放量最大的地区是山东省，占全国工业SO_2排放量的7.6%；生活SO_2排放量最大的地区是贵州，占全国生活SO_2排放量的12%。人均SO_2排放量较高的省份集中在西部内蒙古和宁夏，SO_2排放强度较高的区域集中在西部的宁夏和贵州。绝大部分SO_2气体排放来自电力行业、黑色金属行业、非金属矿物制品业和化学制品制造业这4个行业。其中，电力行业的SO_2排放量最大，2010年我国电力行业排放的SO_2气体占排放总量的55%。因此，SO_2气体减排应主要考虑调整和优化产业能源结构和发电系统。

管庆丹等[89]对我国空气NO_2浓度进行分析，得到NO_2浓度年度变化规律，2011年之前除了2008年稍微下降以外，基本呈现逐年上升趋势，具体如下。

①自2009年以后NO_2浓度大幅升高。2009—2010年、2010—2011年的增长率分别为11.1%、13.5%。至2011年我国NO_2气体排放量达到了15年以来的最高值，为345.4×10^{13} mol/cm^2。

②自2011年以后，我国空气NO_2浓度呈现下降趋势。2011—2013年的下降幅度比较小，2013—2014年的下降幅度则很大，下降率分别为15.6%、8.6%。

我国NO_2浓度在空间上总体呈现东高西低的分布特征，东部地区的NO_2浓度整体上要比西部地区高。经计算，15年来我国东部地区空气NO_2平均柱浓度高达941.9×10^{13} mol/cm^2，而西部地区15年间空气NO_2平均柱浓度仅为187.3×10^{13} mol/cm^2，不足东部地区的1/5。NO_2气体排放量与人口密度、煤炭消费量、汽车保有量等因素相关，虽然我国各大城市空气NO_2浓度目前整体呈现下降趋势，但仍然有浓度增长与污染扩散的可能性。

谢静晗等[90]利用来自世界臭氧与紫外辐射数据中心的中国区域6个地基观测站点数据，分析了1971—2020年中国区域臭氧总量不同尺度的时空变化特征，结果表明如下。

①在时间序列层面，50年来中国区域的臭氧总量呈现轻微的下降趋势，年平均臭氧总量在1978年和1993年分别出现最大值和最小值。在1971—1978年、1978—1993年、1993—2020年这三个时段的O_3总量变化趋势呈现为单向，分别是增长、减少和增长。

②在空间分析层面，50年来中国区域的臭氧总量年平均值由东北向西南递减，呈现纬向条带状分布，臭氧总量的月平均值同样呈条带状分布。此外，臭氧总量的变化和空间差异度在夏季最小、冬季最大。

针对臭氧污染物调控策略的研究中，许悦[91]通过分析哈尔滨市2015—2018年11

个国控站点的臭氧监测数据，探讨了臭氧前体物、气象因素、颗粒物等与臭氧浓度之间演变的关系，提出了如下臭氧污染物防治对策。

①深化臭氧前体物研究。加快大气挥发性有机物（VOCs）来源解析工作的开展，计算各类来源对臭氧生成潜势的贡献。相关部门应加强对臭氧前体物的监测，开展针对本城市臭氧污染的成因分析和治理对策研究。

②强化监管管控。强化对城市VOCs和NO_x重点污染源的监管，严厉打击超标排放和在线监测数据造假行为。并同时加强城区重点路段污染物减排力度，对低速机动车及载货柴油汽车实施限行措施，最大程度化解交通拥堵，以此来减少机动车怠速和低速尾气排放。

③提高信息透明度。强化区域联防联控和多种污染物协同治理模式，推进多污染物综合防治和统一管理。各级政府的官方APP、网站等应做好臭氧污染危害及臭氧污染防治宣传，并更新每日臭氧污染数据。同时应倡导居民避免在臭氧浓度较高时段出行，呼吁公众增加户外活动，倡导绿色出行。

1.2　水网城市定义及特点

水体作为城市中重要的生态空间之一，在城市热环境调节、城市风环境改善与空气污染物调控方面具有极大的优越性，其优越性体现在以下三方面。

①水体较大的热惰性和热容量、较低的热传导和热辐射率使城市水网具有相对较低的地表温度，从而缓解城市的热岛效应[92]。②对于大多数处于高速发展阶段的城市，极高的建筑密度与建筑高度阻碍了城市内自然风的传输，导致城市内部容易形成大量静风区。而水体由于较低的粗糙度与较高的地表开阔程度，能够有效促使城市通风道的形成，在一定程度上改善城市风环境。③城市水系形成的小气候在降低大气污染物浓度并改善城市空气质量方面也发挥着重要的作用。水体强大的蓄热蒸发能力所形成的低温高湿环境有助于促进颗粒物的沉积，并抑制气体向颗粒污染物的二次转化，有利于提高城市空气质量[93]。

本节将通过对典型水网城市空间形态与结构演变的梳理，总结水网城市的定义和结构特征，归纳水网城市的形态构成与演变规律，并结合具有典型特征的水网城市规划案例进行分析与说明。

1.2.1 水网城市定义及结构特征

水网城市即城市内具有密集水系布局的一类城市，这些城市大都具有丰富的水体自然生态资源。水网密布是水网城市在城市化进程中始终伴随的客观自然条件，独特的水系布局使得城市形态具有不同于其他城市的结构特征[94]。

根据水文学和流域地貌学原理，城市水系可分为树枝状水系、放射状水系、平行状水系以及混合状水系（图1-3）[95]，具体解释如下。

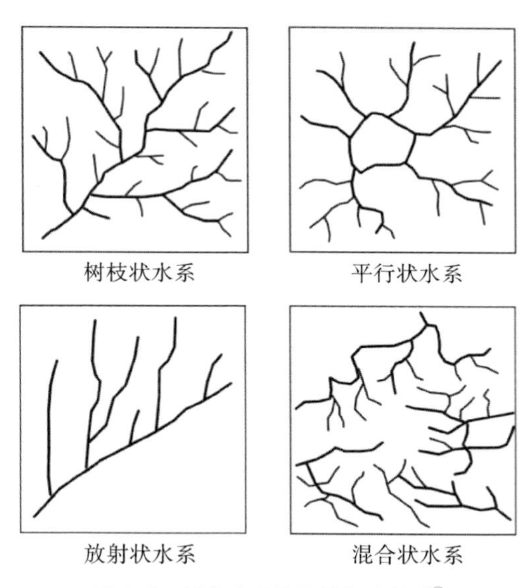

图 1-3 城市水系结构形态示意图①

①树枝状水系。

树枝状水系指干流和支流以及各级支流之间呈锐角相交，在平面形状上形如树枝状，大多数城市水系都属于树枝状形态，如长江、珠江等。

②放射状水系。

放射状水系指各个方向的水系支流于同一汇水口汇入干流，或者一条干流于同

① 图片来源：陈灵凤．山地城市水系规划方法研究 [D]. 重庆：重庆大学，2015.

一个地方分出各个方向的支流的状态。放射状水系在平面上呈汇集或放射状，水流由中心主干河流汇集到末端。

③平行状水系。

平行状水系指在平面上各个主干流呈平行趋势，且同级支流汇集到干流的河流骨架相互错落。

④混合状水系。

大多城市水系并不是由单一类型的水系骨架构成，一般都包括上述两种或三种形式，由两种以上类型组成的城市水系称为混合状水系。

城市水网流域中的大小河流交汇形成的树枝状或网状结构水流脉络称为水系，组成城市水系的水体包括河流、湖泊、水库和沼泽等[96]。从景观生态学角度分析，小型湖泊、水库、湿地构成了城市水系的点状元素，河流构成了城市水系的线状元素，大型湖泊、水库构成了城市水系的面状元素，城市水网由上述三类元素组成了多种形态结构。

水体是影响城市空间结构的重要因素，然而一些城市在高速发展建设中，往往忽视河流水系对城市空间结构的支撑和限定作用，不仅使水体生态环境不断恶化，更使得水网城市的地域空间特色丧失殆尽。因此，基于水系分布特色合理布局发展城市，是水网城市可持续发展的关键。

1.2.2 水网城市形态构成及演变规律

城市水系滋养了人类文明，也促进了水网城市逐步扩大与发展。如今，密布的城市水网正逐步促使着城市生态景观脉络的形成，为改善城市气候环境提供了保障，也为水网城市的合理空间布局提供了构架。

1.水网对城市功能形态的影响

历史上的城市内部水网对整个城市的初步形态构成具有较大的影响，主要体现在以下几个方面[94]。

①城市水网使城市功能分区明确。

工业化以前的城市水网主要由城外运河和城内市河两部分组成。城外运河通常呈放射状，较为宽阔且水深，起到城市防御的作用；城内市河一般呈网络状或鱼骨状，主要承担城市内部居民的生产生活，城市的各个功能区块也按照对水系的需求强弱而由近及远地分布在水网周边。市河的宽度较窄，但密度很高，将水系所环绕的城市按照水网脉络分为居住、仓储、商业等功能区。

②城市水网使城市疏密排列有序。

历史上的一些河流并非天然形成，而是由前人挖掘而成，因此便出现了水系在城市中排布均匀的情况。在城市中大量居民居住的房屋密集之处，往往河道密度较高；而城市边缘地区的建筑密度较低，河道数量相对较少。

2.水网城市结构演变规律

纵观国内外水网城市河流水系沿线的建设历程，大致经历了繁荣、衰落、复兴这三个阶段，各阶段水网城市结构特征如下[97]。

①20世纪20年代以前水网城市呈现水系紧邻城市中心区的空间结构。

在社会生产技术比较落后的时代，河流水网作为城市内的主要水源与交通运输要道，为水网城市的生产生活提供了重要的保证。因此，城市内的居民大多逐水而居，使城市水网沿线成为城市建设活动最为活跃的区域，河流水网便逐步演变为城市内的高密度建设发展区。

②20世纪30—60年代水网城市呈现高速发展区逐渐偏离水系的结构。

随着产业结构的调整和交通方式的变革，原有的集工厂、仓库、码头密布的城市水网沿岸逐渐被人们弃置，城市河流也因废水、垃圾的排放遭到严重的破坏。快速建设发展的公路、铁路运输不再需要依赖于河流水网的构架，再加上规划师对生态城市建设理念的重视不够，水网城市的河流沿线便逐渐成为人们不愿接近的场所，河流水系逐渐远离了城市居民的生活。

③20世纪60年代后水网城市呈现邻水区加强保护与建设的空间结构。

随着社会价值观念发生重要变化，越来越多的人开始提出“回到自然界”的口号，城市的河流水网再度受到城市建设者的重视，规划师开始系统地研究河流在城市建设中的作用，并开始注重水网沿线生态、经济和社会文化等多方面的建设与研究。1969年出版的《设计结合自然》一书中，麦克哈格提出了对河流沿线各自然生态因子分层叠加、综合归纳分析的方法，并强调了保护与开发并重的城市建设原则，这对之后的城市水网沿线规划具有极为重要的指导意义。

1.2.3 我国水网城市梳理及典型水网城市案例研究

按照城市坐落地域的自然地貌与水系分布特征可将众多的城市分为平原城市、山地城市、平原水网城市、山地水网城市等。在上述城市地理空间布置格局中，平原水网城市与山地水网城市都同时以地形、水系为城市山水环境特征，具有区别于其他城市的典型城市山水环境特征与水网结构特点。本书这里将分别对典型的平原水网城市与山地水网城市案例进行梳理与介绍。

我国的平原水网城市多位于中、东部的长江中下游平原地区，其地理特征是地势平缓，淡水河湖纵横交错、湖荡密布，这些地区自然资源丰富、经济相对发达。其中中游平原主要涵盖湖北、湖南和江西等省，以武汉、长沙、南昌等城市为代表，下游平原包括安徽长江沿岸平原、巢湖平原及江浙沪间的长江三角洲地区。我国的平原水网城市典型代表有上海、武汉等。

以上海为例，上海地区一年四季分明、气候宜人，城市内主要河流有环绕区内西部和北部的黄浦江，以及东西向的川杨河、张家浜、大治河等（图1-4）。上海市内的南北向河流有浦东运河、随塘河、曹家沟等，具有多样复杂的城市水网系统，是我国东部地区一座典型的平原水网城市。

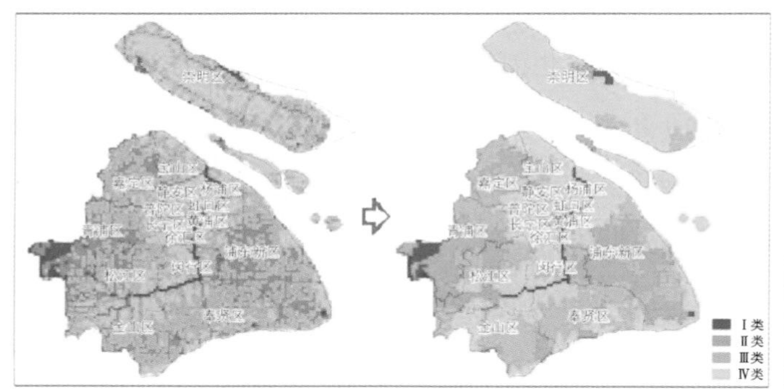

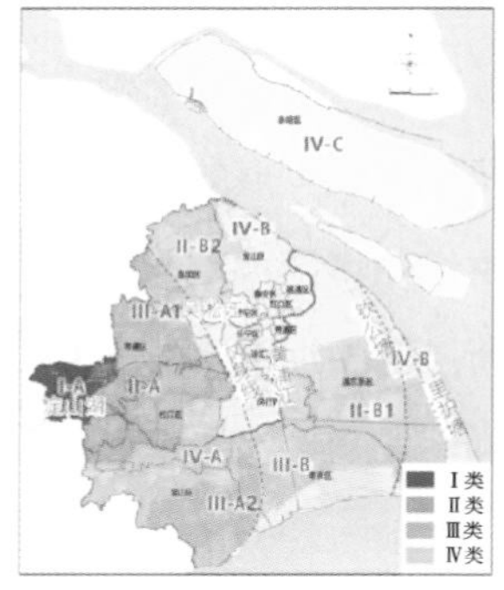

图 1-4 上海市域水系肌理分区图[①]

严春军等[98]对2000—2010年上海河网水系与城市化进程的关联性进行分析，研

① 图片来源：俞静．水系肌理下郊野地区总体城市设计分区方法——以上海为例 [J]. 城市建筑，2022，19（3）：82-89.DOI：10.19892/j.cnki.csjz.2022.03.18.

究结果指出这十年间上海市河流水网发生了较大的变化，城市河流长度和面积均明显下降，连通性下降，破碎度增加。自1990年上海开发浦东新区以来，城市建设用地持续增加，人口大量涌入。城市化过程聚集增长导致河网水系出现缩减、截流或断流的严重状况。该研究将上海市河流水系按照形态特点划分为四类，四类水系特点如下。

Ⅰ——湖荡密布型：指水面率极高，岸线密度和分维指数较低的水系。如青浦西的淀山湖周边湖荡地区，呈现为湖泊、湿地、荡、塘连片交错的自然形态，乡村聚落形式表现为相对集中且沿水呈纺锤形分布。

Ⅱ——河网稠密型：指稠密丰富，水面率高，岸线密度和分维指数较高的水系。该类型水系具有较大的水塘、河道，聚落形式表现为团状散布。

Ⅲ——河流细碎型：指细碎且丰富，水面率低，岸线密度和分维指数最高的水系。该类型水系有细密成网的河流水系的自然形态，聚落形式表现为沿水带状、簇状分布。

Ⅳ——河渠简疏型：指简单且稀疏，水面率和岸线密度低，分维指数波动大的水系。如崇明岛、浦东滨海边缘，水系平直规则，聚落形式呈带状散布，充斥着人工开垦的痕迹。

在上海市域范围内，青浦区围绕淀山湖以Ⅰ、Ⅱ类水系分布为主；松江区、嘉定区分别位于青浦区南北两侧，兼有Ⅱ、Ⅲ、Ⅳ类水系特征，并呈现出明显的层次结构；金山区、奉贤区位于市域南部的杭嘉湖平原，以Ⅲ、Ⅳ类水系分布为主；城市滨海一带以人工改造的Ⅳ类水系为主；闵行区、宝山区近中心城区，受快速城市化影响，以Ⅳ类水系分布为主。严春军等基于研究结论提出上海市未来的城市规划应注重遵循的原则，例如应遵循河网水系演变的自然规律，加强水系的连通性，并通过增加水网连通性和水面面积来修复受损的城市河网生态系统，从而提升河网水系气候调节作用等。上海水系分类方法为制定水系保护与生态恢复措施提供了参考借鉴，也为其他水网城市的规划建设提供新的思路。

除上海外，另一平原水网城市武汉的相关研究也具有借鉴意义。武汉市位于我国中部、长江中游区域，属于典型亚热带季风气候，具有四季分明、日照充足、雨量充沛的特点。武汉市内部水系发达，总水域面积达 2217.6 km^2，占全市土地面积的26.1%[92]。武汉市被长江及其最大支流汉江横贯全境，且城市中心区共有38个湖泊，其中面积大于1 km²的湖泊达16个，是我国中部地区一座典型的平原水网城市。

杨柳琪等[99]研究了武汉市蓝绿空间的演化规律及其与城市社会系统发展之间的关系。该研究基于时空演化分析的视角，以武汉市为例，影像解译量化了1996—2018年间城市水系与绿地的演变规律，并构建了“经济—社会—蓝绿空间”三者的复合模型，测算了各子系统的综合发展效益以及复合系统的协同度（图1-5、图1-6）。该研究将城市水网空间与生态空间的形态结构变化置于城市发展背景下，分析量化了城市蓝绿空间形态结构时空变化的同时，也探讨了其与城市经济、社会要素之间的协同演化过程，为城市水网生态系统的可持续规划提供参考。该研究针对武汉市蓝绿空间建设提出如下建议。

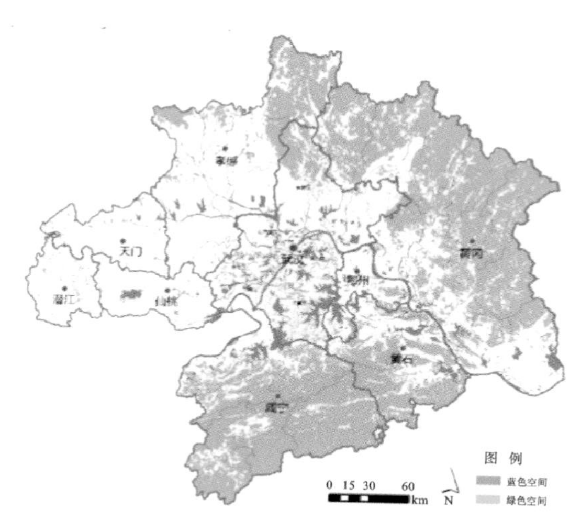

图 1-5　武汉市“1+8”城市圈水体分布情况示意图①

①对城市蓝绿空间的保护需要关注面积指标的变化和景观格局。

城市的建设容易对用地造成分隔，导致蓝绿空间失去其自然形态特征，蓝绿斑块之间联系性减弱。因此在未来的城市规划与政策中不能只关注面积、绿地率等常规性指标，应更重视蓝绿空间景观格局的优化，同时充分发挥蓝绿空间的雨洪调蓄能力与气候调节作用。

① 图片来源：自绘。

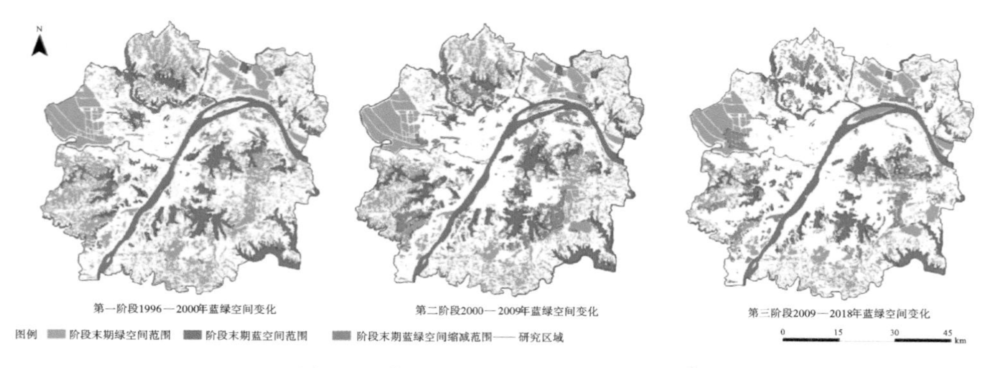

图 1-6　武汉市蓝绿空间变化情况示意图①

②应当制定更多尺度、多层次的城市蓝绿空间建设措施并保障实施效率。

关于城市蓝绿空间的研究已逐渐发展得更科学、更精细化，这一趋势引导了蓝绿空间综合效益的提升。而为了在国土空间规划背景下加强城市蓝色水网与绿地的建设规划，规划师应在继续保持政策趋势的基础上，对蓝绿空间建设进行多尺度的量化与评价。

上述研究在进行武汉市生态系统形态结构时空变化探讨的同时，也纳入了城市社会因子进行量化分析，有助于理解武汉市城市水网与生态系统的空间发展规律，同时为武汉市蓝绿空间规划保护工作的展开提供理论依据。

以上讨论了以上海、武汉为代表的平原水网城市案例，下面将探讨以重庆为代表的山地水网城市的发展规律。在黄光宇教授对山地城市的定义中，山地城市不仅包括修建在山地上的城市，也包括在城市发展过程中受到山地影响的城市[100]。我国的山地水网城市主要位于中西部地区，多分布在长江、黄河及一些较大支流的中上游河谷地带，交通比较便利且生态系统多样，如重庆、攀枝花等。

同时需要明确的是，一个城市不可能只以一种地形特征存在，山地城市的地形地貌以山地和丘陵为主。例如重庆市作为典型的山地城市，在具有山地地形的同时也拥有50%的丘陵地貌，水系分支与地形起伏复杂。尤其是因地形变化产生错综复杂的潜在水系格局的山地城市，例如四川省眉山市，山地城市空间形态在生态理念

① 图片来源：杨柳琪，周燕，罗佳梦，等 . 基于时空演变分析的武汉市城市蓝绿系统空间格局及其与城市发展的协同关系研究 [J]. 园林，2022，39（7）：66-74.

的引导下，尊重自然山水格局，城市空间形态与山水空间格局有机融合，形成独特的城市山水空间形态。

重庆市的山水城市空间格局，就经历了两江—两江两山—两江四山的形态演变过程，且整个市域被水系所贯穿，是我国西部地区一座典型的山地水网城市。两江交汇是重庆这座城市主要的水网环境因素。沿江贸易与交通的发展促进重庆城市形态从初始的点状向沿江的带状演替，交通系统的快速发展促进重庆从两江拓展到两山之间，山水格局是重庆市多中心组团式城市空间形态形成的最重要的因素。无论是“大分散、小集中、梅花点状”的城市空间形态，还是“有机分散、分片集中”的“多中心、组团式”城市空间形态，河流水网都起着重要的影响作用。两江环抱、青山纵横的自然山水格局在潜移默化中影响着重庆的城市形态发展。重庆市自然山水格局与城市空间形态演替关系示意图见图1-7。

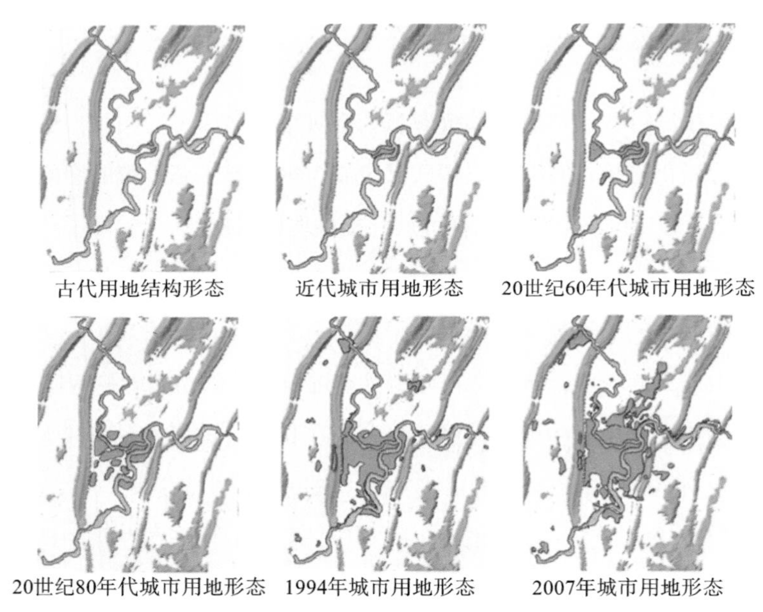

图 1-7　重庆市自然山水格局与城市空间形态演替关系示意图①

另外，陈灵凤[95]对重庆市沿水系分布的工业用地变化进行了分析。研究指出，随着区域功能的转型和城市地位的提升，重庆中心地带的用地更新以提高社会服

① 图片来源：重庆主城两江四岸滨江区域城市设计资料。

务、优化生活品质为重点发展目标，曾经因为工业的崛起而在城市水系关联区域分布的工业地块开始集中向城市外围迁移。为了改善城市水系的水质、水量，提高城市水系的生态服务功能，规划部门在对重庆市用地分布规划意见中指出，2020年将减少两江四岸区域的工业用地面积，城市工业区面积将由现状的8%调整至规划的2%，且由于工业区的用水需求，城市工业区主要选择在主干流或次干流沿线布置（图1-8）。

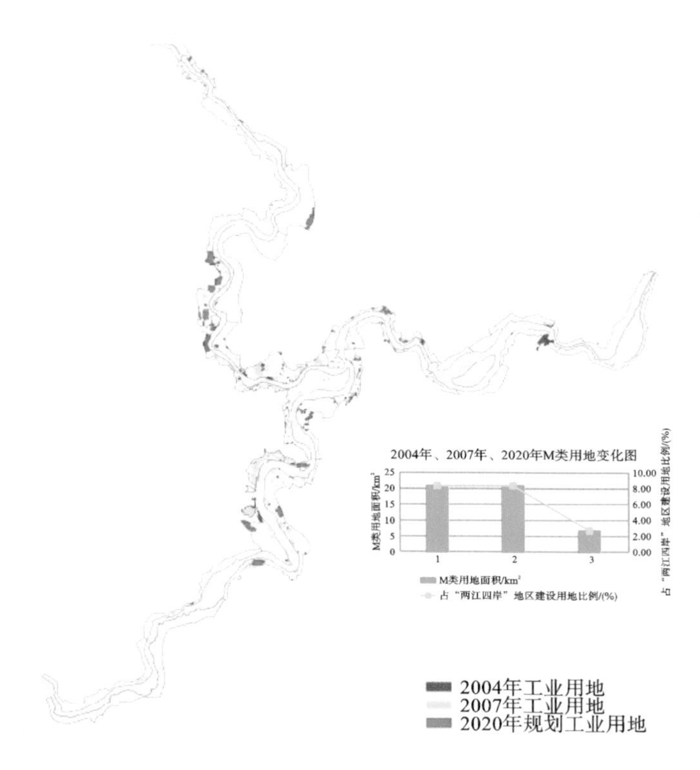

图 1-8　重庆市两江四岸工业用地发展变化图①

本章参考文献

[1]　周淑贞，束炯. 城市气候学[M]. 北京：气象出版社，1994.

[2]　任超，吴恩融. 城市环境气候图——可持续城市规划辅助信息系统工具[M].北

① 图片来源：陈灵凤 . 山地城市水系规划方法研究 [D]. 重庆：重庆大学，2015.

京：中国建筑工业出版社，2012.

[3] 丁沃沃，胡友培，窦平平. 城市形态与城市微气候的关联性研究[J]. 建筑学报，2012（7）：16-21.

[4] 周雪帆. 城市空间形态对主城区气候影响研究——以武汉夏季为例[D].武汉：华中科技大学，2013.

[5] 丁硕毅，乔冠瑾，郭媛媛，等.珠三角城市群热岛及其气象影响因子研究[J].热带气象学报，2015，31（5）：681-690.

[6] 余兆武，郭青海，孙然好.基于景观尺度的城市冷岛效应研究综述[J].应用生态学报，2015，26（2）：636-642.

[7] 曾穗平. 基于“源-流-汇”理论的城市风环境优化与CFD分析方法——以天津市为例[D].天津：天津大学，2016.

[8] 李鹍，余庄. 基于遥感技术的城市布局与热环境关系研究——以武汉市为例[J]. 城市规划，2008（5）：75-82.

[9] 但玻，赵希锦，但尚铭，等. 成都城市热环境的空间特点及对策[J]. 四川环境，2011，30（5）：124-127.

[10] Oke T R. The energetic basis of the urban heat island[J]. Quarterly Journal of the Royal Meteorological Society，1982，108（455）：1-24.

[11] Howard L. The climate of London，deduced from meteorological observations[M]. Cambridge：Cambridge University Press，2012.

[12] Manley G. On the frequency of snowfall in metropolitan England[J]. Quarterly Journal of the Royal Meteorological Society，1958，84（359）：70-72.

[13] Rao P K. Remote sensing of urban heat islands from an environmental satellite[J]. Bulletin of the American Meteorological Society，1972，53（7）：647-648.

[14] 黄宏涛，吴荣军，王晓云，等.城市热岛效应研究进展[J]. 河南科学，2015，33（7）：1214-1220.

[15] 张宇轩，翟晓强. 缓解城市热岛效应的策略及其研究进展[J]. 建筑科学，2017，33（12）：142-151.

[16] Voogt J A，Oke T R. Thermal remote sensing of urban climates[J]. Remote Sensing

of Environment，2003，86（3）：370-384.

[17] Gallo K P，Adegko J O，Owen T W，et al. Satellite-based detection of global urban heat-island temperature influence[J]. Journal of Geophysical Research：Atmospheres，2002，107（D24）.

[18] Masson V. Urban surface modeling and the meso-scale impact of cities[J]. Theoretical and Applied Climatology，2006，84（1-3）：35-45.

[19] Grimmond C，Oke T R. Turbulent heat fluxes in urban areas：observations and a local-scale urban meteorological parameterization scheme（LUMPS）[J]. Journal of Applied Meteorology，2002，41：792-810.

[20] Masson V. A physically-based scheme for the urban energy budget in atmospheric models[J]. Boundary-Layer Meteorology，2000，94（3）：357-397.

[21] Kusaka H，Kondo H，Kikegawa Y，et al. A simple single-layer urban canopy model for atmospheric models：comparison with multi-layer and slab models[J]. Boundary-Layer Meteorology，2001，101（3）：329-358.

[22] Miao S，Chen F，Lemone M A，et al. An observational and modeling study of characteristics of urban heat island and boundary layer structures in Beijing[J]. Journal of Applied Meteorology and Climatology，2009，48（3）：484-501.

[23] 寿亦萱，张大林. 城市热岛效应的研究进展与展望[J]. 气象学报，2012，70（3）：338-353.

[24] 官雨洁，吴滨. 城市热环境发展及缓解方案研究综述[J]. 气象科技进展，2022，12（1）：14-18.

[25] Fischer E M，Oleson K W，Lawrence D M. Contrasting urban and rural heat stress responses to climate change[J]. Geophysical Research Letters，2012，39（3）.

[26] Mackey C W，Lee X，Smith R B. Remotely sensing the cooling effects of city scale efforts to reduce urban heat island[J]. Building and Environment，2012，49：348-358.

[27] Akbari H，Touchaei A G. Modeling and labeling heterogeneous directional reflective roofing materials[J]. Solar Energy Materials and Solar Cells，2014，

124： 192-210.

[28] Pomerantz M. Durability and visibility benefits of cooler reflective pavements[J]. Lawrence Berkeley National Laboratory.LBNL Report： LBNL-43443.2000.

[29] Wong N H， Jusuf S K， Win A， et al. Environmental study of the impact of greenery in an institutional campus in the tropics[J]. Building and Environment, 2007， 42（8）： 2949-2970.

[30] Rosenzweig C， Solecki W D， Cox J， et al. Mitigating New York City's heat island： integrating stakeholder perspectives and scientific evaluation[J]. Bulletin of the American Meteorological Society， 2009， 90： 1297-1312.

[31] Skoulika F， Santamouris M， Kolokotsa D， et al. On the thermal characteristics and the mitigation potential of a medium size urban park in Athens， Greece[J]. Landscape and Urban Planning， 2014， 123： 73-86.

[32] Alexandri E， Jones P. Temperature decreases in an urban canyon due to green walls and green roofs in diverse climates[J]. Building and Environment， 2008， 43（4）： 480-493.

[33] Sun C Y. The relationship between green roofs and the thermal environment in Taipei city[J].WIT Transactions on Ecology and the Environment， 2010， 138： 77-88.

[34] Wong N H， Tan A Y K， Tan P Y， et al. Perception studies of vertical greenery systems in Singapore[J]. Journal of Urban Planning and Development， 2010， 136（4）： 330-338.

[35] Campion G B， Venzke J F. Spatial patterns and determinants of wetland vegetation distribution in the Kumasi Metropolis， Ghana[J]. Wetlands Ecology and Management， 2011， 55（19）： 423-431.

[36] Ca V T， Asaeda T， Abu E M. Reductions in air conditioning energy caused by a nearby park[J]. Energy and Buildings， 1998， 29（1）： 83-92.

[37] Hsieh C， Huang H. Mitigating urban heat islands： a method to identify potential wind corridor for cooling and ventilation[J]. Computers， Environment and Urban

Systems, 2016, 57: 130-143.

[38] Shareef S, Abu B. The effect of building height diversity on outdoor microclimate conditions in hot climate. A case study of Dubai-UAE[J]. Urban Climate, 2020, 32: 100611.

[39] Ren C, Yang R Z, Cheng C, et al. Creating breathing cities by adopting urban ventilation assessment and wind corridor plan—The implementation in Chinese cities[J]. Journal of Wind Engineering and Industrial Aerodynamics, 2018, 182: 170-188.

[40] 洪亮平，余庄，李鹍. 夏热冬冷地区城市广义通风道规划探析——以武汉四新地区城市设计为例[J]. 中国园林，2011，27（2）：39-43.

[41] 吴息，陈万隆，刘春岩，等. 合肥东南引风口对城区热岛调节作用的评估[J]. 南京气象学院学报，2003（6）：768-772.

[42] 周雪帆，陈宏，管毓刚.城市通风道规划设计方法研究——以贵阳市为例[J].西部人居环境学刊，2015，30（6）：13-18.

[43] Li W F, Cao Q W, Lang K, et al. Linking potential heat source and sink to urban heat island: heterogeneous effects of landscape pattern on land surface temperature[J]. Science of the Total Environment, 2017, 586: 457-465.

[44] 魏后凯. 新时期中国城镇化转型的方向[J]. 中国发展观察，2014（7）：4-7.

[45] Feizizadeh B, Blaschke T. Land suitability analysis for Tabriz County, Iran: a multi-criteria evaluation approach using GIS[J]. Journal of Environmental Planning and Management, 2013, 56（1）: 1-23.

[46] 陈智龙，董雨琴，陈凌静，等. 城市热岛效应变化及其影响因素分析研究[J]. 江苏林业科技，2021，48（6）：34-40.

[47] 黄聚聪，赵小锋，唐立娜，等. 城市化进程中城市热岛景观格局演变的时空特征——以厦门市为例[J]. 生态学报，2012，32（2）：622-631.

[48] 张艳，鲍文杰，余琦，等.超大城市热岛效应的季节变化特征及其年际差异[J]. 地球物理学报，2012，55（4）：1121-1128.

[49] 葛伟强，周红妹，杨何群.基于MODIS数据的近8年长三角城市群热岛特征及演

变分析[J].气象，2010，36（11）：77-81.

[50] 刘伟东，尤焕苓，孙丹.1971—2010年京津冀大城市热岛效应多时间尺度分析[J].气象，2016，42（5）：598-606.

[51] 戴晓燕，张利权，过仲阳，等. 上海城市热岛效应形成机制及空间格局[J]. 生态学报，2009，29（7）：3995-4004.

[52] 王晓晖. 西安市城市热环境演变及其影响因素研究[D].西安：西安工程大学，2018.

[53] 张涛. 城市中心区风环境与空间形态耦合研究——以南京新街口中心区为例[D].南京：东南大学，2015.

[54] Timothy R. Oke 等.城市气候[M].苗世光，等译.北京：气象出版社，2020.

[55] 杨俊宴，张涛，傅秀章. 城市中心风环境与空间形态耦合机理及优化设计[M].南京：东南大学出版社，2016.

[56] 马童，陈天. 城市滨河区空间形态对近地面通风影响机制及规划响应[J]. 城市发展研究，2021，28（7）：37-42.

[57] 尹杰，詹庆明. 城市开发强度对通风环境的影响及风道识别——以武汉市为例[J]. 三峡大学学报（自然科学版），2020，42（3）：78-84.

[58] Kubota T，Miura M，Tominaga Y，et al. Wind tunnel tests on the relationship between building density and pedestrian-level wind velocity：development of guidelines for realizing acceptable wind environment in residential neighborhoods[J]. Building and Environment，2008（10）：43.

[59] 杨丽.绿色建筑设计：建筑风环境[M].上海：同济大学出版社，2014.

[60] 希缪，斯坎伦.风对结构的作用：风工程导论[M].2版.刘尚培，等译.上海：同济大学出版社，1992.

[61] 徐进欣，薛一冰，范斌.基于PHOENICS的住区室外风环境数值模拟研究——以潍坊市某小区为例[J].建筑节能，2015，43（9）：67-70.

[62] 陈惜墨.建筑布局对风环境影响的研究[J].智能建筑与智慧城市，2022（6）：78-80.

[63] 刘祥，范旭红.某住宅小区风环境优化设计[J].河南科学，2019，37（6）：938-

945.
[64] 王一，常家宝.上海住宅街区典型形态类型能耗模拟研究[J].住宅科技，2019，39（4）：63-68.
[65] 李悦. 上海中心城典型街区空间形态与微气候环境模拟分析[D].上海：华东师范大学，2018.
[66] 杨益晖. 居住区建筑室外空间与风环境关联性研究[D].南京：南京大学，2018.
[67] 高彩霞，丁沃沃.中国城市街廓形态特征与相关城市法规作用的关联性研究——以南京市为例[J].建筑实践，2019（2）：4.
[68] 陈飞.高层建筑风环境研究[J].建筑学报，2008（2）：6.
[69] 陈瑾民，燕海南.基于风环境优化的街区尺度建筑布局研究——以湿热地区城市广州为例[J].建筑技艺，2021，27（9）：73-77.
[70] 王洋. 西安地区高层建筑风环境的CFD模拟研究[D].西安：西安工程大学，2018.
[71] 曾忠忠，侣颖鑫. 基于三种空间尺度的城市风环境研究[J]. 城市发展研究，2017，24（4）：35-42.
[72] 刘晓英. 城市的五岛效应和风的特征分析[J]. 宁夏农林科技，2012，53（4）：121-123.
[73] 陈宏，李保峰，周雪帆. 水体与城市微气候调节作用研究——以武汉为例[J]. 建设科技，2011（22）：72-73.
[74] 叶锺楠. 我国城市风环境研究现状评述及展望[J]. 规划师，2015，31（S1）：236-241.
[75] 张涛. 城市中心区风环境与空间形态耦合研究[D].南京：东南大学，2015.
[76] 王辉，陈水福，唐锦春.群体建筑风环境的数值模拟及分析[J].力学与实践，2006，28（1）：14-18.
[77] 罗吉芳，马旭东，将阿古丽.塔城市环境空气质量现状及变化趋势[J].绿色科技，2010（12）：78-79+82.
[78] 刘延泉.大气环境颗粒物污染预防与治理的研究[J].皮革制作与环保科技，2021，2（1）：83-85.

[79] 周鹏，刘雅婷，刘兰君，等.2009—2018年中国$PM_{2.5}$时空演化特征及影响因素研究[J].生态经济，2023，39（5）：180-187.

[80] 赵梅，杨杰，胡瑶.中国$PM_{2.5}$时空分布特征研究进展[J].内蒙古科技与经济，2022（20）：76-77+107.

[81] 李名升，张建辉，张殷俊，等.近10年中国大气PM_{10}污染时空格局演变[J].地理学报，2013，68（11）：1504-1512.

[82] 刘一二，王鸽，杨宇，等.2017年中国大陆地区PM_{10}时空分布特征[J].环境科学与技术，2019，42（S1）：147-151.

[83] 姚晓玲.基于$PM_{2.5}$监测数据的大气污染防治措施改进研究[J].清洗世界，2022，38（11）：158-160.

[84] 王程涛，孟慧娟，李春晓.济南市历下区大气颗粒物污染防控分析[J].山东建筑大学学报，2022，37（4）：51-56.

[85] 姚靖，李清芳，宋卫华，等.黔江城区大气环境质量与气象要素的关系研究[J].西南师范大学学报（自然科学版），2017，42（5）：113-120.

[86] 王兴民，吴静，王铮，等.中国城市CO_2排放核算及其特征分析[J].城市与环境研究，2020（1）：67-80.

[87] 蔡博峰.中国城市二氧化碳排放研究[J].中国能源，2011，33（6）：28-32+47.

[88] 薛婕，罗宏，吕连宏，等.中国主要大气污染物和温室气体的排放特征与关联性[J].资源科学，2012，34（8）：1452-1460.

[89] 管庆丹，左小清，李石华.中国二氧化氮浓度分布特征及其驱动因素分析[J].测绘与空间地理信息，2021，44（12）：85-89+97.

[90] 谢静晗，李飒，肖钟湧.50年来中国臭氧总量时空变化特征[J].中国环境科学，2022，42（7）：2977-2987.

[91] 许悦. 哈尔滨市臭氧污染特征及减排策略研究[D].哈尔滨：哈尔滨工业大学，2019.

[92] 朱顿. 基于广义通风道理论的城市水网对微气候调节作用研究——以武汉市为例[D].武汉：华中科技大学，2021.

[93] Prof. Cynthia Twohy，Conference Director. PM_{10} and $PM_{2.5}$ chemical

characterization and source apportionment in the Lombardy region, Italy[J].

[94] 王婧. 水网型城市水系规划方法研究——以南通崇川区水系规划为例[D].上海：同济大学，2008.

[95] 陈灵凤. 山地城市水系规划方法研究[D].重庆：重庆大学，2015.

[96] 魏波. 基于GIS的地貌面和水系特征提取分析应用研究[D].北京：首都师范大学，2008.

[97] 邢忠，陈诚.河流水系与城市空间结构[J].城市发展研究，2007（1）：27-32.

[98] 严春军，杨大庆. 上海市河网水系演变特征及对城市化过程的响应[J]. 人民长江，2014，45（11）：40-43.

[99] 杨柳琪，周燕，罗佳梦，等.基于时空演变分析的武汉市城市蓝绿系统空间格局及其与城市发展的协同关系研究[J].园林，2022，39（7）：66-74.

[100] 王芳，蒋林. “山地城市”界定研究——以重庆市为例[C]//中国城市规划学会.山地城镇可持续发展专家论坛论文集.北京：中国建筑工业出版社，2012.

2 水体气候调节作用研究现状

水体作为生态系统中的重要组成部分，对气候环境有重要影响作用。研究表明，在炎热的夏季，根据水体的大小深浅和所处地理位置不同，水体附近温度与陆地温度的温差可以高达4 ℃[1]。那么，水体为什么可以影响气候环境？水体的影响作用机理又是怎样的呢？

水体具有热容量大、蒸发潜热大、反射率小、表面粗糙度低等物理特性，因此对周边风热环境具有良好的气候调节作用[2]。国内一些学者，如刘珍海[3]、王浩[4]、傅抱璞[5]、郝熙凯等[6]揭示水体蒸发吸热导致空气水蒸气含量升高，从而改变水面及周边空气温度与相对湿度，在影响了热环境与湿环境的同时，也缓解了环境附加于人体的热负荷压力。又因为水陆粗糙度差异产生的动力作用以及水陆热容差的热力作用，水体改变了空气流速，推动了局地气流循环，产生了风速效应。在炎热的夏天，城市水体产生的湖风江风，可以有效带走行人身上的热量，提高人体的热舒适度。

本书将重点探讨水体对城市热环境、风环境以及空气质量的调节作用，包括水体对气候调节效应机制、调节规律等基础研究成果，旨在挖掘水体气候生态补偿作用，促进城市人居的可持续发展。

2.1 水体对热环境调节作用研究

水体对热环境的调节主要建立在其自身的物理性质基础之上，水体的气候调节作用具有一定的规律，水体能够对局地温湿度、风速产生昼夜性、季节性影响，并以独立或叠加的形式被人体感知。进而，水体生态空间推动气候效益的产生[2]。

2.1.1 冷岛效应与水体热环境调节机理

1.冷岛效应

从前文可知城市热岛效应是城市气温明显高于郊区的现象，而水体的冷岛效应则正好与之相反——在夏季白天，水体热容大、蒸发吸热降温，使得水体周边区域温度低于该区域所在地的平均温度，即相对于周围环境而言，水体是一个冷源。

究其原因，是由于湖泊江流等水体对于太阳辐射的反射率不同。地面较湖泊的热容小，在阳光照射下地面增温比湖泊要快得多，在夏季白昼阳光辐射下，干燥地面强烈增温，通过大气的环流作用，暖空气被带到湖泊上空，形成一个上热下冷的逆温层，上下层空气间的热交换难以进行，下层冷空气块得以保持稳定，因而形成一个湿润、凉爽的小气候[7]。具体如图2-1所示。

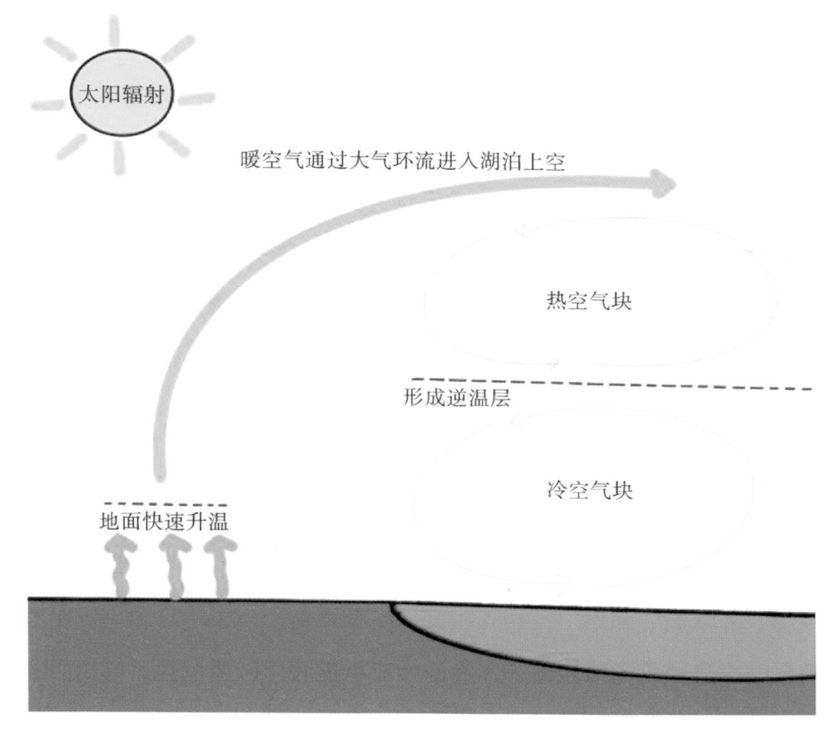

图 2-1　白天水体上空逆温层形成示意图①

冷岛效应最早于沙漠绿洲与湖泊观测时被发现。1987年，中国学者苏从先等[7]在河西绿洲水热平衡研究中首次提出绿洲“冷岛效应”概念，指出干旱地区的绿洲或湖泊相对于周围环境是一个冷源，形成一种与热岛效应相反的冷岛效应。胡隐樵等[8]的黑河实验（1994年）、陈世强与奥银焕等[9]的金塔实验（2005年）先后开展，对典型绿洲的大气监测研究均证实了绿洲湖泊相对于沙漠而言具有冷湿的区域气候

① 图片来源：自绘。

特点。

随后，人们在不同尺度上也证明了冷岛效应确实是存在的，比如杜铭霞等通过定量分析探讨冷岛效应的强度问题。他们研究发现，在新疆的几个典型绿洲，冷岛效应与湿岛效应普遍存在，且由于不同绿洲区域的地理位置、面积大小、海拔等因素不同，冷岛效应强度具有差异性。日本学者深川健太等[10]对河流及其他下垫面温湿度及风速进行长期实测分析，最终得出在夏季白天河流确实可作为城市冷源，能对周围环境起到降温作用的结论。

遥感观测具有同步性、长期性、全面性和可重复性等特点，因此在冷岛效应城市宏观尺度的验证与监测中，它们功不可没[11]。Sun等[12]利用遥感影像研究北京水体对城市热岛的缓解作用，发现水体与周围建设用地的关系对水体冷岛效应具有重要作用，因此研究人员认为应该在城市设计视角下提出权衡水体冷岛效应与土地利用限制的规划政策与设计策略。刘勇洪等[13]、冯晓刚等[14]、李东海等[15]分别利用卫星资料、遥感热成像、GIS 地理信息数据库揭示河流、湖泊等大空间水域与其他土地利用类型的热量差异。

基于MM5、WRF等一系列气候模式的数值手段与遥感技术手段逐渐被应用到水体与绿洲冷岛效应的研究之中。文莉娟等[16]利用中尺度数值模式MM5对模拟的金塔绿洲效应偏离进行了敏感性试验研究，发现环境风场对造成绿洲冷岛、高湿中心的偏离起着非常重要的作用，而同时绿洲的存在对于形成冷岛和高湿中心起决定作用。模拟结果显示风场风速越小，冷岛效应越显著，风速越强，偏离中心程度越大，但增大至一定量值后，冷源将无法激发，即不再呈现出冷岛作用。文小航等运用WRF气象模拟模式，对金塔绿洲的温度场、环流场、能量场的结构及其日变化特征进行了较为细致的模拟研究。结果表明，WRF模式能较好地模拟出非均匀下垫面上绿洲和戈壁的近地面温度、风场、净辐射、感热和潜热等要素的变化特征及日变化规律，较为完整地呈现出绿洲冷岛效应，模拟的近地面风向和观测值吻合度较高。除MM5、WRF等中尺度模拟技术外，CFD技术也被应用于此领域。宋晓程[17]通过CFD数值模拟与现场实测研究城市河流对局地热湿环境的影响，结果表明河流作为城市冷源对周边建筑区温度分布略有影响，且周边建筑区内空气温度随着离河岸距离增加而呈递增趋势。

与此同时，随着自然环境对人体生理感知作用研究的深入，社会学方法逐渐应用于探求滨水冷岛效应与行为模式关联研究中[2]，譬如研究者通过调查问卷、访谈法进行滨水空间的热感知评估等。Lam[18]利用GIS绘制行为地图，在生理及心理双重视角下探讨水体冷岛效应对人群滨水行为的影响作用。这些针对滨水行人的热舒适研究也表明，水体的冷岛效应是切实存在的，并且有益于城市居民热感舒适度与个人健康。

2.水体热环境调节机理

众所周知，水体的冷岛效应在应对气候变化与缓解城市热岛问题上效果显著，且水体自身在整个自然系统中应对气候变化所产生的生态与社会效益也不可小觑[19]，那么，冷岛效应主要与哪些因素有关呢?

水体的冷岛效应主要与水体自身特殊的物理属性相关，包括如下几个方面。

（1）热容量大。

水体相较于城市陆地下垫面具有较大的热容量，吸收大量的热量但温度波动有限，因此，昼夜温差要比陆地小。气候愈干燥，陆地土壤含水量和热容量愈小，水体与陆地土壤的热环境影响作用相差愈大[1]。因此，夏季白天陆地受到太阳辐射快速增温，而湖水增温缓慢，温度比陆地低，由于存在水陆温差，水体会吸收周边城市区域放出的热量，有效达到给城市降温的目的。

（2）蒸发潜热大。

水体等自然下垫面蒸发散热对周围空间具有明显的降温增湿作用。早在1990年，国外学者开始关注水面温度及其蒸发量研究并取得一系列成果[20]。譬如，西班牙学者埃文斯等[21]运用现场实测方法对布宜诺斯艾利斯城市内河流周边区域的微气候进行实测研究，得出水体周边温湿度随大气变化的一般规律。

（3）反射率小。

由于水体的反射率比陆地下垫面小，且水体的透射率大，太阳辐射到达水面，水体能够吸收大部分热量，因此白天水面获得的辐射能量比陆地多。日本学者池田俊介等[22]对水面温度和水面接收的太阳辐射进行实测，分析水面温度与其接收的太阳辐射之间的关系。由于水是热的不良导体，气温对水温的影响最先作用在水面，太阳辐射在穿过水体时会有折射和吸收现象，这些都会导致水体因水深的不同而温度不同，夏季的一般情况下，水面温度会高于水底温度，深度4 m以内会有2～5 ℃的差异。

除水体的气候调节作用外，城市中的水体和绿地配合会使得冷岛效应更加明显，因此被人们称为城市“蓝绿空间”冷岛作用。研究表明，水体对热岛效应的缓解强于绿地，而水体与绿地混合配置对热岛效应的缓解作用又强于水体，因此在河道周围预留足够的缓冲区，可以充分发挥其“冷岛廊道”效应。例如，张丽红等[23]通过实验研究滨水区周边环境改善效应，通过测定分析得出城市河流对周边绿地水平方向上温湿度的影响水平与周边绿地的绿量密切相关，绿地绿量越大，河流对周边绿地温湿度变化的影响越强，降温增湿效果越明显，影响范围越大。

2.1.2 水体热环境调节规律

在弄清水体是如何通过自身物理特性影响周边热环境的过程中，傅抱璞等人发现水体对周围环境小气候的调节作用存在一定规律，比如水体对周围的热环境存在明显的昼夜、季节性规律。水体因自身特征的不同表现出的小气候效应可能会有很大差异，而类似的水体在不同环境下，受大气候背景、湿度、植物等因素影响表现出的小气候效应也会有所差异，小气候效应的差异主要体现在影响效果、影响范围及影响强度上[24]。

1.水体热调节效应的昼夜规律

随着昼夜交替与地域变化，水体温湿度效应呈现显著的早晚时空分布差异[2]。

王浩、傅抱璞[25]用数值模拟的方法研究陆地水体的温度模式，在模式中考虑了水陆间反射率差异、水体对太阳辐射的透射作用、水体的湍流混合、地面和水面的能量平衡以及土壤热传导方程等物理过程。模拟结果与观测资料和前人的研究结果一致，即水体白天有降温效应，夜间有升温效应，这种效应晴天大于阴天。杨凯等[26]在研究上海水体时发现水体日间环境温度呈单峰曲线状趋势，其降温效应在14：00—16：00达到峰值，可平均降低环境温度1.6～3.0 ℃。Theeuwes等[27]通过软件模拟，进一步提出温度效应昼夜特征，研究团队在WRF中尺度气象模式中设计了一个理想的圆形城市。其中，地表水的覆盖、大小、空间形态和温度都是不同的，最后模拟结果表明，水体的冷却效果与温度呈非线性关系。此外，当夜间水体温度比气温要高时，水体存在增温效应。如图2-2所示，在夜间，临水区的空气温度可能比没有湖泊的区域高出3.5 ℃。

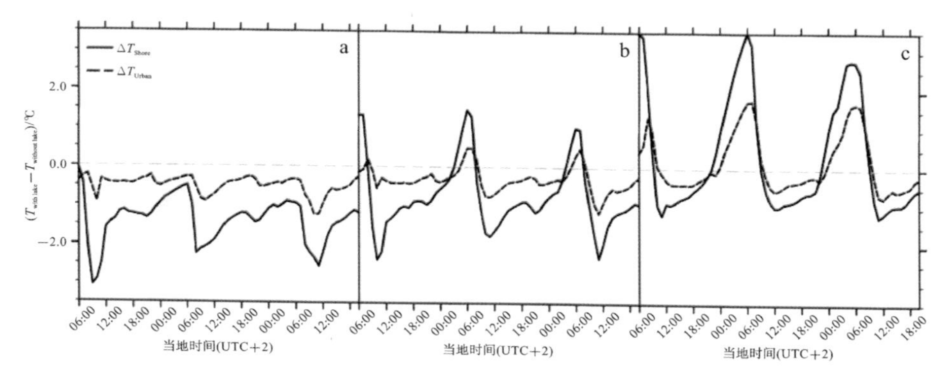

图 2-2　不同温度的湖泊对近湖点 2 m 温度差的影响（灰色代表夜间时间）①

那么，水体为什么会产生这种昼夜性的差异呢？白天水体蒸发吸热，具有显著的“冷岛效应”，夜晚水体放出热量，最大升温可达2.2 ℃。在效应强度上，水体的日间冷却效应显著强于夜间的保温效应。

2.水体热调节效应的季节性规律

在季节差异上，王浩等的研究表明，夏季白天的降温效应大于夜间的升温效应，冬季的情况正好相反，夜间的升温效应大于白天的降温效应[25]，就日平均情况来说，水体冬季可增温1.2 ℃，夏季可降温1 ℃。Hathway等[28]以小区域的城市河流为对象，考察其缓解城市热岛效应的“冷源”潜力，结果显示河流降温的能力与空气温湿度、风速、水面温度及太阳辐射相关，并发现春季河流对空气的降温能力要高于夏季。裴海瑛等通过对下垫面近地层温度的观测，发现城市河流在秋冬季节温度比周边空气温度高，月变化幅度较大，而夏季变化规律则完全相反。纪鹏等[29]选取北京市7条不同宽度河流和滨河绿地作为研究对象，分析水深为1 m左右城市河流对滨河绿地的温湿效应，研究结果显示，春季、夏季和秋季，城市河流具有增湿、降温效应，其中，夏季河流的降温能力最强，春季和秋季河流对滨河绿地的温湿效

① 图片来源：杨凯，唐敏，刘源，等. 上海中心城区河流及水体周边小气候效应分析 [J]. 华东师范大学学报（自然科学版），2004（3）：105-114.

应差别不大，春季、夏季和秋季滨河绿地的气温受环境温度影响较大，冬季河流也具有降温效应，但是降温幅度随着河流宽度的增加不断减弱直至消失，甚至逆转。在人体热感知的研究中，杨凯等[26]对上海中心城区6处不同类型的城市河流研究发现，水体在温暖湿润的春夏季比寒冷干燥的冬季具有更加明显的热舒适度调节效应。温度和相对湿度是客观气象物理指标，并不能综合反映人体的真实感受，基于温度与相对湿度两个因子计算的温湿指数THI（thermohygrometric index）值与人体热舒适度相关。THI值在15～20时，人体热舒适度最高，THI值大于30时为酷热环境，THI值越低，表明水体对人体热舒适度作用越显著。杨凯等的研究中的6处水体，在春夏季能有效降低水体下风向THI值，尤其在夏季，上海张家浜河道上风向位置几乎全天THI值都高于30，处于酷热难耐的范围，而下风向位置在12：00前THI值都低于30，水体热舒适度调节效应显著。

一系列的国内外研究表明，水体本身存在季节性差异，夏季白天，太阳辐射强，水陆表面因反射率不同，接收太阳辐射的差异大，水体吸收并储存能量起到“热汇”作用；在冬季未封冻情况下，水体放热起到“热源”作用。夏季日间冷岛效应强于夜间保温效应，冬季反之，春夏两季冷却强度显著强于秋冬保温强度。

3.蓝绿空间热调节作用规律

植被是具有气候调节作用的重要自然下垫面[29]。河道两侧一定宽度的绿地带，可以改善局部小气候，阻隔大面积热块的形成，有效降低环境温度5～10 ℃[34]。35 m宽的河流可以使周围温度降低1～1.5 ℃，当水体周围有绿地存在时，可以使水体对周围区域的降温作用增强[30]。

国内针对生态绿地的研究起步不晚，研究的连贯性也较好。张丽红等[23]从植被形态视角提出植被覆盖率、种植结构、绿地宽度是强化水体水平方向温湿度效应的主要因素。蔡园园等[31]的研究表明，亚热带城市河流廊道绿地，草坪的降温增湿效果不显著，乔-草、灌-草和乔-灌-草型绿地的降温增湿效果显著，其既能有效控制太阳辐射，降低空气温度，又能引导河道风，增加空气对流，提高舒适度。杨凯等的研究也表明“蓝绿”复合生态系统有利于河流水体小气候效应的发挥，潍坊公园附近的张家浜两岸具有开阔的绿化空间，在实测期间，上下风向的温差为1.5～2 ℃，湿度差为4%～8%，对人体热舒适度调节作用显著[26]。纪鹏等[32]发现，水体周边绿地郁闭度不小于0.6，植被覆盖率介于60%～80% 之间时，降温增湿效应稳定持续，滨水绿地宽度不小于45 m时，水平方向气候调节效应随之扩大。

另一方面，刘滨谊等[33]、陈茗[34]进一步为不同生物气候区的滨水空间提供了因地制宜的景观设计策略。刘滨谊等[33]在城市滨水带小气候与空间断面关系研究中得出，改善夏季滨水带小气候的规划设计中，应优先选取坡地或台地，减少硬质铺装的台阶，利于降温增湿。提高乔木覆盖郁闭度、控制沿河灌木高度，并且在后期的维护中对沿河灌木进行定时修剪，使其树高保持在3 m以下。园林绿化所用乔木（株）、灌木（株）、草坪（m^2）最适合比例应不小于1∶6∶21，换算成乔（灌）与草的绿量比为1.45，可初步作为滨水带植被配置的参考值。

这些研究成果证明了植被可以强化水体气候效应。但有必要指出，由于植被的气候效应单一且孤立，而水体特有的流动性更易于形成连续的冷却辐射链条，因此，水体与植被的协同策略应扬长避短、相辅相成，最大限度发挥水体与植被气候调节协同效应[2]。孟宪磊[35]指出水体与植被均有各自主导的空间维度，且受城市规模影响显著。随着城市规模扩大，植被降温增湿作用逐渐减小，水体效用随之增大，为了最大限度发挥二者气候效应，不同城市发展密度及规模下应采取不同的景观策略。

4.水体冷岛效应影响范围

研究表明水体的小气候效应会随距离增大而逐渐减弱[36]，小型水体中心位置的小气候效应也比边界位置显著，人工湖两者之间可差4 ℃[37]。

傅抱璞等人在20世纪90年代对水体的温度效应作了一系列研究，气流经过水体时气温的改变主要发生在开始的2～3 km内，在两岸，气温按指数律变化接近内陆温度。且水体对温度的影响主要发生在水体的上风岸2 km以内和下风岸10 km以内，而以5 km以内变化最为明显，影响的空间呈“舌状”分布，在下风方向，离岸距离愈远，影响的高度愈高，在200～400 m高度，影响的水平距离最大，可达几十千米[25]。李东海等[15]以Landsat5 TM 遥感影像为数据源，研究水面积比例和地表温度的关系，发现水面积比例和地表温度存在较高的线性负相关，同时通过对比河流两岸不同距离内的城市用地温度发现，河流对城市热环境有一定的缓解作用，有效范围为200 m左右，河流越宽，缓解能力相对越强。Wong[38]研究新加坡加朗河流利用其自身的蒸发冷却作用对周围约70 m范围小气候的影响程度，发现离加朗河的距离每增加30 m，空气温度上升0.1 ℃左右，并得出在高湿度和低风速的条件下，离水体越远，水体冷却效果越弱的结论；宋晓程等[39]通过实测及数值模拟发现，河道越宽，水体的影响范围越大，可达250 m左右，河流附近气温根据河道宽度不同可下降0.6～1.0 ℃。

根据水体小气候影响范围的规律，我们在进行城市滨水空间设计时应注意与水体距离不同对水体气候调节效应的影响，应充分利用“冷岛效应”显著区域。

2.1.3 水体对湿度影响规律

水陆空气湿度的差异主要是由水域和陆地的蒸发量和辐射吸收能力、规律不同而引起。由于空气相对湿度与水汽压成正比，与受空气温度影响的饱和水汽压成反比，所以水域对相对湿度的影响显得比较复杂[1]。

1.水体增湿效应的昼夜规律

张伟[40]在对西湖小气候的研究中发现，西湖的湿岛效应具有明显的昼夜差异。研究结果表明，从总体上看，西湖和周边城区的湿度变化曲线均呈U形，在白昼（8：00—18：00）随着气温的降低，西湖的湿岛效应迅速减弱，从9：00—16：00一直维持在较低的水平，西湖与周边城区的平均湿度差仅为1.54%。而在夜间（19：00至次日7：00）随着空气湿度的增加，西湖的湿岛效应迅速增强，并持续维持在较高水平，19：00至次日7：00的平均湿度差高达21.59%。

由此可见，水体的湿度影响昼夜规律是存在的。由于水面蒸发量是一个随时间不断变化的量，伴随着太阳辐射的变化，它有明显的日变化规律，比如白天气温高、湿度小、水汽压力差大，水体蒸发量大，对周围局地气候增湿效果明显；反之，夜晚气温低、湿度大、水汽压力差小，水体蒸发量变小，增湿效果逐渐减弱[41]。

2.水体增湿效应的季节性规律

傅抱璞研究发现，水体在中国干旱和半干旱地区全年均有显著增湿作用，夏季最大增湿10%～20%[1]。在我国，一般在干旱地区各类水域全年都有增湿效应（水汽压和相对湿度都增大）。而在湿润地区，冬季和全年平均水汽压增大，相对湿度可能减小也可能增加；在夏季，浅水上水汽压和相对湿度都减小，但在深水域上大多都是增大。由于水域上空水分供应不受限制，水面平均风速较陆地大，水面蒸发和蒸发耗热也一般要比陆面大，随着季节性变化，秋冬季气候越来越干燥时，陆地蒸发受土壤水分不足的限制越大，水陆蒸发差异也随之变大，蒸发因素使水域减温效应的作用也越大[1]。

张伟等[40]的研究表明，西湖具有明显的湿岛效应，冬季是西湖湿岛效应最强的季节。冬季西湖各时点的相对湿度比周边城区平均要高16.96%；其次是秋季，西湖各时点的相对湿度比周边城区平均要高14.67%；春季的湿岛效应最弱，西湖各时点的相对湿度仅比周边城区平均高9.22%。

纪鹏等[29]在2010年的1月、4月、7月和10月中旬，各选3个晴天作为观测日，分别对7条不同宽度河流滨河绿地进行气温和相对湿度的同步观测，结果显示夏季河流对小气候的增湿能力最强，春季、夏季和秋季滨河绿地的相对湿度日变化受环境温度影响较大，增湿幅度最大的时段为14：00—16：00，且湿度影响随着河流宽度的增加不断增强。

3.蓝绿空间湿度调节作用规律

20世纪90年代，有一项有趣的研究发现，水上空气湿度通常比陆地大，但在潮湿地区，特别是水稻田地区，二者差异不大，甚至水稻田的相对湿度更高一些[1]。为什么会产生这样的现象呢？因为水稻田地区，供应蒸发的水源与水域同样充足，且稻田除田间水面蒸发之外，还有植物的蒸腾，其总蒸发量可以比水域的水面蒸发量还大[1]。

由上节我们已知，城市滨水带与河流构成的“蓝-绿”复合结构能够有效缓解城市热岛，同样，“蓝-绿”系统中植物的蒸腾作用配合水体的蒸发作用，也能有效提高水体的增湿效应。

刘滨谊等[33]在城市滨水带小气候与空间断面的研究中发现，植被空间结构越复杂，增湿效果越强；在对平均相对湿度进行排序时发现，乔木+灌木+草坪组合＞乔木+草坪组合＞乔木。

2.2 水体对风环境调节作用研究

水体由于表面光滑，粗糙度低，在通风方面具有先决优势，又因其与陆地具有明显热力差异，会形成特殊的水陆风系，因此对周边区域风环境存在显著影响。不仅如此，水体能够对局地风环境产生昼夜性、季节性、范围性影响，且其风环境调节作用具有一定的规律。

2.2.1 水体对风环境的影响与调节机理

1.湖陆风

湖陆风是一种水陆热力差作用引起的局地环流，属于大气中尺度环流系统[42]。在一定天气条件下，夜晚从陆地刮向湖面，白天从湖面刮向陆地，它们被称作“进湖风”“出湖风”。湖陆风全年均可出现，但以温暖季节为盛。

湖陆风是如何产生的呢？湖面与陆面显著的温度差异是湖陆风形成的关键。在湖岸线附近的陆面，白天受太阳短波辐射增温比湖面快，在气压梯度力作用下，低层空气自湖面流向陆面，形成湖风；夜间陆面比湖面辐射冷却得快，低层空气自陆面流向湖面，形成陆风[43]。通常来说，离湖区越近，湖陆风越明显。总而言之，水陆风的形成主要来自水陆热容差异的热力作用及水陆粗糙度差异的动力作用[2]。

研究湖陆风的特征对中小尺度天气分析与预报有很大帮助，对认识局地气候特征和大气循环规律也具有重要作用[44]。湖陆风循环示意图见图2-3。

美国学者对湖陆风的研究开始较早，取得的成果也较多，主要集中在北美五大湖地区[45]。气象研究者早期通过研究湖区站点资料，确立湖区湖陆风现象，分析湖陆风转换的时间和水平、垂直结构等，预报湖陆风的出现[46-48]。中国学者对湖陆风的研究起步较晚，多集中在一些大型内陆湖泊区域。殷长秦等对巢湖流域典型站点资料进行分析，发现湖陆温差是湖陆风现象发生的关键因子，陆面站离湖面越近，受湖陆风影响越明显，巢湖的湖陆风环流对该区域显热的输送影响十分显著。杨罡等[49]利用 WRF 模式模拟和雷达资料分析，发现鄱阳湖区域湖陆风现象明显，湖陆风加上地形的狭管效应使水体北侧和西侧风速明显增大，夏季白天湖陆风环流对于移经上方的对流系统有明显减弱作用[50]。Prtenjak等[51]研究发现克罗地亚海岸的海陆风发生频率在37%～60%之间，海风一般出现在早晨8：00，并持续约10 h，14：00—15：00时海风风速达到最大。

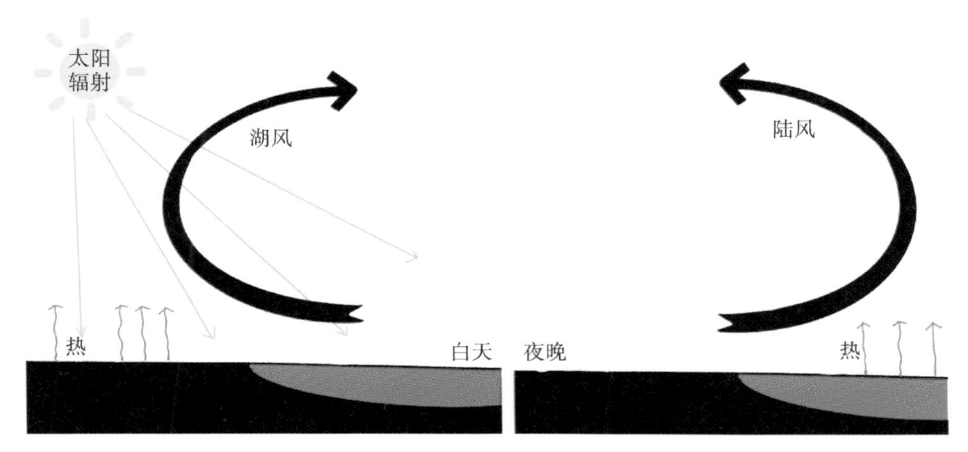

图 2-3 湖陆风循环示意图 ①

2.水体对风环境调节作用的关键因素

上一节提到了水体本身热容量大、反射率小、蒸发潜热大的物理特性，导致白天水面温度低于陆地。与此同时，水体蒸发吸热不仅降低周边区域温度，还使得空气水蒸气含量升高、相对湿度增加，因此推动局地气流循环。

当气流通过水面时，由水到陆下垫面粗糙度与温度改变，气流的温度、湿度和流速都会发生变化。当气流从陆面进入水面时，气流流速增大；当气流通过水面进入陆面时，受到陆地下垫面的影响，各气象要素又会产生新的变化[52]。气流通过水面的变性程度与水、陆面物理性质差异大小成正比，水、陆下垫面性质差异越大，气流变化越大[52]。水上风速一般都比陆上增大20%～100%，平均增大50%，且原本陆上风速越小，水上风速增大的百分比越大[1]。

陆鸿宾等[53]分析太湖湖风的特征，发现湖面风速大于湖岸及远湖区，湖面年、

① 图片来源：自绘。

月平均风速比湖岸大0.5～0.6 m/s，比远湖区大1.2～1.3 m/s。埃维特·埃雷尔等[54]发现水陆环流可打破近地面逆温层的稳定状态，使地表温差趋于平缓；李雪松等[55]提出连续的水体是城市散热换气、有效排污的重要生态通道。Zeng等[56]进一步证实风速效应与水体面积呈正相关，1600 m^2以上的水体可增加风速 0.13 m/s。风速的提高不仅决定了水体温湿度效应强度及传播范围，更体现在调节各气候因子动态平衡，控制局地气候条件变化幅度的效能[57]。

水体对风环境的调节作用强弱与多种因素相关，包括如下内容。

1）水体表面粗糙度低，光滑平整

由于水体表面相较于陆地下垫面粗糙度较低，水体表面平滑，其上方空气流动阻力较小，气流由陆地流经湖面时，摩擦力减小，流速加大[53]。水体上方的风速一般比陆地大这一特性，使得水体特别适合作为城市通风道中空气引导通道部分，连续的水体是城市散热换气、通风的重要生态通道[44]。

2）水体表面温度低

水体热容高，白天水域蒸发吸热，水面温度较陆地面要低，由于湖陆热力性质不同，热力差有利于产生湖陆风[53]。气候越干燥，水体周围陆地地形起伏越大，水陆下垫面物理性质差异越大，气流通过水体的变化就越大，水体的气候效应就越明显[52]。同时，曹丹等[58]指出，水体蒸发吸热，水雾的降温增湿效应与风速呈正相关，一般以下风向最为显著，上下风向湿度差可达5.5%。

3）湖风环流

气流在水体与陆地之间的循环产生了复杂的湖风环流。陆地大气稳定时，或陆上大气不稳定且自然风速较大时，水面风速均是从上风岸向下风岸逐渐增大；陆上大气不稳定且自然风速较小时，水面风速只会在上风区一定范围内增大，超过一定离岸距离，风速较上风岸反而开始减小，离下风岸越近，风速减小越多[52]。夏季白天陆地气温高于水体，陆地近地面形成低压，水体近地面形成高压，风从水体吹向陆地，带来湿润的空气，给城市降温，且水体上方湿润、高速气流有利于促成局地温湿度平衡，可以有效提升人体体表散热效率[2]，提升人体热舒适度。

2.2.2 水体对风环境影响规律

1.水体对风环境影响的昼夜规律

白天，水体气压相较于陆地气压高，湖风吹向城市，带来湿润的空气，甚至带来丰沛的降水，使得周边地区环境湿度增大；夜间，陆风带走陆地的温度，使得夜晚城市降温速度加大。风向一般在9：00—10：00由陆风转为湖风，在17：00—18：00由湖风转为陆风。

吕雅琼等[59]使用非静力中尺度模式MM5和含植被参数化的二维中尺度模式模拟青海湖区域局地环流和大气边界层特征，结果表明青海湖表现出明显的冷（暖）湖效应，对感热和潜热的影响有很强的日变化规律。杨显玉等[60]通过中尺度数值模式模拟扎陵湖和鄂陵湖区域的湖陆风现象，结果表明扎陵湖、鄂陵湖湖陆风效应显著，白天湖区边界层顶低，周边陆地边界层顶高，夜间则相反，白天湖面感热小于周围陆地。曹渐华等[45]利用浅水波模型分析鄱阳湖湖陆风成因，发现湖体作为热源，白天和夜间风向相反，有风向的转换过程，湖体的形状随着风场发展逐渐被覆盖，风向与湖岸线不完全垂直。

这些研究均证明了水体风环境存在昼夜变化规律，不仅在风速上有昼夜差异，还表现在风向上，白天与夜晚的风向相反。

2.水体对风环境影响的季节规律

李连方[61]利用洞庭湖周边典型站点资料分析发现，洞庭湖区域夏季湖陆风最为显著，冬季则相对不明显[62]。王容等[44]通过博斯腾湖流域的多个气象观测站资料分析该流域湖陆风特征发现，博斯腾湖区域春季湖陆风最强，而冬季最弱，上半年湖陆风持续时间长于下半年，在湖陆风转换期间风速趋于静止且风向多变。曹渐华等[45]对鄱阳湖风速观测研究证明鄱阳湖地区湖陆风有季节性变化，除湖西的德安站外，其他站夏季湖陆风表现得更为显著，部分站点在秋季表现异于其他季节。荀爱萍等[63]研究发现，厦门地区海边站点海陆风日的天数较少，内陆站点的天数较多，这种区别在夏季更加明显。

一系列研究表明，水体对风速的影响存在一定季节性差异，一般而言，夏季湖风最明显，冬季最不明显，部分水体受到地区大气环境及地形环境的影响，一些湖风测量站点在春秋季有异常风速现象出现。

3.水体对风环境影响的范围规律

湖风从湖中心向两岸扩张，距离湖心越远，湖风强度在水平方向上随离湖岸距离的增加而减弱。当湖风出现时，湖岸上空有逆温层出现，厚度为几百米至上千米，因湖面面积大小和大尺度天气背景而异。

Micheal R Weber对密歇根湖西南岸湖风的研究结果表明，湖风效应在距湖岸20 km的测站表现较微弱，在距湖岸55 km处已无湖风。而湖风对风向的影响范围较对风速的影响范围大得多，对风向的影响可达离湖岸175 km的内陆，整个湖风系统有时可以伸展到2500 m以上的高空。王浩[64]通过非静力平衡数值模式，真实地再现了湖陆风的双环流现象，结果表明夏季湖风的最大风速可达3 m/s，冬季只有1.8 m/s，湖风厚度约400 m，湖风首先从湖中心开始，然后向两岸扩展，岸上湖风和陆风的开始时间比湖心要迟30分钟到2小时。傅抱璞认为气流通过水域时水上和下风岸陆上各气象要素都是在离岸几千米以内变化最快，达到稳定状态的距离为离岸10 km左右，陆上大气越稳定，气流通过水域时气象要素的变化和达到稳定状态的距离越大[52]。崔丽娟等[65]发现城市水体在夏季对环境的影响主要在上风岸2 km以内和下风岸9 km以内，下风向2.5 km以内降温增湿最为明显，风速的最大变化在20 km高度以下，变化随距离增大而迅速减小。曹丹等[58]对上海开放空间的研究也表明水体对小气候的调节作用主要与距离及风环境有关，距离越近，地面温度越低，相对湿度越高，周围风速越高，调节作用越明显。同时水体与适宜的风场相结合，水体的流动可以加快水面蒸发，从而提高降温能力[66]。

2.2.3 水体通风营造策略相关研究

自然通风能大大提高城市大气环境的自净能力，提升城市居民的环境舒适度，降低城市建筑的能耗[67]。城市通风廊道即城市通风道，是指在城市建设蓝绿空间走廊，或在城市局部区域打开一个通风口或廊道。城市通风道规划的目的是利用温差及风的流体性，将郊区洁净的空气导入城市，并将城市中受污染的空气随风稀释排出，从而起到缓解城市热岛效应和城市雾霾的作用，良好的通风环境是驱散城市大气污染物的重要条件之一[66]。

前文提到，水体由于自身表面平滑等物理特性，水面风速较大，因此水体十分适合成为城市通风道的一部分。德国学者Kress研究并提出了城市广义通风道系统的概念，依据局地环流运行规律提出了下垫面气候功能评价标准，将城市通风道系统分为（生态）补偿空间、空气引导通道以及（城市基质）作用空间[67]。城市广义通风道系统示意图见图2-4。

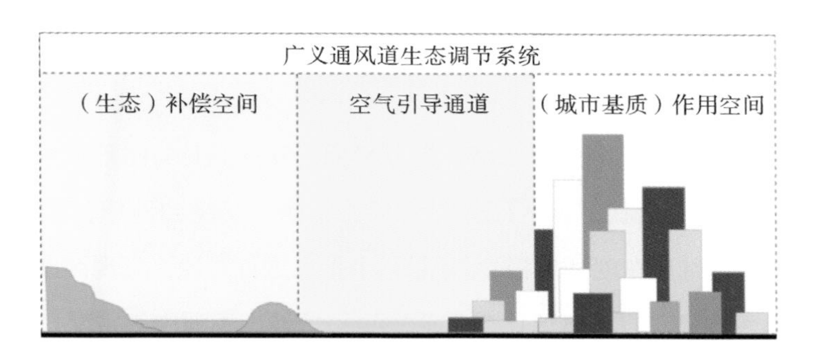

图 2-4　城市广义通风道系统示意图①

其中，补偿空间，即生态补偿空间，指冷空气或者新鲜空气的来源地。补偿空间主要有两大功能：一是能够激发空气循环的补偿空间，主要确保作用空间中冷空气的来源；二是降低污染的补偿空间，即具有净化流入空气的功能[67]。郊区水体绿地等蓝绿空间可以作为很好的城市通风道补偿空间。张晓钰等就补偿空间和城市热压差的关系进行了总结，将补偿空间分为冷空气生成区域和能够在日间提供舒适气候条件的热补偿区域[68]。除补偿空间外，水体也是良好的空气引导通道，它是指作用空间与补偿空间之间的连接通道，一般粗糙度低、空气流通阻力小，能引导城郊补偿空间的新鲜空气吹向作用空间。线状水体（江、河等）由于自身特殊的物理性质，十分契合城市通风道系统中空气引导通道的需求，为气流提供了循环通道。

总而言之，水体是城市通风道营造中不可或缺的一环，水体通风营造策略相关研究能有效提高水体的风速调节效应，也有利于发挥城市通风道的散热排气效果。

① 图片来源：自绘。

1.水体通风研究案例分析——湖风与江风

1）湖风效应的利用——以洞庭湖为例

大量对湖泊微气候特征的实测研究表明，湖泊对周边气候有显著的影响作用，影响效果受各种因素影响差异较大[53]。20世纪80年代，中国学者李连方[61]为了揭示洞庭湖湖泊的热力效应以及围垦对洞庭湖的影响，通过实地测量与气象站观测站点获得数据，对纬度相近地区热力效应对比、洞庭湖冬夏平均气温空间分布、湖陆热力环流三个方面作了分析，结果表明，泥沙大量淤积和大规模围湖造田造成了洞庭湖热力效应减弱。

洞庭湖研究范围包括洞庭湖水域、滨湖平原、丘岗共计3.16万平方千米，整个地形呈向北开口的簸箕状，湖区既受冷空气的影响，又受到地形、湖水的热力作用。李连方对相近纬度东西两地极端气温的4个指标进行对比，发现洞庭湖南北在冬季温度比东西两地高，夏季气温比东西两地低。另外，湖洲中的雷暴日数也远少于比较地。这些均充分说明，洞庭湖湖泊存在显著的微气候调节效应。

近十年来，由于人类经济活动影响，泥沙淤积以及大规模围湖造田，湖水面积日益缩小，造成了湖泊风热效应的衰减。湖区"冬暖夏凉"效应逐渐降低，湖陆风也明显减少。如表2-1所示，七月是湖陆风高峰期，湖水面积减小后，湖陆风次数明显变少。

表 2-1　东洞庭湖畔岳阳市湖陆风围垦前后变化①

年份	1953—1962 年	1963—1980 年
一月	6.0 次	5.4 次
七月	17.0 次	12.3 次

作为水体通风廊道的补偿空间，这类水体面积越大，风速效应越好，气候调节性越强。因此，应根据生物气候条件，对湖泊加以保护，巩固城市湖泊对气候变化的自适应性，促进城市内大型水体的永续利用[2]。

① 表格来源：李连方 . 洞庭湖湖泊效应及其效应衰减初探 [J]. 海洋湖沼通报，1987（3）：34-38.

2）江风效应的利用——以武汉市为例

近几年，大气细颗粒物$PM_{2.5}$引起的雾霾天气既与本地污染物排放密切相关，也受局地特殊的风场影响。因此，研究武汉市城市区域水陆风场的转化特征，对武汉市雾霾形成的早期诊断及预警具有重要意义。胡辉等人[69]利用气象观测数据和Grapher软件研究武汉市地区水陆风环流特点。

武汉市位于长江中下游江汉平原东部，市内陆地与包括长江、汉江及东湖在内的众多水域纵横交错，使得四季湿度偏大，且由于具有丰富的湖泊湿地资源，被称为“百湖之市”，其水域面积超过全市土地面积的1/4，这构成武汉市极具特色的滨江滨湖水生态环境。胡辉等[69]在长江江岸和东湖湖岸设A、B站点（表2-2、表2-3），通过气象观测研究发现，武汉市城市区域江（湖）风开始时间为7：00—8：00，冬季开始时间相对偏迟，为8：00—9：00。江（湖）风四季持续时间不同，春、夏季节江风的持续时间高于秋、冬季节，夏、秋季节湖风的持续时间高于冬、春季节。陆风开始于17：00—19：00，在春、秋、冬季，陆风的持续时间大于江（湖）风持续时间，在夏季江（湖）风持续时间大于或等于陆风持续时间。四季江风的风速为1～2 m/s，湖风的风速为1～2.2 m/s；除夏季外，江风和陆风的相对湿度差为10%～15%，夏季的相对湿度差大约为5%。而湖陆风在季节变换时，湖风和陆风的相对湿度差较小。

表 2-2　武汉市城市区域长江江岸 A 点水陆风四季风速和相对湿度①

季节	水陆风	平均风速 /（m/s）	最大风速 /（m/s）	相对湿度 /（%）
春	江风	1.1	1.4	67.5
	陆风	0.2	0.8	80.4
夏	江风	1.2	1.7	84.7
	陆风	0.5	0.7	89.1
秋	江风	1.1	2.0	56.8
	陆风	0.1	0.2	77.1

① 表格来源：胡辉，陈佳欣，余玲，等．武汉城市区域水陆风环流的形成与转化特征研究 [J]. 南京信息工程大学学报（自然科学版），2018，10（5）：521-526.

续表

季节	水陆风	平均风速 /（m/s）	最大风速 /（m/s）	相对湿度 /（%）
冬	江风	0.7	1.0	79.8
	陆风	0.1	0.2	88.1

表 2-3　东湖湖岸 B 点水陆风四季风速和相对湿度①

季节	水陆风	平均风速 /（m/s）	最大风速 /（m/s）	相对湿度 /（%）
春	湖风	1.6	2.0	62.3
	陆风	0.6	1.1	65.4
夏	湖风	1.6	2.2	66.7
	陆风	0.8	1.0	71.8

从胡辉等的研究可以看出，江流与河道可以构成城市通风廊道的空气引导通道，其“多中心”的“冷源效应”明显，可以有效阻隔热岛效应的区域性扩张。武汉市江陆风风速较大，水体本身特有的流动性更易于形成连续的冷却辐射链条[2]，这些因素使得江河本身成为空气引导通道的一部分。且湖泊与江河结合，利用面状水体冷却辐射源的靶向性特征配置于城建区各热岛中心，通过增加水体斑块边缘的复杂性扩展冷却辐射面积，利于逐一缓解局地极端气候环境，强化风速效应[2]。

2.水体通风研究案例分析——其他人工水体风速效应

除河流、湖泊研究以外，城市水体的研究对象还包括城市公共空间的喷泉、水池等人工景观水体。研究表明，喷泉有利于增强绿地水体对小气候的降温增湿作用[26]，在小型水体的研究中，喷泉的小气候效应研究偏多。

Nishimura N等人[70]对公园喷泉的降温效果进行了实测，结果表明温度降低和波动与来流风温度、湿度、风向、风速和风速波动有密切关系，温降可以延续到下风35 m 处，即使喷头不开，周围空气温度也比公园中的平均温度低1～2 ℃。

① 表格来源：胡辉，陈佳欣，余玲，等 . 武汉城市区域水陆风环流的形成与转化特征研究 [J]. 南京信息工程大学学报（自然科学版），2018，10（5）：521-526.

陈茗[34]对西安户外公共空间小型人工水体的实测结果表明，当水体位于夏季主导风向时，由于水面温度比空气低，夏季白天风从水面吹来会起到降温作用。西安市南北朝向的水体风速比较大，喷泉则有增加下风向风速的作用。同时，当通风条件好时，宜采用容易产生空气对流的浅水池、跌水等形式；当通风条件较差时，宜选用增加水面与空气接触面的水体形式，如喷泉、水幕等，靠水汽的蒸发作用来降低环境温度。

曹丹等[58]基于2006年5—8月上海城区5种类型公共开放空间（广场、喷泉、草坪、廊道、林地）的空气温度、相对湿度、风速和辐射强度等指标，分析了各空间类型对小气候的调节作用，并采用体感气象指数（discomfort index，DI）作为评价指标，比较各空间类型对人体舒适程度影响的差异，研究表明研究区林地、廊道的平均风速最小，分别为（0.58±0.16）m/s和（0.68±0.15）m/s，广场、喷泉和草坪的平均风速均显著大于廊道。喷泉对小气候的调节作用主要与距离及风环境有关，离水面距离越近，地面温度越低，相对湿度越高；周围风速越高，喷泉的调节作用越明显。

Nishimura、曹丹、陈茗等人的研究表明，在微观层面上，应该着重优化水域空间植被配置，增加植被的覆盖度，选择合适的景观水体形式，利用景观水体的风环境效应扩大植被冷却效应的传播范围。

3.水体通风营造研究案例分析——城市水体设计

在建设节能减排、绿色宜居的低碳生态城市大背景下，充分利用自然生态资源带来的益处，减少不良气候带来的危害，从而达到生态宜居，成为城市建设的一大课题。萧乐[71]以具有典型河谷城市特征的重庆市奉节县为例，研究通过一系列滨水设计手段，最终达到建设生态城镇的目的。

萧乐[71]在对重庆市奉节县整体城市设计的研究中发现，奉节县境内长江最窄处659 m，最宽处1936 m，江水自西南向东；朱衣河自西汇入长江，最窄处50 m，为雨洪通道，最宽处62 m，为长江回水，水流平缓；梅溪河自北汇入长江，最窄处300 m，最宽处690 m；草堂河自东北汇入长江，最窄处330 m，最宽处530 m；另梳理出现状汇水沟67条，宽度在10 m以下，多呈树枝状或漏斗状，沟深10～30 m，如图2-5所示。

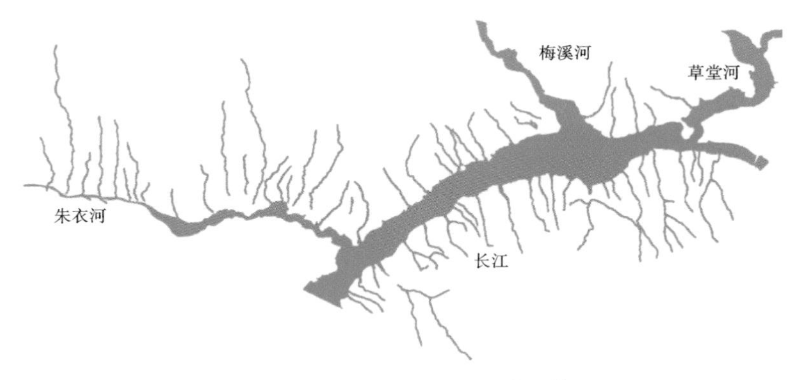

图 2-5 重庆市奉节县水系示意图 ①

奉节城区依山而建，气流经过山地时，受地形阻碍而改变了运行方向和速度，加上不同太阳辐射导致不同的温度变化，可以形成不同的局地环流（山坡风和山谷风）。同时，奉节地区气候自然状态下大气环流较微弱，“水陆风”相对明显，山地城市中夏季水陆风强度最大，为夏热冬冷型城市。地形风与水陆风叠加后，下垫面粗糙度和温度的改变会导致风速变化。气流在水面上受到的摩擦阻力小，水体上空的风速较大。研究数据显示河谷地区水面上的风速大约比陆地大60%。

因此，规划范围内对城市影响最大的地形风就是长江河谷风，若想充分利用长江河谷风就需重点考虑长江岸线的建筑布局与空间形态。其中，长江流域可以提供具有明显西北风向的水陆风，受影响地区为规划区北岸中心城片区，以及南岸部分建设用地。朱衣河沿岸受水陆风影响较小，但汇水口会有较大的不稳定气流，草堂河的半岛区域也会受到长江水陆风的较大影响。因此，萧乐等认为，在规划设计上，应当适当提高城市建筑的错落度，减少建筑的屏障作用，使得奉节这种夏热冬冷城市有着开放式的城市天际线。面向河谷主导风向留出一定的开敞空间，主要干道也应当与夏季主导风平行，或者尽量减小与盛行风的夹角。

对于奉节城市设计，受地形的影响，建设用地边界线沿山体蜿蜒分布，扩大与山林的接触面，将郊区清洁凉爽的空气引入城市内部，达到降温的作用。保证足

① 图片来源：萧乐 . 河谷气候影响下的生态城市形态浅析——以重庆市奉节县整体城市设计为例 [J]. 西部人居环境学刊，2018，33（3）： 69-72.

够的绿线退距贯穿山林与水系，打通城市纵向通风廊道，控制纵向通风廊道不小于30 m，可以在夏季有效地将水陆风引入城市内部[72]。

2.3 水体对空气质量的影响研究

快速城市化导致空气污染日益严重，空气污染问题对城市生态环境与居民身心健康构成严重威胁。已有研究证明，水体的生态效应有利于净化空气，湿地可以有效稳定大气环境[72]。湖泊形成的小气候，譬如水陆风系、湿沉降等在降低颗粒物等大气污染物浓度，改善空气质量方面发挥着巨大的作用[73]。水生植物对周边空间氮氧化物等也存在显著影响。不仅如此，水体能够对空气质量产生昼夜性、季节性、范围性影响，因此，其空气质量调节作用具有一定的规律。

2.3.1 水体对空气质量影响的作用机理

1.湿沉降作用

湿沉降作用是指通过降雨等方式将颗粒物从大气中去除的过程，它是去除大气颗粒物和痕量气态污染物的有效方法。

一方面，在污染最为严重的秋冬季节，由于空气冷且干燥，温暖的湖面会有较大的蒸发率，这将导致随后的云量增加和降雨[74]。邹长伟等人通过在南昌大学的观测得出，一次持续半天的降雨对颗粒物的清除效率为45.5%，SO_2为14.9%，NO_2为9.8%，这表明湿沉降对大气污染物的清除效果显著。降雨对大气污染物有清除作用，但对不同污染物的清除效果不同，雨水对大气颗粒物的清除效率高于污染气体。多天连续降雨会使大气污染物的降雨清除效率呈下降趋势，降雨强度越大，大气污染物的降雨清除效率越高[75]。

另一方面，水体强大的蓄热蒸发能力可以有效地降低周边环境温度并且增加湿度，形成的低温高湿环境有助于促进颗粒物的沉积并抑制气体向颗粒物的二次转化[76]。娄彩荣等[76]在研究中国长三角地区相对湿度与$PM_{2.5}$、PM_{10}的关系时发现，长三角相对湿度（RH）与$PM_{2.5}$等污染物呈倒U形关系，RH为45%～70%

时达到峰值。RH与PM_{10}、SO_2和NO_2呈倒V形关系。极干（RH < 45%）、干燥（RH=45%～60%）和低湿状况（RH=60%～70%）对$PM_{2.5}$浓度的抑制有正向影响，并具有积累效应，而中湿（RH=70%～80%）、高湿（RH=80%～90%）和极端湿度（RH=90%～100%）对颗粒物浓度的降低作用显著。$PM_{2.5}/PM_{10}$比值呈上升趋势，说明相对湿度增加对$PM_{2.5}$浓度的抑制效应大于对PM_{10}浓度的抑制效应。Wang等[77]也指出，PM_{10}在相对湿度50%～75%的范围内易于沉积，而颗粒更小的$PM_{2.5}$则需要更高的湿度。陈倩等人通过对环境监测数据的分析得出，重污染期间的$PM_{2.5}$爆发式增长，这与某些二次成分的快速增加有关，其中占主要成分的硫酸盐、硝酸盐正是由气体前体物SO_2、NO_2转化而来[78-79]。在较高的湿度下，水蒸气能迅速与NO_2 发生反应，生成的HNO_3很快与气溶胶、云和降雨结合，通过干湿沉降从大气中清除[80-81]。

2.污染物的扩散作用

前文提到过水体的风速效应原理，水体自身热容量大、反射率小、蒸发潜热大的物理特性，导致白天水面较冷的空气与陆地较暖的空气间的温度差形成压力梯度，从而引发并持续产生陆风[82]。与此同时，水体蒸发吸热使得空气水蒸气含量升高、相对湿度增加，水蒸气的风压也推动了局地气流循环。在气流循环的过程中，陆地的污染物将通过湖风锋进入湖风环流，输送到湖面上空后被下沉气流所捕获，完成沿岸地区污染物的疏散[83]。

Hayden K L等人[83]研究了加拿大安大略省西南部污染地区的气溶胶化学变化，发现湖风环流以及湖风环流中的气团环流时间会影响有机气溶胶OA、CO与SO_4^{2-}的形成速率，SO_4^{2-}形成速率为（5.0～8.8）%/h，OA的形成速率为11.6～19.4 μg/（m^3·ppmv·h），形成速率相对于区域背景速率有所提高，这意味着湖风环流是SO_4^{2-}和二次有机气溶胶形成的重要动力。王凡等人[85]采用WRF-Chem模式，分析太湖湖陆风环流对周边地区局地环流及臭氧分布的影响，结果表明，太湖湖风的存在使得苏州城区的臭氧向下风向地区扩散，由于湖风环流的强度不足以将湖区的臭氧输送到整个苏州城区，这导致远离太湖城区的臭氧浓度比靠近太湖的城区低约150 μg/m^3。Levy等[85]发现，五大湖南部地区臭氧浓度很高，白天，上升气流将臭氧运输至城市海拔更高的地方，下沉气流将臭氧运往五大湖南部。Wentworth等[86]对安大略湖2010—2012年夏季的气象和污染观测资料分析发现，在湖风锋到达湖岸时，岸上的臭氧浓度急剧升高，表明富臭氧空气被湖风从湖面带到陆地。张人文等[87]研究了风场对空气质量的影响，发现无论干湿季节，风场导致的珠江三角洲城市间污染物迁移较为明显，当风速大于3.2 m/s 时，会带走大量污染物，空气较为洁净；当风速小于 1.8 m/s时，就会出现严重的空气污染。

3.水生植物污染物吸附作用

大型水体除了能通过湿沉降与风循环等多种方式削减大气中各污染物的含量，还能够利用绿色水生植物缓解大气污染。湿地植物对大气颗粒物的吸附作用也是降低大气颗粒物浓度的重要方式[88]。植物叶片可以吸附大气中的污染物，这种物理特性可以用来确定周围空气颗粒物污染的程度，也可以用来检验单个植物物种缓解空气污染的能力。相关研究表明，植物在检测与缓解空气污染方面存在潜在用途，即通过生物积累和植物修复过程消除局地空气污染，这一举措具有一定的可行性[89]。

为了研究城市滨水绿地对空气颗粒物污染的影响，王嘉绮[90]在2019年的1月、4月、7月和10月的日间游憩时段（7：00—19：00）对不同树高和不同郁闭度的乔灌草配置进行测量研究，发现$PM_{2.5}$浓度在春秋季先快速下降至稳定至最后缓慢上升，在夏冬季则是波动上升至下降至上升。在具有高平均树高和高郁闭度的样地，$PM_{2.5}$与PM_{10}浓度显著降低，平均降低了26.59%和24.93%。Kulshreshtha K等人[88]研究了四种常见的路边及水岸植物，分别是九重葛、阿朱那、决明子、长叶蓼。将未污染环境作为对照组，对大气中有重颗粒物污染的场地进行植物减轻污染研究，结果显示，沉降在叶片表面的颗粒大小为2.5～10.0 μm，吸附效果为阿朱那＞决明子＞九重葛以及长叶蓼。

2.3.2 水体对空气质量影响的作用规律

1.水体调节空气质量的昼夜规律

由于湖陆风是湖泊陆面热力差异而产生的一种中尺度局地环流现象，湖陆风循环会改变周边地区的近地层温度、风场及其他气象条件，并且影响污染物的扩散和分布，而湖风与陆风的产生原因、风向等本就存在昼夜差异，因此湖陆风循环对大气颗粒物、气溶胶污染物等影响也具有一定的昼夜规律。白天，因为水体的比热容高于陆地，陆地受热升温的速率大于湖面升温的速率，陆地气压低于湖面气压，受气压梯度力的影响，低层的空气自湖面流向陆地，形成湖风。当湖风发生时，污染物会在上岸气流的携带下向陆地输送，并且在湖风锋的上升气流的影响下向高空扩散。而在夜间，湖面辐射冷却的速率低于陆地，湖面气压低于陆地气压，低层的空气自陆地流向湖面，形成陆风。陆风带来城市污染物，污染物会在湖岸形成污染沉积带，使得湖岸地区污染物长时间维持在较高的浓度。

王凡等人[84]分析了太湖对周边地区局地环流及臭氧分布的影响，发现在白天，太湖和周边地区的热力差使得太湖地区形成由湖区吹向陆地的湖风，湖风环流最强时，在太湖至苏州方向高度可以达到4 km，最大风速达到5 m/s，对东北岸地区的影响可以穿过苏州到达城区东北部约60 km处，臭氧随着湖风向城区下风向地区扩散。在夜间，受城区吹向湖面的陆风影响，臭氧会在湖区上方堆积，使得湖区臭氧浓度比周边陆地高约80 μg/m^3。余玲[91]通过对武汉市水陆风场与大气灰霾的关联性研究发现，武汉市夏季水陆风的发生频率高于冬季，夏季江（湖）风开始时间在7：00—8：00，冬季相对偏迟，在8：00—9：00；夏季陆风开始于19：00—20：00，冬季陆风开始于17：00，湖陆风使得污染物浓度小幅度增大，灰霾加重。张咪等人[92]通过对赤壁市臭氧污染特征及气象影响因素分析发现，臭氧日变化呈现典型的“昼高夜低”单峰分布特征，夜间臭氧维持较高浓度，这与湖陆风有一定关系。气象条件对臭氧浓度的影响显著，对比臭氧浓度超标日和非超标日气象条件可发现，温度和相对湿度对臭氧浓度的影响较风速对臭氧浓度的影响更为显著，其中87.9%的臭氧浓度发生在温度25 ℃及以上、相对湿度14%～64%时的气象条件下。

2.水体调节空气质量的季节规律

水体对颗粒污染物的影响程度具有明显的季节性，且影响能力与气温成正比，一般夏季气温最高，污染物分布与水体面积相关度较高[93]。

周雪帆等研究表明，三种主要空气污染物$PM_{2.5}$、PM_{10}、NO_2的浓度与水体之间存在一定的相关性。对于$PM_{2.5}$与PM_{10}，其在不同季节条件下的相关性变化趋势相似，均为秋季＞夏季＞春季＞冬季，这同样说明了水体对两种颗粒物的影响机制与影响能力相近。Lyu等人[94]在研究武汉市环境挥发性有机物及其对臭氧产生的影响时，发现光化学反应是影响NO_2寿命的重要因素，武汉市臭氧的浓度夏季＞冬季，这正是由于夏季气温高、紫外线强，空气中的氮氧化物更易通过反应转化为光化学气体。NO_2寿命较短，在冬季存在时长约为20 h，而夏季仅有4 h[95]，由于夏季NO_2的不稳定性，其浓度与水体的相关性也较低，而春冬两季较稳定，因此相关性相对较高。

同时，水体对风环境影响存在一定季节性的差异，一般夏季湖风风速效应最显著，冬季最不明显。因此，在一般情况下，夏季湖风对空气污染物的分布与扩散影响更为强烈。由于水体会影响周边的多种气象因素及光化学反应速率，水体周边较大的风速能及时完成污染物的疏散，而夏季较大的湿度则能促进颗粒物的沉降及清除污染前体物等，因此夏季污染物浓度与水面覆盖率相关性较高[96]。与之相反，冬季低气温条件下湖泊的小气候效应表现较弱，对大气环境的影响力也会大大降低。

3.水体调节空气质量的范围规律

前文提到，一般状况下，水体的温度效应、风速效应均会随着与水体间隔距离的变大而有所减弱。那么，水体对空气污染物的影响是否也会伴随作用范围的增加存在明显的减弱呢？朱顿[93]发现水岸地区由于湖风循环，湖岸下沉气流形成污染沉积带，污染物浓度较高。同时，湖陆环流的强度也影响着污染物的扩散范围，湖风强盛的状况下，湖风吹过城市，污染物扩散至下风向，使得下风向污染物浓度较高。

王凡等人[84]研究发现，太湖由湖区吹向陆地的湖风对东北岸地区的影响可以穿过苏州到达城区的东北部约60 km处，湖风使得苏州城区臭氧向下风向地区扩散，湖风环流的强度不足以将湖区的臭氧输送到整个苏州城区，这导致远离太湖城区臭氧浓度比靠近太湖的城区约低150 μg/m^3，臭氧浓度从靠近湖岸的城区到城区的后部再到郊区呈现出高、低、高的现象。周雪帆等研究表明，在直径分别为1.4 km与2.2 km的缓冲区内，水体能显著降低该区域颗粒物浓度，在特定的街区尺度下规划布置水体资源，能够高效地发挥其污染物削减作用[93]。

2.3.3 水体对城市空气质量调节的研究方法与技术

1.数据获取方法

1）站点监测数据

利用环境空气自动监测站数据是获取污染物分布特征的常用方法。

环境空气自动监测站除了提供气象监测数据外，还提供常规大气污染物监测数据，例如NO_2、SO_2、CO、O_3、PM_{10}、$PM_{2.5}$等，利用这些监测数据进行数据有效性分析，并对水陆风场、污染物分布的一些特征进行分析研究。

2）地理信息数据

（1）土地利用及卫星影像数据。实际数据分析中使用高分辨率土地利用数据集的下垫面信息，主要用于城市下垫面与水体下垫面的提取统计。数据集中对水体的描述细分为河渠、湖泊与水库坑塘等，也可以采用Google Earth中高清卫星影像进行目视检查与修正。

（2）地形地貌数据。地形地貌数据主要有两个可免费获得的高精度数值地形高程数据：一是SRTM数据，二是ASTER GDEM数据。两种数据的投影系统均为WGS84（世界大地坐标系，world geodetic system）的Geo Tif地球经纬度输出格式。

（3）建筑矢量信息数据。该数据以.shp格式的文件提供，要素中包含空间坐标与建筑高度信息，因此可以在ArcGIS软件中便捷地计算建筑面积、轮廓周长等建筑形态指标。该数据集主要用于WRF模型中的城市冠层模型的构建，在使用前需要完成重叠检测与几何修复，以保证数据的准确性与可靠性。

2.数据分析方法

早在20世纪末，学者们针对可吸入颗粒污染物开展了多方面的研究，结果表明在不同的时间和空间中，影响环境空气质量的污染物各不相同，污染物的分布规律也大不一样[97]。Sachweh等[98]通过对长时间数据的分析，研究了雾霾时空变化规律，指出城市内气温的升高，减少了城市中霾发生的次数，但同时增加了郊区霾发生频次。Spiroska J等[99]以时序分析的方式分析了印度加尔各答不同季节空气质量的变化，分析结果指出冬季是每年空气污染最严重的季节。Kavousi 等[100]通过空气污染分析的贝叶斯空间二项模型研究了德黑兰市的空气污染状况，根据德黑兰市各地区空气污染的空间分布特征得出了研究区域下各个区域间空气质量的依赖关系。郑尼娜等[101]通过对河北省2014—2016年六项污染物指标年均值的时空分布分析，得到除臭氧外，其他污染物与季节的变化趋势一致的规律，发现空气质量的好坏与地理位置和产业布局有一定关系。刘钊等[102]运用了 Kriging 插值的方法，结合城市中空气污染区域的提取结果，对$PM_{2.5}$的空间分布特征进行了分析。

目前已有多种方法用于模拟近地面$PM_{2.5}$等污染物的浓度，包括空间插值法、多元线性回归模型、地理加权回归模型、卫星遥感反演、中尺度气象模式WRF数值模拟，等等[103]。

1）**空间插值法**

空间插值是将离散的点状数据向二维平面数据转化的最佳方法，常用的空间插值方法有很多，包括反距离加权法、Kriging和样条函数插值等方法。在使用空间插值法之前，首先需要确定将要使用的插值方法，并对插值的精度进行评估。比如Kriging插值法，可以根据不同位置之间数据的空间相关性，将已知空间的所有点进行拟合，得到连续空间所有位置的输出值。

李秋芳等[104]在河北石家庄乡镇尺度$PM_{2.5}$时空分布的研究中，采用Kriging插值法可视化$PM_{2.5}$的空间分布，利用ArcGIS中Kriging插值方法对261个乡镇站$PM_{2.5}$浓度年均值、季节均值、月均值进行空间插值，得到不同时间尺度下$PM_{2.5}$浓度的空间分布图，直观呈现全年$PM_{2.5}$污染状况的空间分布，为季节和月度$PM_{2.5}$污染的时空差异性分析提供条件。

2）**多元线性回归模型**

多元线性回归模型通常用来研究一个因变量依赖多个自变量的变化关系。

张运江等[105]在对2015—2020年我国主要城市$PM_{2.5}$和O_3污染时空变化趋势进行分析时，采用了KZ（Kolmogorov-Zurbenko）滤波耦合了逐步多元线性回归模型，定量分析了排放与气象条件对$PM_{2.5}$和O_3趋势变化的贡献。KZ滤波是一种低通频滤波器，可以消除高频噪声并分离出低频信号，已被广泛应用到大气环境领域中，用于研究污染物的趋势变化。

3）**地理加权回归模型**

地理加权回归（GWR）模型是一种局部空间技术，可以用来检验回归参数的空间变异性和模型性能。与一般线性模型相比，GWR在传统OLS模型基础上将数据的地理位置加入回归参数中，并在每个位置（观测值）进行单独回归分析，同时考虑了相邻点的空间权重，即只考虑特定距离内的其他观测值，且近地观测的属性权重要高于远距离观测的属性权重。

杨可等[104]在对关中平原城市景观格局指数对$PM_{2.5}$影响的模拟过程中，采用了地理加权回归模型模拟分析$PM_{2.5}$浓度，在GIS软件中利用栅格计算器工具，获得了关中平原城市群500 m×500 m栅格尺度的$PM_{2.5}$浓度空间分布图，且模拟的浓度变化趋势与监测站点变化趋势一致。

4）卫星遥感反演

卫星遥感反演凭借大空间大尺度、多时相监测气溶胶的优势，成为大气环境研究最重要的监测方法之一。气溶胶光学厚度（aerosol optical depth，AOD）定义为介质消光系数在垂直方向上的积分，用以描述气溶胶对光的削减作用，可用在估算大气浑浊度、粒子总浓度，评判大气质量等方面。卫星接收信息是地球大气的散射以及地表反射的综合作用，这是卫星遥感反演的原理[106]。

5）中尺度气象模式WRF数值模拟

WRF（weather research forecast）模式系统是美国气象界联合开发的新一代中尺度预报模式。其中大气化学模式WRF-Chem是由美国NOAA预报系统实验室（FSL）开发，气象模式（WRF）和化学模式（Chem）在线完全耦合的新一代的区域空气质量模式。该大气化学模式的化学和气象过程使用相同的水平和垂直坐标系，相同的物理参数化方案，不存在时间上的插值，并且能够考虑化学对气象过程的反馈作用。

Zhang X等[107]在研究城市扩张对长三角地区空气质量影响时，采用了WRF-Chem模式，该模式同时考虑了土地利用转变以及人为排放这两个因素，并对这两个因素的个体影响和综合影响进行了评价。

本章参考文献

[1] 傅抱璞.我国不同自然条件下的水域气候效应[J].地理学报，1997，52（3）：246-253.

[2] 卞晴，赵晓龙，刘笑冰.水体景观气候调节性研究进展与展望[J].风景园林，2020，27（6）：88-94.

[3] 刘珍海.水体温、湿、降水效应的分布特征及其产生的背景[J].水电站设计，1988（2）：62-68.

[4] 王浩.深浅水体不同气候效应的初步研究[J].南京大学学报（自然科学版），1993，29（3）：517-522.

[5] 傅抱璞.小气候学[M].北京：气象出版社，1994.

[6] 郝熙凯，高配涛.微气候在景观设计中的应用前景探究[J].中国轻工教育，2013（2）：34-36.

[7] 苏从先，胡隐樵.绿洲和湖泊的冷岛效应[J].科学通报，1987（10）：756-758.

[8] 胡隐樵，高由禧，王介民，等.黑河实验（HEIFE）的一些研究成果[J]. 高原气象，1994，13（3）：225-236.

[9] 奥银焕，吕世华，陈世强，等. 夏季金塔绿洲及邻近戈壁的冷湿舌及边界层特征分析[J]. 高原气象，2005，24（4）：503-508.

[10] 深川健太，嶋泽贵大，村川三郎ら. 开発が进む地方都市の田圃ため池周辺と市街地の四季を通じた気温形成状況の比较[C].日本建筑学会环境系论文集，2006（605）：95-102.

[11] 田国量.热红外遥感[M].北京：电子工业出版社，2006.

[12] Sun R H，Chen L D.How can urban water bodies be designed for climate adaptation?[J].Landscape and Urban Planning，2012，105（1-2）：27-33.

[13] 刘勇洪，轩春怡，权维俊.基于卫星资料的北京陆表水体的热环境效应分析[J].湖泊科学，2013，25（1）：73-81.

[14] 冯晓刚，石辉.基于遥感的夏季西安城市公园“冷效应”研究[J].生态学报，2012，32（23）：7355-7363.

[15] 李东海，艾彬，黎夏.基于遥感和GIS的城市水体缓解热岛效应的研究：以东莞市为例[J].热带地理，2008（5）：414-418.

[16] 文莉娟，吕世华，孟宪红，等.环境风场对绿洲冷岛效应影响的数值模拟研究[J].中国沙漠，2006（5）：754-758.

[17] 宋晓程.城市河流对局地热湿气候影响的数值模拟和现场实测研究[D].哈尔滨：哈尔滨工业大学，2011.

[18] Lam F K. Simulating the effect of microclimate on human behavior in small urban spaces[D]. Berkeley： UC Berkeley，2011.

[19] 卞晴，赵晓龙，王松华.水体景观热舒适效应研究综述[C]//中国风景园林学会.中国风景园林学会2015年会论文集.北京：中国建筑工业出版社，2015：543-547.

[20] Webb B W，Hannah D M，Dan M R，et al.Recent advances in stream and river temperature research[J].Hydrological Processes，2008，22（7）：902-918.

[21] Evans J M，Schiller S D.Application of microclimate studies in town planning：a new capital city，an existing urban district and urban river front development[J]. Atmospheric Environment，1996，30（3）：361-364.

[22] 池田俊介，财津知亨，舘健一郎.感潮河川の热特性に関する研究[C]//土木学会论文集，1994，503/II-29：207-213.

[23] 张丽红，李树华.城市水体对周边绿地水平方向温湿度影响的研究[C]//北京园林学会，北京市园林绿化局，北京市公园管理中心.北京市建设节约型园林绿化论文集.2007：392-401.

[24] 吕鸣杨，金荷仙，王亚男.国内水体小气候研究现状及展望[J].现代园艺，2019，13：22-24.

[25] 王浩，傅抱璞.水体的温度效应 [J]. 气象科学，1991，11（3）：233-243.

[26] 杨凯，唐敏，刘源，等.上海中心城区河流及水体周边小气候效应分析[J].华东师范大学学报（自然科学版），2004（3）：105-114.

[27] Theeuwes N E，Solcerová A，Steeneveld G J. Modeling the influence of open water surfaces on the summertime temperature and thermal comfort in the city[J]. Journal of Geophysical Research：Atmospheres，2013，118（16）：8881-8896.

[28] Hathway E A，Sharples S. The interaction of rivers and urban form in mitigating the Urban Heat Island effect：a UK case study[J]. Building & Environment，2012，58（15）：14-22.

[29] 纪鹏，朱春阳，王洪义，等.城市中不同宽度河流对滨河绿地四季温湿度的影响[J].湿地科学，2013，11（2）：240-245.

[30] Heggem D T，Edmonds C M，Neale A C，et al. A landscape ecology assessment of the Tensas river basin[J]. Environmental Monitoring and Assessment，2000，64（1）：41-54.

[31] 蔡园园，闫淑君，陈英，等. 亚热带城市河流廊道绿带结构的温湿效应 [J]. 福建林学院学报，2013，33（4）：357-362.

[32] 纪鹏，朱春阳，高玉福，等 . 河流廊道绿带宽度对温湿效益的影响 [J]. 中国园林，2012，28（5）：109-112.

[33] 刘滨谊，林俊 . 城市滨水带环境小气候与空间断面关系研究：以上海苏州河滨水带为例 [J]. 风景园林，2015，22（6）：46-54.

[34] 陈茗 . 西安城市户外公共空间水体小气候效应实测分析：以环绕慈恩寺地段为例 [D]. 西安：西安建筑科技大学，2015.

[35] 孟宪磊 . 不透水面、植被、水体与城市热岛关系的多尺度研究 [D]. 上海：华东师范大学，2010.

[36] 彭小芳，孙逊，袁少雄，等.广州城市湿地的景观特点及小气候效应[J].生态环境，2008，17（6）：2289-2296.

[37] 傅抱璞.水上风速的变化[J].南京大学学报（自然科学版），1987（1）：139-154.

[38] Wong N H. Influence of water bodies on outdoor air temperature in hot and humid climate[C]//International Conference on Sustainable Design and Construction. ICSDC 2011：Integrating Sustainability Practices in the Construction Industry. Kansas：American Society of Civil Engineers，2012：81-89.

[39] 宋晓程，刘京，叶祖达，等.城市水体对局地热湿气候影响的 CFD初步模拟研究[J].建筑科学，2011，27（8）：90- 94.

[40] 张伟，朱玉碧，陈锋.城市湿地局地小气候调节效应研究——以杭州西湖为例[J].西南大学学报（自然科学版），2016，38（4）：116- 123.

[41] 王建波，王梅.水面蒸发量昼夜变化初步分析[J].黑龙江水专学报，2008，35

（1）：30-32.

[42] Isidoro Orlanski，汪秀仁. 对大气过程尺度的个种合理划分[J]. 气象科技，1984（3）：59-61.

[43] 黄先伦，李国平. 热力强迫对局地环流的扰动作用[J]. 应用气象学报，2008（4）：488-495.

[44] 王容，杜勇. 博斯腾湖流域气候及湖陆风[J]. 干旱区地理，1994，17（3）：90-94.

[45] 曹渐华，刘熙明，李国平，等. 鄱阳湖地区湖陆风特征及成因分析[J]. 高原气象，2015，34（2）：426-435.

[46] Moroz W J. A lake breeze on the eastern shore of lake Michigan：observations and model[J]. Journal of the Atmospheric Sciences，1967，24：337-355.

[47] Lyons W A. The climatology and prediction of the Chicago lake breeze[J]. Journal of Applied Meteorology and Climatology，1972，11（8）：1259-1270.

[48] Keen C S，Lyons W A. Lake /land breeze circulation on the western shore of lake Michigan[J]. Journal of Applied Meteorology and Climatology，1978，17：1843-1855.

[49] 杨罡，刘树华，朱蓉，等. 鄱阳湖地区大气边界层特征的数值模拟[J]. 地球物理学报，2011，54（4）：896-908.

[50] 傅敏宁，郑有飞，邹海波，等. 夏季鄱阳湖上空对流系统减弱过程分析[J]. 高原气象，2013，32（3）：865-873.

[51] Prtenjak M T，Grisogono B. Sea/land breeze climatological characteristics along the northern croation adriatic coast[J]. Theoretical and Applied Climatology，2007，90（3）：201-215.

[52] 傅抱璞. 气流通过水域时的变性[J]. 气象学报，1997，55（4）：440-451.

[53] 陆鸿宾，魏桂玲. 太湖的风效应[J]. 气象科学，1989（3）：291-301.

[54] Erell E，Pearlmutter D，Williamson T. Urban microclimate：designing the spaces between buildings[Z]. Taylor and Francis，2012.

[55] 李雪松，陈欢，方明扬. 滨水城市热环境与通风廊道关系研究——以黄石市为

例：《环境工程》2018年全国学术年会论文集[Z]. 中国北京：2018.

[56] Zeng Z W，Zhou X Q，Li L. The impact of water on microclimate in Lingnan area[J]. Procedia Engineering. 2017，205.

[57] Park C Y，Lee D K，Asawa T，et al. Influence of urban form on the cooling effect of a small urban river[J]. Landscape and Urban Planning. 2019，183：26-35.

[58] 曹丹，周立晨，毛义伟，等. 上海城市公共开放空间夏季小气候及舒适度[J]. 应用生态学报，2008，19（8）：1797-1802.

[59] 吕雅琼，杨显玉，马耀明. 夏季青海湖局地环流及大气边界层特征的数值模拟[J]. 高原气象，2007（4）：686-692.

[60] 杨显玉，文军. 扎陵湖和鄂陵湖大气边界层特征的数值模拟[J]. 高原气象，2012，31（4）：927-934.

[61] 李连方. 洞庭湖湖泊效应及其效应衰减初探[J]. 海洋湖沼通报，1987（3）：34-38.

[62] 林必元，李敏娴. 洞庭湖湖陆风特征与降水[J]. 南京气象学院学报，1988（1）：78-88.

[63] 荀爱萍，黄惠镕，陈德花. 城市气象与环境——第七届城市气象论坛厦门地区海陆风环流观测及特征分析：第35届中国气象学会年会[Z]. 中国安徽合肥：2018.

[64] 王浩. 湖陆风演变过程的数值模拟[J]. 南京大学学报（自然科学版），1991（2）：383-395.

[65] 崔丽娟，康晓明，赵欣胜，等. 北京典型城市湿地小气候效应时空变化特征[J]. 生态学杂志，2015，34（1）：212-218.

[66] 徐竟成，朱晓燕，李光明. 城市小型景观水体周边滨水区对人体舒适度的影响：2010年全国纺织空调除尘高效节能减排技术研讨会论文集[Z]. 中国江苏常州：2010.

[67] 王伟武，黎菲楠，王頔. 城市风道研究动态及走向[J]. 城市问题，2018（2）：36-40.

[68] 张晓钰，郝日明，张明娟. 城市通风道规划的基础性研究[J]. 环境科学与技术，

2014，37（S2）： 257-261.

[69] 胡辉，陈佳欣，余玲，等. 武汉城市区域水陆风环流的形成与转化特征研究[J]. 南京信息工程大学学报（自然科学版），2018，10（5）： 521-526.

[70] Nishimura N，Nomura T，Iyota H，et al.Novel water facilities for creation of comfortable urban micrometeorology[J]. Solar Energy，1998，64（4-6）： 197-207.

[71] 萧乐. 河谷气候影响下的生态城市形态浅析——以重庆市奉节县整体城市设计为例[J]. 西部人居环境学刊，2018，33（3）： 69-72.

[72] Zhu D，Zhou X F. Effect of urban water bodies on distribution characteristics of particulate matters and NO_2[J]. Sustainable Cities and Society，2019.

[73] 苗雅杰. 长春城市绿地、湖泊小气候效应[J]. 吉林林业科技，2002（6）： 46-47.

[74] Ekhtiari N，Grossman-Clarke S，Koch H，et al. Effects of the Lake Sobradinho Reservoir （Northeastern Brazil） on the regional climate[J].Climate，2017，5（3）.

[75] 邹长伟，黄虹，杨帆，等.大气颗粒物和气态污染物的降雨清除效率及影响因素[J]. 环境科学与技术，2017，40（1）： 133-140.

[76] Lou C R，Liu H Y，Li Y F，et al. Relationships of relative humidity with $PM_{2.5}$ and PM_{10} in the Yangtze River Delta，China[J]. Environmental Monitoring and Assessment，2017，189（11）： 582.

[77] Wang Y S，Yao L，Wang L L，et al. Mechanism for the formation of the January 2013 heavy hazepollution episode over central and eastern China[J]. Science China： Earth Sciences，2014，44（1）： 15-26.

[78] 陈倩，王晓军.2012—2016 年烟台市二氧化氮污染特征及影响因素分析[J]. 绿色科技，2018（2）： 55-58.

[79] Zhang F，Wang Z W，Cheng H R，et al. Seasonal variations and chemical characteristics of $PM_{2.5}$ in Wuhan，central China[J]. Science of the Total Environment，2015，518，97-105.

[80] 岳捷，林云萍，邓兆泽，等.利用卫星数据和全球大气化学传输模式研究中国东部大城市对流层 NO_2 季节变化原因[J]. 北京大学学报（自然科学版），2009，

45（3）：431-438.

[81] Camargo J A，Alonso A. Ecological and toxicological effects of inorganic nitrogen pollution in aquatic ecosystems： a global assessment[J]. Environment International，2016，32，831-849.

[82] 王莎，李彦，黄强，等.太湖地区湖陆风三维结构数值模拟分析 [J].农业与技术，2019，39（13）：29-30.

[83] Hayden K L，Sills D M L，Brook J R，et al. Aircraft study of the impact of lake-breeze circulations on trace gases and particles during BAQS-Met 2007 [J]. Atmospheric Chemistry and Physics，2011，11（19）：10173-10192.

[84] 王凡，王咏薇，高嵩，等.湖陆风环流对于臭氧高浓度事件影响的模拟分析[J]. 环境科学学报，2019，39（5）：1392-1401.

[85] Levy I，Makar P A，Sills D，et al. Unraveling the complex local-scaleflows influencing ozone patterns in the southern Great Lakes of North America [J]. Atmospheric Chemistry & Physics，2010，10（22）：10895-10915.

[86] Wentworth G R，Murphy J G，Sills D M L. Impact of lake breezes on ozone and nitrogen oxides in the Greater Toronto Area [J].Atmospheric Environment，2015，109：52-60.

[87] 张人文，范绍佳.珠江三角洲风场对空气质量的影响[J]. 中山大学学报（自然科学版），2011，50（6）：130-134.

[88] Kulshreshtha K，Rai A，Mohanty C S，et al. Particulate pollution mitigating ability of some plant species[J]. International Journal of Environmental Research，2009，3（1）：137-142.

[89] Papazian S，Blande J D.Dynamics of plant responses to combinations of air pollutants[J]. Plant Biology，2020.

[90] 王嘉绮. 城市滨水绿地对空气颗粒物污染和小气候的影响研究[D].西安：西北农林科技大学，2020.

[91] 余玲. 武汉市水陆风场与大气灰霾的关联性研究[D].武汉：华中科技大学，2015.

[92] 张咪，张宇，李坤鹏，等.赤壁市臭氧污染特征及气象影响因素分析[J].环境科学与技术，2021，44（11）：18-24.

[93] 朱顿.基于广义通风道理论的城市水网对微气候调节作用研究——以武汉市为例[D].武汉：华中科技大学，2021.

[94] Lyu X P，Chen N，Guo H，et al. Ambient volatile organic compounds and their effect on ozone production in Wuhan，central China[J].Science of the Total Environment，2016，541：200-209.

[95] 张杰，李昂，谢品华，等.基于卫星数据研究兰州市NO_2时空分布特征以及冬季NO_x排放通量[J].中国环境科学，2015，35（8）：2291-2297.

[96] 宝日娜，杨泽龙，刘启，等.达里诺尔湿地的小气候特征[J].中国农业气象，2006（3）：171-174.

[97] Gupta I，Kumar R.Trends of particulate matter in four cities in India[J]. Atmosrheric Environment，2006，40（14）：2552-2556.

[98] Sachweh M，Koepke P. Fog dynamics in an urbanized area[J]. Theoretical and Applied Climatology，1997，58（1-2）：87-93.

[99] Spiroska J，Rahman A，Pal S.Air pollution in Kollata：an analysis of current status and interrelation between different factors[J].SEEU Review，2011，8（1）：182-214.

[100] Kavousi A，Fallah A，Meshkani M R. Spatial analysis of air pollution in Tehran city by a Bayesian auto-binomial model[J].Journal of Basic and Applied Scientific Research，2013，3（2）：961-968.

[101] 郑尼娜，徐雅琦，产院兰.河北省主要城市空气污染时空分布特征分析[J].新疆师范大学学报（自然科学版），2018，37（2）：37-43.

[102] 刘钊，谢美慧，田琨，等.基于协同 Kriging 插值和首尾分割法的 $PM_{2.5}$自然城市提取[J].清华大学学报（自然科学版），2017，57（5）：555-560.

[103] 杨可，周自翔，白继洲，等.关中平原城市群景观格局指数对$PM_{2.5}$模拟的影响[J].陕西师范大学学报（自然科学版），2022，50（4）：115-124.

[104] 李秋芳，丁学英，刘翠棉，等.乡镇尺度下$PM_{2.5}$时空分布——以石家庄市为例

[J].环境工程技术学报，2022，12（3）：683-692.

[105] 张运江，雷若媛，崔世杰，等.2015—2020年我国主要城市$PM_{2.5}$和O_3污染时空变化趋势和影响因素[J].科学通报，2022，67（18）：2029-2042.

[106] 汤玉明，邓孺孺，刘永明，等.大气气溶胶遥感反演研究综述[J].遥感技术与应用，2018，33（1）：25-34.

[107] Zhang X，Feng T，Zhao S Y，et al.Elucidating the impacts of rapid urban expansion on air quality in the Yangtze River Delta，China[J]. Science of the Total Environment，2021，799.

3

城市气候研究方法与技术

城市气候的研究方法主要分为外场观测与模型模拟两大类。其中，外场观测包括固定站测量、移动观测、气流跟踪技术等；模型模拟包括物理模型模拟和计算机数值模拟等，以上研究方法在《城市气候》一书中有详细介绍，本书不再赘述。在进行城市尺度的研究时，研究人员会经常面临研究数据量大和研究范围尺度大等问题，采用何种研究方法便显得尤为重要。ArcGIS地理信息分析技术具有集成度高、可操作性强和联动性优越等特点，便于处理大量的地理信息数据。WRF气候研究预测模型具有研究尺度大、实时性强、性能高、可扩充等特点，在中尺度真实天气案例模拟方面有突出优势。本章将就ArcGIS地理信息分析技术和WRF气候研究预测模型进行具体阐述。

3.1 ArcGIS 地理信息分析技术

地理信息系统（geographical information system，GIS）是对整个或部分地球表层（包括大气层）空间中的有关地理分布数据进行采集、储存、管理、运算、分析、显示和描述的技术系统[1]。地理信息系统（GIS）具有强大的地图制作、空间数据管理、空间分析以及空间信息整合、发布与共享的能力。它能将各种资源信息和环境参数按空间分布或地理坐标，以一定格式和分类编码输入、处理、存贮、输出[2]。

3.1.1 ArcGIS 地理信息技术的发展历程

1. GIS（地理信息系统）的发展历程

加拿大测量学家、美洲测绘学会会员罗杰·汤姆林森（Roger Tomlinson）博士于1963年首次提出了地理信息系统这一概念。加拿大政府于1963年开始组织实施，1971年投入运行的加拿大地理信息系统（CGIS），被国际上认为是最早建立的、较为完善的大型地理信息系统。随着计算机技术的高速发展，在此后的短短几十年中，地理信息系统蓬勃兴起，并在许多国家和地区的各个部门和领域得到迅速且广泛的应用和推广，1998年1月，美国副总统艾伯特·戈尔（Albert Gore）更是提出了“数字地球”的新概念[3]。

从20世纪70年代起，GIS开始向实用化方向发展，并在自然资源的管理和规划方面发挥了重要作用。20世纪80年代是GIS理论、方法和技术逐步成熟，开始进入推广、普及的阶段。这个时期，地理信息系统的应用从基础信息管理与规划扩大到对跨行业、跨地区的综合问题进行管理决策分析，并与遥感（remote scene，RS）、全球定位系统（global position system，GPS）等空间信息技术相结合[3]。

进入新世纪，随着计算机技术特别是互联网的发展，GIS的应用领域迅速扩大，应用效益明显增强，促进了其产业化的发展。各个国家也都设立了相应的专业研究机构、政府职能部门、企业、学校等从事GIS和WebGIS（基于网络的地理信息系统）的研究、开发和应用。世界范围内也形成了一些跨地区的组织和机构，进行GIS理论和应用的研究、推广以及协调，如开放地理信息系统协会（OGC）、空间信息理论会议（COSIT）、中国海外地理信息系统协会（CPGIS）等[3]。

如今，GIS不仅在测绘、制图、资源和环境等领域得到广泛应用，且已逐步成为城市规划、防震减灾、设施管理和工程建设的重要信息化工具。

2. ArcGIS地理信息技术的发展历程

ArcGIS软件系列产品是由美国环境系统研究公司（Enviromental Systems Research Institute，Inc，ESRI）进行开发和应用的。ESRI公司由数字地图教父、GIS行业先驱和技术领导者杰克·丹格蒙德（Jack Dangermond）于1969年创办于美国加州雷德兰兹市，是世界最大的地理信息技术提供商[4]。

1981年，ESRI发布了其第一套商业GIS软件——ArcInfo软件，这被公认为第一个现代商业GIS系统；1986年，ESRI发布了基于PC的GIS站设计的PC ArcInfo软件；1992年，ESRI发布了ArcView软件，获得了巨大成功，同年，又推出了ArcData软件；1998年，ESRI发布了ArcInfo 8和ArcIMS，成功做到通过浏览器界面将本地数据与因特网数据相结合。

2001年，ESRI发布了ArcGIS 8.1软件，这是一套基于工业标准的GIS软件产品；2004年，ESRI发布了ArcGIS 9软件，增加了ArcGIS Engine和ArcGIS Server两大新产品。

2010年，ESRI推出了支持云架构的ArcGIS 10软件，在Web 2.0时代实现了GIS由共享向协调的飞跃；2013年，ESRI发布了ArcGIS 10.2软件；2014年，ESRI发布了ArcGIS 10.3软件，增加了以用户为中心的授权模式等；2016年，ESRI发布了ArcGIS 10.4软件，升级了平台内容、平台能力和平台入口；同年12月，ESRI发布了ArcGIS 10.5软件，实现了新的分级授权方式；2018年，ESRI发布了ArcGIS 10.6软件，增加了更多的数据管理工具；2019年，ESRI发布了ArcGIS 10.7软件，引入机器学习的先进技术；2020年，ESRI发布了ArcGIS 10.8软件，提供了深度学习的环境和全面的时空数据挖掘能力。

3.1.2　ArcGIS 地理信息技术的技术架构

1. ArcGIS地理信息技术的基本原理

ArcGIS软件的基本工作原理如下：由用户接口进入，用户可以输入和检验数据，并存储和管理数据，根据需要可以决定是否对数据进行变换，最后输出数据并进行表达。图3-1为每个部分的具体工作原理。

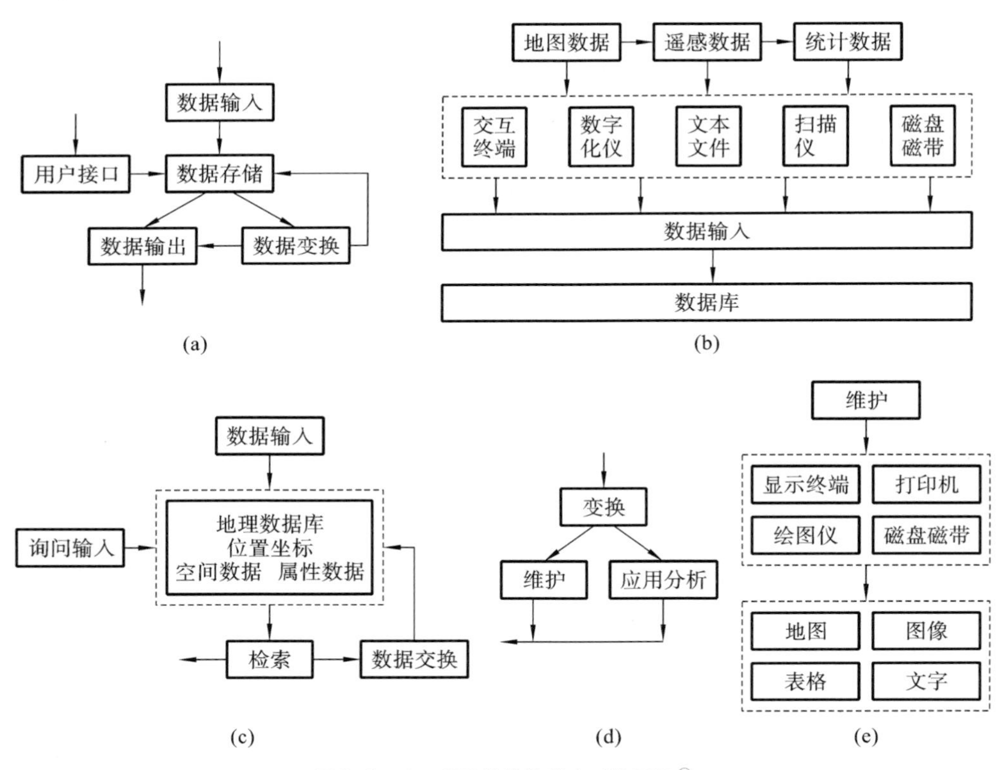

图 3-1　ArcGIS 软件的基本工作原理[①]

（a）数据接入；（b）数据输入和检验；（c）数据存储和管理；（d）数据变换；（e）数据输出和表示

① 图片来源：自绘。

2. ArcGIS地理信息技术的数据组织与结构

地理空间数据是ArcGIS软件的基础组成部分，其也是ArcGIS软件的直接操作对象。应该说整个ArcGIS系统都是围绕空间数据的采集、加工、存储、分析和表现等来展开的。从数据结构上来说，矢量和栅格是地理信息系统中两种主要的空间数据结构。图3-2是ArcGIS软件两种数据结构示意图。

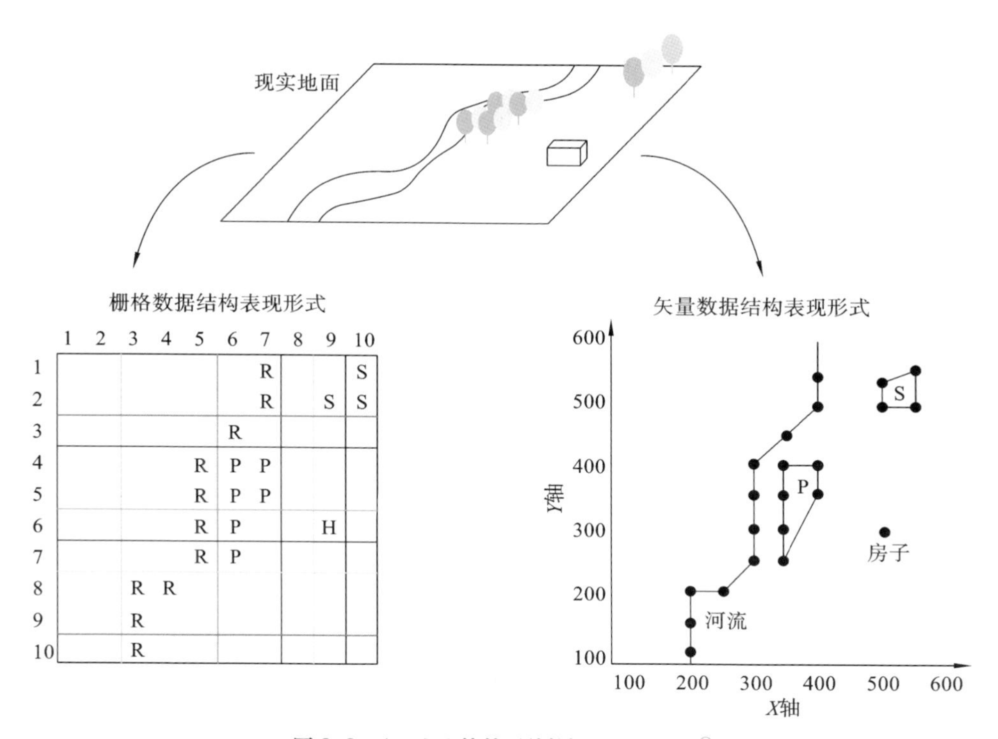

图 3-2　ArcGIS 软件两种数据结构示意图①

栅格结构是最简单、最直观的空间数据结构，又称为网格结构或像元结构，是指将地球表面划分为大小均匀且紧密相邻的网格阵列，每个网格作为一个像元或像素，由行、列号定义，并包含一个代码，表示该像素的属性类型或量值，或仅仅包含指向其属性记录的指针。遥感影像是典型的栅格结构，每个像元的数字表示影像的灰度等级[5]。

① 图片来源：地理国情监测云平台，http：//www.dsac.cn/.

矢量数据是面向地物的结构，即对于每一个具体的目标都直接赋有位置和属性信息，并说明目标之间的拓扑关系。矢量数据结构是通过记录坐标的方式来表示点、线、面等地理实体空间分布的一种数据组织方式。这种数据组织方式定位明显，属性隐含，能最好地逼近地理实体的空间分布特征，数据精度高，数据存储的冗余度低，便于进行地理实体的网络分析，但对于多层空间数据的叠合分析比较困难[5]。

在ArcGIS软件中，栅格数据与矢量数据各具特点与适用性，为了可以兼容这两种数据，以便进行下一步的分析处理，需要实现两种结构的相互转换。矢量结构和栅格结构数据对比见表3-1。由栅格数据可以转换为点状、线状和面状3种不同的矢量数据。由矢量数据转化为栅格数据，便于处理行政边界、交通轴线、城市土地利用等数据类型。

表 3-1 矢量结构和栅格结构数据对比①

比较内容	矢量结构	栅格结构
数据量	小	大
图形精度	高	低
图形运算	复杂、高效	简单、低效
遥感影像格式	不一致	一致或接近
输出表示	抽象、昂贵	直观、便宜
数据共享	不易实现	容易实现
拓扑和网络分析	容易实现	不易实现

3. ArcGIS地理信息技术的主要功能

1）数据采集与输入

数据采集与输入是在数据处理系统中将系统外部的原始数据传输给系统内部，并将这些数据从外部格式转换为系统便于处理的内部格式的过程，主要有：图形数据输入，如管道网分布图输入；栅格数据输入，如遥感图像的输入；测量数据输入，如GPS数据的输入；属性数据输入，如数字、文字的输入。

① 表格来源：曾冰．区域经济分析与 ArcGIS 软件应用 [M]. 南昌：江西人民出版社，2018.

2）**数据编辑与更新**

数据编辑主要包括属性编辑和图形编辑。属性编辑主要与数据库管理结合在一起完成，图形编辑主要包括拓扑关系建立、图形整饰、图幅拼接、图形变换、投影变换、误差校正等功能。数据更新即以新的数据项或记录来替换数据文件或数据库中相对应的数据项或记录，它是通过删除、修改、插入等一系列操作来实现的。

3）**数据存储与管理**

属性数据管理一般直接利用商用关系数据库软件，如Oracle、Access、FoxBASE、FoxPro等进行管理。空间数据管理是ArcGIS软件数据管理的核心，各种图形图像信息都以严密的逻辑结构存放在空间数据库中。

4）**空间数据分析与处理**

这是ArcGIS软件的核心部分，主要包括数据操作运算、数据查询检索与数据综合分析。数据操作运算主要包括矢量数据叠合、栅格数据叠加等操作，以及算术运算、关系运算、逻辑运算、函数运算等。数据查询检索可以方便查找数据。数据综合分析主要包括信息量测、属性分析、统计分析、二维模型分析、三维模型分析、多要素综合分析等。

5）**数据与图形的交互显示**

数据显示是中间处理过程和最终结果的屏幕显示，通常以人机交互方式来选择显示的对象与形式。对于图形数据，根据要素的信息量和密集程度，可选择放大或缩小显示。ArcGIS软件不仅可以输出全要素地图，也可以根据用户需要，分层输出各种专题图、统计图、表格及数据等。

3.1.3 ArcGIS 地理信息技术在城市气候研究中的应用

在CNKI数据库中，以“ArcGIS”“GIS”“城市气候”“城市微气候”为关键词进行搜索，时间范围为2012—2022年，并按照风环境、热环境和污染物环境进行分类。

（1）风环境相关研究。

周媛等人[6]通过运用RS-GIS-CFD等方法，从水平方向及垂直方向对夏季沈阳市的城市风速、污染物、地表温度的空间扩散进行数值模拟分析，发现在城市建筑低密度区域，城市风速相对较大，沿着浑河形成了城市风道；而在城市建筑高密度区域，城市风速相对较低。

杜吴鹏等人[7]通过运用GIS方法处理较长年代气象资料、现场观测、高分辨地理信息数据，研究了北京背景风环境、通风潜力及通风廊道对局地微气候的影响，并将研究结果用于北京中心城区通风廊道的规划和构建中。

袁磊等人[8]在深圳城市风环境的研究中引入城市气象和GIS等相关领域的基础数据和先进技术手段，建立了由管理办法、评估方法和技术支撑等三部分构成的深圳自然通风评估方法。

郭飞等人[9]通过综合运用观测、遥感、中尺度气象模拟、城市形态参数、GIS空间分析等多种研究方法，全面准确描述了中国北方半岛城市大连核心区的城市地理、热环境、风环境、用地布局、城市形态特征等要素，定量发掘其风廊分布，并据此制定了相应的风廊布局、宽度和用地调整等规划导则以及景观设计导则等。

（2）热环境相关研究。

秦文翠等人[10]通过运用ArcGIS软件提取以北京典型住宅区为研究区的QuickBird遥感影像，并结合ENVI-met软件进行模拟分析，研究发现简单绿化屋顶具有较好的降温增湿效果，使研究区平均温度降低2～3 ℃，相对湿度增加了2.7%。

赵文博等人[11]通过综合运用专业气象插值、遥感反演、GIS空间分析等多种技术手段，对广州市空气质量、热负荷与通风潜力进行分析评估，研究发现广州空气质量和热负荷具有明显的季节和空间差异性，通风潜力的空间差异性明显而季节变化微弱。

张弘驰等人[12]研究了基于GIS空间分析技术的城市气候图的建构方法，获取了大连滨海景区星海湾地区的热负荷、通风潜力分析图及热环境综合分析图，并应用气候数值模拟法对气候图研究结果进行对比和修正。根据气候图所得分级标准，研究提出了相应的保护与规划对策。

（3）污染物环境相关研究。

许珊等人[13]通过运用GIS和RS技术获取长株潭城市群核心区土地利用/覆盖和空气污染分布格局，结合景观指数移动窗口分析结果，分年均和季节时间尺度分析NO_2、PM_{10}、O_3、$PM_{2.5}$浓度空间分布特征与土地利用格局的耦合关系，研究发现长株潭城市群土地利用/覆盖对空气污染物浓度的变化影响显著，具有季节效应。

陈优良等人[14]通过使用数理统计、空间插值技术、相关性分析与GIS地图表达等研究方法，研究长江三角洲城市群AQI及各空气含量因子污染浓度的时间、空间分布特征，探讨了空气质量指数的时间变化特征和AQI、首要污染物的空间分布规律，定量评价了AQI与其污染因子的相关性。

刘乐乐等人[15]通过综合运用遥感反演、GIS 空间分析、中尺度数值模拟等研究方法，对宁波市区的城市热负荷、大气污染、通风潜力和风场及整体的城市气候环境进行多季节分析与评估，研究发现城市热负荷、大气污染物分布都具有显著的季节性和空间性差异，宁波市春、夏季同时受热负荷和大气污染影响，冬季仅受大气污染影响，秋季受二者影响均较小。

在Web of Science数据库中，以“ArcGIS”“GIS”“urban climate”“urban micro-climate”为关键词进行搜索，时间范围为2012—2022年，并按照风环境、热环境和污染物环境进行分类。

（1）风环境相关研究。

Guo等人[16]通过运用ArcGIS软件引入城市形态学方法研究典型滨海山区城市大连的海风和山风的通风路径，研究发现海风路径呈现南—北方向，山风路径呈现西北—东南方向，并据此提出相应的城市规划策略。

Liu等人[17]通过运用RS技术和GIS技术，提出了一种新的城市规模通风评估方法，有效应用于北京市怀柔区雁栖湖生态城建设前后的局部通风环境评估，并提出了城市建筑建设的相关管控意见和城市通风走廊的规划导则。

Chang等人[18]通过运用ArcGIS的空间分析和CFD软件，模拟分析了长春市的城市风环境，并提出在城市内部建立五条通风走廊，以缓解城市热岛效应，增强空气流动性。

（2）热环境相关研究。

Chen等人[19]通过开发一个嵌入ArcGIS的计算机程序，用于计算整个城市环境的连续 SVF 值，并生成 SVF 地图，以研究天空可视因子（SVF）对香港夏季白天城市气温差的作用，研究发现SVF值的空间平均值与白天城市内温差呈密切负相关关系。

Yang等人[20]通过运用ArcGIS空间分析和统计分析方法，结合反映LCZ尺度城市空间形态的参数模型，对LST的影响因子进行识别。研究发现不同LCZs对LST的影响不同，LST始终与容积率呈正相关关系，LCZ3与平均建筑高度的正相关程度最高，LCZ7与平均建筑高度的负相关程度最高，且植被和水体具有显著的冷却作用。

Bradford K等人[21]通过运用ArcGIS地理空间建模和统计分析方法，结合美国全国人口普查数据，来确定宾夕法尼亚州匹兹堡市的一系列热脆弱性指数和最佳冷却中心位置，研究发现虽然不同的研究使用不同的数据和统计计算，但所有研究都将最佳冷却中心位置定位在三条河流［市中心、匹兹堡东北侧（高地公园）和匹兹堡东南侧（松鼠山）］的交汇处。

（3）污染物环境相关研究。

Liu等人[22]通过使用ArcGIS软件和代理指数[例如区域人口分布和国内生产总值（GDP）]将年排放量分配到3 km×3 km的高空间分辨率图像中，研究发现大部分污染物排放来自中原城市群地区，特别是郑州和平顶山周边区域。

Wang等人[23]通过综合运用Moran’s I指数分析、热点分析、ArcGIS软件和SPSS软件对2014—2017年京津冀地区13个城市的臭氧观测数据进行处理和分析，研究了臭氧污染演变的时空趋势及其影响因素。

Badach J等人[24]通过研究城市设计在改善气流和污染扩散以及减少空气污染暴露方面的重要性，根据比利时安特卫普和波兰格但斯克的两个案例提出了一种确定城市空气质量管理区（AQMZs）的新方法，建立了管理城市通风潜力和空气污染暴露的理论框架，并通过ArcGIS软件开发和实施该方法。

3.2 WRF 气候研究预测模型

WRF气候研究预测模型是由美国国家大气研究中心（NCAR）与美国国家海洋和大气管理局（NOAA）等科研机构合作开发的，开发于20世纪90年代后半期，其目标是建立一个由研究和运营部门共享的系统，并创建下一代数值天气预报（NWP）功能。该模型适合于从数万米到数千千米范围的气象应用[25]。它的开发是为了给理想化的动力学研究、局地气候模拟以及全物理过程的数值天气预报和空气质量预报提供一个通用的模拟框架[26]。

3.2.1 WRF 气候研究预测模型的发展历史

WRF模型是由NCAR负责维护和技术支持的开源软件。2000年11月30日，第一版WRF模型发布。随后在2001年5月8日，第二版WRF模型WRF 1.1发布。2001年11月6日，第三版WRF模型WRF 1.1.1发布，本次发布只是进行了错误修正，并没有很大的改动。2002年4月24日，第四版WRF模型正式发布，为WRF 1.2。2002年5月22日，第五版WRF模型发布，为WRF 1.2.1。直到2003年3月20日，NCAR才推出WRF 1.3。2004年5月21日，NCAR推出了嵌套版本v2.0，截至2023年4月20日最新版本为v4.5。

3.2.2 ARW 系统与 UCM 城市冠层模型

1. ARW系统

WRF模式包含两个动力核心，分别为ARW（advanced research WRF）系统与NMM（nonhydrostanic mesoscale model）系统，其中ARW系统多用于理想案例模拟，NMM系统适用于业务预报。ARW系统由中尺度和微尺度气象实验室（NCAR）开发和维护，而NMM系统由美国国家环境预测中心（NCEP）开发，目前用于HWRF（WRF模式飓风）系统。本书所述研究基于真实地理与气象资料，所使用的动力核心为ARW系统。

ARW系统WRF模式的主题模块，支持从大涡流到全球尺度的大气模拟。ARW系统的应用领域包括实时数值预报、天气事件和大气过程研究、数据同化发展、参数化物理发展、区域气候模拟、空气质量模拟、大气-海洋耦合和理想化大气研究。图3-3描述了ARW 系统的主要组成部分。除了特定的动力核心，还包括物理方案、数值/动力学选项、初始化例程和数据同化包（WRFDA）。WRFDA提供了多种数据同化方法，可以吸收各种各样的观察类型。 此外，对于超出基本天气预报的地球系统预测需求，ARW系统支持许多量身定制的功能，包括 WRF-Chem（大气化学模式）、WRF-Hydro（水文模式）和 WRF-Fire（荒地火灾模式）。此外，除了WRF主体计算部分，完整的模拟流程中还需要进行数据预处理与后处理。

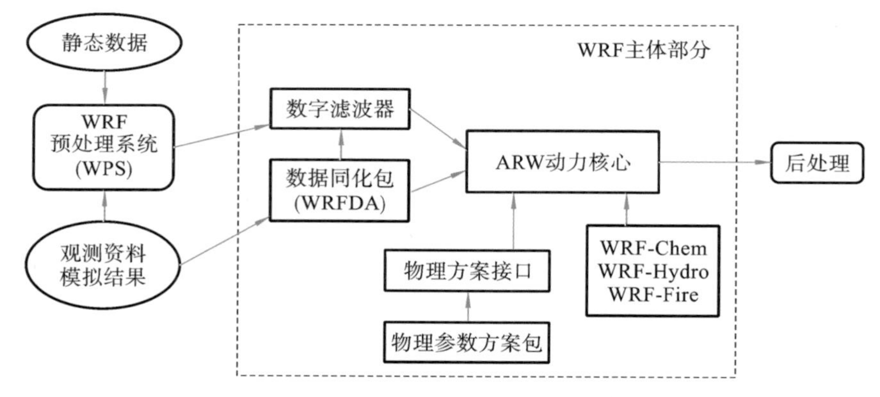

图 3-3　ARW 系统的主要组成部分[①]

WRF预处理模块（WRF preprocessing system，WPS），其主要功能是在WRF模型模拟开始前获取地理与气象数据，并将其转换为ARW预处理器程序（real-data-cases）的输入。运行WPS模块依靠以下三个程序。

①geogrid.exe：用于定义模型粗网格域和嵌套域。

②ungrib.exe：用于从Grib数据集中提取模拟期的气象场。

③metgrid.exe：用于对气象场进行水平插值。

图3-4展示了WPS模块处理数据的基本流程。第一步，通过geogrid.exe定义物理网格（包括投影类型、地球上的位置、网格点数、嵌套位置和网格距离），并将静态字段插值到指定的域。第二步，通过ungrib.exe中的Grib解码器诊断所需的字段并将Grib数据重新格式化为内部二进制格式。第三步，通过metgrid.exe将气象数据水平内插到投影域上。WPS向ARW实时数据（real-data）处理器输入的数据包括表面温度和三维垂直层温度（K）、相对湿度（%）、地势高度（m）、压力（Pa）和风速的水平分量（m /s）等。二维静态地面字段包括反照率、科里奥利参数、地形标高、植被/土地利用类型、土壤类别、植被绿度分数等，城市参数则包含不透水下垫面比率、城市形态参数等。随后，ARW系统便可接收预处理完成的数据并开始正式的气象模拟进程。

① 图片来源：自绘。

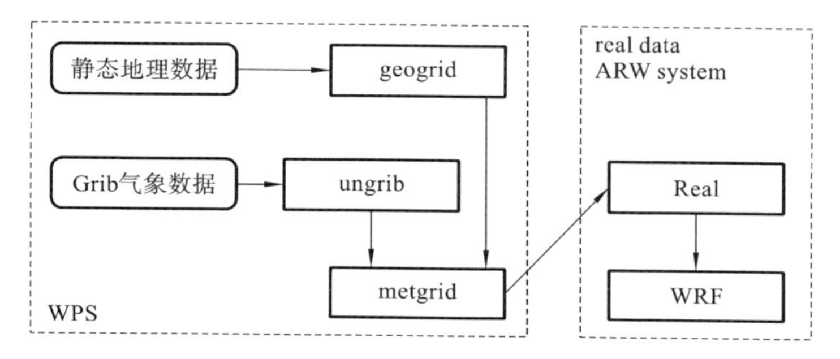

图 3-4　WPS 中的数据流和程序组①

WRF是一个完全可压缩的非静力模式，控制方程组都写为通量形式，是以静水压力为自变量建立的。模式水平网格格式采用Arakawa C格点，时间积分采用四阶Runge-Kutta时间积分方案。在垂直坐标系上，则采用了地形跟随（terrain following，TF）[27]，如图3-5（a）所示。该坐标系的特点在于坐标面会随着地形的起伏而变化，这使得大气模式的复杂计算域投影至相对简单的矩形网格，极大地简化了下边界条件。并且由于可以设置不等距的垂直分层，有利于将边界层与表面层的参数化方案与动力学框架进行耦合，因而能够很好地描述连续场的变化[28]。

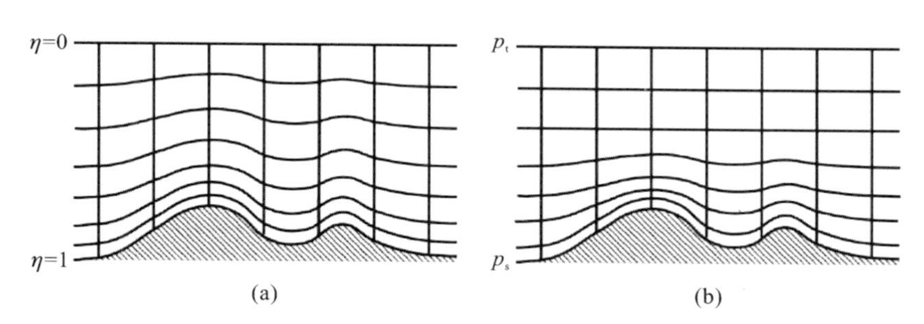

图 3-5　WRF 中的垂直坐标系②

（a）地形跟随坐标系；（b）垂直混合坐标系

地形跟随坐标系η的控制方程如式（3-1）所示：

$$\eta = \frac{p_d - p_t}{p_s - p_t} \tag{3-1}$$

① 图片来源：自绘。

② 图片来源：Skamarock W C，Klemp J B，Dudhia J，et al. A description of the advanced research WRF model version 4[J]. NCAR Technical Notes，2019.

其中，p_d是干空气压力的静水压分量，p_s和p_t分别是沿表面和顶部边界的p_d值。这是许多静水压大气模式中使用的传统Sigma坐标，η在地表的值为1，向上逐渐降低至模型域上边界为0。

而在WRF v3.9以后，混合垂直坐标（hybrid vertical coordinate，HVC）选项被加入现有的地形跟随垂直坐标中。HVC被称作“混合”垂直坐标，是因为ETA层次是在近地面地形跟随，而随着地面以上高度的增加，地形对坐标表面的影响被更快地消除，目的是减少地形对模式顶部的人为影响，如图3-5（b）所示。式（3-2）为对坐标系控制方程的改进描述：

$$p_d = B(\eta)(p_s - p_t) + [\eta - B(\eta)](p_0 - p_t) + p_t \tag{3-2}$$

其中，p_0是参考海平面压力。$B(\eta)$定义了跟随Sigma坐标的地形和纯压力坐标之间的相对权重，为了从表面附近的Sigma坐标平滑过渡到高层的压力坐标，$B(\eta)$由三阶多项式定义：

$$B(\eta) = c_1 + c_2\eta + c_3\eta^2 + c_4\eta^3 \tag{3-3}$$

$$B(1) = 1,\ B_\eta(1) = 1,\ B(\eta_c) = 0,\ B_\eta(\eta_c) = 0 \tag{3-4}$$

$$c_1 = \frac{2\eta_c^2}{(1-\eta_c)^3},\quad c_2 = \frac{-\eta_c(4+\eta_c+\eta_c^2)}{(1-\eta_c)^3},\quad c_3 = \frac{2(1+\eta_c+\eta_c^2)}{(1-\eta_c)^3},\quad c_4 = \frac{-(1+\eta_c)}{(1-\eta_c)^3} \tag{3-5}$$

其中，下标η表示微分，受边界条件的约束，η_c是η的指定值，在该处它成为纯压力坐标。

图3-6显示了传统Sigma坐标和混合坐标的$B(\eta)$曲线，其中包含参数η_c的多个值[29]。可以看出，将$B(\eta)$绘制为标准大气高度的函数提供了随着高度增加向压力坐标过渡的更好的物理意义。例如，对于纵向高度为30 km的模型域，当η_c=0.2时，垂直坐标在大约12 km的高度处变为纯压力坐标。

2. UCM城市冠层模型

为了更好地利用中尺度气象模式描述城市环境中热量、动量和水汽交换的物理过程，最初由Kusaka与Kimura等人在2004年开发了UCM城市冠层模型，随后在Chen等人的整合下，使其通过Noah陆面模型耦合到WRF模型中。耦合模型的主要目的是改善WRF中原本粗糙的下边界条件描述，为形态复杂的城市区域提供更准确的预测结果。此外，后续Martilli与Salamanca等人还开发了基于多层城市冠层方案的建筑环

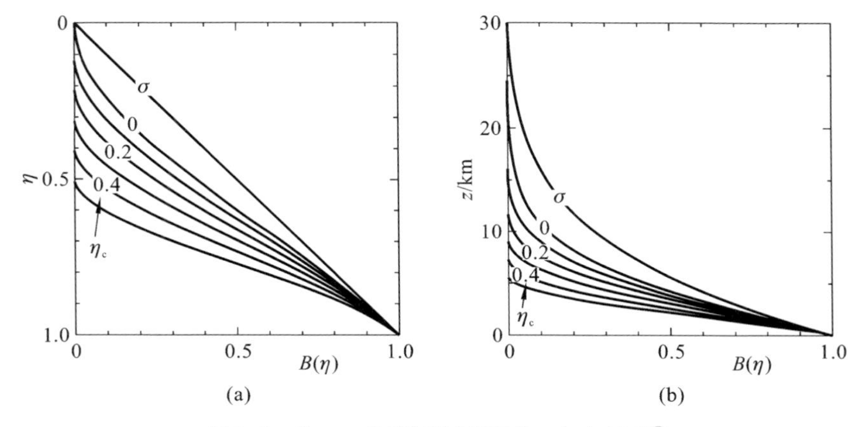

图 3-6　Sigma 坐标和混合坐标的 $B(\eta)$ 剖面[①]

（a）y 轴为 η 的函数；（b）y 轴为标准大气高度的函数

境参数化方案（BEP）与建筑能量模式方案（BEM）。

当不耦合城市冠层模型时，WRF本身的SLAB板式模型仅将城市下垫面视为一块具有一定厚度的平面，通过改变该下垫面的属性（如地表反照率、导热系数等热力学指标以及粗糙度）来反映城市对边界层内动量、热量和水汽垂直混合的影响，如图3-7所示。

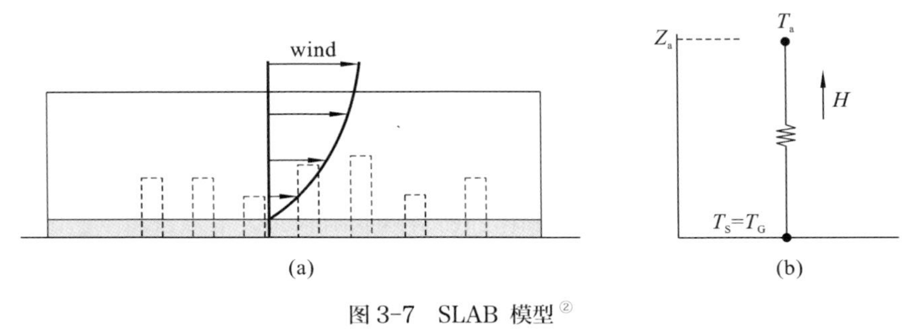

图 3-7　SLAB 模型[②]

（a）概念图；（b）能量通量和温度关系示意图

其中，T_a是距离相对标高Z_a处的空气温度，T_S是表面温度，T_G是道路温度，H是

① 图片来源：Skamarock W C，Klemp J B，Dudhia J，et al. A description of the advanced research WRF model version 4[J]. NCAR Technical Notes，2019.

② 图片来源：Martilli A，Clappier A，Rotach M W. An urban surface exchange parameterisation for mesoscale models[J].Boundary-Layer Meteorolohy，2002，104（2）：261-304.

相对标高处的感热交换。

而真实的城市是一个形态极其复杂的空间，建筑对太阳辐射的遮挡、气流的阻碍与偏转以及植被绿化等诸多因素都会对城市气候造成极大的影响，因此使用SLAB模型虽然在尺度较大的气象学研究中造成的误差较小，但用于对城市内部气候的模拟研究显然是十分荒谬的。

城市冠层抽象化建筑模型（SLUCM）是一种单层模型，具有简化的城市几何结构，如图3-8所示。其中，BW为统一的建筑屋顶宽度，SW为统一的道路宽度，ZR为统一的建筑高度。

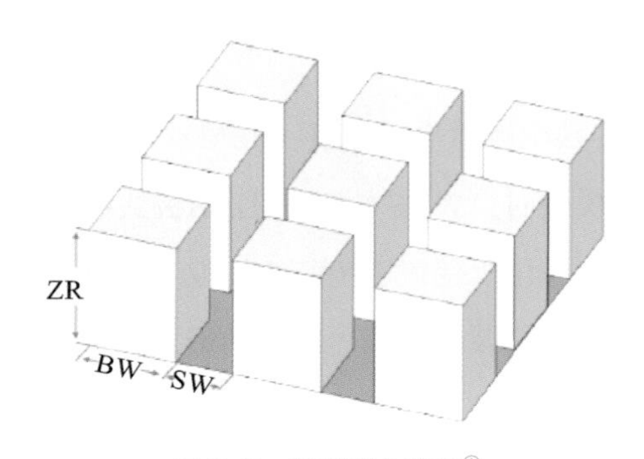

图 3-8　SLUCM 模型 ①

在SLUCM模型中，垂直方向上的所有城市效应均被假定为亚网格规模，这意味着针对城市的计算过程在最低模型级别中进行[30]。其主要包括：①街道峡谷的参数化以代表城市的几何形状变化；②建筑物的阴影和辐射反射；③城市冠层的指数风廓线；④屋顶、墙壁和道路表面的多层热方程。其中，街谷内部的阴影与辐射反射情况如图3-9（a）所示。其中，SD是城市冠层接收到的太阳辐射，l_{road}、l_{height}分别是归一化道路宽度，建筑高度，l_{shadow}是路面上的归一化阴影长度。

屋顶、墙壁与道路的能量平衡方程如式（3-6）所示：

$$R_{n,i} = H_i + lE_i + G_i \tag{3-6}$$

其中，$R_{n,i}$表示地表向上的净辐射通量，H_i表示感热通量，lE_i表示潜热通量，G_i表示地表热通量（土壤热通量），i表示该通量来自屋顶、墙壁或路面。在图3-9

① 图片来源：自绘。

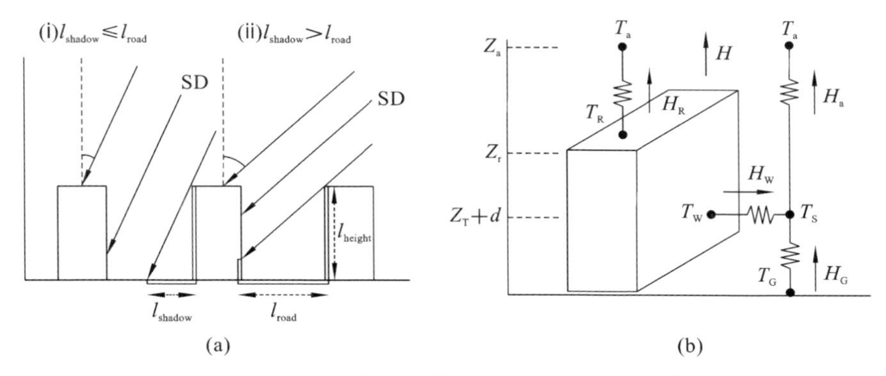

图 3-9　单层城市冠层模型中的辐射与热量传递[①]

（a）街谷中的太阳辐射情况；（b）热量与温度关系示意图

（b）中具体展示了这一关系[31]。

其中，T_a 是 Z_a 高度处的气温，T_R 是建筑物屋顶温度，T_W 是建筑物墙体温度，T_G 是道路温度，T_S 是在 $Z_T + d$ 高度时定义的温度，H是参考高度处的感热交换，H_a 是从峡谷空间到大气的感热通量，H_W是从墙到街谷空间的感热通量，H_G是从道路到街谷空间的感热通量，H_R 是从屋顶到大气的感热通量。

城市冠层模型还考虑了城市表面和大气之间的动量交换。此外，UCM可以使用特殊的土地利用类型来将城市标记为3种类别，即“低密度居住区”（土地利用类别31）、“高密度居住区”（土地利用类别32）与“工商业区”（土地利用类别33），以赋予不同的城市形态参数。

建筑环境参数化方案（BEP）在单层城市冠层模型的基础上，额外考虑了不同高度的建筑物对气流的拖曳作用及对湍流的影响。同时，该方案对城市冠层进行了垂直分层，分别计算了各层的能量与水汽平衡情况［图3-10（a）］。此外，BEP中还定义了一个与中尺度模式不同的数值网格IU，其中，在冠层垂直面上的总面积S_{IU}^{V}可表示为：

$$S_{IU}^{V} = \frac{\Delta Z_{IU}}{W + B} \Gamma(Z_{IU+1}) S_{tot}^{H} \tag{3-7}$$

① 图片来源：Tewari M，Chen F，Kusaka H，et al. Coupled WRF/Unified Noah/Urban-Canopy modeling system[J].NCAR Technical Notes，2007.

其中，ΔZ_{IU}为垂直网格跨度，W为街道宽度，B为建筑宽度，S_{tot}^{H}是网格内的总垂直面积，$\Gamma(Z_{IU+1})$是建筑高度不小于Z_{IU+1}的概率。

建筑能量模式方案（BEM）则在BEP的基础上将室内外空气间的能量交换过程纳入考量，主要包括空调等制冷设备以及人为活动所产生的热量通过门窗等途径与外部环境之间的相互传递［图3-10（b）］，其中室内温度T_r和室内比湿q_{Vr}可由下式估算：

$$Q_B \frac{dT_r}{dt} = H_{in} - H_{out} \tag{3-8}$$

$$l\rho V_B \frac{dq_{Vr}}{dt} = E_{in} - E_{out} \tag{3-9}$$

其中，整体热容量$Q_B = \rho C_P V_B$（单位为J/K），V_B为一层的室内总体积，H_{in}与E_{in}

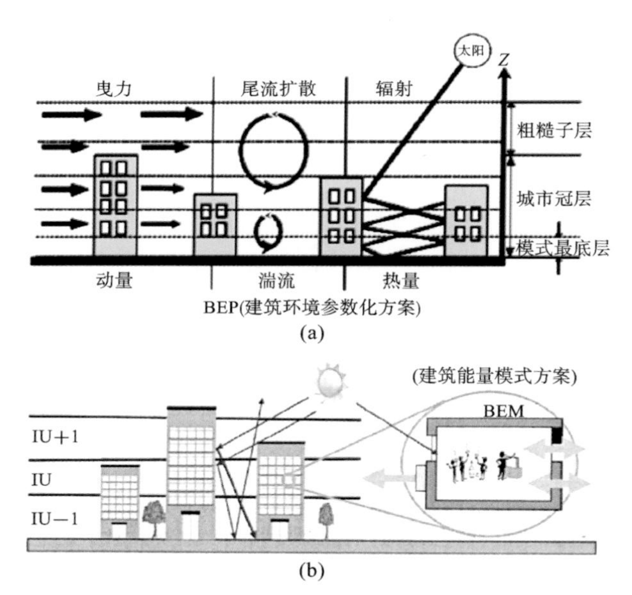

图 3-10　多层城市冠层模型中的能量交换过程[①]

（a）BEP 模型；（b）BEM 模型

① 图片来源：Martilli A，Clappier A，Rotach M W. An urban surface exchange parameterisation for mesoscale models[J].Boundary-Layer Meteorolohy，2002，104（2）：261-304. Salamanca F，Krpo A，Martilli A，et al. A new building energy model coupled with an urban canopy parameterization for urban climate simulations-part Ⅰ. formulation，verification，and sensitivity analysis of the model[J]. Theoretical and Applied Climatology，2010，99（3-4）：331-344.

分别为一层的显热与潜热总负荷，H_{out}与E_{out}分别为造成一层的室内空间温度升高或降低所需的显热和潜热量[32]。

3.2.3 网格化城市参数（UCP）输入模型

网格化城市参数（UCP）输入模型是本书所述研究中的一个创新性的尝试。它以NUDAPT（national urban data and access portal tool）为参考构建了网格化城市冠层参数（urban canopy parameter，UCP），并应用于武汉市的WRF-SLUCM 模型中。

1.网格化城市参数（UCP）输入模型简介

包含3种城市类别的SLUCM模型能够大致满足城市气候预测的需求并得到了较为广泛的应用，但均一化的建模使得仿真结果仍然非常粗略，无法反映日益复杂的城市建筑布局可能造成的热环境与风环境影响。图3-11为休斯敦中心城区的建筑矢量模型，无论从建筑密度、建筑高度或是不透水下垫面比例的角度，用3类城市划分表示真实的城市情况远远不够。

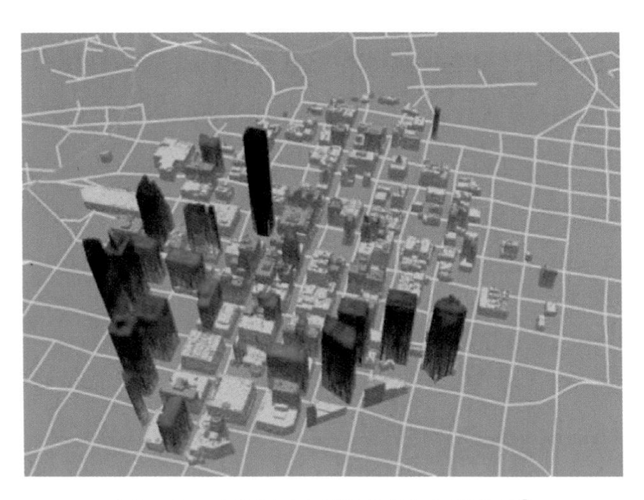

图 3-11 休斯敦中心城区的建筑矢量模型①

① 图片来源：Glotfelty T，Tewari M，Sampson K，et al. NUDAPT 44 Documentation[J]. NCAR Technical Notes，2013.

中国作为发展中国家，大多数城市处在建筑不断更新导致的新旧建筑并存的局面，不同区域的建筑形态差异相较美国大城市要复杂得多。在这种背景下，网格化UCP参数输入可以很好地实现对城市的精确建模。图3-12展示了在WRF中采用网格化UCP构建城市冠层模型与常规UCM模型的差异，显然网格化UCP可以基于城市的实际建设情况，为每一个WRF计算网格赋予独立的城市形态参数。部分城市的UCP数据可以从NCAR平台托管的NUDAPT数据集中获取。

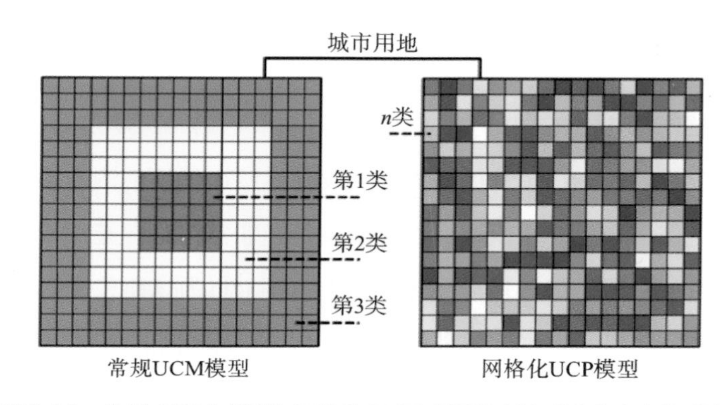

图3-12　常规 UCM 模型与网格化 UCP 模型在城市形态分类上的对比①

NUDAPT来自美国气象学会城市环境调查委员会的结果和联邦气象学协调员办公室（2005）城市环境研讨会的建议，由美国环境保护署（U.S.EPA）发起，并得到了多个联邦和州机构以及私人和学术机构的支持。该数据集的总体目标是支持WRF中的城市冠层模型。城市规划者需要解决诸如人口增长、城市可持续性、健康和生活质量等重大问题，并且越来越依赖先进的模式。城市区域的形态，包括建筑结构、分布和组成材料，建筑表面的不渗透性、渗透性和相邻的植被覆盖，深刻地影响着城市边界层，并在不同的尺度上发生变化。这些信息对中城市尺度模型的性能至关重要；这些模型处于持续发展状态，以便为解决日益复杂的城市化问题提供一个框架。NUDAPT项目旨在满足这些先进城市模型的具体信息需求。当前该数据集包含了美国44个城市的数据，其中UCP数据以1000米和250米的网格划分为主，主要集中在高密度建筑区。NCAR将这一数据集应用于天气研究与预报（WRF）系

① 图片来源：自绘。

统中。然而截至目前，仅有44个美国城市拥有该数据集，中国城市的相关数据仍为一片空白。NUDAPT 原型包含许多城市数据库，包括三维建筑、机载激光雷达全功能数字高程模型（DEM）、微气象数据库、网格UCP、人口、人工热和土地利用/土地覆盖。此外，下文未述及的大量数据集也已纳入门户，包括高速公路、主要道路、水体、渠道、溪流、公园、高程等高线和其他公开可用的数据集，NCAR 提供的NUDAPT数据集中所包含的参数化城市形态数据如图3-13所示。由此可知，NUDAPT数据集包含数量庞大的样本，种类多达132类，构建难度极大。但其中涉及的网格化UCP参数远没有这么多，下面将介绍本书所述研究是如何筛选以及以武汉市为研究区域构建WRF-UCM仿真计算中必需的UCP参数。

NUDAPT Parameter (WRF Variable Name)	URB_PARAM Index
Frontal Area Density at 0° (FAD0_URB2D)	1-15
Frontal Area Density at 135° (FAD135_URB2D)	16-30
Frontal Area Density at 45° (FAD45_URB2D)	31-45
Frontal Area Density at 90° (FAD90_URB2D)	46-60
Plan Area Density (PAD_URB2D)	61-75
Roof Area Density (RAD_URB2D)	76-90
Plan Area Fraction (LF_URB2D)	91
Mean Building Height (MH_URB2D)	92
Standard Deviation of Building Height (STDH_URB2D)	93
Area Weighted Mean Building Height (HGT_URB2D)	94
Building Surface to Plan Area Ratio (LF_URB2D)	95
Frontal Area Index (LF_URB2D)	96-99
Complete Aspect Ratio (CAR_URB2D)	100
Height to Width Ratio (H2W_URB2D)	101
Sky View Factor (SVF_URB2D)	102
Grimmond and Oke (1999) Roughness Length (ZOS_URB2D)	103
Grimmond and Oke (1999) Displacement	104
Height (ZDS_URB2D)	
Raupach (1994) Roughness Length (ZOR_URB2D)	105,107,109,111
Raupach (1994) Displacement Height (ZDR_URB2D)	106,108,110,112
Macdonald et al. (1998) Roughness Length (ZOM_URB2D)	113-116
Macdonald et al. (1998) Displacement Height (ZDM_URB2D)	117
Distribution of Building Heights (HI_URB2D)	118-132

图 3-13　构建 NUDAPT 模型所需计算的参数[①]

① 图片来源：Glotfelty T，Tewari M，Sampson K，et al. NUDAPT 44 Documentation[J]. NCAR Technical Notes，2013.

2.构建 UCP 数据集所需要的参数及计算方法

根据NCAR团队发布的参考文件“NUDAPT 44 Documentation”[33]描述，图3-13中红色的参数专用于WRF中的多层城市冠层模型BEP和BEM的参数设置。蓝色参数仅由单层城市冠层模型SLUCM使用。最后，所有城市参数化方案中都使用了紫色。因此，为了实现UCP在WRF-UCM中的应用，只需要计算红色虚线框中所示的，URB_PARAMIndex为91～99所对应的参数即可，笔者在城市冠层模块的源代码module_sf_urban.F90中也寻找到了相关的参数调用代码。 Index为91～99的6个指标的计算方法如下。

①建筑密度（building plan area fraction，Index= 91）。

$$\lambda_{\mathrm{p}}=\frac{A_{\mathrm{p}}}{A_{\mathrm{T}}} \tag{3-10}$$

其中，A_{p}是总建筑面积，A_{T}是总用地面积。

②平均建筑高度（mean building height，Index = 92）。

$$\bar{h}=\frac{\sum_{i=1}^{N} h_i}{N} \tag{3-11}$$

其中，h_i是单个建筑的高度，N 为总建筑数量。

③建筑高度标准差（standard deviation of building height，Index = 93）。

$$S_h=\sqrt{\frac{\sum_{i=1}^{N}(h_i-\bar{h})^2}{N-1}} \tag{3-12}$$

④面积加权平均建筑高度（area weighted mean building height，Index = 94）。

$$\bar{h}_{\mathrm{AW}}=\frac{\sum_{i=1}^{N} A_i h_i}{\sum_{i=1}^{N} A_i} \tag{3-13}$$

其中，A_i为单个建筑的面积。

⑤建筑表面积与总用地面积之比（building surface to plan area ratio，Index = 95）。

$$\lambda_{\mathrm{B}}=\frac{A_{\mathrm{R}}+A_{\mathrm{W}}}{A_{\mathrm{T}}} \tag{3-14}$$

其中，A_R为建筑屋顶面积，A_W为建筑四周面积。

⑥迎风面积指数（frontal area index，Index=96～99）。

$$\lambda_f(\theta)=\frac{A_{proj}}{A_T} \tag{3-15}$$

其中，θ是风向角，A_{proj}是与来风方向垂直的平面上的建筑投影面积，需要分别计算正北、东北、正东、东南总共四个方向，按顺序分别对应96～99四个参数。

除上述必需的6个UCP参数以外，还需要额外计算一组与UCP分辨率相同的不透水下垫面比率frc_urb数据。

使用网格化UCP输入WRF-UCM模块的逻辑如图3-14所示。可以看出，UCP的调用建立于3类城市划分的基础之上，UCP中提供了6个城市形态相关参数，可以代替URBPARM.TBL中的建筑高度、建筑高度标准差、建筑宽度与道路宽度输入，而其余参数仍需要从URBPARM.TBL中读取。此外，URBPARM.TBL还能够作为一种保险机制，当某个网格中的UCP数据缺失时，会自动调用表格中的参数进行替补，避免计算发生错误。

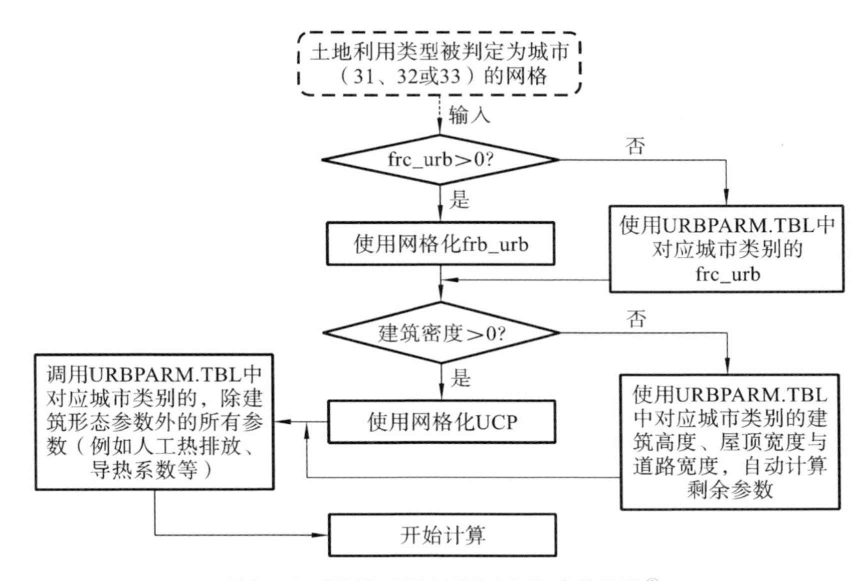

图3-14　WRF-UCM调用 UCP 参数逻辑[①]

① 图片来源：自绘。

3.2.4 WRF 气候研究预测模型模拟验证方法与结果

为检验模型的准确性，并对比采用三种城市模型时模拟结果的精度，本书选取了2015年8月21日—8月23日（LZT）时间段进行为期72 h的模拟。三种城市模型的案例分别命名为noUCM（采用板式模型）、3UCM（采用常规单层城市冠层模型）、nUCM（采用网格化UCP输入的城市冠层模型）。采用不同城市模型生成的静态地理数据仅应用于D3，不同案例间D1与D2的所有参数完全相同。

而后，本书选择了2015年8月22日0：00—24：00 （LZT），共25 h的模拟结果与武汉市气象局的监测站点数据进行对比。监测站点的位置如图3-15所示，分别为位于郊区的金银湖站点（114°13′47″E，30°40′12″N），位于主城区的江滩站点（114°17′59″E，30°35′24″N）、红钢城站点（114°23′59″E，30°38′24″N）、粮道街站点（114°18′36″E，30°32′59″N）。主城区的3个站点周边环境各有特点，江滩站点位于市中心并处于大型水体长江附近；红钢城站点位于旧城区，周边建筑密度较高；粮道街站点周边的建筑环境与红钢城类似，但用地强度更高。

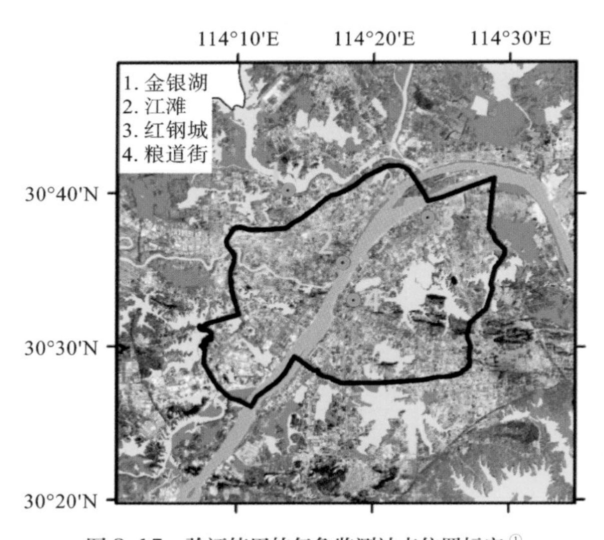

图 3-15 验证使用的气象监测站点位置标定[①]

首先，图3-16展示了noUCM、3UCM、nUCM三个案例在温度最高的午间14：00

① 图片来源：自绘。

的地表2 m处气温T2与地表温度TSK的模拟结果。

对于T2而言，从图3-16中可以看出noUCM模拟的气温明显高于其他两者，并且气温分布最平均，即基本体现不出城市不同区域因建筑布局的差异所导致的热环境差异。而nUCM，即使用UCP建立城市模型的案例能最好地反映出区域间的热环境差异，这种优势尤其体现在用地强度最高的主城区。通过UCP模型的预测结果，不难在图像中发现城市内部的强热岛区域，以便在今后的城市规划与建设中重点关注这些区域的通风。3UCM案例则处于中游水平，对热环境差异的表现能力较noUCM更明显，但远不如nUCM。

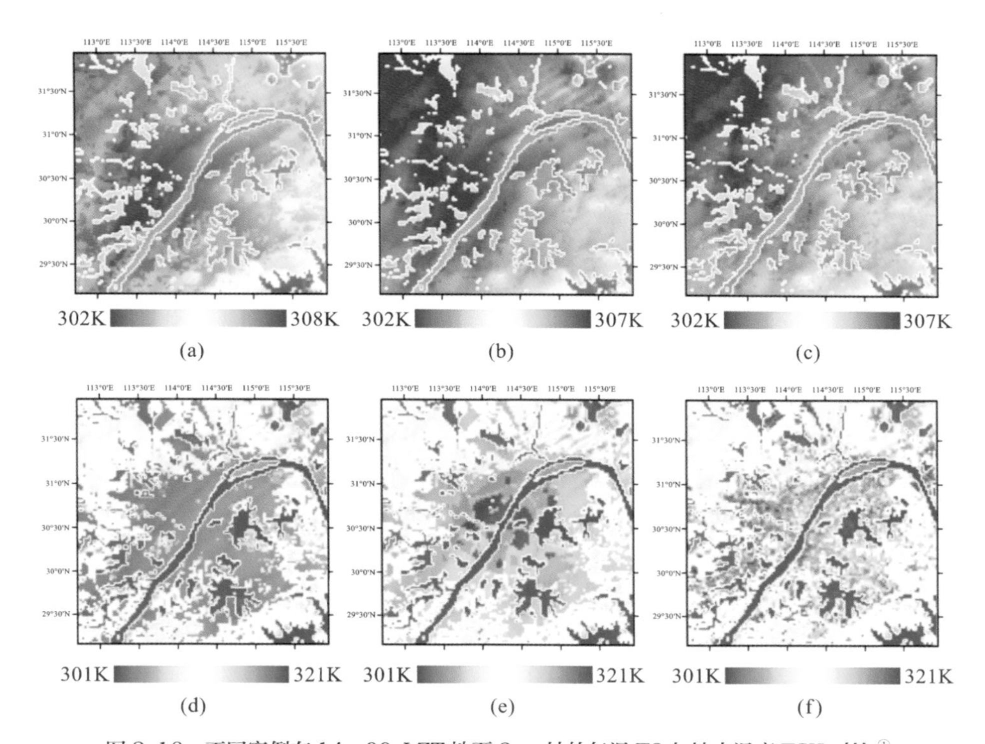

图 3-16　不同案例在 14：00 LZT 地面 2 m 处的气温 T2 与地表温度 TSK 对比①

（a） noUCM T2；（b） 3UCM T2；（c） nUCM T2；
（d） noUCM TSK；（e） 3UCM TSK；（f） nUCM TSK

对于地表温度TSK，这一现象则更为明显。板式模型由于将城市视为一块均质

① 图片来源：自绘。

化的平面，因此模拟结果中所有城市下垫面的地表温度基本相同。在通常的气象学研究中，由于研究尺度极大，城市形态造成的热力差异对区域大气环境影响甚小，因此使用起来并无大碍。但对于城市研究领域而言，这种预测精度无疑是不能接受的。3UCM案例相对较好，但由于仅有3种不同的城市参数，仍然存在大片的均质化现象。只有在城市分类足够多的情况下，其模拟效果才能够趋近于结果最好的nUCM。

因此，就体现城市形态差异所造成的热力差异方面而言，使用网格UCP建立城市模型的nUCM案例极大优于板式模型与常规城市冠层模型。

在定量化验证中，使用了地表2 m处的气温T2与10 m处的风速V10作为验证指标，图3-17与表3-2为T2的验证结果。

由图3-17（a）与表3-2可看出，对于位于郊区的金银湖站点而言，3个案例之间相差很小，这主要是因为郊区的城市下垫面占比较小，且建筑基本均为低密度中低层房屋，导致了采用何种城市模型对模拟结果的影响不大。与监测点数据对比，模拟结果均比较符合实际情况，相关系数在0.97～0.99之间，nUCM案例略微更精确一些，日均值仅相差0.34 K，标准偏差仅为0.78 K。但三个案例在日落后的降温速率以及平均温度均明显高于实际情况，这可能是由于人工热排放仅有31～33对应的三个数值，因此郊区某些区域的热排放设置偏高导致了该结果，但nUCM与真实值的偏差仍然是最小的，保持在0.5 K左右，而noUCM则最高，接近1.5 K。

而对于位于主城区的其余三个站点[图3-17（b）~（d）]，采用城市冠层模型的3UCM与nUCM案例的优越性更为明显，相关系数均保持在0.96以上，且采用网格化UCP建立城市模型的nUCM案例与真实情况的吻合程度依然最佳，偏差均保持在1 K以内。而noUCM的模拟结果则与真实情况相差很大，在日间极大地高估了红钢城与粮道街的气温，差距最高达2 K，而江滩的气温则被极大地低估了。但可以看出，两种城市冠层模型均低估了夜间的气温，偏差在1 K左右，这应当也是人工热排放所导致的，本模型中并未考虑到夏季空调使用带来的显著局部升温，因此在后续的模型优化中应当加入对人为热排放的考虑，以实现更加精确的预测效果。

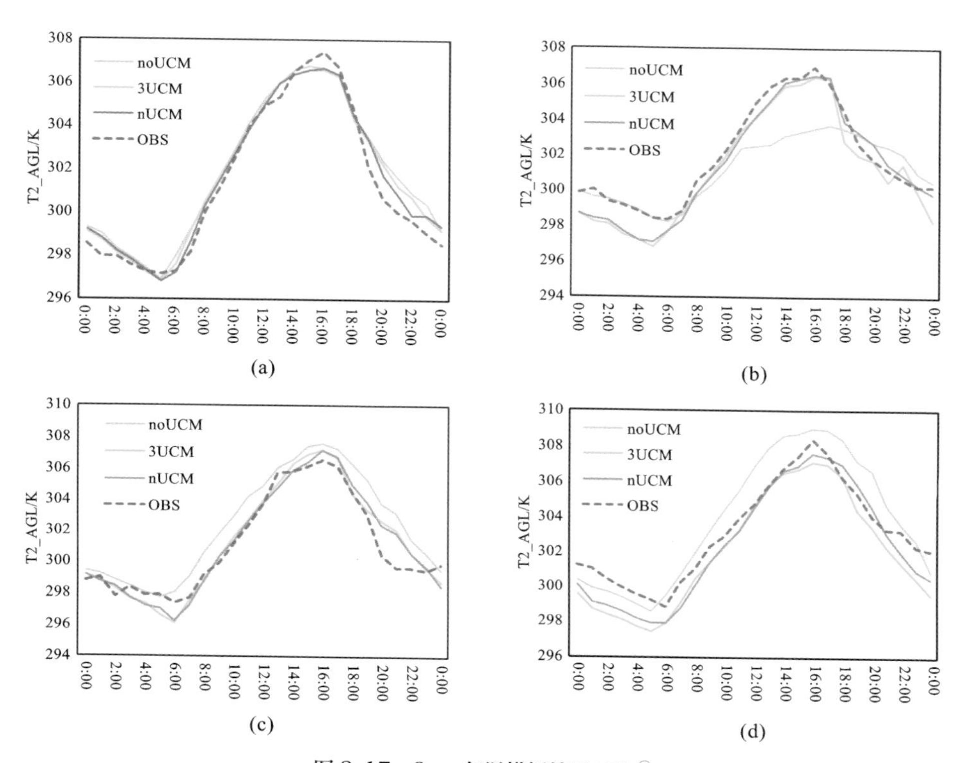

图 3-17　2 m 气温模拟结果对比[①]

（a）金银湖站点；（b）江滩站点；（c）红钢城站点；（d）粮道街站点

表 3-2　气温验证结果[②]

<table>
<tr><th colspan="2" rowspan="2">T2/K</th><th colspan="2">AVERAGE</th><th rowspan="2">MB/K</th><th rowspan="2">RMSE/K</th><th rowspan="2">R</th></tr>
<tr><th>OBS/K</th><th>SIM/K</th></tr>
<tr><td rowspan="3">金银湖</td><td>noUCM</td><td rowspan="3">301.27</td><td>301.82</td><td>0.55</td><td>0.97</td><td>0.976**</td></tr>
<tr><td>3UCM</td><td>301.65</td><td>0.38</td><td>0.88</td><td>0.975**</td></tr>
<tr><td>nUCM</td><td>301.61</td><td>0.34</td><td>0.78</td><td>0.981**</td></tr>
<tr><td rowspan="3">江滩</td><td>noUCM</td><td rowspan="3">301.93</td><td>301.20</td><td>− 0.73</td><td>1.61</td><td>0.874**</td></tr>
<tr><td>3UCM</td><td>301.15</td><td>− 0.778</td><td>1.07</td><td>0.969**</td></tr>
<tr><td>nUCM</td><td>301.432</td><td>− 0.49</td><td>0.83</td><td>0.980**</td></tr>
</table>

① 图片来源：自绘。

② 表格来源：自制。

续表

T2/K		AVERAGE		MB/K	RMSE/K	R
		OBS/K	SIM/K			
红钢城	noUCM	301.12	302.32	1.20	1.53	0.960**
	3UCM		301.29	0.17	0.91	0.967**
	nUCM		301.25	0.13	0.86	0.969**
粮道街	noUCM	303.13	303.85	0.72	1.33	0.973**
	3UCM		302.00	− 1.13	1.34	0.983**
	nUCM		302.38	− 0.75	1.03	0.987**

而后，图3-18与表3-3展示了各城市模型的风速验证结果。

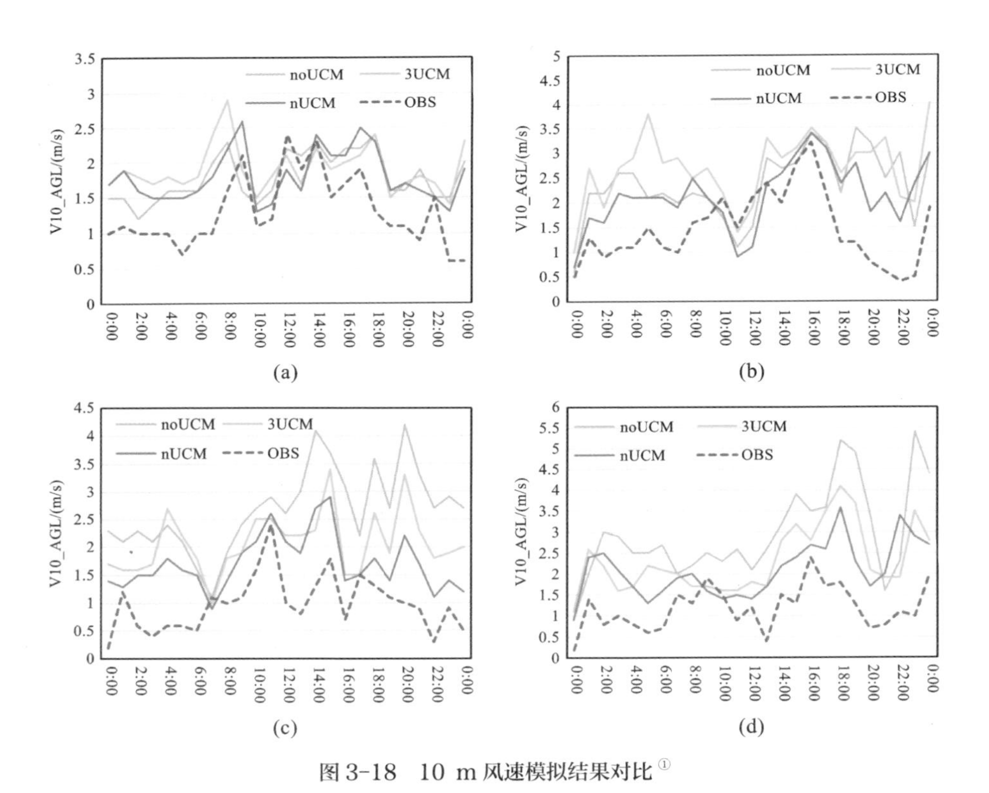

图 3-18　10 m 风速模拟结果对比①

（a）金银湖站点；（b）江滩站点；（c）红钢城站点；（d）粮道街站点

① 图片来源：自绘。

从图3-18及表3-3中可以看出，WRF对风速的模拟结果不如气温精确，三种模型明显高估了10 m处的风速，这主要是由于WRF-UCM中建立的建筑模型尺度较大，风速模拟结果更倾向于代表一片区域的通风潜力，而很难精确地考虑复杂的街谷形态以推测出街谷内部某一点的风场情况，CFD在该方面的模拟结果会更加精确。但采用网格化UCP建立城市模型的nUCM模拟结果与实际风速间仍具有较高的相关性，均在0.65左右，风速偏差也在1 m/s以下，说明模型对风速的变化趋势模拟得较为准确。以上要素的相关关系均通过了 95% 的置信度检验。而其余两种城市模型的风速模拟结果则并不理想，在郊区的金银湖站点相关性尚可，对于城区内部的风速模拟结果则较差。

表 3-3　风速验证结果[①]

V10/（m/s）		AVERAGE		MB/（m/s）	RMSE/（m/s）	*R*
		OBS/（m/s）	SIM/（m/s）			
金银湖	noUCM	1.30	1.79	0.49	0.64	0.556**
	3UCM		1.91	0.61	0.78	0.515*
	nUCM		1.80	0.50	0.63	0.650**
江滩	noUCM	1.47	2.36	0.89	1.22	0.308
	3UCM		2.67	1.23	1.45	0.411*
	nUCM		2.14	0.67	0.95	0.524**
红钢城	noUCM	0.98	2.67	1.69	1.85	0.303
	3UCM		2.08	1.10	1.24	0.401*
	nUCM		1.71	0.73	0.85	0.616**
粮道街	noUCM	1.19	2.97	1.78	2.04	0.401*
	3UCM		2.31	1.12	1.32	0.432**
	nUCM		2.10	0.91	1.08	0.556**

总体而言，采用网格化UCP建立的城市模型对主要气象要素的模拟结果与实际观测吻合，且为三种模型中最优，适合用来进行武汉市的微气候模拟研究。

① 表格来源：自制。

3.2.5 WRF 气候研究预测模型在城市气候研究中的应用

在CNKI数据库中，以“WRF”“城市气候”“城市微气候”为关键词进行搜索，时间范围为2012—2022年，并按照风环境、热环境和污染物环境进行分类。

（1）风环境相关研究。

郭飞等人[34]通过运用WRF工具对大连城市总体进行了高分辨率的数值模拟，并将模拟结果分别与现场实测数据、气象站监测数据对比，变化趋势基本吻合。研究表明对于尺度较大的城市而言，模拟结果的准确性是十分理想的，用于分析城市风场的变化规律具有较高的可信度。

周雪帆等人[35]通过运用WRF技术对贵阳城区范围内风环境进行模拟，规划了不同等级的通风道为贵阳“通风、换气”。

莫尚剑等人[36]通过运用WRF模式定量分析长株潭城市群在典型天气条件下绿心空间布局变化对城市群风场产生的影响，并从改善城市风环境角度出发，在宏观层面的空间规划中考虑通风廊道构建方案，提升城市在发展过程中应对气候变化的能力。

（2）热环境相关研究。

李雪松等人[37]通过运用基于UCM的WRF数值模拟方法，研究了武汉市东南片区的城市扩张与城市热环境的关系，并量化对比分析了不同时间段不同案例的气温和差值，为武汉城市发展提出了相应的规划建议。

郭飞[38]通过运用WRF-UCM技术，对沿海城市大连市进行了晴朗高温天气下的风热环境数值模拟，研究发现海风和山体对城市热岛有明显的缓解作用，中心城区受山地影响，形成了管道风效应。

张弘驰等人[39]通过实现高精度土地利用、地形等数据向WRF静态数据场的转化，提出了一种评估总规尺度城市规划布局对热环境影响的高精度模拟方法，研究了大连市自1993年以来城市扩张与城市热环境的关系。

（3）污染物环境相关研究。

刘瑞婷等人[40]通过WRF模拟分析北京的雾霾成因，并进行模拟与观测对比，研究发现WRF模型可以较好地反映北京市地面和高空颗粒物与主要气象要素的时空分布。

庞杨等人[41]通过运用WRF-Chem模式模拟，研究了2007年8月京津冀地区近地面O_3、NO_2、$PM_{2.5}$浓度的时空变化特征，并将模拟结果与观测数据进行详细对比，研究表明，模式可以较好地模拟O_3、$PM_{2.5}$浓度的空间分布和时间变化特征。

陶玮等人[42]通过运用中尺度大气模式WRF/Chem和过程分析方法，研究了中国东部地区城市下垫面扩张对臭氧（O_3）和一氧化碳（CO）空间分布的影响，研究发现在人为源排放不变的情况下，城市下垫面扩张使得近地面和1～3 km高处的O_3，以及距地面1～2 km高处的CO体积分数增大；但近地CO体积分数下降。

在Web of Science数据库中，以“WRF”“urban climate”“urban micro-climate”为关键词进行搜索，时间范围为2012—2022年，并按照风环境、热环境和污染物环境进行分类。

（1）风环境相关研究。

Wang等人[43]通过运用WRF模型对珠江三角洲地区进行了数值模拟，研究了城市扩张与城市风环境的关系，研究发现城市扩张导致植被和灌溉耕地减少，显著改变了近地表温度、湿度、风速和区域降水。

Li等人[44]通过运用基于SLUCM的WRF模型模拟了热带城市新加坡的城市环境，研究土地利用类型和人为热量对风环境的影响。

（2）热环境相关研究。

Argüeso D等人[45]通过运用WRF模式和未来气候情景（A2），并以2 km的空间分辨率模拟悉尼地区1990—2009年和2040—2059年的气候，研究了未来城市扩张对悉尼当地近地表温度的影响。

Chen等人[46]通过运用WRF-UCM模型模拟了长期热浪期间中国东部杭州上空的城市热岛效应，研究了2 m温度场的空间和时间特征，以及城市土地利用与热岛效应变化的影响关系。

Theeuwes N E等人[47]通过运用WRF模型模拟一个设计上引入开放地表水的理想圆形城市，研究了水体的冷却效果与水体面积、风向的影响关系。

（3）污染物环境相关研究。

Gao等人[48]通过运用WRF-Chem模型模拟2013年北京$PM_{2.5}$浓度，与地表检测数据进行了对比分析，并根据结果计算对人体健康的影响和相关经济损失。

Liao等人[49]通过运用WRF-Chem模型模拟了不同UCM方案下的长江三角洲区域城市群气候和空气质量，研究了旱季和雨季城市冠层对区域气候和空气质量的影响。

Zhu等人[50]通过运用WRF-Chem模型模拟了华南地区各大城市的气候和空气质量，研究了城市扩张引起的土地利用从自然表面向人工表面的转变对城市环境和气候的影响。

本章参考文献

[1] 朱雪梅.中国・天津・五大道——历史文化街区保护与更新规划研究[M].南京：江苏科学技术出版社，2013.

[2] 邱李亚.基于ArcGIS的历史街区综合安全分析与管控研究——以天津五大道历史街区为例[D].天津：天津大学，2021.

[3] 梁本亮.基于ArcGIS的上海市超限高层建筑工程数据库建设[D].上海：同济大学，2007.

[4] 吴建华，逯跃锋.ArcGIS软件与应用[M].北京：电子工业出版社，2019.

[5] 曾冰.区域经济分析与ArcGIS软件应用[M].南昌：江西人民出版社，2018.

[6] 周媛，石铁矛，胡远满，等.基于城市气候环境特征的绿地景观格局优化研究[J].城市规划，2014，38（5）：83-89.

[7] 杜吴鹏，房小怡，刘勇洪，等.基于气象和GIS技术的北京中心城区通风廊道构建初探[J].城市规划学刊，2016（5）：79-85.

[8] 袁磊，张宇星，郭燕燕，等.改善城市微气候的规划设计策略研究——以深圳自然通风评估为例[J].城市规划，2017，41（9）：87-91.

[9] 郭飞，赵君，张弘驰，等.多模型、多尺度城市风廊发掘及景观策略[J].风景园林，2020，27（7）：79-86.

[10] 秦文翠，胡聃，李元征，等.基于ENVI-met的北京典型住宅区微气候数值模拟分析[J].气象与环境学报，2015，31（3）：56-62.

[11] 赵文博，刘洪杰，田雪婷，等.基于UCMap的城市环境气候空间格局分析——

以广州市为例[J].地理科学进展，2019，38（3）：452-464.

[12] 张弘驰，唐建，郭飞.基于GIS的城市热环境气候图研究——以大连星海湾为例[J].华中建筑，2020，38（2）：53-57.

[13] 许珊，邹滨，蒲强，等.土地利用/覆盖的空气污染效应分析[J].地球信息科学学报，2015，17（3）：290-299.

[14] 陈优良，陶天慧，丁鹏.长江三角洲城市群空气质量时空分布特征[J].长江流域资源与环境，2017，26（5）：687-697.

[15] 刘乐乐，赵小锋，赵颜创，等.基于城市环境气候图的宁波大气环境分析与调控对策[J].生态学报，2017，37（2）：606-618.

[16] Guo F，Zhang H C，Fan Y，et al. Detection and evaluation of a ventilation path in a mountainous city for a sea breeze： the case of Dalian[J]. Building and Environment，2018，145：177-195.

[17] Liu Y H，Fang X Y，Cheng C，et al. Research and application of city ventilation assessments based on satellite data and GIS technology： a case study of the Yanqi Lake Eco-city in Huairou District，Beijing[J]. Meteorological Applications，2016，23（2）：320-327.

[18] Chang S Z，Jiang Q G，Zhao Y. Integrating CFD and GIS into the development of urban ventilation corridors： a case study in Changchun City，China[J]. Sustainability，2018，10（6）：1814.

[19] Chen L，Ng E，An X，et al. Sky view factor analysis of street canyons and its implications for daytime intra-urban air temperature differentials in high-rise，high-density urban areas of Hong Kong： a GIS-based simulation approach[J]. International Journal of Climatology，2012，32（1）：121-136.

[20] Yang J，Ren J Y，Sun D Q，et al. Understanding land surface temperature impact factors based on local climate zones[J].Sustainable Cities and Society，2021，69，102818.

[21] Bradford K，Abrahams L，Hegglin M，et al.A heat vulnerability index and adaptation solutions for Pittsburgh，Pennsylvania[J]. Environmental Science &

Technology，2015，49（19）：11303-11311.

[22] Liu S H，Hua S B，Wang K，et al. Spatial-temporal variation characteristics of air pollution in Henan of China：localized emission inventory，WRF/Chem simulations and potential source contribution analysis[J]. Science of the Total Environment，2018，624，396-406.

[23] Wang Z B，Li J X，Liang L W.Spatio-temporal evolution of ozone pollution and its influencing factors in the Beijing-Tianjin-Hebei Urban Agglomeration[J]. Environmental Pollution，2020，256，113419.

[24] Badach J，Voordeckers D，Nyka L，et al. A framework for Air Quality Management Zones-Useful GIS-based tool for urban planning：case studies in Antwerp and Gdańsk[J].Building and Environment，2020，174，106743.

[25] Fitch A C，Olson J B，Lundquist J K，et al. Local and mesoscale impacts of wind farms as parameterized in a mesoscale NWP model[J]. Monthly Weather Review，2010，140：3017-3038.

[26] 莫尚剑.基于WRF模式的长株潭城市群绿心规划策略研究[D].长沙：中南林业科技大学，2019.

[27] Kusaka H，Chen F，Tewari M，et al.Numerical simulation of urban heat island effect by the WRF model with 4-km grid increment：an inter-comparison study between the urban canopy model and slab model[J].Journal of the Meteorological Society of Japan，2012，90B：33-45.

[28] 胡江林，王盘兴.地形跟随坐标下的中尺度模式气压梯度力计算误差分析及其改进方案[J].大气科学，2007（1）：109-118.

[29] Skamarock W C，Klemp J B，Dudhia J，et al. A description of the advanced research WRF model version 4[J].NCAR Technical Notes，2019.

[30] Martilli A，Clappier A，Rotach M W. An urban surface exchange parameterisation for mesoscale models[J]. Boundary-Layer Meteorolohy，2002，104（2）：261-304.

[31] Tewari M，Chen F，Kusaka H，et al. Coupled WRF/Unified Noah/Urban-Canopy

modeling system[J]. NCAR Technical Notes, 2007.

[32] Salamanca F, Krpo A, Martilli A, et al. A new building energy model coupled with an urban canopy parameterization for urban climate simulations-part Ⅰ. formulation, verification, and sensitivity analysis of the model[J]. Theoretical and Applied Climatology, 2010, 99（3-4）: 331-344.

[33] Glotfelty T, Tewari M, Sampson K, et al. NUDAPT 44 Documentation[J]. NCAR Technical Notes, 2013.

[34] 郭飞，祝培生，王时原.高密度城市形态与风环境的关联性：大连案例研究[J].建筑学报，2017，16（S1）：14-17.

[35] 周雪帆，陈宏，管毓刚.城市通风道规划设计方法研究——以贵阳市为例[J].西部人居环境学刊，2015，30（6）：13-18.

[36] 莫尚剑，沈守云，廖秋林.基于WRF模式的长株潭城市群绿心通风廊道规划策略研究[J].中国园林，2021，37（1）：80-84.

[37] 李雪松，陈宏，张苏利.城市空间扩展与城市热环境的量化研究——以武汉市东南片区为例[J].城市规划学刊，2014（3）：71-76.

[38] 郭飞.基于WRF/UCM的城市气候高分辨率数值模拟研究[J].大连理工大学学报，2016，56（5）：502-509.

[39] 张弘驰，唐建，郭飞.城市化进程对热环境影响的WRF/UCM评估方法[J].大连理工大学学报，2019，59（4）：372-378.

[40] 刘瑞婷，韩志伟，李嘉伟.北京冬季雾霾事件的气象特征分析[J].气候与环境研究，2014，19（2）：164-172.

[41] 庞杨，韩志伟，朱彬，等.利用WRF-Chem模拟研究京津冀地区夏季大气污染物的分布和演变[J].大气科学学报，2013，36（6）：674-682.

[42] 陶玮，刘峻峰，陶澍.城市化过程中下垫面改变对大气环境的影响[J].热带地理，2014，34（3）：283-292.

[43] Wang X M, Liao J B, Zhang J, et al. A numeric study of regional climate change induced by urban expansion in the Pearl River Delta, China[J].Journal of Applied Meteorology and Climatology, 2014, 53（2）: 346-362.

[44] Li X X, Koh T Y, Entekhabi D, et al. A multi-resolution ensemble study of a tropical urban environment and its interactions with the background regional atmosphere[J].JGR Atmosphere, 2013, 118（17）, 9804-9818.

[45] Argüeso D, Evans J P, Fita L, et al.Temperature response to future urbanization and climate change[J].Climate Dynamics, 2014, 42, 2183-2199.

[46] Chen F, Yang X C, Zhu W P. WRF simulations of urban heat island under hot-weather synoptic conditions: the case study of Hangzhou City, China[J]. Atmospheric Research, 2014, 138, 364-377.

[47] Theeuwes N E, Solcerová A, Steeneveld G J.Modeling the influence of open water surfaces on the summertime temperature and thermal comfort in the city[J]. JGR Atmosphere, 2013, 118（16）: 8881-8896.

[48] Gao M, Guttikunda S K, Carmichael G R, et al.Health impacts and economic losses assessment of the 2013 severe haze event in Beijing area[J]. Science of the Total Environment, 2015, 511: 553-561.

[49] Liao J B, Wang T J, Wang X M, et al.Impacts of different urban canopy schemes in WRF/Chem on regional climate and air quality in Yangtze River Delta, China[J]. Atmospheric Research, 2014, 145-146: 226-243.

[50] Zhu K G, Xie M, Wang T J, et al.A modeling study on the effect of urban land surface forcing to regional meteorology and air quality over South China[J]. Atmospheric Environment, 2017, 152: 389-404.

4

基于 ArcGIS 的城市水网微气候影响规律分析

本章节基于ArcGIS 10.2平台与SPSS数理统计软件，对包括土地利用信息、气象监测站点资料、多源遥感反演图像与空气质量监测站点资料在内的多种源数据进行了定量化分析，旨在探索武汉市水网的时空分布特征、水网对城市热岛的季节性调节作用以及对3种主要空气污染物（$PM_{2.5}$、PM_{10}、NO_2）的削减作用，并针对研究结果提出了借助城市水体缓解城市热岛与空气污染的策略。此外，本章所提出的空间划分方法以及部分研究结论也为后文WRF仿真实验的案例设计提供了参考依据。

4.1 八象限 - 缓冲区模板构建

武汉市政府根据城市发展的现状与目标，以多个“环线”将武汉市进行了划分。其中：总长度约91 km的三环线由两座长江大桥合围而成，分别为南部的白沙洲大桥与北部的天兴洲大桥。三环线环绕着整个武汉中心城区，并连接着位于中心城区边缘的武汉市诸多主要工业区与经济开发区，同时作为武汉市货运主通道和入城环路，减少中心区直穿车流；武汉市外环线，或称五环线，系总长度约190 km的武汉市绕城公路，由西南段（京港澳高速）、东北环（东西湖红羽村—东湖高新区豹澥）及阳逻大桥组成。环线共有19个互通立交以及2座长江大桥（武汉军山长江大桥、武汉阳逻大桥）、一座汉江大桥。建成通车的武汉市外环线是武汉城区的新“边界”。《武汉城市总体规划（2006—2020年）》表示，截至2020年，武汉城区范围扩大至五环线，总面积达3261 km^2。武汉市水体资源在全市分布不均匀，在距离市中心的远近程度上，近郊区水网分布最密集；在不同的地理方位上，总体呈现东部比西部密集，南部比北部密集。因此，为了更深入研究不同区域因水网密度不同造成的热环境和污染物影响不同情况，引入了三圈层八象限模板划分方法。具体划分方法如下。

本书以三圈层划分武汉市区域，如图4-1（a）所示，首先以三环线、外环线与市边界线为分界，将武汉市划分为城市中心区、近郊区、远郊区三部分。其中城市中心区为三环线以内部分，近郊区为三环线与外环线之间的部分，远郊区为外环线与市边界线之间的部分。

其次，本书还采用了城市空间形态研究中常使用的八方位线模型，或称象限方位分析法[1]。该模型以正东方位为起始，以45°为间隔将研究区域分为8个区域，每个研究区域角度跨度相等。但在本研究中，正北向的南北轴线被偏转为东北方向，如图4-1（b）所示。这一调整主要有以下两方面的考量。①由于武汉市临江而建，历代的城市建设与发展均沿长江展开，这与北京、西安等有正南北中轴线的中国北方城市略有不同，因此调整轴线与长江流向相吻合能提升模型的合理性。②这一调整同时也能将二、三与六、七方位指向武汉市的主导风向，即夏季的西南风与秋冬季的东北风，有利于锁定特征研究区域与后续WRF模型建立中的风向选择。

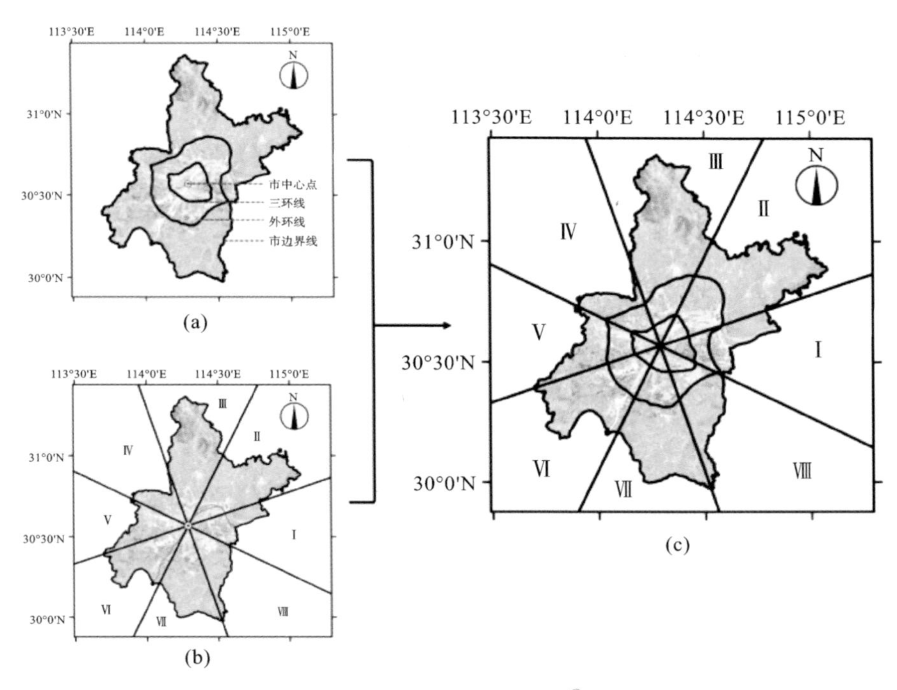

图 4-1　圈层与象限模板①

最后，本书将圈层与象限方位的划分结果进行融合，如图4-1（c）所示，上述

① 图片来源：自绘。八象限参考：王帅，孟瑞琦，毛敏，等. 基于八方位线模型的城市土地空间形态分析——以山西省县级以上城市为例 [J]. 北京农业，2015（15）：238-240.

模型最终将武汉市划分为3个圈层、8个方位，总共24个缓冲区。为方便表述，后文中统一称其为“八象限-圈层模型”。

4.2 研究区域概况

武汉市位于中国中部、长江中游区域，地理位置为北纬29°58′～31°22′，东经113°41′～115°05′，属于典型亚热带季风气候，具有四季分明、日照充足、雨量充沛的特点。且武汉市冬季寒冷，夏季炎热，冬季平均气温为3～12 ℃，夏季平均气温为22～30 ℃，极端气温可达44.5 ℃。武汉市内部水系发达，总水域面积达2217.6 km^2，占全市土地面积的25.88%。长江及其最大支流汉江横贯市境中央，且城市中心区共有38个湖泊，其中面积大于1 km^{2}的湖泊达16个（图4-2）。城市的水体网络体系十分完善，为城市提供了绝佳的生态资源，同时也在城市热环境调节和空气污染物的削弱方面发挥着重要作用。

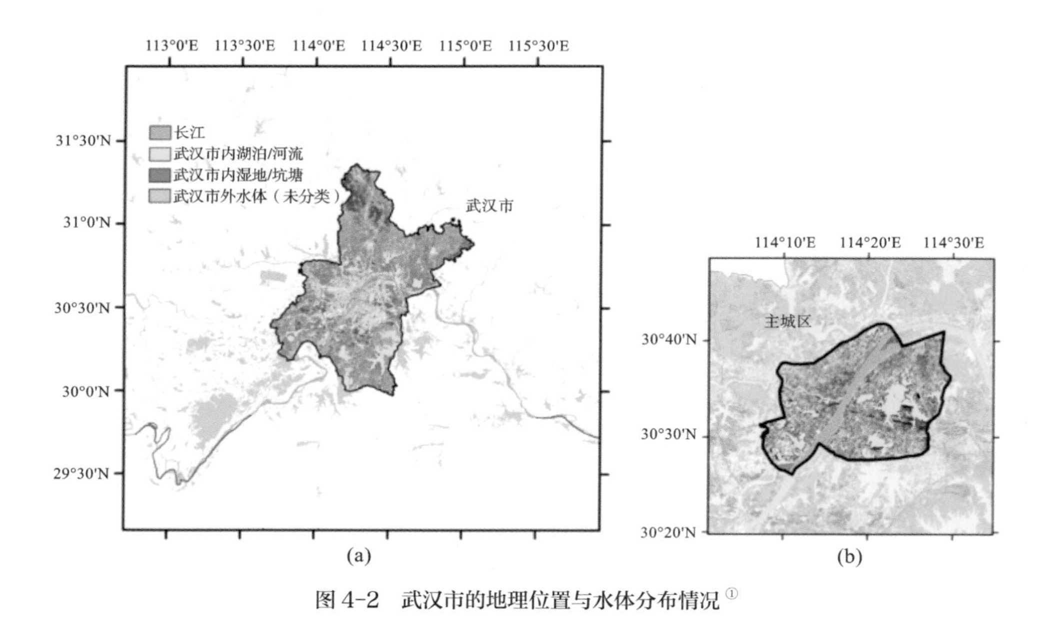

图 4-2　武汉市的地理位置与水体分布情况[①]

① 图片来源：自绘。数据来源：地理国情监测云平台。

4.3　研究数据获取与处理

4.3.1　研究数据获取

1.土地利用及卫星影像数据

实际数据分析中使用的下垫面信息来自30 m×30 m土地利用数据，数据时间分别为2000年与2015年，主要用于城市下垫面与水体下垫面的提取统计。该数据集对水体的描述细分为河渠、湖泊与水库坑塘，并且笔者结合Google Earth中的历史卫星影像数据进行了人工识别与修正。

2.气象站点数据

气象站点数据因统一的观测标准和规则而具备良好的精度，并且能得到逐时的分辨率级别数据，而气象站点数量的增加也促成了城市温度研究由“点”向“面”展开，有利于城市温度时空分布研究。本书所使用的气象数据为实测数据，来源于武汉市气象站，包括武汉市90个气象站点2019年9月22日—2022年12月31日逐时温度数据。站点分布如图4-3所示。

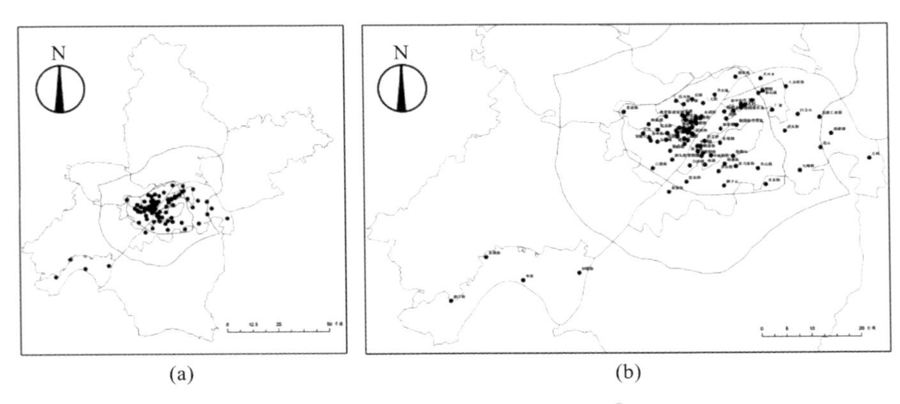

(a)　(b)

图 4-3　研究区域气象站点分布图①

3.地表温度数据

地表温度来自USGS提供的Landsat 8卫星遥感数据集。运用Envi 5.1软件处理

① 图片来源：自绘。数据来源：武汉市气象网站。

Landsat 8卫星中的热红外传感器获取的数据，通过图像辐射定标、地表比辐射率计算、黑体辐射亮度与地表温度计算等步骤反演得到了30 m×30 m分辨率的武汉市地表温度。

由于Landsat 8卫星重访周期为16天，且反演结果极大程度上受当天的天气影响，经过对比后得出，在武汉市夏季遥感数据中2016年7月23日10时55分时段数据和冬季遥感数据中2017年12月17日10时55分时段数据相对前后若干期图像的反演结果而言，其完整性与准确性均较高，因此采用这两个时段数据代表武汉市2016年夏季热岛和2017年冬季气温分布状况，如图4-4所示。

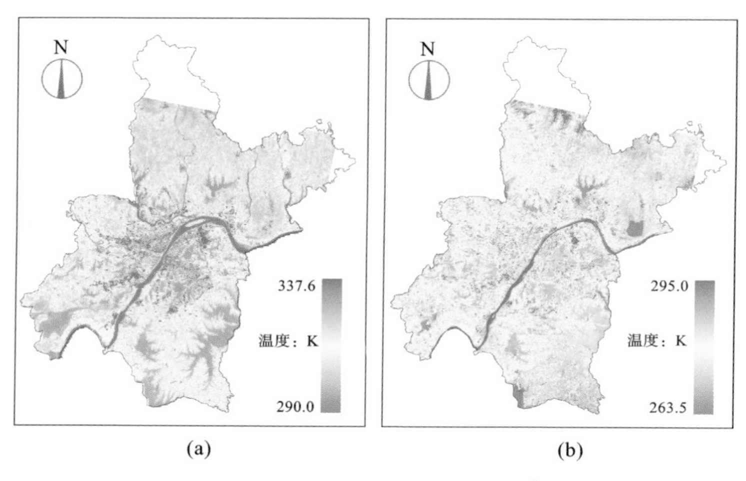

图 4-4　武汉市地表温度反演结果[①]

（a）2016 年 7 月 23 日 10：55（LZT）；（b）2017 年 12 月 17 日 10：55（LZT）

4.污染物监测站点数据

本书所使用的$PM_{2.5}$、PM_{10}、NO_2浓度数据均来自武汉市环保局空气质量发布系统，该系统记录并发布包括十个国家环境质量监测点以及十个市级环境质量监测点的若干空气污染物的小时平均与日平均浓度。

本书选取了17个数据完整度较好的监测站点作为数据源，站点分布如图4-5所示。该系统所发布的污染物浓度数据均预先经过无量纲化处理，以空气质量分指数

① 图片来源：自绘。数据来源：Landsat 8 卫星遥感数据集。

（IAQI）形式给出。IAQI计算公式如下：

$$IAQI_P = \frac{IAQI_{Hi} - IAQI_{Lo}}{BP_{Hi} - BP_{Lo}}(C_P - BP_{Lo}) + IAQI_{Lo} \tag{4-1}$$

其中，$IAQI_P$表示污染物项目P的空气质量分指数；C_P表示污染物项目P的质量浓度值；BP_{Hi}表示表4-1中与C_P相近的污染物浓度限值的高位值；BP_{Lo}表示与C_P相近的污染物浓度限值的低位值；$IAQI_{Hi}$表示与BP_{Hi}对应的空气质量分指数；$IAQI_{Lo}$表示与BP_{Lo}对应的空气质量分指数。

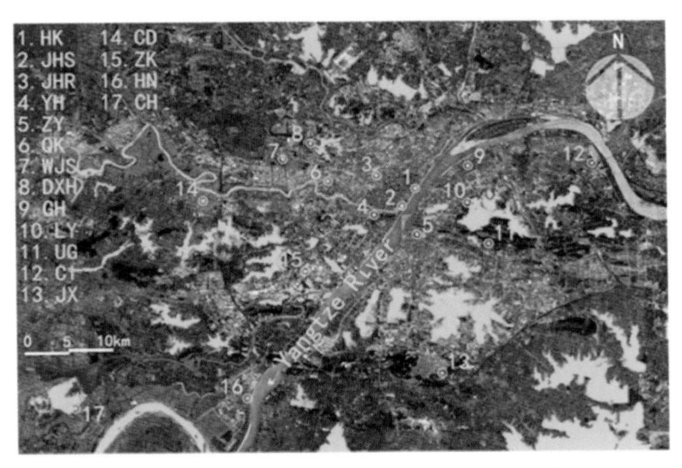

图4-5　17个武汉市空气质量监测站点分布①

表4-1　浓度限值参照表②

IAQI	24 h 平均污染物浓度限值 /（μg/m³）		
	$PM_{2.5}$	PM_{10}	NO_2
0	0	0	0
50	35	50	40
100	75	150	80
150	115	250	180

① 图片来源：自绘。数据来源：武汉市环保局空气质量发布系统。

② 表格来源：自绘。笔者根据监测站点监测数据计算整理。

续表

IAQI	24 h 平均污染物浓度限值 / （μg/m³）		
	$PM_{2.5}$	PM_{10}	NO_2
200	150	350	280
300	250	420	565

4.3.2 研究数据处理

1.水体轮廓提取

水体信息来自前文介绍的湖北省30 m×30 m高分辨率土地利用数据集，并结合Google Earth中高清卫星影像进行目视检查与修正。该数据的处理在ArcGIS软件中进行，以土地利用资料标记的水体轮廓为主要选取标准，并通过人工检查的方法优化选取结果。最后，计算每个所选研究区域内的水面覆盖率以供定量化数据分析使用。本研究首先计算了在2000年与2015年，前文中划分的每个缓冲区内的水面面积与水面覆盖率数据。水面覆盖率的计算公式如下：

$$C_W = \frac{S_W}{S_T} \tag{4-2}$$

其中，C_W为该区域的水面覆盖率，S_W与S_T分别为该区域水面面积与总面积。

2.气象站点数据处理

气象站点数据在时间上是连续的，并且能精细到逐时的数据，但是气象站点数据大部分分布在武汉市三环内，难以评估武汉市不同区域的温度差异，所以下文的气象站点数据用来分析水网对武汉市三圈层的第一圈层区域（下文简称内圈）温度影响的时间规律特征。数据处理在Excel和ArcGIS中完成。

①月平均温度计算。

对于单个气象站点来说，每个季节的平均温度为对应月份温度平均值，春季为3、4、5月，夏季为6、7、8月，秋季为9、10、11月，冬季为12月、次年1月、次年2月。每月的气温平均值的计算公式为：

$$T_m = \sum_{d=1}^{X} T_{m(d)} \ / X \tag{4-3}$$

其中，T_m为第m月的所有日期日平均温度值；$T_{m(d)}$为m月第d天的平均气温值，

d（1，2，3，…，31）为月份中的天数；X为总日期数。

②热岛强度计算。

热岛强度（UHI）是表征热岛效应强弱程度的重要指标。本书通过计算测试站点和基准站点平均温度差得到UHI，首先比较90个站点的空间位置，选取内圈共73个气象站点作为测试站，武汉市郊区蔡甸区的4个气象站点作为基准站，这4个气象站远离城市主城区，周围建筑密度小、建筑高度低，其平均温度能很好地反映下垫面特性[2]。其次，用这4个基准站的平均温度代表基准站的平均温度，这能更加准确地反映城郊平均温度。

最后，采用同时刻测试站与4个基准站平均气温的差值代表测试站的热岛强度的值，其公式为：

$$\mathrm{UHI_t} = T_\mathrm{t} - T_\mathrm{b} \tag{4-4}$$

其中，$\mathrm{UHI_t}$为测试站热岛强度值；T_t为测试站某时刻平均气温；T_b为4个基准站同时刻的平均气温。

③插值方法。

基于ArcGIS的空间插值方法是用已知数值的控制点来估算未知点的过程。它包括许多插值种类。不同插值算法会导致气温的插值结果出现差异，王艳萍等比较了密集和稀疏的气温站点数据的不同插值方法的误差，发现小于10 km间距的密集站点的普通克里金插值法误差小于其他插值方法[3]，本研究气象站点平均站间距小于10 km，因此采用普通克里金法进行插值来研究武汉市内圈热岛的时空分布规律。

克里金插值法是以空间自相关为基础，利用原始数据和变异函数的结构性，对区域化变量的未知样本点进行无偏估值[4]的一种具有随机性的统计学插值方法。它以区域化变量和变异函数为基础，对满足二阶平稳或固有假设的变量具有很好的估计精度，是一种最优线性无偏的估计方法（best linear unbased estimator，BLUE）。普通克里金插值法（OK）是在不存在漂移即数据变化呈正态分布的假设条件下，着重考虑空间相关的因素，直接用拟合过的半变异函数进行插值的方法，它的“普通克里金方程组”如下。

$$\sum_{j=1}^{n} C(h_{ij})\lambda_j + \mu = C(h_{i0}) \tag{4-5}$$

$$\sum_{j=1}^{n} \lambda_j = 1 \tag{4-6}$$

$$C(h) = \sigma^2 - \gamma(h) \tag{4-7}$$

其中，$C(h_{ij})$ 为样点之间的协方差；$C(h_{i0})$ 为样点与插值点间的协方差；μ为极小化处理中的拉格朗日乘子；σ^2 为实验方差。本研究将用克里金插值法得到的空间插值结果分成五类，按红色到蓝色，依次是高热岛强度区、次高热岛强度区、中热岛强度区、次低热岛强度区和低热岛强度区。

3.遥感数据处理

图4-4中介绍的2016年7月23日10：55（LZT）和2017年12月17日10：55（LZT）的地表温度反演数据以.tif格式提供，首先利用ArcGIS软件的"栅格转点"功能将其转换为点要素格式，以方便地对地表温度数据进行后续的统计与计算。而后，基于不同的研究目的，本书进行了如下操作。

①为了直观地反映武汉市地表温度的空间分布情况，参照八象限-圈层模型，统计了24个缓冲区内的地表温度平均值、地温标准差。

②为了探究武汉市的热岛与冷岛的空间分布情况，针对地表温度将研究区域划分为5个热岛强度等级。热岛强度等级划分标准参考了Yang等人的研究[5]，如表4-2所示。其中，*U*为研究区域内的地表温度平均值，STD为研究区域内地表温度标准差。

表 4-2　热岛强度划分等级 ①

热岛强度等级	划分标准
强热岛区	$T > U + \mathrm{STD}$
热岛区	$U + 0.5\mathrm{STD} < T \leqslant U + \mathrm{STD}$
正常区间	$U - 0.5\mathrm{STD} < T \leqslant U + 0.5\mathrm{STD}$
冷岛区	$U - \mathrm{STD} < T \leqslant U - 0.5\mathrm{STD}$
强冷岛区	$T \leqslant U - \mathrm{STD}$

① 表格来源：Yang C，Zhan Q M，Gao S H，et al. How do the multi-temporal centroid trajectories of urban heat island correspond to impervious surface changes：a case study in Wuhan，China[J].International Journal of Environmental Research and Public Health，16（20），Article 20. https：//doi.org/10.3390/ijerph16203865.

此外，研究区域的尺度可能成为一个有趣的话题。不难看出，根据上述划分标准，不同尺度的研究区域会带来不同的划分结果：当选择城市的建成区及周边作为研究区域时，地表温度平均值与标准差会比较大；而在研究区域的边界向远郊区扩张时，由于郊区自然地表较多，地表温度的平均值与标准差也会随之明显减小，从而导致被判定为冷岛与强冷岛的区域减少。通过该研究方法，能够进一步划分城市的冷源产生的冷岛效应的能力，即确定哪些水体对于建成区而言是强大的冷源，哪些水体则在更大的尺度下，对于整个武汉市而言都是强大的冷源。因此，在该部分研究中，以前文中依据三环线、外环线与市边界线确定的“圈层”作为划分标准，分别统计了3种不同尺度的研究区域内的热岛强度分布。

③为了更加定量化地研究水体对城市热环境的影响，以及由于水体分布的不均匀性对城市不同区域热环境影响的差异，本研究计算了不同缓冲区内的地表温度与水面覆盖率的相关性。首先，为了达到1 km×1 km的分辨率，基于平均值，地表温度数据被重采样以便反映局地的平均热环境情况。而1 km是城市研究中的典型街区尺度，在涉及城市绿化覆盖率与水面覆盖率的相关研究中也常被用作衡量缓冲区的尺寸大小[6]。

其次，统计了每个1 km×1 km网格内的水面覆盖率，实现了水体数据与地表温度数据的空间匹配。至此，每个网格内有1组数据，每组数据包含2个变量（地表温度与水面覆盖率）。

最后，研究使用了SPSS 19.0数理统计分析工具，在每个缓冲区内选取了40组数据（共24×40组数据）。以水面覆盖率的大小为筛选依据，尽可能保证每个水面覆盖率区间拥有相同的样本数量。分别对每个缓冲区内的$PM_{2.5}$与水面覆盖率、地表温度与水面覆盖率进行了皮尔森（Pearson）相关性分析，相关系数计算公式如下：

$$\rho(X, Y) = COV(X, Y) / (\sigma_X \sigma_Y) = E[(X-\mu_X)(Y-\mu_Y)] / (\sigma_X \sigma_Y) \quad (4\text{-}8)$$

其中，COV（X, Y）为两个变量的协方差，（$\sigma_X \sigma_Y$）为两个变量标准差的乘积，μ_X为变量X的平均值，μ_Y为变量Y的平均值，E为期望值。

4.污染物监测站点数据处理

该部分在中尺度与街区尺度这两种不同的尺度下对水体与几种主要空气污染物间的关系进行了探究。其中，中尺度是大气科学领域专门描述水平尺度2～2000 km

天气现象的专业术语，是当代大气科学中最受人们关注的研究领域之一，近年来也越来越多地被运用于大气污染的预测与防治中。采用Excel软件进行数据统计与图像绘制，在SPSS 19.0软件中进行皮尔森相关性分析与线性建模。

①为了探究武汉市不同地区间的$PM_{2.5}$、PM_{10}、NO_2浓度是否存在关联性，按照1∶10的筛选比例在2017年中每月选取3天，总计36天（非雨雪天气），统计17个监测点的$PM_{2.5}$、PM_{10}、NO_2日平均浓度数据，以每个监测点36天的数据作为变量在SPSS中进行双变量相关性分析。

②为了探究局地水面覆盖率与$PM_{2.5}$、PM_{10}、NO_2浓度间的关联，以污染物监测站点为圆心、直径为1 km划定研究区域。利用SPSS软件，将WJS、CD、JHR、CI、JT、ZY、YH、LY、DXH、CH十个监测点的水面覆盖率（表4-3）与计算得到的10个监测点$PM_{2.5}$、PM_{10}、NO_2的年平均浓度及各季节的平均浓度进行皮尔森双变量相关性分析，并建立了线性模型预测水面覆盖率的增加对三种污染物的削减幅度大小。

表 4-3　污染物监测站点周边的基本信息[①]

站点名称	1.WJS	2.CD	3.JHR	4.CI
水面覆盖率	0.99%	4.82%	4.98%	9.54%
水体类型	湖泊	湖泊	湖泊	坑塘
水面分布				
站点名称	5.JT	6.ZY	7.YH	8.LY
水面覆盖率	10.49%	15.46%	17.23%	20.45%
水体类型	长江	湖泊	湖泊	湖泊
水面分布				

① 表格来源：自绘，笔者根据监测站点区域计算整理。

续表

站点名称	9.DXH	10.CH		
水面覆盖率	27.31%	56.83%		
水体类型	湖泊	湖泊		
水面分布				

③为了探究具体在多大的街区尺度下，增加水面覆盖率能最为显著改善$PM_{2.5}$、PM_{10}、NO_2污染情况。以WJS、CD、JHR、CI、JT、ZY、YH、LY、DXH、CH的监测点为圆心，研究区域直径由1 km以0.2 km为间隔递增至3 km，分别计算不同半径下的水面覆盖率及其与污染物浓度间的相关系数RCw-$PM_{2.5}$、RCw-PM_{10}、RCw-NO_2，并找到相关性最高时所对应的研究区域半径。

4.4 武汉市水网的时空分布特征

4.4.1 武汉市水体资源的空间分布特征

图4-6直观展示了武汉市的水体分布情况，可以看出武汉市城市水体资源主要分为三大类：①超大型流动水体长江，如图中红色部分所示；②浅水湖泊与小型河流，如图中浅蓝色部分所示；③湿地与人工开垦或围成的坑塘，如图中深蓝色部分所示。由图中可以很直观地看出，武汉市水体资源丰富但分布并不平均，基本呈现出南多北少的趋势，位于武汉市北端的第三圈层Ⅱ、Ⅲ象限区域的水体资源最少，而城市南端存在沉湖、鲁湖、斧头湖与梁子湖等大型湿地。

此外，武汉市诸多湖泊周边都存在着大量坑塘/沟渠等人工湿地，主要集中于第二圈层即城市近郊区，以及第三圈层的东北和西南方向以农耕、水产养殖为主的区域。这些人工湿地由湖泊河流开垦而来，是一种对天然水体的“隐性”侵损，使其生态价值与从前相比大大降低。并且这些区域通常会经历“湖汉、塘—养鱼池—藕塘—陆地”的人工干预演变，其水体特征将不断减弱，生态与气候调节能力也随之损失殆尽[7]。

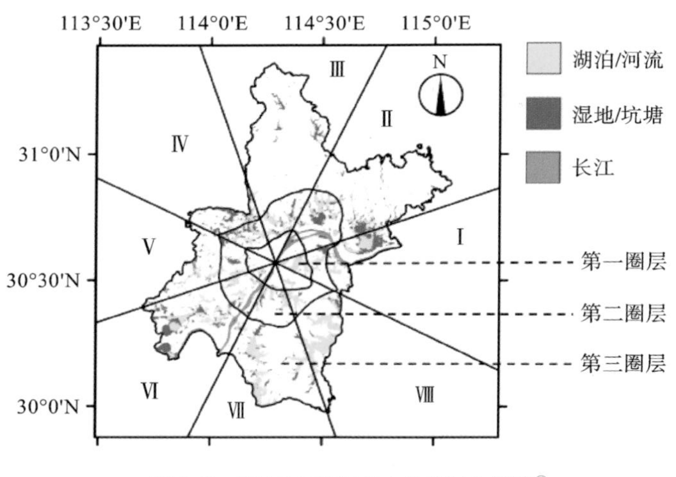

图 4-6　2015 年武汉市水体情况分布图①

为了更加定量化地描述武汉市水体的分布情况，本研究以每个缓冲区为单元，对缓冲区内的水体面积进行了统计，量化指标为水面覆盖率（即所有类型水体的覆盖率），以及湖泊覆盖率（湖泊/河流与长江的覆盖率），结果显示在表4-4中。此外，图4-7更加直观地用色度区分了每个缓冲区的覆盖率大小，其中图4-7（a）表示湖泊与河流覆盖率，图4-7（b）表示坑塘覆盖率，通过水面覆盖率与湖泊覆盖率相减得到。

由表4-4可知：①武汉市水面覆盖率最高的区域出现在Ⅰ象限的第一、三圈层，以及Ⅳ象限的第二圈层，数值分别为45.84%、40.65%与41.02%；②Ⅱ象限与Ⅵ象限的第一、二圈层，以及Ⅷ象限的第三圈层次之，在30%～40%之间；③武汉市北端Ⅱ、Ⅲ象限的第三圈层，以及Ⅳ象限的第一圈层内水面覆盖率最低，仅为8.38%、4.48%与7.51%；④不难看出，位于第二圈层的所有缓冲区内的水面覆盖率均大于20%，未出现第一、三圈层某些区域中水面覆盖率低于10%的情况，说明近郊区水面覆盖情况较为良好。

总体而言，武汉市的水体分布趋势为：近郊区及远郊区的中部与南部水体覆盖

① 图片来源：自绘。数据来源：地理国情监测云平台。

较广，而北部水体资源最为贫乏，主城区内部的水体受城市建设的影响在不同方位差异明显。下文将把水面覆盖细分为湖泊水体与人工坑塘，对武汉市水网的分布情况进行更细致的讨论。

表 4-4　武汉市不同圈层 - 象限缓冲区内的水面 / 湖泊覆盖率（2015 年）①

圈层	水面覆盖率/（%）	湖泊覆盖率/（%）	水面覆盖率/（%）	湖泊覆盖率/（%）	水面覆盖率/（%）	湖泊覆盖率/（%）	水面覆盖率/（%）	湖泊覆盖率/（%）
	象限Ⅰ		象限Ⅱ		象限Ⅲ		象限Ⅳ	
第一圈层	45.84	43.59	37.12	31.26	11.63	8.20	7.51	4.20
第二圈层	20.31	11.84	35.21	18.93	24.61	13.33	41.02	19.81
第三圈层	40.65	21.62	8.38	2.00	4.48	1.17	28.57	9.90
圈层	水面覆盖率/（%）	湖泊覆盖率/（%）	水面覆盖率/（%）	湖泊覆盖率/（%）	水面覆盖率/（%）	湖泊覆盖率/（%）	水面覆盖率/（%）	湖泊覆盖率/（%）
	象限Ⅴ		象限Ⅵ		象限Ⅶ		象限Ⅷ	
第一圈层	14.38	12.59	33.63	24.97	24.54	17.91	13.53	12.60
第二圈层	27.16	14.14	37.20	30.49	21.92	13.96	21.46	18.80
第三圈层	14.71	7.58	31.19	16.11	22.11	16.73	38.92	35.68

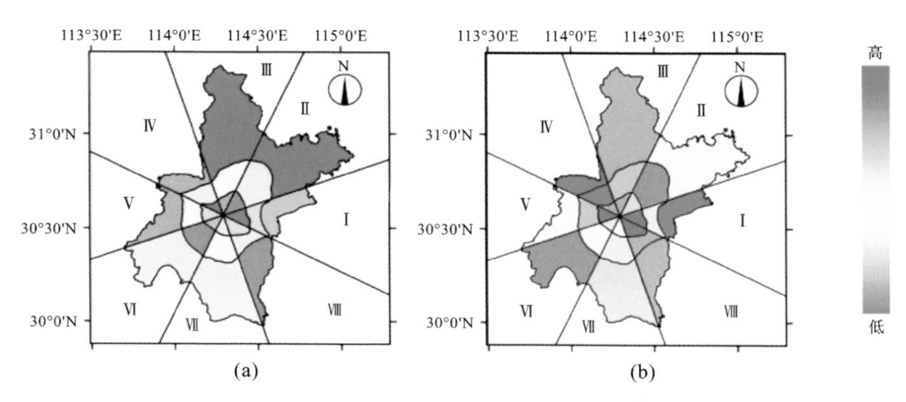

图 4-7　不同缓冲区内的分布情况统计②

（a）湖泊与河流覆盖率；（b）坑塘覆盖率

① 表格来源：自绘。

② 图片来源：自绘。

对于湖泊覆盖率而言，首先可以发现在第一圈层内，即城市中心区的水体基本均为湖泊，仅位于Ⅵ象限的汉阳南部区域存在覆盖率超过10%的人工坑塘。这是因为主城区大部分区域的建设强度非常高，仅存在很少的农耕与养殖用地，早年开垦的人工坑塘很早就被城市建设用地所取代了。其次，城市中心的湖泊资源在不同方位的差异非常大，Ⅲ、Ⅳ象限的汉口区域基本不存在内陆水体，湖泊覆盖率仅为8.20%与4.20%（Ⅲ象限由于紧邻长江，因此情况略好）。而Ⅰ象限由于沙湖，以及最大的城中湖东湖的存在，湖泊覆盖率达到43.59%，为主城区天然水体资源最丰富的区域。最后，结合图4-7（a）可看出，武汉市湖泊覆盖率与水面覆盖率的分布情况基本类似，均为北低南高的趋势，但在Ⅳ、Ⅴ象限差距非常大，水面覆盖率相较湖泊覆盖率高出一倍以上，这是由于在这些区域内存在着大量由湖泊开垦而来的人工坑塘。

图4-7（b）直观地展现了人工坑塘的分布情况，能够在一定程度上表示各区域天然水体的萎缩程度。首先可以发现，在第一圈层内的Ⅵ、Ⅶ象限，即汉阳与洪山区南部的沿江区域的坑塘覆盖率相对较高，因为这些区域当前的开发强度相对较低。按照前文提到的城市水体演变规律，这些区域的坑塘在高速的城市发展中将很快被高强度城市建设用地所取代，从而完全丧失水体的生态调节能力，因此在今后的建设中应该更加关注该区域由于自然资源被侵占所导致的气候环境变化。其次，位于主城区东西侧的Ⅰ象限与Ⅳ象限的第二、三圈层也存在着较多的人工坑塘（坑塘覆盖率在20%左右）。这是因为这些郊区分布大量的村庄，从20世纪便将该区域的湖泊开垦为大量的农耕与养鱼用地，在卫星地图上可以看见这些区域仍然存在着大面积的水田与鱼池。由于武汉市区划图呈南北长、东西窄的特点，这些区域在主城区向外扩张的进程中可能会很快被建设用地侵占水体，因此也应对其气候环境予以重点关注。最后，位于主城区北部的Ⅱ、Ⅲ象限的第二圈层也存在着17%与11%左右的人工坑塘，与上述东西侧分布情况类似，这里就不再赘述。

4.4.2　武汉市水体资源的萎缩情况

4.4.1节中对武汉市天然水体与人工坑塘的空间分布情况进行了讨论分析。根据何思聪等人的研究，武汉市城市圈湖泊面积在2003—2009年处于锐减阶段，由

1279 km²锐减至1162 km²，面积缩减幅度达117 km²，为前10年缩减幅度的2.54倍。2009—2015年湖泊面积缩减速度放缓，约为5.14 km²/年。武汉的GDP在21世纪初呈爆发式增长，导致城市圈内的湖泊水体缩减绝大多数为房地产开发所导致的水体向建设用地转化[8]。因此，本节将通过对比2000年与2015年武汉市的湖泊水体面积，以湖泊覆盖率缩减作为指标，定量化讨论武汉市近年来由高强度城市建设导致的天然水体大幅缩减的情况。

图4-8直观体现了2015年相较2000年湖泊面积萎缩的区域，需要注意的是，本节中提及的水面覆盖率均指湖泊水体，人工坑塘在本节中暂时不予以讨论。从图中不难看出，水体面积缩减最明显的区域为主城区内部及主城区周边区域，因为“填湖造城”主要发生在主城区内部的建设强度增加与城市向外部扩张的过程中。水体萎缩明显的区域如下。①在第一圈层中，Ⅰ象限的沙湖与Ⅷ象限的南湖这两个城中湖受到的影响最大。这些区域在2000—2010年以“湖景房”为概念进行了大肆炒作与商业地产开发，导致这两处天然水体严重受损。②在第二圈层中，位于Ⅶ、Ⅷ象限的黄家湖与青菱湖、汤逊湖也发生了不同程度的湖泊面积缩减。③湖泊水体缩减最严重的区域发生在汉口北部，即Ⅲ、Ⅳ象限的第一、二圈层交界处。汉口历来是武汉市经济最发达与建设强度最高的区域，主城区内部的建设空间已经基本消耗殆尽，因此近年来向外扩张的势头非常猛烈，侵占了汉口北部府河湿地区域的大量湖

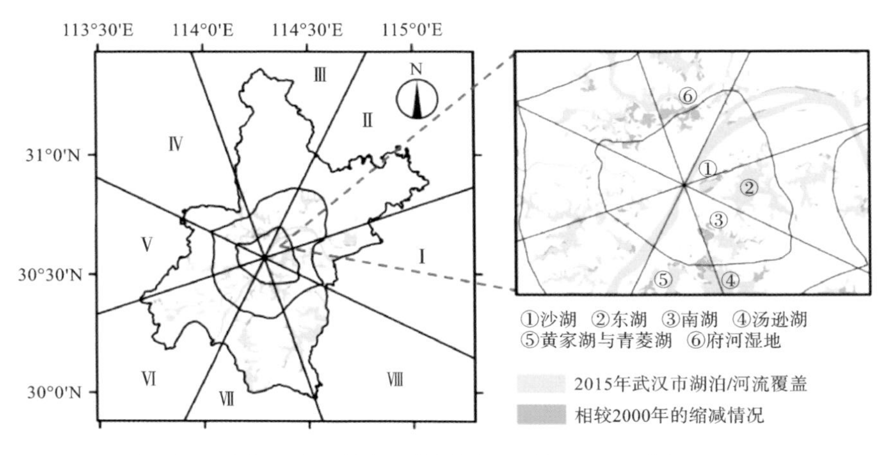

图4-8 武汉市不同圈层-象限缓冲区内的湖泊面积缩减程度图①（2000—2015年）

① 图片来源：自绘。

泊与河流。而后，为了更精确地表述湖泊的缩减情况，研究统计了每个缓冲区内的湖泊面积缩减情况。

表4-5中首先计算了每个缓冲区湖泊面积缩减值。此外，本研究还计算了湖泊面积缩减比率（面积缩减值/2000年湖泊面积），以体现不同区域内水体被侵占的严重程度。因为在某些湖泊水体原本就稀少的区域，即使少量的水体面积被侵占都会使得该区域的热环境产生较大的变化，而单看面积缩减的数值并不能体现这种变化。而后，色度图也被用于直观体现表中计算得出的湖泊缩减情况，如图4-9所示。由表4-5可知，武汉市大部分区域的湖泊水体均有相当程度的缩减，且离城市中心区越近的区域缩减比例越大，在第一圈层内，即城市中心区的各缓冲区缩减比率基本均在10%以上，某些区域甚至高达 60%（表中橙色区域所示），这种城市建设对水体的侵占已经使得城市内部的热环境与空气质量状况变得越来越糟。

表 4-5　武汉市不同圈层 - 象限缓冲区内的河流 / 湖泊面积缩减程度表（2000—2015 年）

圈层	缩减面积/km^2	缩减比率/（%）	缩减面积/km^2	缩减比率/（%）	缩减面积/km^2	缩减比率/（%）	缩减面积/km^2	缩减比率/（%）
	Ⅰ象限		Ⅱ象限		Ⅲ象限		Ⅳ象限	
第一圈层	5.44	9.65	4.40	11.03	9.58	60.58	3.53	60.38
第二圈层	4.19	15.74	19.27	15.56	21.25	30.70	19.46	31.32
第三圈层	18.26	13.51	6.19	15.47	2.45	8.94	2.72	7.38
圈层	缩减面积/km^2	缩减比率/（%）	缩减面积/km^2	缩减比率/（%）	缩减面积/km^2	缩减比率/（%）	缩减面积/km^2	缩减比率/（%）
	Ⅴ象限		Ⅵ象限		Ⅶ象限		Ⅷ象限	
第一圈层	1.59	12.89	2.53	14.57	3.97	24.12	10.66	39.55
第二圈层	3.00	8.54	12.41	12.13	16.63	26.92	5.48	13.44
第三圈层	7.15	13.95	23.23	11.25	47.72	17.14	8.03	3.15

结合图4-9可进一步得知，湖泊面积缩减严重的区域如下。

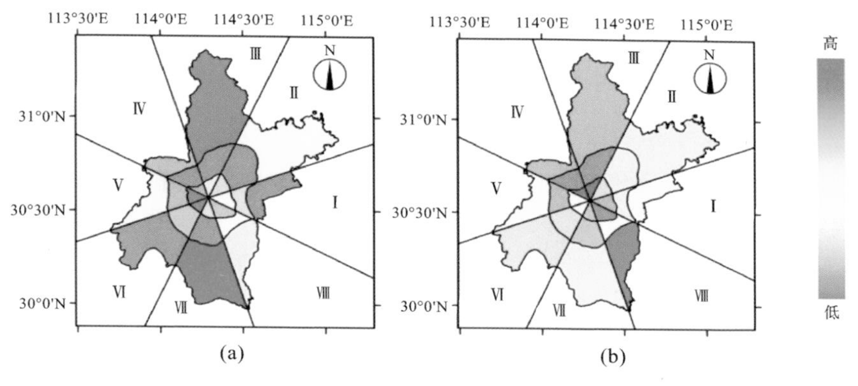

图 4-9 不同缓冲区内的湖泊缩减情况统计[①]

（a）缩减面积；（b）缩减比率

①Ⅵ、Ⅶ象限的第二、三圈层，其中Ⅶ象限的缩减程度最为严重，第三圈层为47.72 km^2，缩减比率为17.14%；第二圈层为16.63 km^2，缩减比率为26.92%；第一圈层为3.97 km^2，缩减比率为24.12%。值得注意的是Ⅵ、Ⅶ象限位于武汉市主城区的南部，是武汉市夏季的主要来风向，该区域的水体被城市用地侵占必然会使得郊区的冷空气向城内输入的途径受阻。同时，郊区水体的消失降低了主城区与郊区的温度梯度，削弱了由于城郊温差而自发产生郊区吹向城区的局地风的潜力，这些现象均会导致主城区的热岛更加严重。同时，该区域在秋冬季节处于城市的下风向，水体被城市用地侵占也可能会使得城市中堆积的空气污染物通过主导风向的扩散进程受阻。

②Ⅱ、Ⅲ象限的第二圈层，缩减面积约为20 km^2，缩减比率分别为15.56%与30.70%，这些区域处于武汉市夏季的下风向区域，该区域湖泊被城市用地侵占会阻碍主城区的废热借助风力向郊区疏散，显著削弱城市通风潜力而使城市中心的热环境变得更加糟糕。

③Ⅲ、Ⅳ象限的第一圈层，即城市中心的汉口区域，由表4-4可知，该区域的湖泊水体资源本就匮乏，仅有4%～9%，而该区域在2000—2015年的湖泊面积缩减比率均达到了60%，主要发生在汉口北部的府河湿地区域，这无疑会使得汉口区本就恶劣的城市热环境雪上加霜。

① 图片来源：自绘。

④Ⅰ、Ⅳ象限，即城市的东西侧面，前文提到了在东西向较为狭窄的武汉市，这些区域的水体更容易被城市扩张所侵占。由于并非处于城市的上下风向位置，对于城市的影响可能不如前述水体显著与直观。因此对于该部分湖泊对城市通风潜力，以及城市热环境与空气质量的影响，后文会在WRF中借助仿真案例予以评估。

4.5 城市水网对热环境影响的规律分析

4.5.1 城市热环境变化规律与冷岛分布情况

为了探究武汉市的热岛与冷岛的空间分布情况，本小节以前文划分的“圈层”为依据，选择了3个不同大小的缓冲区作为研究区域，针对地表温度将研究区域划分为5个热岛强度等级。其中，温度大于研究区平均值U加上研究区标准差STD的区域被定义为强热岛区；大于U+0.5STD且不大于U+STD的区域被定义为热岛区；大于$U-$0.5STD且不大于U+0.5STD的区域为正常区间；大于$U-$STD且不大于$U-$0.5STD的区域被定义为冷岛区；不大于$U-$STD的区域被定义为强冷岛区。热岛强度划分的具体标准以及研究区域的选择理由在4.3.2节中已详细阐明。

图4-10为不同缓冲区下的热岛强度分区，其依然被置于八象限-圈层模型中，以便在讨论中确切地指出某些特征区域所处的位置。

由图4-10（a）可知，首先，对于整个武汉市而言，几乎所有的城市区域均被划分为强热岛区；对于非建成区地面而言，北部区域的冷岛区相较南部更多，这是因为武汉市北部区域受人类活动影响较小，土壤含水率与植被保有率相对南部区域更高。其次，水体的冷岛效应在武汉市尺度下非常显著，并且表现出了明显的强度区分。长江、Ⅰ象限第一圈层的东湖、Ⅰ象限第二圈层的严西湖、Ⅳ象限第二圈层的金银湖与府河北部、Ⅵ象限第二圈层的后官湖与Ⅶ、Ⅷ象限第二圈层的汤逊湖均为强冷岛区，这些水体均为体量较大、规模完整的天然湖泊，结果表明它们是武汉市最强大的冷岛资源，因此必须予以重点保护。再次，位于Ⅰ象限第一圈层的沙湖、Ⅵ象限第一圈层的墨水湖、Ⅶ象限第二圈层的黄家湖与青菱湖，以及Ⅷ象限第一圈层的南湖，由于体量略小以及常年被城市侵占导致的水体萎缩，体现出的冷岛效应相对稍弱。但作为城市中心区重要的湖泊资源，其作为冷岛的生态价值仍然不能忽视。最后，结合图4-6不难发现，在整个武汉市的尺度下，大量人工开垦的坑塘区域没有体现出明显的冷岛效应，仅有极小部分被划分为冷岛区，印证了前文对人工坑塘的生态效应远低于天然湖泊的评价。

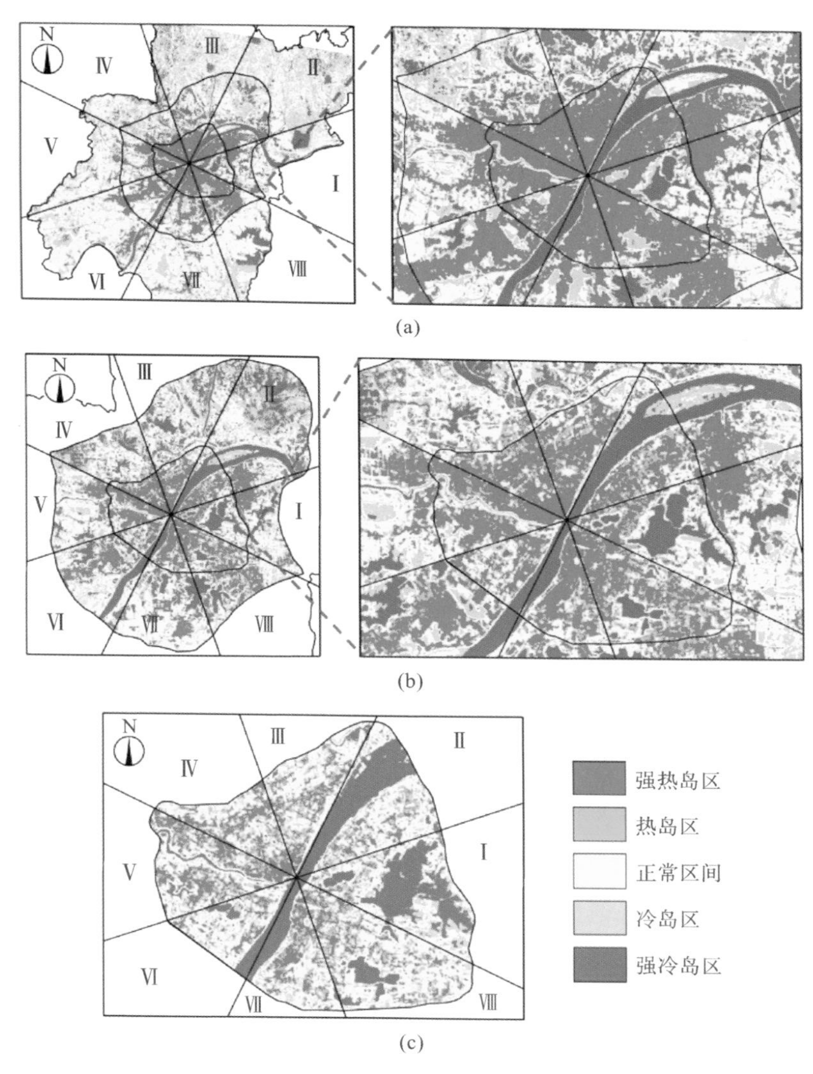

图4-10　不同缓冲区下的热岛强度分区[①]

（a）全武汉市；（b）外环线内；（c）三环线内

① 图片来源：自绘。

由图4-10（b）可知，当研究区域缩小至建成区及近郊区时，由于区域平均温度整体升高，因此小型水体与人工湿地的冷岛效应凸显，南湖、沙湖、黄家湖与青菱湖转化为强冷岛区，部分人工坑塘也被判定为城市冷岛区域。由此可以说明，在未来十几年，主要开发区域集中于外环线以内的城市化进程中必须注重这些冷岛区域的保护，对于当前用途为农业与养殖的人工坑塘，应当考虑进行生态湿地改造以保留或增强其冷岛效应，而非野蛮地用建设用地进行侵占。

由图4-10（c）可知，对于城市中心区而言，所有的水体资源均显示出强大的冷岛效应，因此在主城区用地强度日益增加、热环境逐渐恶劣的背景下，所有现存的城市中心水体都应当予以重点保护，并应优化滨湖区域的建设模式以更好地利用城市水体的冷岛效应。此外，Ⅲ、Ⅳ象限内的汉口区以及Ⅶ象限的武昌区开发强度高、生态资源匮乏，使得热岛现象最为严重，可以考虑通过建设人工湿地的方式来进行有效缓解。

4.5.2 水体对热环境影响的季节规律分析

1.水体对城市热环境影响随季节变化规律

图4-11是武汉市第一圈层（三环内）各象限月平均温度变化曲线图。本研究对2019年9月—2022年12月的温度季节变化趋势做分析。不同象限的站点的温度季节变化趋势基本一致，都是在1月份平均温度达到最低值，在7月份平均温度达到最大值，并且同月份中每个象限的平均温度只有在6—9月才有较大的差别，其他月份差别不大。

就6—9月各象限的平均温度而言，Ⅰ、Ⅱ象限的最高平均温度明显小于其他象限，这是由于第一圈层中的Ⅰ、Ⅱ象限的水面覆盖率明显高于其他象限，水体在夏季能调节温度，降低最高气温；Ⅳ象限的最高平均温度在7月份高于其他象限，其最小的水面覆盖率对城市气候调节能力有限，与高强度的城市建设产生的大量人为热共同导致夏季城市温度升高。在8月份，各个象限的平均温度相比于其他月份差别最大，其中不同象限间最高温度与最低温度相差约0.5 ℃，各象限之间温度波动最大。

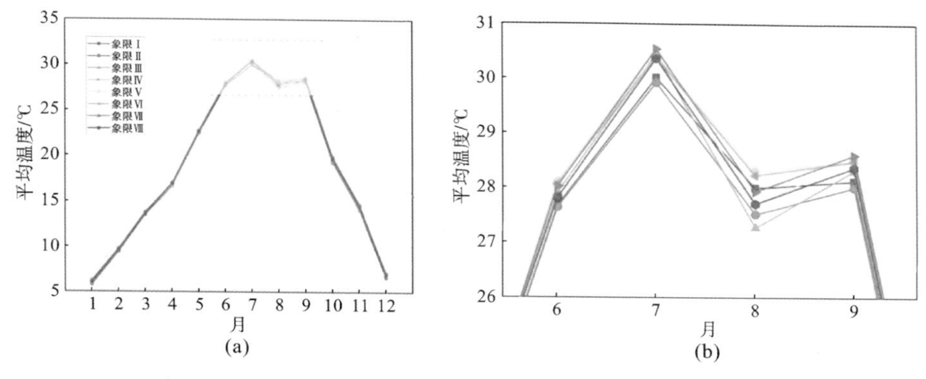

图 4-11　2019 年 9 月—2022 年 12 月三环内各象限月平均温度 ①

（a）每月平均温度变化；（b）6—9 月月平均温度放大图

本研究将按照四个季节取2019年9月—2022年12月的季节温度平均值，使用普通克里金插值法（OK）对季节平均温度进行插值（图4-12），以此来分析武汉市城市气温的季节空间变化情况。

冬、春、夏、秋四季温度都普遍呈现西南高东低的分布特征，中心城区的中心区域温度普遍高于周边。从季风的角度看，冬季主导风为干燥寒冷的北风和东北风，夏季主导风为湿润温暖的西南风和南风，因此受季风的影响，温度明显沿西南—东北方向递减。从水体对城市温度的影响情况看，在夏季，东湖等大型水体冷却降温作用明显，长江大型流动水体对周边降温作用不及大型湖体明显，这可能与长江两岸开发强度普遍较高及高强度经济社会活动有关。在冬季，最低温区域分布在第二、三圈层北部边缘，而大型水体占比高的第一圈层显然温度更高，说明水体在冬季对周边区域有升温作用，且大型水体强于长江流动水体。从人为活动对城市温度的影响看，商业区、居住区的空气温度更高，而东湖风景区相对其他区域绿化面积和水体面积更大，在夏季对太阳辐射的吸收及蒸发作用更强，青山区相对其他区域开发强度较低，人为活动较少，所以市中心区域温度更高，东湖区域、青山区温度更低，这说明更密集的人群分布区产生更多的人为排放，对温度的升高有促进作用。

① 图片来源：自绘，笔者根据气象站点数据计算整理。

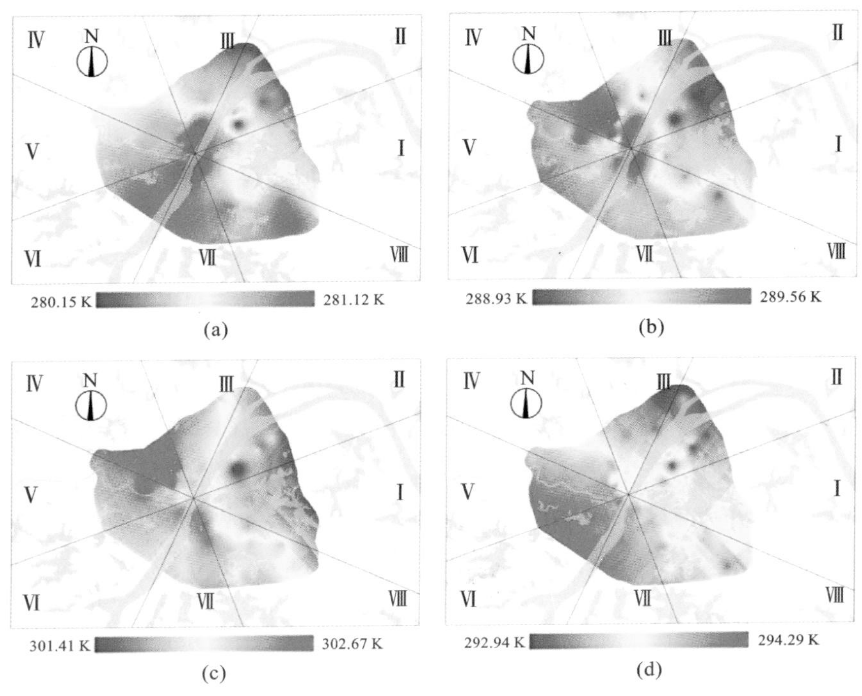

图 4-12 2019 年 9 月—2022 年 12 月四季温度插值结果①

（a）冬季；（b）春季；（c）夏季；（d）秋季

从各季节的插值结果来看，冬季空气温度最大值出现在市中心，其中又属汉阳区、武昌区最高，同时在Ⅷ象限东南部的光谷区域出现了局部温度升高。这是由于这部分区域存在较为高强的经济与生产活动，而人为活动更多、排放量更大，导致温度升高，春季高温区域向Ⅳ象限移动，江汉区和市中心成为明显的温度高值区域，同时Ⅷ象限的温度与南边区域温度差距缩小，而Ⅱ象限的青山区温度相比其他区域明显更低。夏季高温区域与春季一致，次高温区域向Ⅲ象限延伸扩大，水域面积最大的Ⅰ象限成为明显的温度较低的区域。秋季没有明显的局部高温区域，同时较低温度从Ⅲ象限向Ⅳ象限延伸，高温区域和低温区域所占面积比例趋于相同。随着四季的推移，高温区域经历了从中心点向西北扩张再向东南缩小最后逐渐汇聚的过程，局部的高温在冬季、春季和夏季都有出现，秋季温度分布相对均匀。

为了更加深入研究武汉市第一圈层内各象限的温度差异，本书按照四个季节取

① 图片来源：自绘。

2019年9月—2022年12月的热岛强度平均值，使用普通克里金插值法（OK）对热岛强度进行插值（图4-13），以此来分析武汉市城市热岛强度空间变化情况。

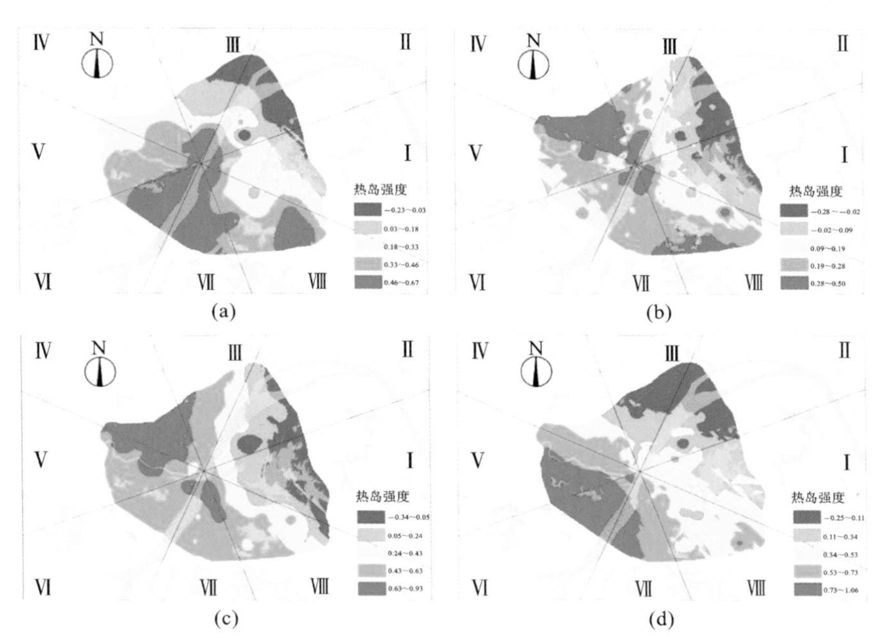

图4-13　2019年9月—2022年12月四季热岛强度插值结果①

（a）冬季；（b）春季；（c）夏季；（d）秋季

从图4-13可见，武汉市四季各季热岛强度都呈东北方向低、西方和南方高的空间特征，其中，冬、秋两季热岛强度呈西南—东北向分布，而春、夏两季在东北向呈现带状分布，在西南方向有差异。冬季高热岛强度区集中分布在Ⅵ、Ⅶ象限，同时在Ⅲ、Ⅳ象限的汉口区域及Ⅷ象限的光谷区域出现高热岛强度区，低热岛强度区出现在Ⅱ、Ⅲ象限北部。春季高热岛强度区向西北和东南方向发散，Ⅳ象限汉口区为主要高热岛聚集区，低热岛区向东南方向发散并在Ⅰ、Ⅱ象限呈带状分布。夏季高热岛区和低热岛区与春季基本一致，次低热岛区域向西南扩展呈片状分布。秋季高热岛区大面积向西南延伸，低热岛区向东北方向青山区聚集。

武汉市城市热岛呈现季节性分布特征，热岛强度的分布与风向密切相关，而第

① 图片来源：自绘。

一圈层常年受湖陆风的影响，会表现出与武汉市主导风向不一致的风向特征，从而影响水体对温度的调节差异。冬季盛行东北风，来自大陆的寒冷气流会减弱热岛效应，造成热岛北移。春、秋季盛行东风，但东西湖区由于湖陆风作用盛行北风[9]，水体的蒸腾作用导致热岛西移，同时造成东西湖区西南方向热岛减弱。夏季盛行东南风，Ⅰ象限的大型水体降温效果显著，同时周边开发强度低，造成热岛向西北移动。

2.水体对夏季城市热岛的缓解作用

为了探究在夏季武汉市冷岛与热岛分布特征，以及水网对城市热环境的影响，本书以2016年7月31日10：55（LZT）的地表温度反演结果为主要依据，结合从土地利用资料中提取的水面覆盖信息，以ArcGIS平台与SPSS数理统计软件为主要分析工具，围绕前文建立的八象限-圈层模型展开研究。数据获取及处理细节详见4.3.2节。

图4-14显示了武汉市夏季白天地表温度的分布情况。其中，图4-14（a）为八个象限三个圈层中各缓冲区的平均地表温度值（LST）。由图可作如下分析。①地表温度最大值出现在第一圈层第Ⅳ象限区，以及分布于其两侧的Ⅲ与Ⅴ象限，这些区域主要是城市湖泊资源最为匮乏、用地强度最高的汉口（Ⅲ象限由于紧邻长江，因此情况略好）。这也印证了上一节水体分布研究中的说法，即汉口地区的高建设强度、低水面覆盖使得该区域的热环境非常恶劣，并且汉口地区与北部郊区的热力

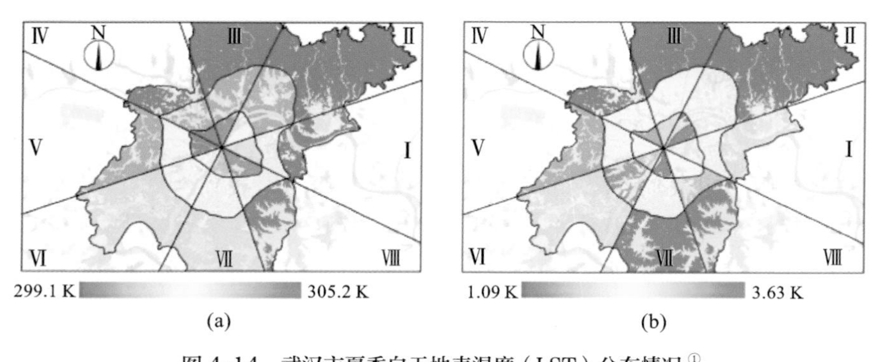

图 4-14　武汉市夏季白天地表温度（LST）分布情况①

（a）LST 区域平均值；（b）LST 区域标准差

① 图片来源：自绘。

差异非常大，有利于郊区的高压冷空气向城市内部输入。因此减缓该区域郊区水体的缩减，保持郊区的低温对改善汉口区的热环境是至关重要的，同时也应该控制城市边界的建筑群布局，保留通风廊道使得冷空气能更加顺畅地流入城市中心。②反之，在位于城市中心区第一圈层的Ⅰ、Ⅱ象限中，长江及大面积内陆水体（东湖）的存在使得地表温度值显著低于同圈层其他方位区域。③此外，在第二圈层北部，Ⅱ～Ⅳ象限内的LST平均值明显低于南部，这主要是由于武汉市外环线以北开始出现丘陵地貌，因此北部的城市发展扩张程度相较南部低得多，生态资源也保留得相对较好。

由于自然风的产生源于地区间的温度差异所导致的压力差，因此城市内部的热力差异越明显，城市在不依赖外来风力的情况下，自身产生自然通风的能力也会越强。因此，使用地表温度的标准差可以一定程度上反映某地区的自然通风潜力，处理结果如图4-14（b）所示。由图可作如下分析。①在湖泊资源匮乏的汉口区域，其地表温度的标准差也是最低的，这表明指望该区域内部能够自发地产生空气流动，以缓解热岛效应并不现实。②地温标准差最大的区域在Ⅱ、Ⅵ、Ⅶ象限的第一圈层，即长江流经的城市中心区域。这表明长江作为大型流动水体，其表面的低温与高强度城市用地形成的温度梯度所产生的江风能够有效缓解中心城区恶劣的热环境，这也是为何武汉市政府近年来发布规定，要求严格控制滨江建筑形态以保证江风向城市内部的渗透。③此外，位于第二圈层的缓冲区的地温标准差基本处于中游偏高的水平，表示这些区域的内部通风潜力尚可。因此在城市向这些区域扩张的过程中，如何权衡城市建设与湖泊资源保护间的关系，维持或优化这些区域的内部通风潜力是未来城市规划者们需要予以重视的问题。

3.水体对冬季城市气候的调节作用

为了探究水网在冬季对武汉城市气候的影响，本书以2017年12月17日10：55（LZT）武汉市地表温度反演结果为主要依据，在前文三圈层八象限的范围划定基础上，结合城市土地利用数据中获得的水网分布信息，通过ArcGIS平台和SPSS数理分析软件开展研究。

图4-15显示了武汉市冬季白天地表温度的分布情况。其中，图4-15（a）为三圈层八象限中各缓冲区的平均地表温度值（LST）。由图可作如下分析。①武汉市冬

季缓冲区中最高气温与最低气温相差1.7 ℃，明显小于夏季的6.1 ℃，同时刻的武汉市夏季温度变化幅度大于冬季，这是由于夏季能获得更多的太阳辐射，导致下垫面同时刻升温更快，但同时水体相比不透水下垫面升温慢的优势更明显。②其中地表温度最大值出现在第一圈层Ⅵ、Ⅶ象限区，这些区域主要是城市开发强度较高的汉阳和洪山区西南部，与同圈层的汉口相比，过境的长江和更多的水体分布导致城市保温能力更强、散热更慢，最终导致温度更高；与同圈层的武昌区和洪山区东部区域相比，更高的建设强度释放了更多的人为热，最终导致温度更高。③第一圈层Ⅰ象限出现大面积低温区域，明显比周边区域温度更低，这是由于该区域虽然水体分布更密集，但是开发强度更低，也说明在冬季城市开发产生的人工热是导致城市温度升高的主要因素，同时第三圈层的Ⅶ、Ⅷ象限地表平均温度低于其他区域。

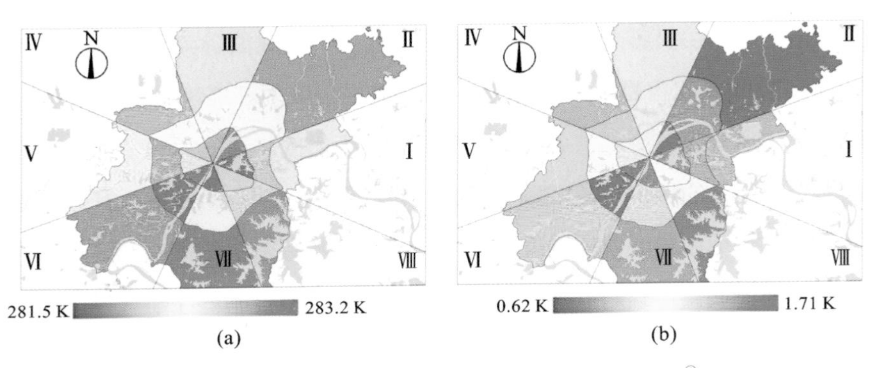

图 4-15　武汉市冬季白天地表温度（LST）分布情况[①]

（a）LST 区域平均值；（b）LST 区域标准差

城市内部的自然风来源于内部的热力差异，热力差异的大小决定城市通风能力大小。冬季加强通风一方面有助于帮助污染物扩散与排出，但另一方面，冬季城市风速过高会带来极差的热舒适感，因此也要注意防风。为了探究城市各区域通风潜力，本书采用地表温度标准差进行比较分析，处理结果如图4-15（b）所示。由图可作如下分析。①第三圈层Ⅱ象限地温标准差最低，较少的水体分布和大面积的农村用地导致地表温度变化均匀，差距较小。②第一圈层Ⅱ象限地温标准差大于周边区域，与周边形成风速辐合，也验证了余玲研究得出的青山区出现辐合区容易聚集污

① 图片来源：自绘。

染物的结论[9]，内部通风潜力较大也将导致青山区内部污染物分布更普遍；第二圈层Ⅵ象限的蔡甸区出现地温标准差最大值，通风潜力大，但同时室外热舒适性体验也将变差。③第二圈层的Ⅰ、Ⅱ、Ⅵ、Ⅶ、Ⅷ象限地温标准差较高，在一定程度上可以促进城市中心区和郊区的通风，结合城市主城区冬季污染物浓度普遍偏高[9]，城市规划应着重考虑加强主城区的通风规划，同时考虑非城区部分区域的合适通风潜力以获得更好的热舒适性体验，规划第一圈层Ⅰ象限的湖陆风通风道，加强城区通风。

4.5.3 不同缓冲区水体对城市热环境的影响效果

为了更加定量化地研究水体对城市热环境的影响，以及由于水体分布的不均匀性对城市不同区域热环境影响的差异，本书计算了不同缓冲区内的地表温度与水面覆盖率的相关性。数据处理的具体方法详见4.3.2节。

需要注意的是，该部分所提到的夏季地表温度与水面覆盖率相关性并非24个缓冲区之间的相关性，而是在每个缓冲区内部按标准筛选了40组数据，针对每个独立的缓冲区所进行的相关性分析，旨在对比不同区域的热环境受该区域水体所影响的程度。计算所得结果如表4-6所示，同样，色度图直观展现了不同区域相关性的强弱，如图4-16所示。

从表4-6可以看出，基本所有缓冲区内均呈现出显著的负相关性，即地表温度随着水面覆盖率的升高而呈降低趋势，且越靠近城市中心的区域，这种水体降温趋势越为显著，相应的相关系数也越高。

表4-6 不同缓冲区内的水面覆盖率与地表温度的相关性①

LST_Cover	Ⅰ象限	Ⅱ象限	Ⅲ象限	Ⅳ象限	Ⅴ象限	Ⅵ象限	Ⅶ象限	Ⅷ象限
第一圈层	－0.786**	－0.798**	－0.822**	－0.879**	－0.921**	－0.902**	－0.897**	－0.837**
第二圈层	－0.688**	－0.625**	－0.517**	－0.691**	－0.624**	－0.676**	－0.811**	－0.797**
第三圈层	－0.488**	－0.424**	－0.239	－0.606**	－0.410**	－0.515**	－0.844**	－0.847**

① 表格来源：自绘。

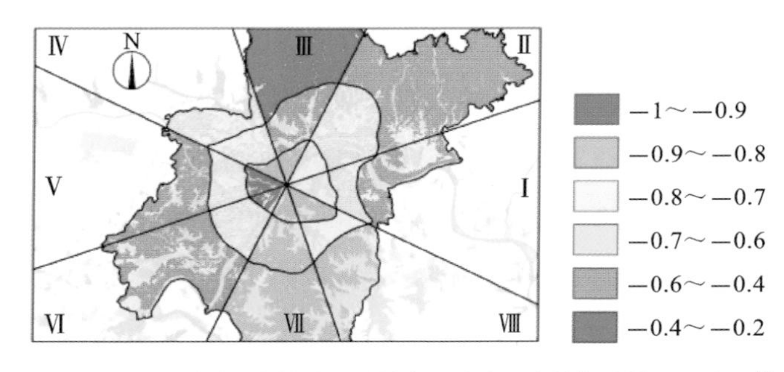

图 4-16 不同缓冲区内的水面覆盖率与地表温度的相关性强弱对比[①]

首先，在第一圈层内，所有缓冲区内的地表温度与水面覆盖率的相关系数基本均在−0.8以下，象限Ⅴ、Ⅵ达到了−0.9，体现出极强的负相关性，这说明在用地强度最高的城市中心区，水面覆盖率的增加能够对区域热岛起到显著的缓解作用。并且不难看出，湖泊资源最丰富的Ⅰ、Ⅱ象限缓冲区的相关性反而略微弱于同圈层的其他区域，这是因为这些区域的水面覆盖率很高，且伴有较多的湿地植被资源，热环境相对较好，在此基础上水体面积的小幅度变化对热环境造成的影响并不大。这也意味着，在水面覆盖率较低的城市区域，水体面积的增加或减少对热环境造成的影响会比生态资源丰富的城市区域更大，因此在城市建设中更需要注意这些区域的水体保护。

其次，在第二圈层，即近郊区的地表温度与水面覆盖率相关性基本处于中等偏高水平，基本处于−0.8～−0.6之间，说明在城市扩张过程中，对近郊区水体的侵损将会直观地体现在区域热环境的恶化上，这也与前文针对近郊区水体缩减所得出的结论相符。

最后，对于开发强度最低的第三圈层，大部分缓冲区内的相关性均保持在中等强度的负相关（−0.6～−0.4），这是因为远郊区人工下垫面很少，植被覆盖率较高使得水体与周边区域的温度差异相较建成区而言小得多。但Ⅶ、Ⅷ象限的相关性很强，达到−0.844与−0.847，这主要是由于分布于Ⅶ象限的斧头湖与Ⅷ象限的梁子湖均为面积大、蓄水量高且人工开发强度比例较低的大型水体，且这些区域的水体斑块数量较少，以单一大型湖泊作为主要的冷源，因此相关性非常高。

① 图片来源：自绘。

4.6 城市水网对空气质量影响的规律分析

4.6.1 城市空气污染物分布状况

为了研究城市水体对主要空气污染物分布的影响，本书借助武汉市空气质量监测站点提供的数据，结合遥感影像数据对水体与两种大气颗粒物$PM_{2.5}$、PM_{10}，一种痕量气体NO_2间的关系进行了探究，以ArcGIS作为数据处理平台，采用Excel软件进行数据统计与图像绘制，在SPSS 19.0软件中进行皮尔森相关性分析与线性建模。数据处理方法详见4.3.2节。

图4-17中将2016年12月1日至2017年11月30日的武汉市主城区$PM_{2.5}$、PM_{10}、NO_2的IAQI日平均值进行了统计，由图可知，这三种主要空气污染物都有夏季最低、秋冬最高的趋势。这主要是由于夏季的高温天气使得湍流作用强大，且常伴有大规模降雨，有利于空气污染物的疏散与清除。而秋冬季节热力环流很弱，城市长期处于弱气压场控制之下，静稳天气频繁，容易导致污染物在城市内部积聚。此外，不难发现，$PM_{2.5}$浓度在连续日期内的波动幅度远大于其余两种污染物，这是因为NO_2主要来源于城市机动车辆排放，且化学寿命较短。而大气颗粒物，尤其是$PM_{2.5}$的成分要复杂得多，黄凡等人通过PMF模型解析出武汉市$PM_{2.5}$五大主要来源及平均贡献率：扬尘22.0%、机动车排放27.7%、二次气溶胶21.6%、重油燃烧14.9%和生物质燃烧13.8%。同时，后向轨迹分析结果表明，区域传输是武汉市$PM_{2.5}$的一个重要来源，在4个典型重污染阶段，武汉市分别受到局地、东北、西北及西南方向气团传输的影响[10]。因此，城市中$PM_{2.5}$的IAQI会受到更多因素的影响，城市水体对其产生的影响也可能更加显著，后文将对此猜想予以证明。

而后，为了探究武汉市不同地区间的污染物浓度是否存在关联性，本书分别针对$PM_{2.5}$、PM_{10}与NO_2，选择了17个区域的监测站点，按照1∶10的比例筛选出36天的数据，计算了各区域间的污染物浓度的相关性，以色度的形式直观地展现在图4-18中。数据处理的具体方法详见4.3.2节。

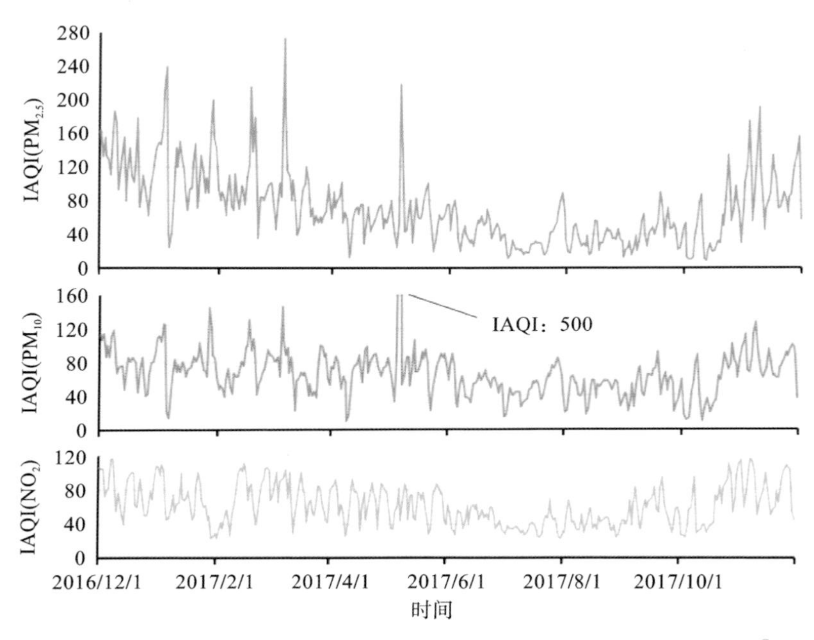

图 4-17　2016—2017 年武汉市 $PM_{2.5}$、PM_{10} 与 NO_2 的 IAQI 日平均值[①]

由图4-18可以看出，在每种污染物的128组相关性数据中，所有地区间的相关系数全部处于0.6以上，达到强与极强相关。这说明对于$PM_{2.5}$、PM_{10}与NO_2而言，污染物浓度的升高与降低在全城呈现出较为同步的趋势。此外，对于NO_2、PM_{10}与$PM_{2.5}$，分别有77.3%、85.9%与97.7%的区域间呈现出极强相关性，表明了颗粒物在全城的分布更加均匀，不同地区间浓度变化的关联性也较NO_2更加明显，且粒径更小的$PM_{2.5}$比PM_{10}的相关性更好。图4-18（b）显示CH与JX两处与其他地区的NO_2相关性略低，该两处站点位于郊区，人口密度与车流量很低，NO_2年平均浓度显著低于其他地区，但CH与JX和其他地区的相关系数仍在0.7以上，属于强相关。这表示即使是NO_2这种浓度受本地排放源影响较大的污染物也很大程度地受到大气扩散的影响，与其他地区的变化趋势基本保持一致。

因此，上述结果可以说明武汉市的污染物分布有很强的整体性，适合就某一环境因素在不同地区间进行比较分析，该结论为利用这17个监测点的数据探究水体对局地污染物浓度的影响提供了可行性。

① 图片来源：自绘，笔者根据监测站点监测数据计算整理。

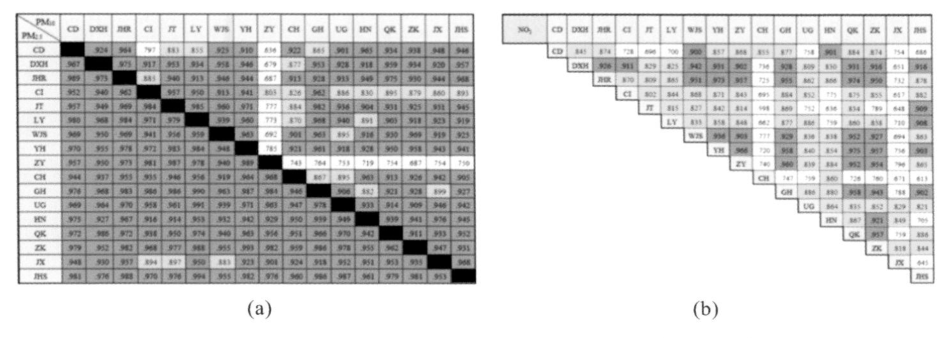

(a) (b)

图 4-18 17 个区域之间的污染物浓度的相关性（n=36）[1]

（白色区域：0.6 < R ≤ 0.8，黄色区域：0.8 < R ≤ 0.9，蓝色区域：0.9 < R ≤ 0.99）

（a）$PM_{2.5}$，PM_{10}；（b）NO_2

4.6.2 水体对城市空气质量影响的整体研究

为了探究水体与三种主要空气污染物$PM_{2.5}$、PM_{10}、NO_2浓度之间的相关性，研究选择了10个周边紧邻水体的监测点，分别为WJS、CD、JHR、CI、JT、ZY、YH、LY、DXH、CH（表4-3）。以每个监测点周边直径1 km的圆形缓冲区为研究区域，对三种污染物的浓度与水面覆盖率进行双变量相关性分析与线性建模，得到线性模型如图4-19所示。

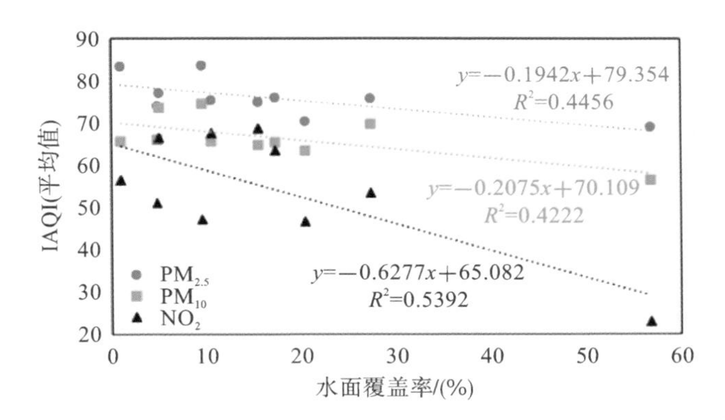

图 4-19 水面覆盖率与 $PM_{2.5}$、PM_{10}、NO_2 浓度间的相关性（n=10）[2]

① 图片来源：自绘。

② 图片来源：自绘。

图4-19的结果表明，三种污染物的全年平均浓度与水面覆盖率在$p<0.05$水平上均呈高度负相关，其中NO_2（－0.734）>$PM_{2.5}$（－0.668）>PM_{10}（－0.650）。这说明水体的存在对三种污染物的浓度均有较强的削减作用，且对NO_2的影响强于颗粒物。并且随着水面覆盖率逐渐增加，$PM_{2.5}$、PM_{10}、NO_2的浓度均呈明显的下降趋势，下降幅度为$NO_2>PM_{2.5}\approx PM_{10}$。通过线性模型可推算得到，水面覆盖率每增加10%，$PM_{2.5}$、PM_{10}、NO_2浓度将分别减少2.78%、2.96%、9.65%。这说明水体在街区尺度下对三种污染物均有着一定程度的削减作用，且水体对NO_2浓度的削减作用更加明显，约为颗粒物的三倍，该结果也进一步验证了NO_2全年平均浓度与水面覆盖率的相关性最好的结论。

4.6.3 水体对空气质量影响的季节规律分析

为了探究水体在不同季节与三种主要空气污染物$PM_{2.5}$、PM_{10}、NO_2浓度之间的相关程度，对4.6.2节所选取的10个监测点周边同样大小区域进行分析，研究污染物浓度与水面覆盖率在不同季节的相关性，得到的皮尔森相关系数如表4-7所示。此外，本书根据线性模型预测了当水面覆盖率每增加10%，会对空气污染物浓度产生多大幅度的降低效果，结果显示于表4-8中。数据处理的具体方法详见4.3.2节。

表 4-7　不同季节的水面覆盖率与 $PM_{2.5}$、PM_{10}、NO_2 浓度间的相关性（n=10）①

	全年	春季	夏季	秋季	冬季
$PM_{2.5}$	－0.668*	－0.629	－0.709*	－0.878**	－0.580
PM_{10}	－0.650*	－0.639*	－0.737*	－0.867**	－0.529
NO_2	－0.734*	－0.707*	－0.661*	－0.692*	－0.707*

注：*Correlation is significant at the 0.05 level.

**Correlation is significant at the 0.01 level.

表4-7与表4-8的结果显示，季节对相关性存在很大的影响，水面覆盖率与NO_2浓度间的相关性受季节影响较小，相关系数在四季均处于－0.7左右。在春季与冬季最高，达到－0.707，在秋季略低，为－0.692，夏季的相关性相对最低，为－0.661，

① 表格来源：自绘。

但仅比最高值低6.5%，差距并不明显。且根据表4-8中的线性模型推算，水面覆盖率每增加10%，带来了各季的NO_2浓度几乎相同的降低比率，仅冬季略低。对于$PM_{2.5}$与PM_{10}，其在不同季节条件下的相关性变化趋势相似，均为秋季>夏季>春季>冬季，这同样说明了水体对两种颗粒物的影响机制与影响能力相近。在秋季，$PM_{2.5}$、PM_{10}和水面覆盖率的相关性均在$p<0.01$的水平上呈极强的负相关，并且表4-8中线性模型的推算结果显示：水面覆盖率每增加10%，在秋季带来的$PM_{2.5}$与PM_{10}浓度削减比率分别达到6.22%与4.93%，明显高于其他季节。夏季的相关性仅次于秋季，分别为－0.709与－0.737。冬季两种颗粒物与水面覆盖率的相关性最低，分别为－0.580与－0.529，且均未通过显著性检验。

表4-8　不同季节的水面覆盖率与污染物浓度间的线性模型（n=10）[①]

污染物	季节	线性回归方程	污染物浓度降低预期（水面覆盖率每增加10%）
$PM_{2.5}$	春季	$y=-0.1515x+60.388$	2.51%
	夏季	$y=-0.195x+47.979$	4.06%
	秋季	$y=-0.3946x+63.391$	6.22%
	冬季	$y=-0.329x+111.74$	2.95%
PM_{10}	春季	$y=-0.1496x+66.633$	2.24%
	夏季	$y=-0.2117x+58.005$	3.65%
	秋季	$y=-0.2872x+58.301$	4.93%
	冬季	$y=-0.2302x+82.992$	2.77%
NO_2	春季	$y=-0.6485x+64.364$	10.08%
	夏季	$y=-0.5187x+48.944$	10.60%
	秋季	$y=-0.5848x+56.217$	10.41%
	冬季	$y=-0.645x+75.447$	8.55%

水体对颗粒污染物的影响程度具有很明显的季节性，并且研究认为影响能力与气温呈正比。但夏季气温最高而相关系数较秋季低，这主要是因为武汉市夏季气候

① 表格来源：自绘。

紊乱度较高且常有大面积强降雨，对分析水体对污染物的影响是一个极大的干扰因素。而冬季相关性极差的原因主要有两点：一是武汉冬季污染严重，水体的削减作用在高水平的污染物浓度下很不明显；二是冬季武汉较低的气温使水体的蓄热蒸发能力大大削减，严重影响了水体调节气候的手段。而NO_2冬季的相关性与春秋基本相同，因此有可能水体主要是作为无排放下垫面来对NO_2浓度起到削减作用的。

此处借助前人的研究对本书中的某些结果进行解释。研究发现夏季时NO_2浓度与水面覆盖率的相关性最低，张杰等人的研究表明，NO_2寿命较短，在冬季约为20 h而夏季仅有4 h[11]，我们认为正是由于夏季NO_2的不稳定性，其浓度与水体的相关性也较低，而春冬两季较稳定因此相关性相对较高。光化学反应是影响NO_2寿命的重要因素，武汉市的O_3浓度在夏季＞冬季，这正是由于夏季气温高、紫外线强，空气中的氮氧化物更易通过反应转化为光化学气体[12-13]。由于水面处无遮挡且反射性较强，因此水体上空的光化学反应十分强烈，但水体对NO_2发生光化学反应的强弱的定量关系还有待进一步研究。

$PM_{2.5}$与PM_{10}和水面覆盖率的相关性均在秋季呈现极强的负相关，这与现有研究关于秋季颗粒物与各项气象因素相关性最高的结论相符[14]。冬季相关性最低，这是由于冬季采暖导致燃煤量激增，大气中多项污染物含量激增，而武汉市冬季静稳天气多，基本没有降水，且城市内极易形成逆温层，导致污染物难以扩散，以致冬季的颗粒物污染长期处在较高水平，因此水体对污染物的削减较不明显。同时湖泊的小气候效应在冬季气温很低的条件下很弱，对大气环境的影响力也会大大降低[15]。值得注意的是，夏季的相关性仅次于秋季，陈楠和应方等人的研究指出夏季气候紊乱，污染物浓度与各项气象因素相关性均较低[16-17]。我们认为，由于水体会影响周边的多种气象因素及光化学反应速率，水体周边较大的风速能及时促成污染物的疏散，而较大的湿度则能促进颗粒物的沉降及清除气体前体物等，因此夏季污染物浓度与水面覆盖率相关性较高是合理的。

4.6.4 不同街区尺度下水体对空气质量的影响效果

为了探究具体在多大的街区尺度下，增加水体覆盖率能最为显著改善$PM_{2.5}$、PM_{10}、NO_2污染情况，本书以4.6.3节中的各监测点为圆心，研究区域直径由1 km

以0.2 km为间隔递增至3 km，分别计算水体覆盖率及其与污染物浓度间的相关系数RCw-$PM_{2.5}$，RCw-PM_{10}、RCw-NO_2。数据处理的具体方法见4.3.2节。

图4-20显示，在考虑污染物的年平均浓度时，RCw-$PM_{2.5}$（全年）、RCw-PM_{10}（全年）的变化趋势很类似，均随着研究区半径的扩大先增后减，其中RCw-$PM_{2.5}$在直径为1.2～1.4 km之间出现最高值，RCw-PM_{10}在1.4～1.6 km间出现最高值。RCw-NO_2（全年）总体呈现出先增后减的趋势，最高值出现在2～2.2 km之间。该结果表明，在直径为1.4 km左右的区域内，水面覆盖率与$PM_{2.5}$、PM_{10}浓度的相关系数最高，因此水体对降低该区域$PM_{2.5}$与PM_{10}浓度的效果最显著。在直径为2.2 km左右的区域内，水面覆盖率与NO_2浓度的相关系数最高，水体降低该区域NO_2浓度的效果最显著。同时发现季节对最佳影响范围也存在一定的影响，对于三种污染物，其相关性在春、秋、冬三季的变化趋势与考虑年平均浓度时基本一致，而在夏季则均呈持续下降的趋势，并且三者最佳影响范围的直径均应小于1 km。而为何在水体气候调

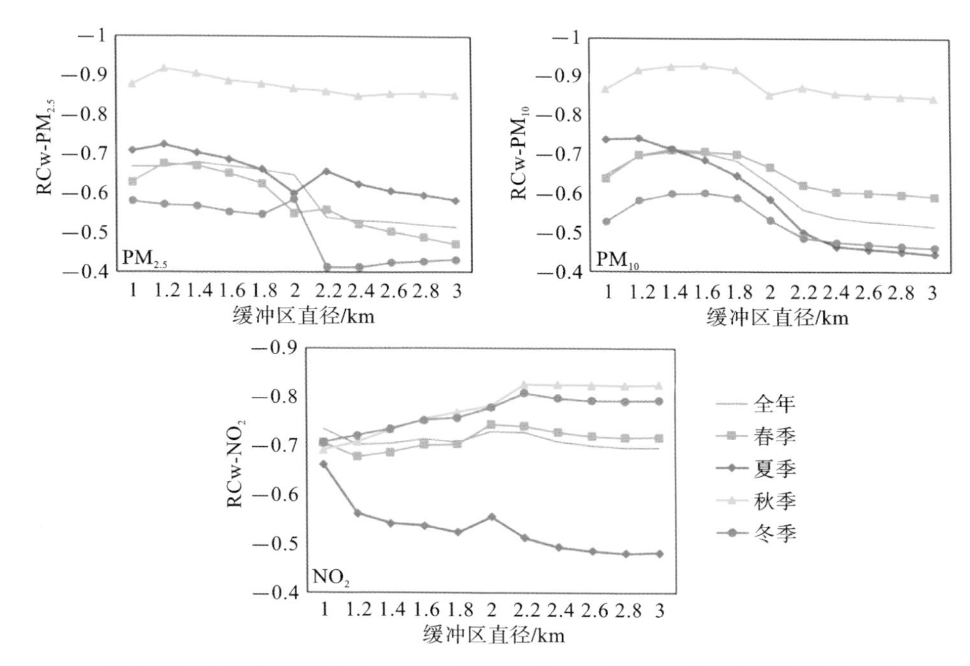

图4-20 不同缓冲区大小下，水面覆盖率与$PM_{2.5}$、PM_{10}、NO_2浓度间的相关性[①]

① 图片来源：自绘。

节作用最强的夏季最佳影响范围会最小？每种污染物在夏季对应的最佳影响范围具体是多少？由于样本有限，本书暂时无法作出解答。此结论可以为现有水体的利用规划提供参考，例如在水体附近进行规划建设时，可以将每个功能区块划分为直径1.4 km的区域，在满足功能需求的前提下使每个区域能拥有最大的水面覆盖率，可以有效降低该地区的$PM_{2.5}$与PM_{10}浓度。在实际应用上，每个功能区块的具体规模应该视当地主要污染物类别而定。

4.7 本章小结及问题引出

本章的内容主要包括四部分，分别为研究数据的处理、武汉市水网的时空分布特征、水体对城市气候的季节性调节作用，以及水网对主要空气污染物$PM_{2.5}$、PM_{10}、NO_2的削减作用。在前文对水网时空分布特征的探索中，研究发现武汉市的水体资源分布不均匀，尤其体现在城市中心区，位于主城区西北方向的汉口区域水体覆盖情况最差而东侧最好。同时，在近郊区存在大量由天然湖泊开垦而成的人工坑塘，这些区域在城市化进程中更容易被侵占。此外，在近年发展中，靠近城市中心区域水体萎缩比例最高，包括南湖、沙湖以及水体资源本就匮乏的汉口区域，位于主城区北部、南部与东西两侧的近郊区湖泊水体也都有不同程度的明显缩减。萎缩区域主要转化为城市建设用地，可能对城市通风造成不良影响。在水网对城市热岛影响的研究中，初步分析发现如下结论。①不同水体的冷岛强度呈长江＞大体量湖泊＞中小体量湖泊与河流＞人工坑塘。②水体资源最为贫乏、建设强度最高的汉口区域热环境最恶劣，而水体丰富的东部区域最好。③夏季城市地表温度与水面覆盖率呈显著负相关，且越靠近城市中心的区域，水体的降温效果越显著。通过进一步分析得知，在水面覆盖率较低的城市区域，水体面积的增加或减少对热环境造成的影响会比生态资源丰富的城市区域更大，这些区域更需要保护现有水体与建造人工湿地。④冬季城市地表温度受城市开发强度和水体调节温度的共同影响，其中人为热是局部地表温度升高的主要因素，水体降温效果在城区强于城郊。此外，城市水体还能够通过增加局地热力差异，有效促进城市内部自发产生以湖陆风为代表的局地空气流动，其中长江产生江风的潜力最强，应当控制滨江建筑布局以促进江风向城市的渗透，但在具体城市规划上需要考虑不同季节风向和风速差异对城市热舒适性及污染物聚集的影响。在夏季，近郊区的水体能帮助扩大城郊间的温度梯度，有利于郊区的冷空气流入城市中心，在城市扩张进程中应当予以保护与充分利用。在冬季，需要利用城区内部水体扩大周边温度梯度引导通风以降低污染物聚集，对于近郊区及远郊区的水体需要考虑防风作用，对水体周边通过绿化等改造措施降低风速，引导通风。

在水网对空气质量影响的研究中，本书发现水体对局地$PM_{2.5}$、PM_{10}与NO_2浓度均有不同程度的削减作用，削减能力呈NO_2＞$PM_{2.5}$＞PM_{10}。本书还发现水体对空气污染物的削减能力受季节影响显著，对于$PM_{2.5}$与PM_{10}，水体的削减能力强弱排序均为秋季>夏季>春季>冬季，影响能力与气温基本呈正比，夏季由于过强的湍流作用与频繁的降雨削减作用不如秋季明显。而NO_2受季节影响不大，可能是因为水体主要是通过作为无排放下垫面来削减NO_2浓度的。此外，本章还得出了针对不同的空气污染物，水体分别在多大尺度的区域内对其有着最高效率的削减作用。

本章的研究发现了武汉市水网对城市热岛与空气污染物有着显著削减作用，也对其进行了定量化的评估。但在炎热的夏季，水网是通过什么方式发挥其冷岛效应的？而在空气污染严重的秋冬季节，水网又是通过影响哪些气象因素进而缓解空气污染的？本章尚未对水网对微气候的影响机制做出解释。同时，研究发现武汉市各圈层、各方位的水体分布与萎缩情况差异很大。那么哪些区域的水体对城市气候调节的贡献更大，在城市发展中需要重点保护？这些内容将在后文中借助中尺度气象模拟软件WRF进行进一步探究。本章中建立的“八象限-圈层”划分方法，以及基于该方法得出的部分结论也将为后文WRF仿真实验中的案例设置提供依据。

本章参考文献

[1] 王帅，孟瑞琦，毛敏，等.基于八方位线模型的城市土地空间形态分析——以山西省县级以上城市为例[J].北京农业，2015（15）：238-240.

[2] 丁硕毅，乔冠瑾，郭媛媛，等. 珠三角城市群热岛及其气象影响因子研究[J]. 热带气象学报，2015，31（5）：681-690.

[3] 王艳萍，李新庆，刘垚，等.不同插值算法对气温空间插值效果评估分析[J].信息技术，2020，44（6）：31-35.

[4] 蔡迪花，郭铌，李崇伟. 基于 DEM 的气温插值方法研究[J]. 干旱气象，2009，27（1）：10-17.

[5] Yang C，Zhan Q M，Gao S H，et al. How do the multi-temporal centroid trajectories of urban heat island correspond to impervious surface changes：a case study in Wuhan，China[J]. International Journal of Environmental Research and Public Health，16（20），Article 20.

[6] 戴菲，陈明，朱晟伟，等.街区尺度不同绿化覆盖率对PM_{10}、$PM_{2.5}$的消减研究——以武汉主城区为例[J].中国园林，2018，34（3）：105-110.

[7] 陈媛媛，柯新利，刘帆，等.1987年以来4个时期武汉市湿地面积、分布和变化[J].湿地科学，2019，17（5）：553-558.

[8] 何思聪，董恒，张城芳.1994—2015 年武汉城市圈湖泊演变规律及驱动力分析[J].生态与农村环境学报，2020，36（10）：1260-1267.

[9] 余玲. 武汉市水陆风场与大气灰霾的关联性研究[D]. 武汉：华中科技大学，2015.

[10] 黄凡，陈楠，周家斌，等.2016—2017年武汉市城区大气$PM_{2.5}$污染特征及来源解析[J].中国环境监测，2019，35（1）：17-25.

[11] 张杰，李昂，谢品华，等.基于卫星数据研究兰州市NO_2时空分布特征以及冬季NO_x排放通量[J].中国环境科学，2015，35（8）：2291-2297.

[12] Gao W，Tie X X，Xu J M，et al.Long-term trend of O_3 in a mega city（Shanghai），China：characteristics，causes，and interactions with precursors[J]. Science of the Total Environment，2017，603：425-433.

[13] Lyu X P，Chen N，Guo H，et al.Ambient volatile organic compounds and their effect on ozone production in Wuhan，central China[J].Science of the Total Environment，2016，541：200-209.

[14] Xiong Y，Zhou J B，Schauer J J，et al.Seasonal and spatial differences in source contributions to $PM_{2.5}$ in Wuhan，China[J].Science of the Total Environment，

2017，577：155-165.

[15] 宝日娜，杨泽龙，刘启，等.达里诺尔湿地的小气候特征[J].中国农业气象，2006（3）：171-174.

[16] 陈楠，陆兴成，姚腾，等.湖北臭氧分布特征及其管控措施[J].中国环境监测，2017，33（4）：150-158.

[17] 应方，包贞，杨成军，等.杭州市道路空气中挥发性有机物及其大气化学反应活性研究[J].环境科学学报，2012，32（12）：3056-3064.

5

基于 WRF 模拟技术的城市水网季节性微气候调节作用研究

本章使用耦合城市冠层模块（UCM）的中尺度气象模型WRF，导入网格化UCP建立的精细城市模型进行仿真实验，探究了水体对夏季的高温天气、秋季（过渡季）静稳天气与冬季寒冷天气下的城市热环境与风环境的影响程度与影响机制。针对空气污染严重的秋冬季时段，分析了武汉市水网对空气污染物聚积与疏散的影响。在分析指标的选取上，本研究分别讨论了湖泊水体对地表气象场与高空气象场的影响情况。其中，地表气象场主要包括地面2 m处的气温T2、地表10 m处的水平风速V10，包括矢量风速与标量风速；高空气象场主要包括垂直层的气温、相对湿度、水平与垂直风速。

5.1 模型设定及案例介绍

5.1.1 模型参数设定

模拟使用的模型系统是WRF 3.9版本。水平域由三个双向嵌套域组成，由外至内分别为70×70（4.5 km）、90×90（1.5 km）、108×108（0.5 km）个网格，如图5-1与表5-1所示。最大的区域（D1）覆盖了湖北省大部分地区，D2基本覆盖整个武汉市，D3集中在武汉市建成区。每个域在垂直方向上有39个不均匀分布的全Sigma层，呈下密上疏的分布趋势，在2 km以下设置有16层。

土地利用和土地覆盖的原始数据来自美国地质调查局（United States Geological Survey，USGS）提供的静态地理数据landuse_30 s_with_lakes，空间分辨率为30 s×30 s，运用于D1与D2，最内层嵌套域D3则采用前文所述的自制地理数据。模式所采用的气象初始场数据来自美国国家环境预测中心（National Centers for Environmental Prediction，NCEP）提供的“NCEP FNL Operational Model Global Tropospheric Analyses”数据，空间精度为1°×1°，每6 h输出一次。

模拟选择的物理参数化方案如表5-2所示：①微物理过程使用Lin et al. scheme；②行星边界层方案使用YSU scheme；③表面层方案使用Revised MM5 Monin-Obukhov scheme；④长波与短波辐射方案分别使用RRTMG scheme 与

Goddard scheme；⑤积云对流方案使用Kain-Fritsch scheme，仅在D1中使用，因为积云对流方案通常只适用于3 km以上的网格；⑥陆面模式使用unified Noah land-surface model；⑦城市冠层模型使用Single-layer，即单层城市冠层模型。另外，为了更精确地模拟武汉市水网所带来的微气候调节效应，CLM 4.5湖泊模型被选择作为湖泊方案。该湖泊方案独立于地表方案，因此可与WRF中嵌入的任何地表方案一起使用[1]。

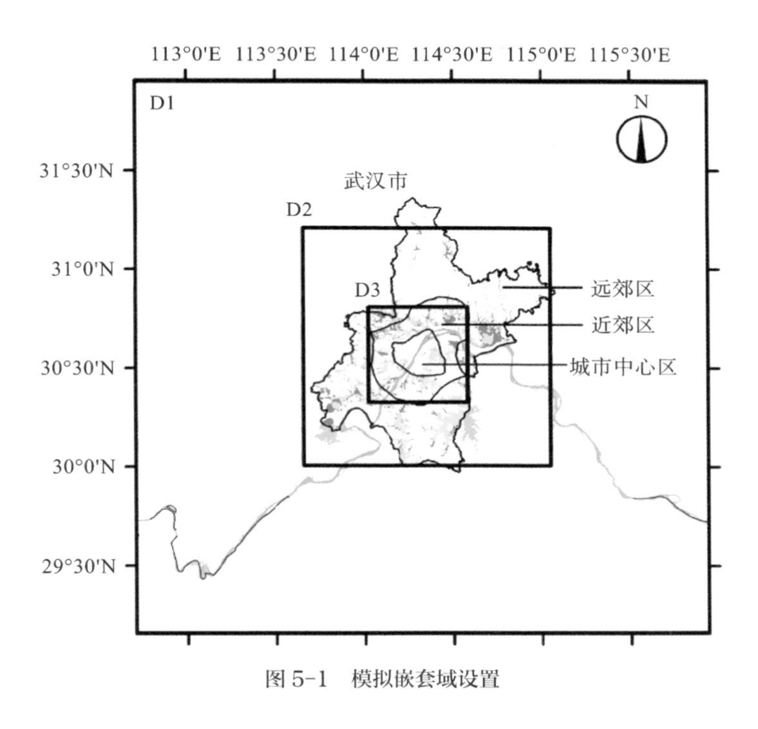

图 5-1　模拟嵌套域设置

表 5-1　嵌套域网格数量及间距

	域 /[X(km)× Y(km)× Z(km)]	网格数量	网格大小 /km
D1	315 × 315 × 20	70 × 70 × 39	4.5
D2	135 × 135 × 20	90 ×90 × 39	1.5
D3	54 × 54 × 20	108 × 108 × 39	0.5

表 5-2　WRF 模式参数选择

WRF 物理方案	D1	D2	D3
Microphysics	Lin et al.	Lin et al.	Lin et al.
Cumulus	Kain-Fritsch（new Eta）	—	—
Longwave radiation	RRTMG	RRTMG	RRTMG
Shortwave radiation	Goddard	Goddard	Goddard
Boundary layer	YSU	YSU	YSU
Surface layer	Revised MM5	Revised MM5	Revised MM5
Land surface	Noah LSM	Noah LSM	Noah LSM
Urban surface	—	SLUCM	SLUCM
Lake model	CLM 4.5	CLM 4.5	CLM 4.5

模拟边界条件调用NECP/NCAR-FNL全球气象数据，输入具体时间的气候数据作为初始值进行模拟计算。在模拟时间的选择上，本书按照季节划分，拟选择夏季、过渡季与冬季三种不同的气候条件进行讨论。首先为夏季的高温天气，用以讨论水网作为广义通风道对炎热天气下城市热环境的缓解效果。其次为容易发生空气污染物在城市中堆积的秋季静稳天气，用以讨论水网对静稳天气的形成与维持起到的作用。最后，虽然当前研究表明在太阳辐射最弱、气温最低的冬季，水体的气候效应相对最弱，但本章仍然对其进行了基本的分析，以探究水网在低温情况下对城市的微气候能有多大幅度的影响。

首先，在夏季高温时段模拟的时间选择上，统计了2016—2019年夏季的气温每日最高值，结果如图5-2所示。按照国家标准，当日最高气温大于35 ℃则被认为是高温日，以红色标注。从图中可以看出，近年来夏季高温日集中于7月下旬，在连续4年中，7月20—30日均为高温日。

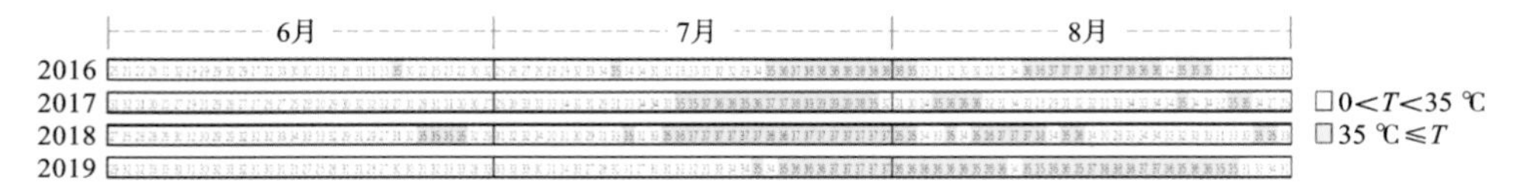

图 5-2　2016—2019 年 6—8 月高温日情况

因此，拟选择2016—2019年某一年的7月下旬作为模拟时间段。在模拟时间的选择上，另外需要考虑的是模拟时间段的风向是否为当季的主导风向，因此统计了2016—2019年7月的风频，如图5-3所示。结果显示，2016年、2017年、2019年三年的7月均为西南风的主导风向，因此选择7月下旬且风向为西南风的日子作为模拟日期最具有代表意义。综合考虑以上因素，查阅历史气象后将夏季模拟时间段选择在满足上述条件的2016年7月25—28日，共72 h，取7月27日当地时间0—24时的数据进行分析。

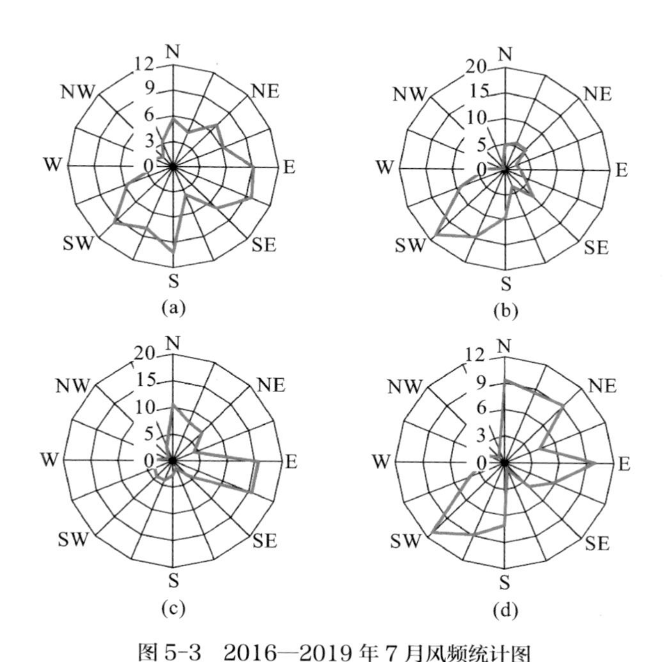

图5-3　2016—2019年7月风频统计图

（a）2016年；（b）2017年；（c）2018年；（d）2019年

而在过渡季时段的选择上，拟选用秋季时段为例进行分析，主要原因如下。①武汉市春季与秋季的太阳辐射与背景风力情况比较相似，选择合适的典型气象可以代表两季；②春季连续的阴雨天气较多，在模拟时间的选择上局限性较大。由于目的在于探究水网与静稳天气的互动能力，以及对静稳天气下空气污染物（主要为形成雾霾的$PM_{2.5}$）聚集与疏散可能造成的影响，首先需要确定秋季受$PM_{2.5}$影响最严重的时段。因此统计了2016—2019年的$PM_{2.5}$的日平均空气质量分指数IAQI，如图5-4所示。可以发现，在2016—2019年，整个11月基本均为$PM_{2.5}$污染的频发期，$PM_{2.5}$污染从10月下旬便开始凸显起来。因此，初步将模拟日期确定在11月。

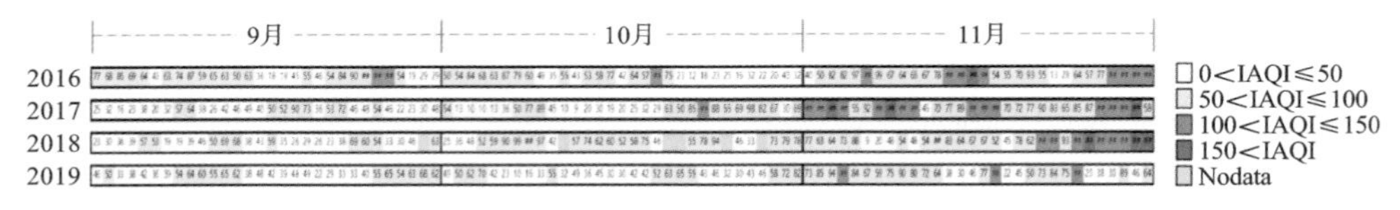

图 5-4　2016—2019 年 9—11 月 $PM_{2.5}$ 的空气质量分指数情况

同样对2016—2019年11月的风频进行了统计，结果如图5-5所示，可以明显看出11月的主导风向为北风与东北风。模拟日期的选择标准为：①空气质量较差；②主导风向为北至东北风；③风力弱。查阅历史天气得知，2017年11月2日17时开始，由于本地污染积累，加之静稳天气影响，武汉市城区PM_{10}、$PM_{2.5}$、NO_2等污染物浓度出现不同程度的升高。3日夜间与清晨仍以均压场控制为主，近地面以静风为主，午后随着气温的升高，大气扩散条件有所改善，并且逐渐增强的北风有效地驱散了城市中聚集的污染物，使得空气质量水平大幅度提升。因此，选择2017年11月2—4日

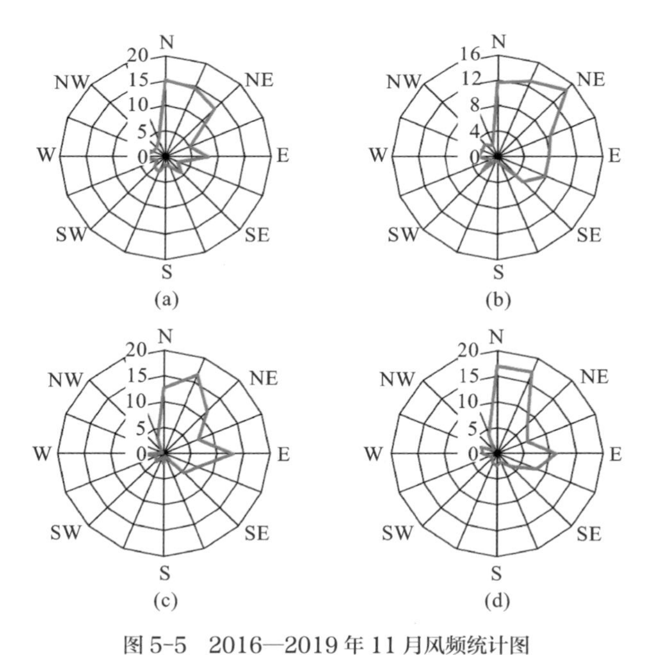

图 5-5　2016—2019 年 11 月风频统计图

（a）2016 年；（b）2017 年；（c）2018 年；（d）2019 年

作为模拟时段，取11月3日0—24时的数据进行分析，可以同时讨论：①武汉市水网对早间静稳天气的影响；②水网在午后对外来强风疏散效果的影响。

在冬季模拟时间的选择上，首先，通过图5-6所示的空气质量情况不难发现，武汉市冬季的三个月份均处于空气质量较差的状态，并且1月份的中度污染与重污染天气相对最多。因此，拟选取1月份的时段进行仿真实验。

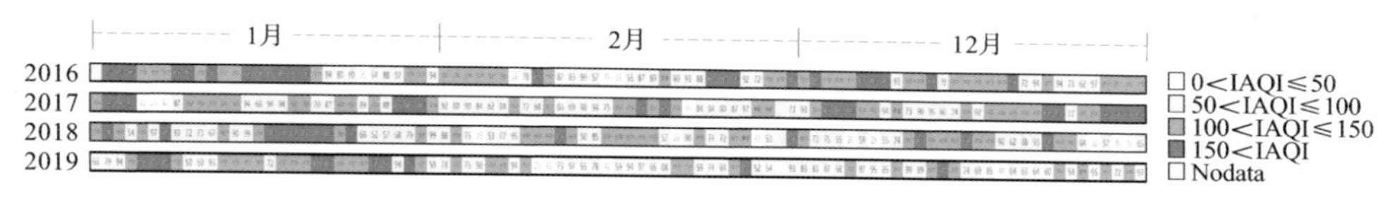

图 5-6　2016—2019 年 1、2、12 月 $PM_{2.5}$ 的空气质量分指数情况

通过图5-7所示的2016—2019年1月份的风频统计图可知，该时段主导风向为明显的东北风。因此，在查阅天气记录后，最终选择了前后两天内未发生降水、东北风向且风速适中的2017年1月12—15日作为模拟时段，取1月14日0—24时的数据进行分析。

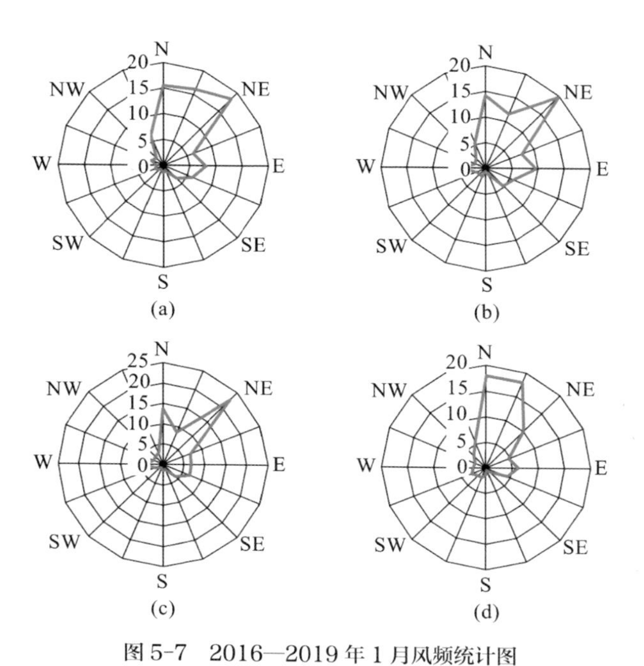

图 5-7　2016—2019 年 1 月风频统计图

(a) 2016 年；(b) 2017 年；(c) 2018 年；(d) 2019 年

综上分析，本章中所选择的模拟时间分别为夏季（2016年7月25—28日）、秋季（2017年11月2—4日）与冬季（2017年1月12—15日）。

5.1.2 模拟案例介绍

为了探究水网在不同季节下的微气候调节作用，本章分别对夏季（2016年7月25—28日）、秋季（2017年11月2—4日）与冬季（2017年1月12—15日）研究时段进行了仿真计算，主要研究区域锁定在城市中心区，即三环线以内的区域。设置了保留所有湖泊水体的武汉市的真实情况案例Control case（CTRL），以及将武汉市内所有湖泊水体替换为旱地（U.S. Geological Survey category 2）的敏感性实验案例No lakes（NL）。利用WRF-UCM模型系统，通过改变区域内土地利用情况，对武汉市水网对微气候的影响进行了敏感性实验，案例设置如表5-3所示。

表 5-3 WRF 模拟案例设置

案例名称	Control case（CTRL）	No lakes（NL）
描述 1	 N	 N
描述 2	保留所有湖泊水体	无湖泊水体

此外，在模拟结果的处理上，除了通过NCL（The NCAR Command Language）对整个最内层嵌套域进行展示以外，还使用了ArcGIS作为后处理手段，提取并统计了多个特定研究区域内的数据进行定量化分析，如图5-8所示，主要包括：①三环线内的城市中心区域；②城市中心区内的水体区域；③城市中心区内的陆面区域与滨水区域；④城市中心区内以长江与汉江分隔的不同行政区域，包括水体最贫乏的西北部汉口区域Area1、西南部的汉阳区域Area2与水体资源最丰富的东部区域Area3。此外，在剖面气象场的研究中，选择横跨武汉市中心，且东侧经过沙湖、东湖与严

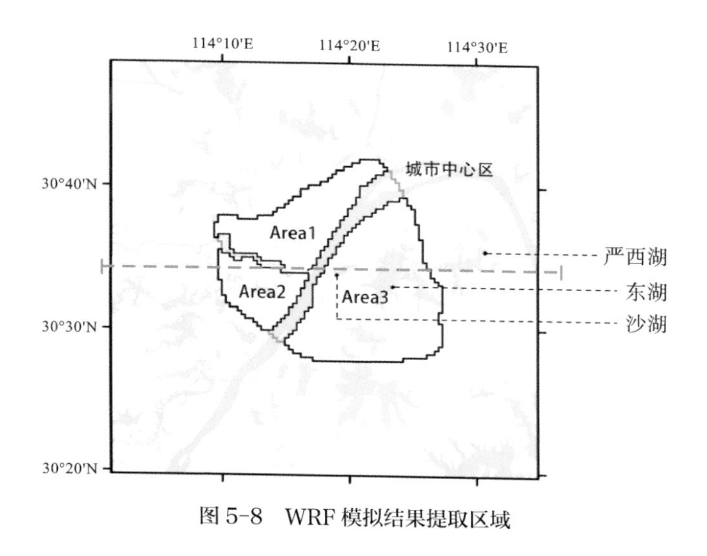

图 5-8　WRF 模拟结果提取区域

西湖上空的剖切面作为研究对象，如图中蓝色虚线所示。

5.2　城市水网夏季调节作用

5.2.1　夏季地表气象场模拟结果总览

图5-9直观展现了CTRL案例与NL案例在当地时间4：00、11：00、14：00、22：00的地面2 m处的气温与地面10 m处的水平风速分布情况，时间段的选择分别涵盖了温度最低的日出前（4：00）、温度最高的中午（11：00与14：00）与热岛最强的晚间时段（22：00）。

由图5-9可知，由于水体的热容量相较城市及其他下垫面要高出许多，极低的升温与降温速率使其在白天的温度远低于周边地区，而在日落后将逐渐高于周边地区，差值在第二天日出前达到顶峰。并且从图中不难发现，湖泊水体的周边通常存在许多湿地及其他自然下垫面，对城市的热环境起到了明显的改善作用，这种现象在热岛严重的晚间时段最为明显，这也是为什么许多居民会选择在晚上前往湖边散步纳凉。

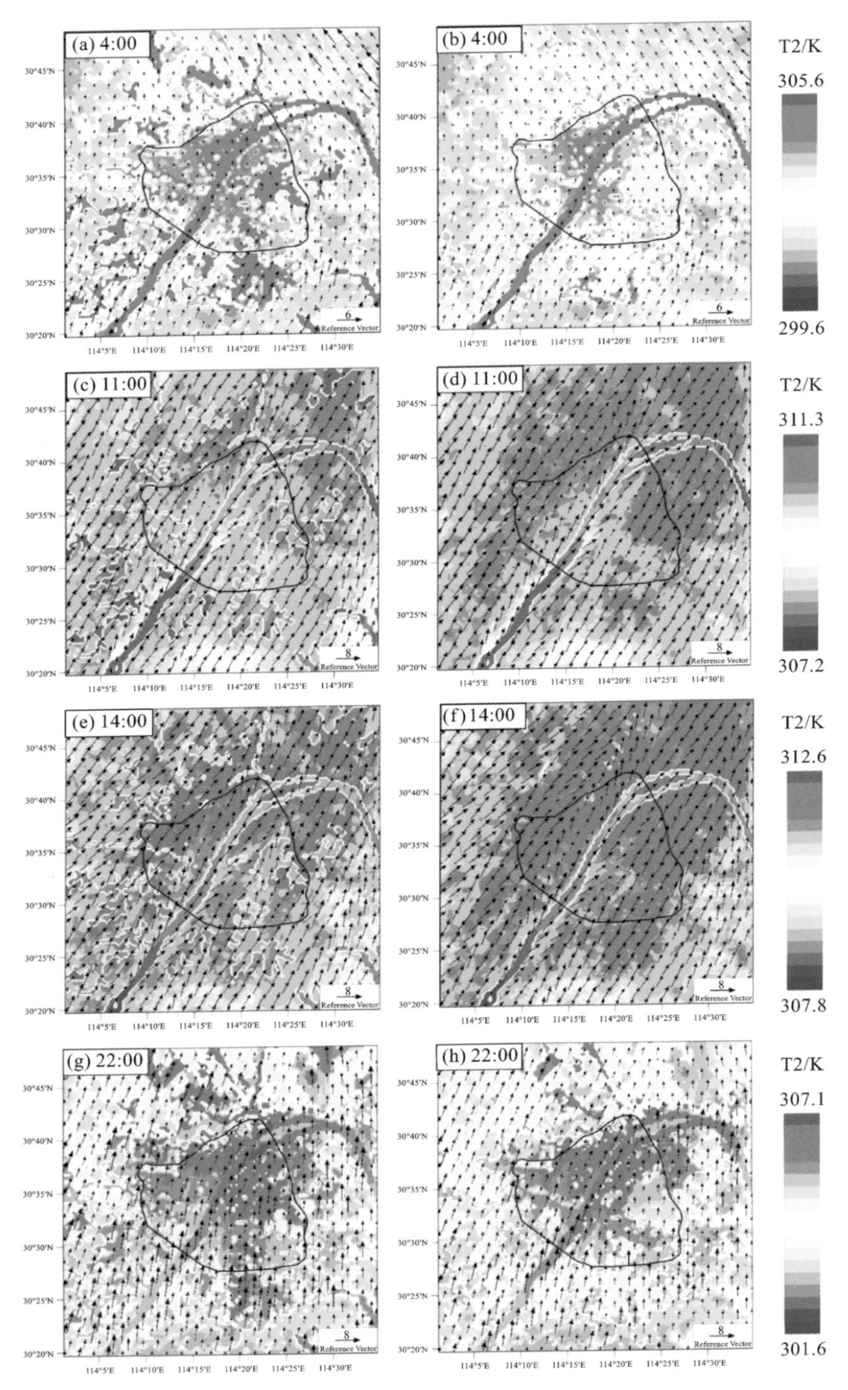

图 5-9　地表 2 m 气温叠加 10 m 风场图

(a)(c)(e)(g)为 CTRL 案例；(b)(d)(f)(h)为 NL 案例，风速单位为 m/s

通过对11：00与14：00的结果进一步观察可知，白天时段由于太阳辐射与人为热排放不断增加，热量在城市的下风向不断堆积，使得东北方向产生了大面积的高温区。这种现象在午后更加严重，如图5-9（f）显示，NL案例由于强冷岛资源的缺乏，整个武汉市均被高温所覆盖，热环境十分恶劣，而CTRL案例中由于湖泊水体能够吸收热量并向外流出冷空气，有效地缓解了这一现象，并且湖泊与城市间显著的温度差也能够促进地区间自发产生空气流动。此外，在4：00与22：00的模拟结果中可以发现，在太阳辐射消失使得地表热力活动较弱的阶段，CTRL案例中的风速总体高于NL案例，说明低粗糙度的水面能够增强城市的夜间通风，并且陆面区域的风速也有一定程度的提升。

通过气温与风场的模拟结果，可以初步判断武汉市的水网对城市的热环境与风环境有显著的影响，下文将针对各指标进行更加定量化的具体分析。

5.2.2 水网对夏季地面热环境的影响

1.水网对夏季地表气温的影响

以ArcGIS作为WRF模拟结果的后处理工具，对CTRL与NL案例中城市中心区域的T2进行了统计，计算了平均值（AVG）、标准差（STD），以及用于反映高温区气温情况的上四分位平均值（AVG_TOP 25%），如图5-10所示。

由气温日变化规律曲线可看出，NL案例的气温平均值从早上7时至晚上18时始终高于CTRL案例，说明水体的存在显著降低了城市中心的气温，在高温时段，整个城市中心区的平均降温幅度可达0.5 K。不仅如此，上四分位平均值表示城市中心区中最热区域的平均气温，基本为非滨水的城市腹地。结果显示，在白天城市水体不仅对其本身与其周边区域产生影响，还会带来城市腹地中最高温区域的气温降低，上午至午后时段的降温效果最明显，在0.3 K左右。与此同时，通过比较两组案例的气温标准差可知，在一天中的绝大多数时间段内，CTRL案例均高于NL案例，最大差值可达0.3 K，说明城市水体会增加城市中各区域的热力差异，而这种温度梯度的增加通常会带来更好的自发通风潜力。此外，可以看到城市水体升高了夜间的城市温度，平均升温幅度由日落后的0.1 K逐渐增至日出前的0.5 K，体现了夜间水体的保温效果。需要注意的是，由于

CTRL案例中，后半夜城市温度最高的区域基本为水体，因此夜间的上四分位平均值在此不予讨论。

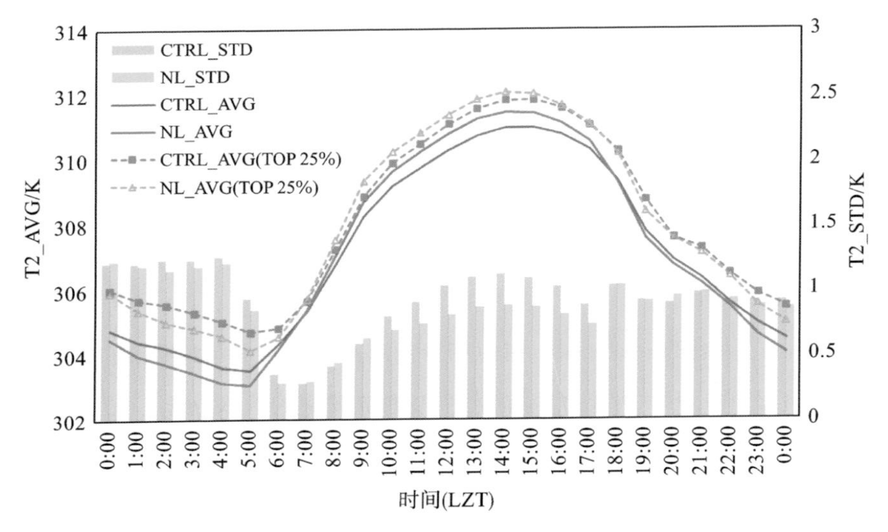

图 5-10　CTRL 与 NL 案例的地表 2 m 处气温对比

上文提到，区域间的热力差异能够促进空气流动从而产生自然风，增强城市通风能力。本书提取并统计了城市中心区内水体区域与滨水区域的平均值，其中滨水区域是指位于水体周围500 m进深（一个模拟网格尺寸）的区域，并将两者相减求出湖陆温差，结果如图5-11所示。

由图5-11可以看出，CTRL案例除了水体上空的气温远低于NL案例以外，城市中心区所有滨水区域的平均气温相比NL案例也有最高达0.5 K的降低。这说明水体在夏季日间对滨水区域的温降作用非常明显，因此应当重视水体周边的生态保护区建设，并控制滨水建成区的建筑形态以促进冷空气向城市腹地的渗透。而从柱状图中不难发现，在CTRL案例中，城市中心区的平均湖陆温差在温度最低的日出前达到2 K，在温度最高的午后达到－2 K，在日出后6—7时与日落前后的18—19时这两个时间段内发生湖陆相对温度的逆转。湖陆温差从早10时开始已经较为明显（超过－1 K），在气温达到一天峰值前持续增加，这种温度梯度能够有效地激发湖风环流，使水体上空产生向陆地的风力，输送冷空气以缓解周边区域的城市热岛现象。

覃海润等人在对太湖北岸进行观测时发现，在早9：00湖陆温差达到0.6 K时就已监测到了湖风的产生，而湖风的平均风速也在14：00湖陆温差达到最大值3.4 K时达到最高值2.1 m/s[2]。

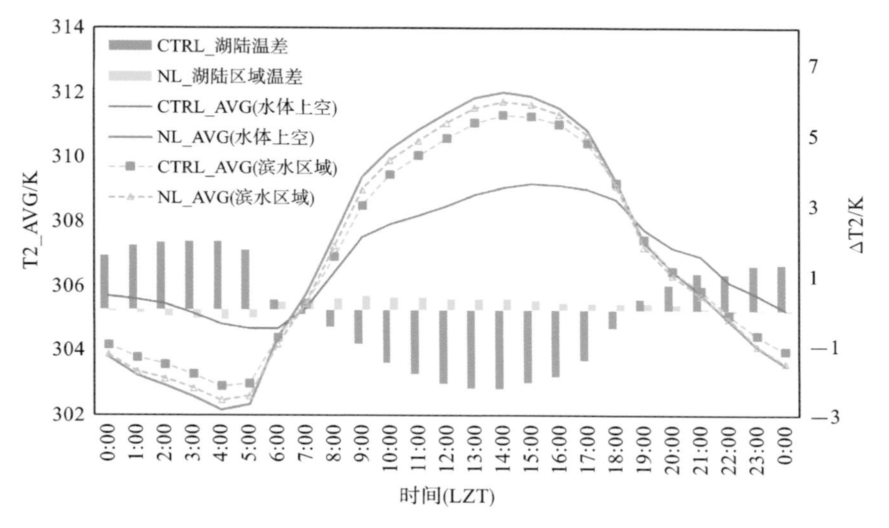

图 5-11　CTRL 与 NL 案例的湖陆温差对比分析

接着，为了更直观地展现水网对城市气温的影响幅度与影响范围，计算了CTRL与NL案例的气温差值（ΔT2）。对于夏季而言，热环境是需要优先考虑的因素，因此在时间上，选择了一天之间气温最高的午间时段11：00、14：00，以及热岛最明显的晚间时段20：00、22：00，结果显示于图5-12中。

由图5-12（a）、（b）可看出，城市水体在午间对城市起到了明显的降温作用，在水体上空及位于水体下风向的区域最为明显，并且几乎全城的气温均呈降低趋势，说明水网影响范围很广。值得注意的是，在长江区域（长江未进行下垫面替换），CTRL案例的气温甚至略高于NL，这可能是因为在CTRL案例中，众多湖泊形成的水网构成了天然的通风廊道，将热空气引导至长江上空使其更好地成为城市废热的疏散通道，从而使得长江上空的气温略有升高。对比图5-12（a）与图5-12（b）还能发现，水网在11：00时段的降温幅度与降温范围均大于温度最高的14：00时段。这意味着水网的降温能力存在某个极限，当城市从太阳辐射与人工排放中获取的总热量达到一定阈值时，水网的降温能力便开始减弱，而水体面积的缩减可能会同时导致该阈值的降低。

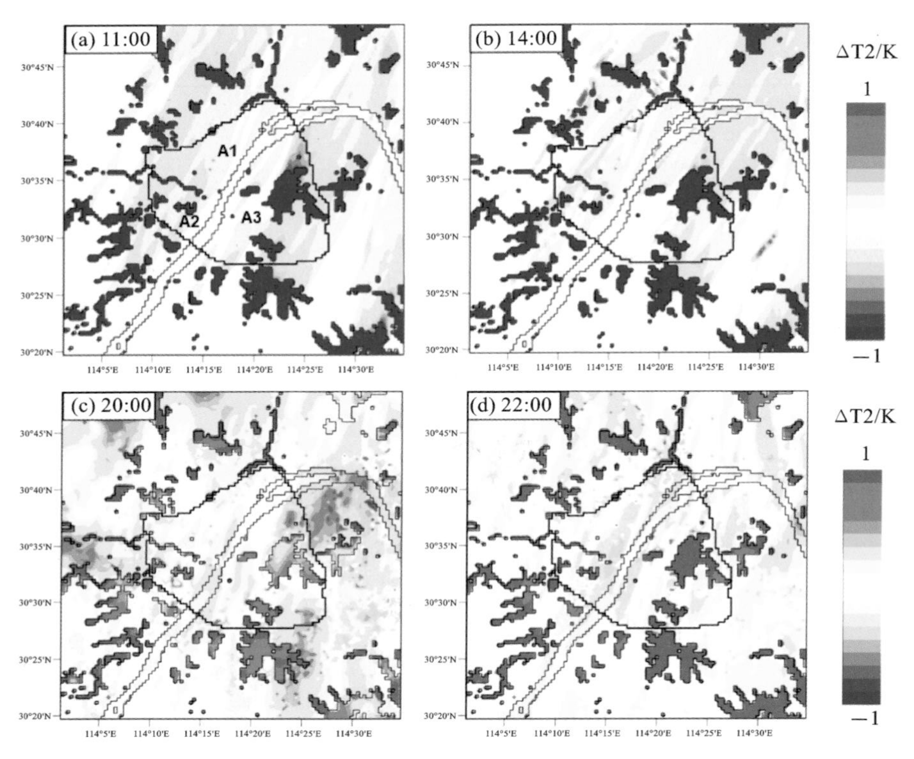

图 5-12　CTRL 与 NL 案例的 T2 差值

从图5-12（c）、（d）可以看出，在20：00，水体热容量较大，使得该时段城市内部部分区域的温度有一定程度的升高。但位于城市中心区东南角的武钢区域则存在着明显的降温，达0.7 K左右，这主要是由于上文中描述的，日间的西南风将大量的城市热量堆积于此，而水网缓解了这一热量堆积现象，使得该区域内存储的总热量减少，从而导致晚间温度显著低于不存在水体的NL案例。在22：00，水体与陆地的温度差异越发显著，但CTRL案例与NL相比，城市中心区的部分区域表现出了温度降低的趋势，主要集中在长江西侧与主城区东侧区域，同时水体并未像白天的降温作用那样在下风向区域存在明显的升温区。这些现象都说明了水网在夜间的升温效应并不会对晚间的城市热岛产生明显的增幅作用，水网在白天对降低城市热量的贡献要大于其晚间的热量输出。

根据图5-12的结果发现，武汉市的水体资源分布并不均匀，因此水网对城市中心区不同区域的微气候影响也存在较大差异。在此基础上，分别提取了城市中心区西北方向的Area1（汉口）、西南方向的Area2（汉阳）与东部的Area3（青山、武昌与洪山区）中的数据进行对比分析，结果见图5-13。选区的具体细节详见图5-8。

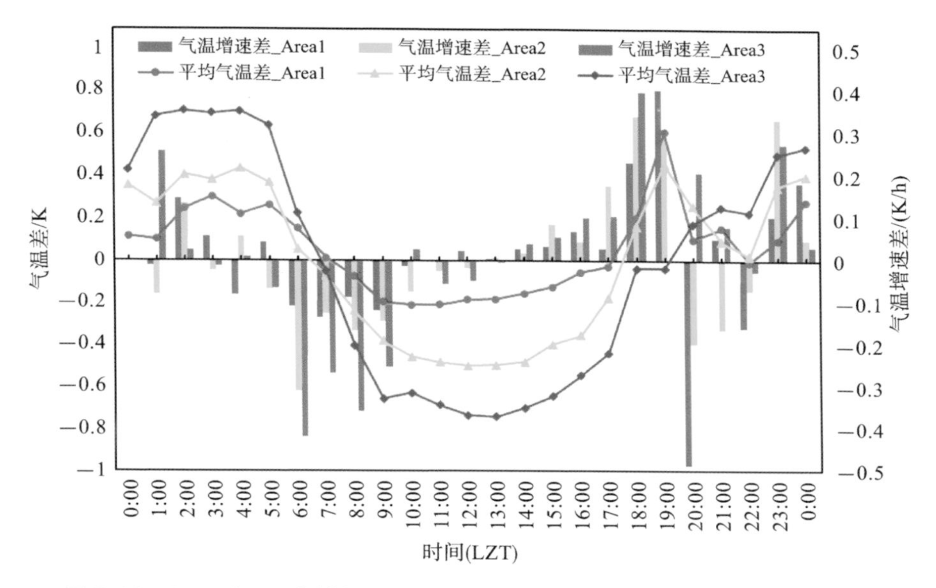

图 5-13　CTRL 与 NL 案例在 Area1、Area2、Area3 区域气温差值与气温增速差值

由图5-13可知，CTRL与NL的平均气温差值在Area1，即汉口区域在全天都处于最低的水平，水体在午间对区域温度的降幅最高仅为0.2 K，为三个区域内最低。这与前文中的研究结果相符，即水体资源稀缺的汉口区域由于缺乏强冷岛，因而成为城市中心区中热环境最糟糕的区域。同时，该区域在夜间与午间尚且存在±0.2 K的温度升降幅，也表明了汉口区域的微气候主要受到非本地水网的影响。水网对Area2区域的影响排名第二，影响幅度最高为0.5 K。而Area3最高，最大影响幅度接近±0.8 K。各地受水网影响的气温变化幅度与区域内湖泊水体的面积占比呈正相关，说明了城市中心区域受本地水体的影响程度非常大。

由气温增速指标可看出，在日出后的数小时内，水体资源最丰富的Area3的升温速率同样是最慢的，Area2区域其次而Area1最快。这说明在Area1区域，当地的气温会最迅速地升至高温阶段，这可能会延长当地的空调等制冷设备的平均工作时间，导致更高的能源消耗与空调排热造成的热环境消极反馈。由图5-10可知，气温从15：00开始缓慢下降，19：00左右日落后发生迅速下降，可以看出在缓慢降温阶段，水网对Area2与Area3的降温进程产生了较明显的阻碍作用。而在日落后，由于该阶段太阳辐射不再在城市热环境中占主导地位，气温主要受到人为热排放、区域热量储存等诸多因素的共同影响，水体对气温降速趋势的影响并不明朗。

2.水网对夏季热量收支平衡的影响

前文讨论了水网对城市中心区的地表气温所产生的影响，本书这里将基于区域热量收支平衡来展开讨论，且以城市中心区的入射短波辐射、入射长波辐射、向外长波辐射、感热（显热）通量、潜热通量以及地表热通量（土壤热通量）等作为分析指标。

入射长波、短波辐射，向外长波辐射主要受太阳辐射的影响，而感热、潜热与地表热通量则除太阳辐射以外，受下垫面的影响也十分显著。其中，感热通量为温度变化而引起的热交换量。潜热通量为温度不变的条件下，水的相变（蒸发、凝结等）所引起的热交换量，通常包括水体蒸发、地面蒸发与植被蒸腾。地表热通量指当表层土壤在接收太阳辐射后，将能量向深层土壤传递，使得下层土壤的温度升高。而在夜间表面土壤温度降低而土壤底层温度较高时，则会使热量由下层土壤传递至上层土壤。地表热通量与下垫面类型、土壤导温率及含水量密切相关。对于水体而言，地表热通量代表进入水体内部的能量。

由图5-14可看出，水网的存在使得城市中心区日间的感热通量有所降低，降幅在午间达到27.6 W/m^2，这是因为水网降低了城市中心区的平均日间气温并升高了夜间气温，导致早晚温度变化幅度明显减小，从而降低了显热通量。同时，水网导致了夜间潜热通量有约30 W/m^{2}的增加，这是NL案例中不存在水体，夜间的水分蒸发量非常少的缘故，而城市水网能够提供大量的水分蒸发，增加城市的空气湿度。而在日间，水网则导致了午间最高16.3 W/m^{2}的潜热通量降低，这是由于在水网增加了

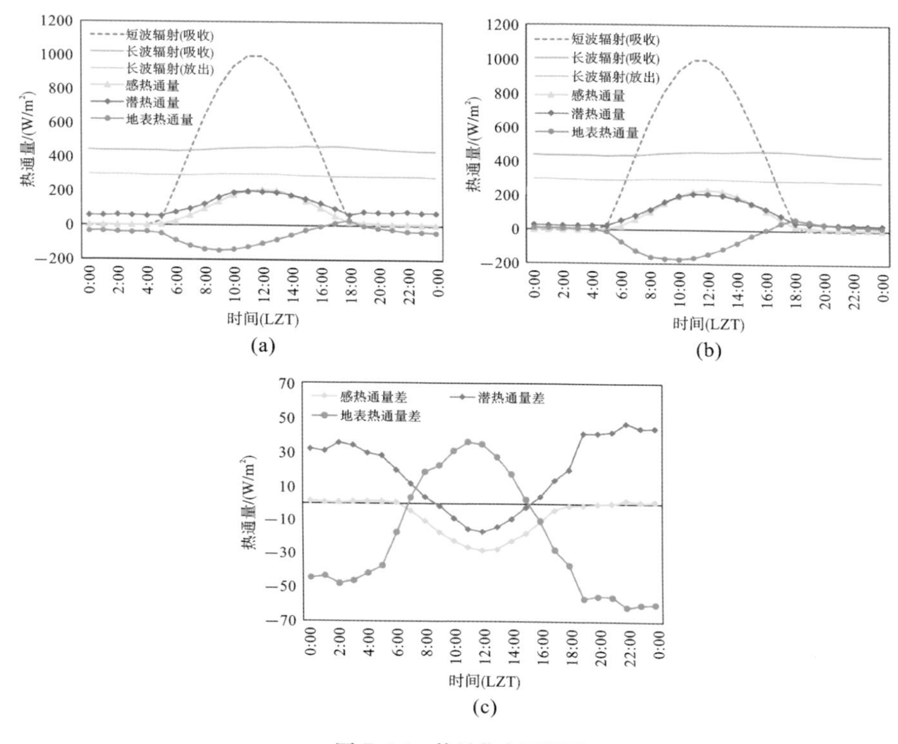

图 5-14　热量收支平衡图

(a) CTRL；(b) NL；(c) CTRL-NL 差值

城市中心区的相对湿度并降低了气温的背景下，空气更容易达到水分饱和状态，从而阻止了在炎热时段由于太阳辐射的作用，陆地土壤或植被中的水分大量蒸发。

在WRF中，地表热通量以向上传递为正，向下为负。因此在有太阳辐射输入的白天，陆地的表面温度较高，热量由上至下传递，地表热通量为负值，而水体处于吸热阶段。在晚间，水体放出热量，而陆地表面温度较低，热量由底层土壤向表层传递，地表热通量呈正值。从图5-14中的热通量差值曲线不难发现，在日间水网的存在吸收了更多的热量，从而缓解周围环境中的废热负担，而夜间则处于放出热量的状态，一部分热量用于水分蒸发以维持空气湿度。

5.2.3　水网对夏季地面风环境的影响

本书这里主要涉及水网对城市中心区水平风场的影响，研究提取了WRF计算结果中的X轴与Y轴风速，并按照研究区域进行了数据提取与统计分析。

1. 水网对夏季风速的影响

首先，计算了CTRL案例与NL案例的水平风速差值，结果展示于图5-15中。需要注意的是，该部分计算的风速差为标量风速差，即仅考虑对风速大小的影响而未考虑风向的改变，后文中有专门针对水网对风向偏转影响的讨论。

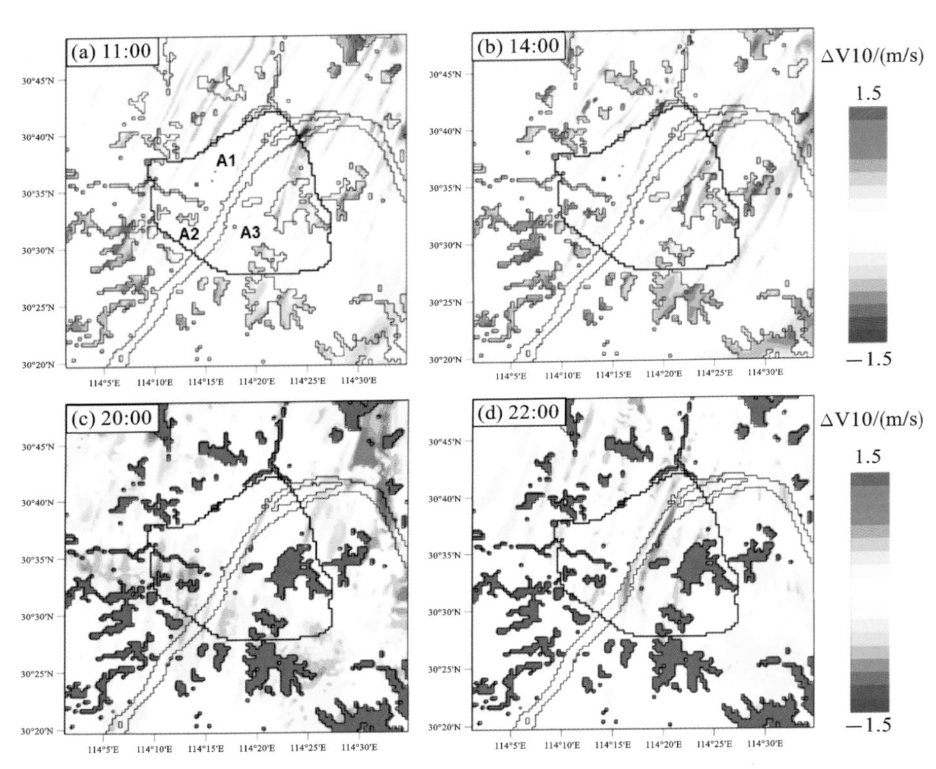

图 5-15 CTRL 与 NL 案例的地表 10 m 处风速差值图像

由图5-15（a）、（b）可以看出，在空气温度较高的午间时段，水网对武汉市的水平风速影响呈现出增强与削弱并存的趋势，且在温度更高的14：00时段，水网产生风速增强的区域相较11：00有进一步的减少。此外，在大部分水体的上空，CTRL与NL案例的风速差为负值，表明水体对经过其上空的外来风主要起着阻碍作用，同样也是温度更高的14：00阻碍作用更强。这主要也是因为前文所提到的湖风环流作用，在湖风环流模型中，由路面吹向水体的背景风是除湖陆温差外，形成湖风环流的前提条件。而形成的湖风是由温度低的水面区域吹向陆面，在水平方向上，这两者的方向总是相反的，在垂直方向上，背景风会发生纵向偏转而形成环流，垂直运动得到增强。因此，在热力作用较强的午间时段，水体对水平风场的影响主要体现为降低作用，但城市内部仍存在着比例不小的风速正增长区，并且自发产生的湖风对周边热环境的积极影响也不可忽视。

通过图5-15（c）、（d）可发现，在热力作用较弱的晚间时段，CTRL案例中水体上空的风速明显强于NL案例，这是因为水体本身属于粗糙度极低的下垫面，利于空气顺畅地在水面上空流动，这也是水体能够作为主要通风廊道的主要原因之一。这两幅图也可以说明，在城市热岛最显著的晚间时段，水网增强了城市中心区内部绝大部分区域的水平风速，有利于提高城市废热的疏散速度。

此外，图5-16（a）中统计的城市中心区平均风速与TOP 25%指标也表明，水网增加了夜间时段的水平风速。增幅在温度越低的时段越大，在2：00与24：00左右有着约0.5 m/s的平均风速增加，能够有效增强城市在夜间向城外疏散聚积的热量的能力。BOT 25%指标则说明，水网对城市中通风最差的区域在夜间也有着最高可达0.4 m/s的平均风速增加，能够有效改善城市中通风不畅区域的风环境情况。图5-16（b）的结果也进一步佐证了上文的分析结果，即在夜间，水网的存在除了使水体上空的风速明显增加，对陆面区域的通风情况也有一定程度的改善，非常有利于城市夜间的通风。

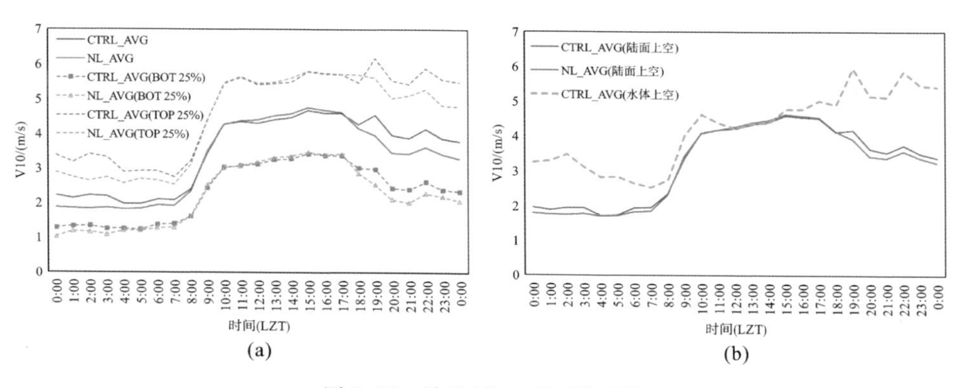

图5-16　地面10 m处平均风速

（a）城市中心区平均值；（b）城市中心区水体与陆面上空平均值

与在气温研究中相同，本节分别统计了Area1、Area2、Area3的平均风速情况，如图5-17所示，并发现其趋势也与不同区域的气温情况类似，水网对风速的影响情况也为水体资源最贫乏的Area1最小，晚间的最大值仅在0.2 m/s以内。但有所不同的是，水网对Area2与Area3风速的影响幅度类似，并非完全与水面覆盖率的大小一致，这说明了城市中心区的风环境不仅受当地水体的影响，城市中心区外部水体对其的影响程度也非常可观。

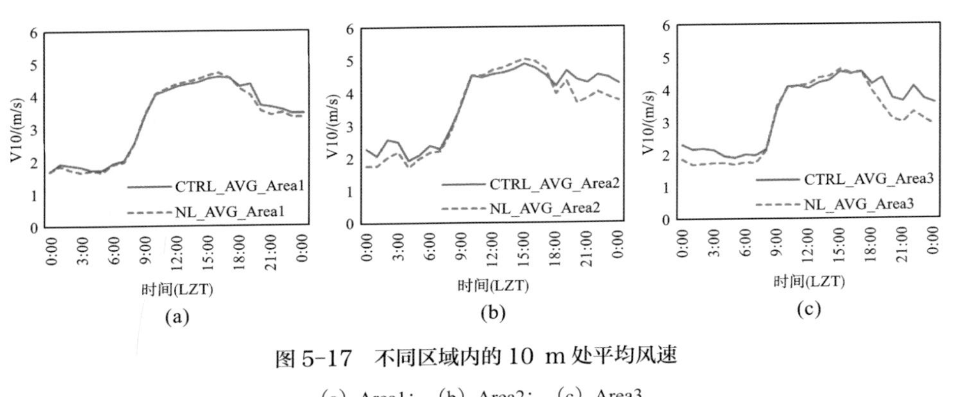

图 5-17 不同区域内的 10 m 处平均风速

（a）Area1；（b）Area2；（c）Area3

2.水网对夏季风向的偏转作用

上文讨论了水网对风速大小的影响，同时也提到了水体对背景风的偏转作用也是非常值得关注的话题，且更多地牵扯到水体对微气候的调节机制以及促进城市通风的原理。因此本书这里计算了CTRL案例与NL案例的矢量风速差值，以风向杆表示。同时，将两个案例的温度差ΔT2以色度表示叠置在了图5-18中，因为在平原地区，风向的偏转通常与温度的变化紧密联系在一起。

由图5-18（a）、（b）可以发现，在主导风向为西南风的背景气象条件下，大多数水体上空呈现出东北的风向分量，这一现象在温度更高的14：00时间段更加明显。这更加印证了上文中提到的是湖风效应形成的逆风导致水体上空背景风减弱的解释。同时还能发现，在水体的下风向受水体降温作用明显的区域中，形成了由降温区吹向两侧的风向分量，根据降温幅度，风速最高可达3 m/s以上，出现在东湖的下风向区域。这表明水体在夏季炎热的白天时段，不仅对其下风向有着明显的降温效果，并且这些有着较低温度区域的风向还会因区域温差而发生偏转，将水体带来的冷空气分流至周边区域，进而扩大水体的降温范围。

而在图5-18（c）、（d）所代表的晚间时段中，可以看出水体最明显的影响即为上文介绍的低粗糙度的表面有利于空气的流动，对背景风的阻碍较低从而增强城市的夜间通风。由于晚间热力作用较弱，因此没有出现如午间时段那么强的风力偏转，仅有少部分区域存在因热力差异导致的小规模空气流动。

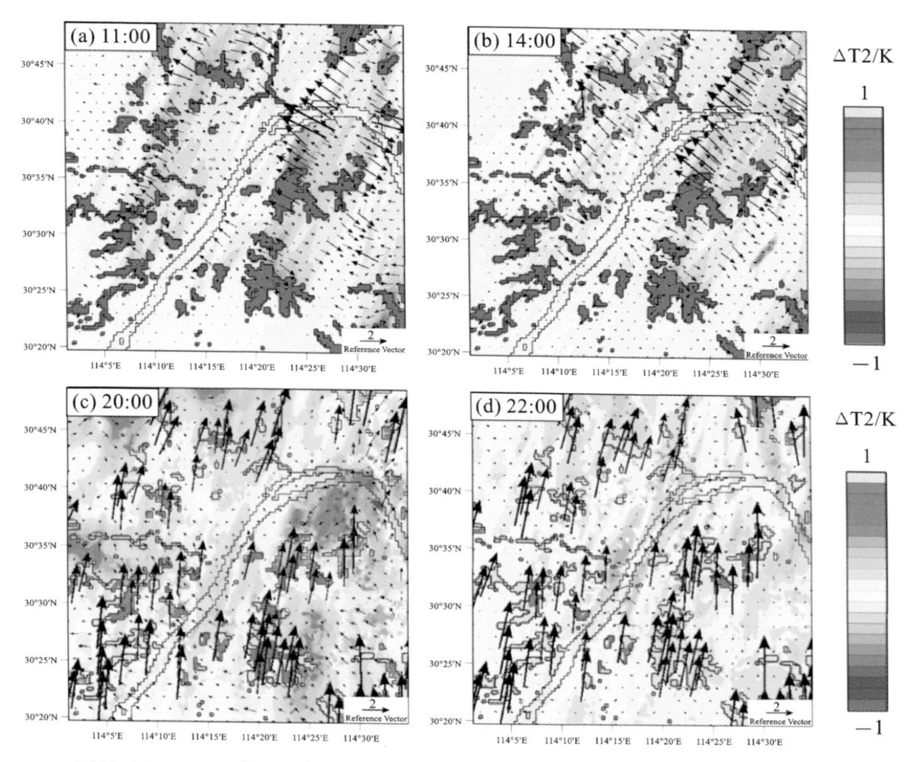

图 5-18　CTRL 与 NL 案例的地表 10 m 处矢量风速差叠加 2 m 处气温差值图像

5.2.4　水网对夏季垂直层气象因子的影响

在5.2.1节至5.2.3节中，主要讨论了武汉市水网对地表气象因素造成的影响，由于人为活动基本发生在城市冠层以下的地表区域，因此这些研究直观地评估了水网对城市微气候的作用与价值。

而在低层大气中，太阳辐射加热地面后引起的对流、湍流交换作用以及地面的红外辐射是影响气温的主要因素，对流层内强烈的对流运动也有利于水汽与气溶胶粒子等大气成分在垂直方向上的输送。前文中已提到，水体造成的湿度与热力差异会导致以湖风环流为代表的局地环流，以及大量的湍流作用，对周边区域造成了显著的影响。因此，将垂直层纳入研究范围，有利于进一步剖析水网对城市微气候的影响机理。

图5-19至图5-21分别显示了城市中心区垂直层气温、相对湿度与水平风速随时间与高度的变化趋势。由于城市中心区为平原地貌，地表起伏很小，因此研究选择了距离地面的绝对高度作为*Y*轴，探究了2 km以下的大气垂直分布情况。

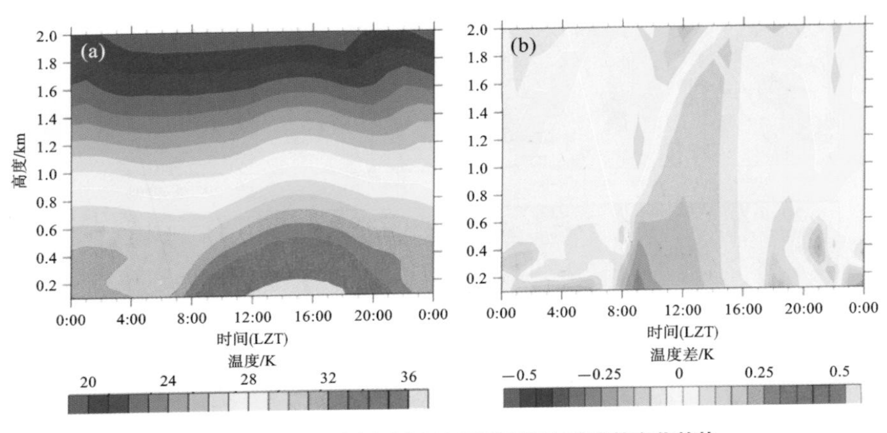

图 5-19　CTRL 案例垂直层气温随时间与高度的变化趋势

（a）CTRL；（b）CTRL-NL 差值

由图5-19（a）可看出，城市中心区的垂直层气温在4：00—6：00的期间最低，且在约600 m以下的垂直分布较均匀，显示出该时段由于城市地表热量在夜间的持续散失，大气垂直运动微弱的特征。而在白天时段，下午15：00—16：00阶段垂直层气温达到最高值，随后逐渐降低，这比图5-10中的地表温度变化趋势要滞后了约1 h，这是因为地表空气直接与地面进行热交换，而高空空气还需要经过与地表空气的对流换热，因此对太阳辐射变化的响应较为迟钝。图5-19（b）为CTRL与NL案例的差值，直观显示了水网对垂直层气象的影响。由图可知，在夜间时段，水网对

200 m以下的气温均有0.2 K左右的升高作用，而更高区域的空气由于水网的存在在白天获取的热量降低，在夜间也呈现出气温的降低。在日间则可以明显观察到，从8：00前后开始，水网对垂直层气温的最大影响高度不断增加，在15：00—16：00达到顶峰，约为2 km。就降温幅度而言，水网对400 m以下的近地表空间内，在升温速度最快的上午阶段的降温效果最明显，在200 m以下最高可达约0.3 K，随后逐渐降低。这也与图5-12中表达的，水网在城市的气温高到一定程度后，对近地表区域的降温能力会逐渐降低的结论相符。

图5-20则显示了相对湿度的垂直分布情况，由图5-20（a）可以看出在晚间气温较低时，近地表由于水网的蒸发导致相对湿度较高。而随着日出后太阳辐射的急剧增加，近地表层相对湿度也发生骤降，而高空区受影响较小，因此湿度分布逆转为下低上高的趋势。结合图5-20（b）可以更好地说明，水网在温度较低的晚间与夜间能更有效地增加近地表层的相对湿度。而在热力作用强大的日间，对高空湿度的增加作用越来越明显，但对近地表层的影响有所减弱。这也进一步说明了为什么在图5-14所示的热平衡模型中，水网的存在反而会降低研究区域日间的潜热通量。

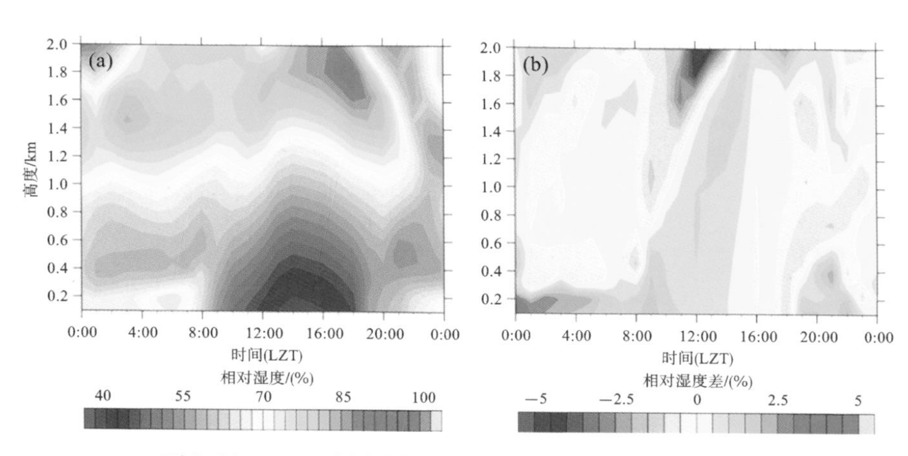

图 5-20　CTRL 案例垂直层相对湿度随时间与高度的变化趋势

（a）CTRL；（b）CTRL-NL 差值

图5-21为水网对不同高度的风速的影响，此处依然采用的是风速在水平方向的分量。其中图5-21（b）为仅体现大小的标量风速差，用于表现风速影响的最终结

果。图5-21（c）则为考虑了方向的矢量风速差，用于表现水网对风产生的影响幅度。由图5-21（a）可以看出，近地表由于粗糙下垫面对风产生的拖曳作用，因此基本在全天内的风速均低于高空，且在下午至晚间高空风速显著增强的时间段内，近地表层的风速增加仍不明显。对比分析图5-21（b）与（c）可发现，在早晚时段，水网对风产生了显著的影响，并且增强了近地表层的风速，而在日间时段，水网对风逐渐增强的影响却导致了整体风速的略微降低。这也与图5-15中的结论相符，且说明了湖风在温度较高的日间，削弱水平风速，并将部分水平风转化为垂直方向，使城市废热向更高空疏散的作用机制不局限于地表，在低层大气中仍然适用。此外，不难发现，水网在日间仍然增强了更高区域内的水平风速，这可能是因为这些由湖风环流在近地表层产生的垂直风，在更高的高度上由于热力作用的不断减弱从而逐渐向水平方向转化，进而增加了这些高空区域的水平风速，这种推测将在后文中进一步讨论。

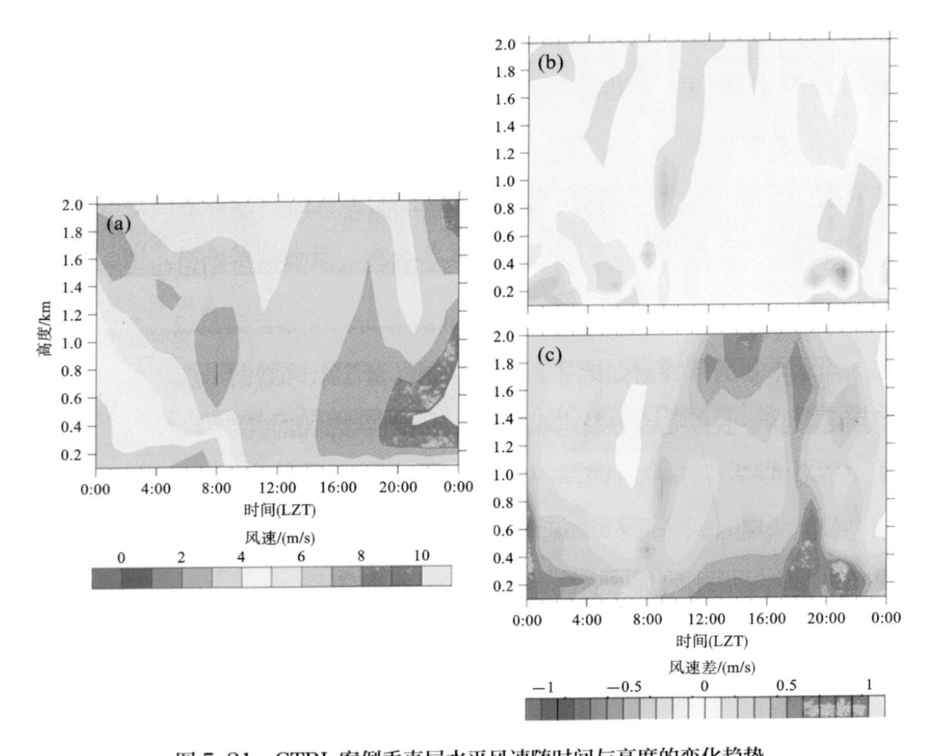

图 5-21　CTRL 案例垂直层水平风速随时间与高度的变化趋势

（a）CTRL；（b）CTRL-NL 标量风速差值；（c）CTRL-NL 矢量风速差值

图5-21中的结果进一步反映了水网影响垂直层气象因子的机理，但没有涉及Z轴，即法向垂直风的直接讨论。最后，为了研究垂直风场的具体情况，绘制了城市中心区的剖面气象场图像，将垂直层的气温与考虑了X、Y、Z 方向的复合矢量风进行了展示。剖面横跨城市中心以及沙湖—东湖—严西湖区域，能够清晰地展示湖陆风的作用情况，剖面的具体位置详见图5-8。

对于夏季，本书这里仍然选择了午间11：00与14：00、晚间20：00与22：00的模拟结果进行展示，如图5-22与图5-23所示。由图5-22（a）、（b）可以看出，在午

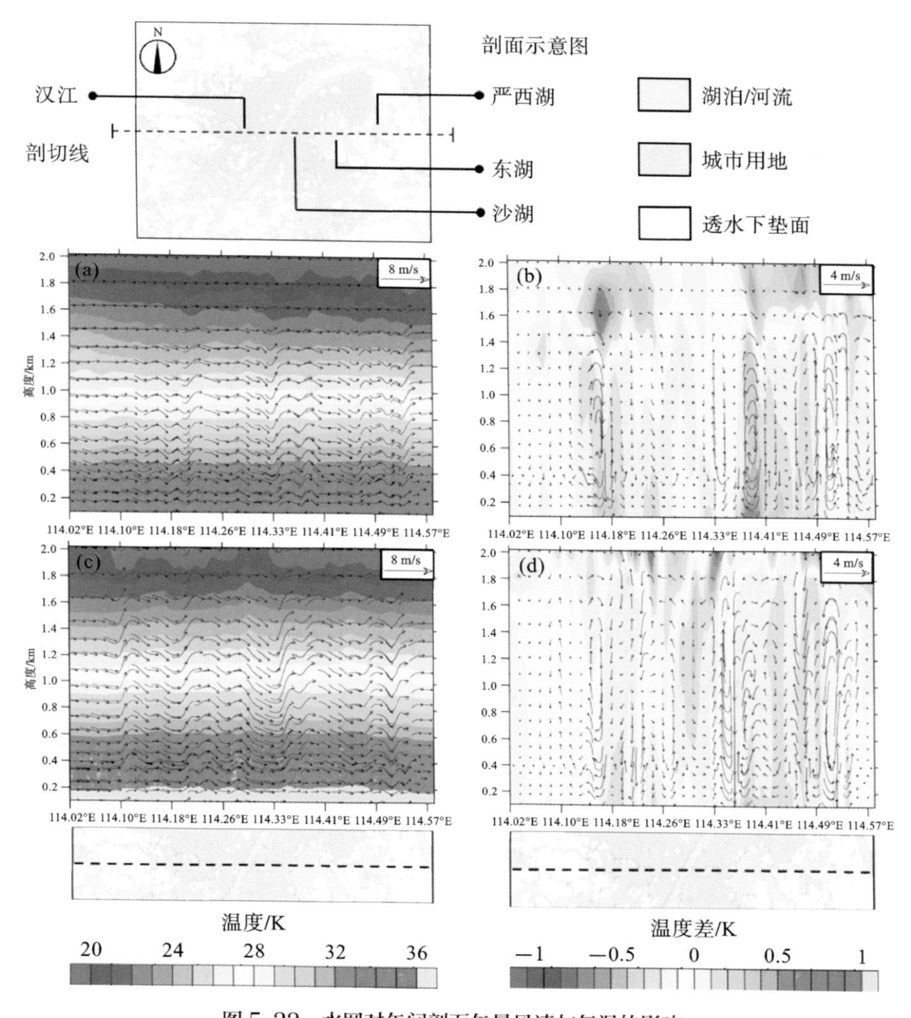

图 5-22　水网对午间剖面矢量风速与气温的影响

（a）11：00 CTRL；（b）11：00 CTRL-NL；（c）14：00 CTRL；（d）14：00 CTRL-NL

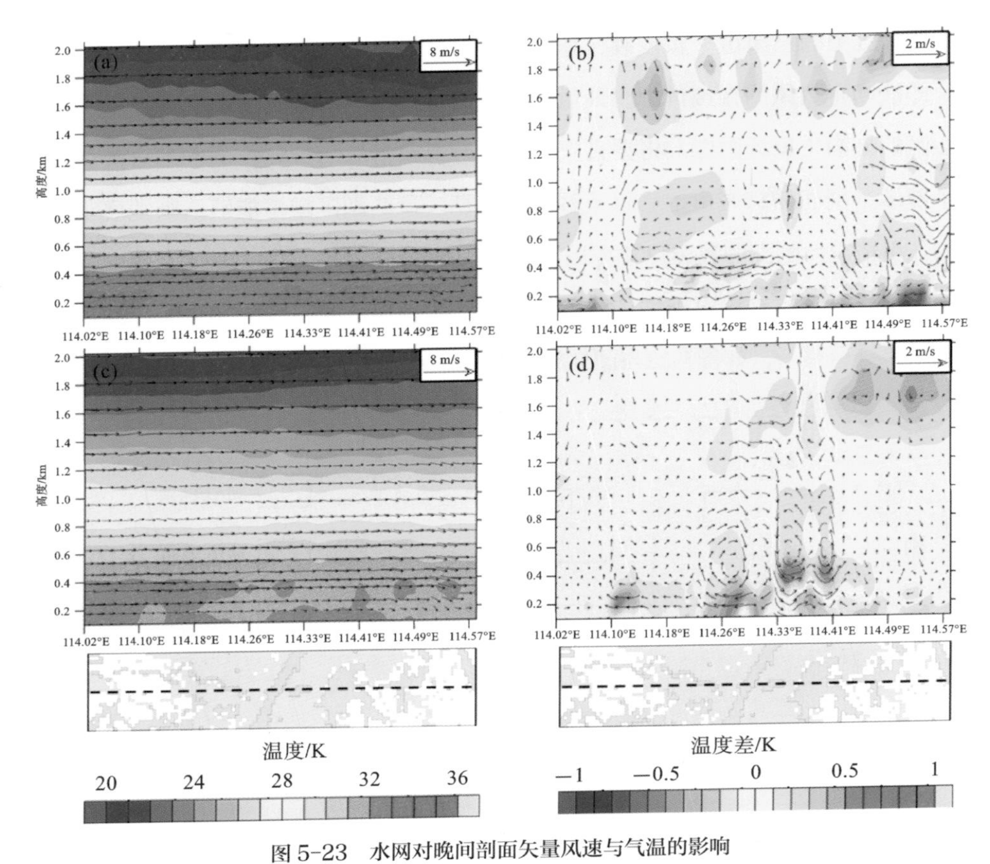

图 5-23　水网对晚间剖面矢量风速与气温的影响

（a）20：00 CTRL；（b）20：00 CTRL-NL；（c）22：00 CTRL；（d）22：00 CTRL-NL

间时段，剖面的气温呈规律的由下至上降低趋势，等温线在中央的隆起也体现了城市中心较强的热岛作用，在14：00城市中心相较近郊区要高出60 m左右。同时可以发现，在城市中心区内，午间时段剖面上的空气垂直运动都比较明显。通过图5-22（b）、（d）中将CTRL与NL案例进行相减，能够更好地观察到由水体引起的垂直空气运动情况。

首先，从图5-22（b）可以观察到，在东部的东湖周边区域形成了明显的降温区与局地环流，强度可达约4 m/s，且在距离城市中心较远、温度更低的东部区域风向向下而靠近城市的西部区域风向向上，这与湖风环流模型基本一致。东湖西侧的沙湖区域也出现了可观察到的局地环流，风向在沙湖上空向下而更加靠近城市中心的西边向上，但由于沙湖的体量较小，形成的热力差异不如东湖明显，因此形成环流的强度也相对较小。同时不难发现，在城市中心区的西部也存在0.3 K左右的降温区与明显的局地环流，而该区域并非处于水体上空。这是因为图中的降温区处于大型水体后官湖以及周边水体群的下风向区域，这些低温区的冷空气在周边区域引起了相当规模的垂直空气运动。这也说明了水体通过产生局地环流进而影响热环境的作用范围并非局限于水体本身，也能够发生在其下风向的很大一片区域内。此外，很容易观察到，在形成环流区域的上空约1.4 km的位置，空气的垂直运动将近地表层的热量输送至高空，使得这些区域的气温明显升高。

而随着城市温度的进一步升高，在热力作用最强的14：00时段内［图5-22（d）］，可以看到东湖周边的环流变得更强，高度明显增加，并且中心向城市区域发生偏移。此外，可以观察到沙湖与东湖的湖风似乎产生了一定程度辐合，共同将两个湖泊中间的城市区域内更多的地表热量压缩至较小范围内，而后运送至高空，从而使得该区域内的地表温度与垂直层温度均有略微的升高，这一现象同时也发生在最东部的严西湖区域。该结果能够很好地说明水网通过湖风环流效应向陆地输送冷空气，并产生垂直方向的空气流动将城市积热向高空输送的重要生态功能。

在晚间时段，太阳辐射消失使得热力作用较弱，由图5-23可以看出城市的空气垂直运动非常微弱，地面几百米内的气温垂直分布也较为平均，不利于城市废热以及空气污染物的疏散。而通过图5-23（c）、（d）不难发现，水网在晚间产生了由城市中心向西部郊区约1 m/s的风向分量，这能够在一定程度上促进城市中心区废热的疏散。此外，在东湖以及城市中心区西部水体群区域，也形成了向上的垂直风向。且在22：00还出现了小规模的局地环流与湍流，在东湖周边区域降低了地面气温，而热空气向上运输使得高空气温有一定程度的升高。水网这些增强大气垂直运动的气候效应有利于缓解炎热夏夜的城市热岛效应与空气污染物消散。

5.3 城市水网过渡季调节作用

5.2节探究了武汉市水网在以高温为特征的夏季对城市微气候的影响，本节将对热力作用较弱、容易产生静稳天气与空气污染物堆积的过渡季（以秋季为例）进行分析。气象资料显示，2017年11月3日夜间与清晨处于均压场控制下，近地面以静风为主。而在日出后，北向的背景风逐渐增强至较高水平，形成了良好的通风环境。因此本节将在不同的时间段，分别讨论：①武汉市水网的存在对早间静稳天气的影响；②水网在午时与晚间对外来强风疏散效果的影响。

首先需要强调的是，与夏季研究对象主要在于高温不同，秋季案例的关注点在于城市静稳天气，在热环境上主要表现为水网对逆温层的形成所产生的影响。

在对流层中，大气温度通常随高度增加而降低，而温度随高度而增加的气层被称作大气逆温层。逆温层会对上下层空气的对流产生明显的削弱抑制作用，尤其是出现在低空的逆温层。低空的逆温层如同一个“遮罩”覆盖于城市上空，使得悬浮于大气中的工业与交通排放气体[如氮、硫氧化物（NO_x、SO_x）]、以$PM_{2.5}$为代表的大气颗粒物、烟尘等有害物质难以向上扩散，使得城市空气质量严重下降，出现大面积雾霾等污染事件。而秋季的气候特点非常容易形成辐射逆温，北半球的秋季太阳辐射较弱使得城市下垫面在白天积累的热量较少，日落后地面长波辐射使得地表气温迅速降低，并且武汉市秋季经常出现无风天气，使得上层空气的热量难以通过湍流作用向下层传递，进而导致逆温现象的出现。因此，探究水网对逆温现象的缓解效果能够间接地说明水网在削减大气污染物、提升城市空气质量中的积极作用。

5.3.1 过渡季地表气象场模拟结果总览

图5-24展示了CTRL案例与NL案例在当地时间4：00、11：00、14：00与22：00的地表气温与风速分布情况。首先可以看出，研究区域内秋季气温的空间分布趋势与夏季总体上比较类似，如水体与城市相对温度在早晚的变化。由图5-24（a）、（b）中4：00的模拟结果可以看出该时间段的背景风场很弱，虽然在东部与西部存在约2 m/s的风力，但它们均在城市边缘处发生偏转，因此几乎整个城市中心区及近郊区均处于静风条件下，空气污染物在城市内部聚集严重。

由图5-24（c）、（d）可知，在午间随着背景风力增强，城市中大部分区域已经有了4 m/s以上的风速，大面积的静风区消失。并且风力在午后有持续增加的趋势，在温度最高的14：00，强劲的北风明显改变了城市热岛的分布情况。同时不难发现，在温度显著低于夏季的秋季，午间水体对风速与风向依然有着比较明显的影响。

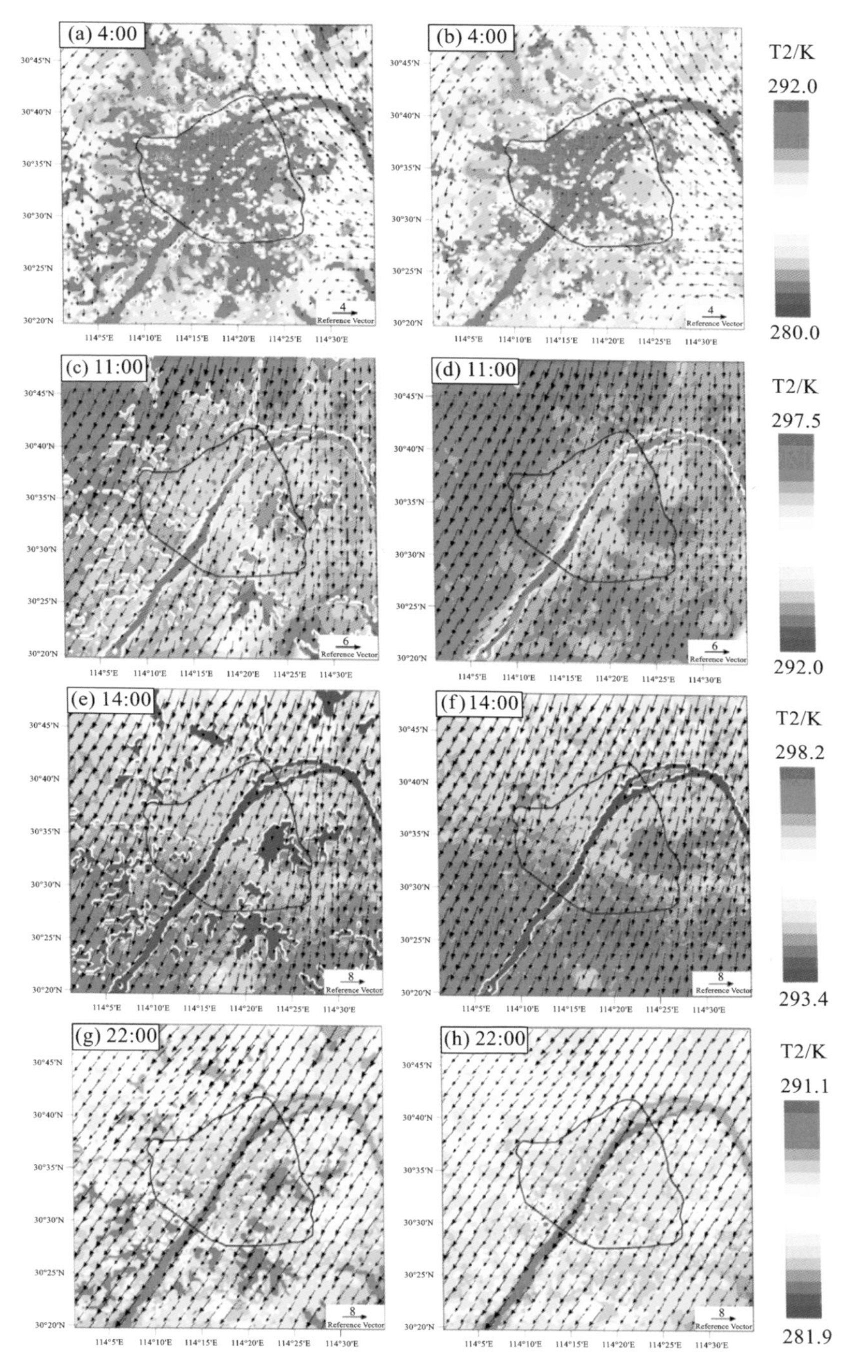

图 5-24　地表 2 m 气温叠加风场图

（a）（c）（e）（g）为 CTRL 案例；（b）（d）（f）（h）为 NL 案例，风速单位为 m/s

而通过图5-24（g）、（h）不难发现，由于城市从秋季太阳辐射中获取的能量远低于夏季，并有强劲的北风贯穿全城，因此在研究时间段内，晚间的城市热岛非常微弱。

5.3.2 水网对过渡季地面热环境的影响

1.水网对秋季地面气温的影响

图5-25统计了城市中心区的平均气温情况，从图中可以明显看出，由于秋季日间太阳辐射弱、日照时间短，因此相比夏季的气温变化情况，有着午后降温时间提前、降温速度快得多的特点。从15：00开始，城市中心区的温度便开始急剧下降，直到夜间降速才略有降低。如前文所述，这种地表温度急速降低的现象即为出现秋季逆温层的罪魁祸首之一。对比CTRL案例与NL案例的平均温度变化趋势能够发现，在全天中气温最高的13：00—14：00时段中，水网仍起到了高达0.6 K的降温作用，这也使得午后至晚间时段的降温速率减小了约9%，并且水网在夜间时段升高了地面气温，在温度最低的5：00左右增幅最大，约为0.6 K，这些影响能够在一定程度上缓解逆温现象。

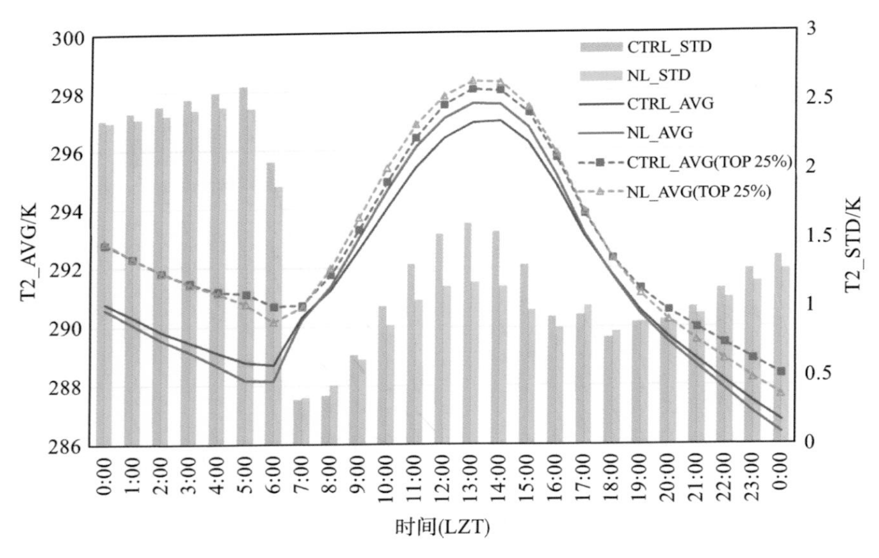

图5-25 CTRL与NL案例的T2对比分析

根据气温标准差曲线可以发现，11月3日在日出前的标准差非常高，在2 K以上，远超当天内的其他时段。这是因为在静稳天气下，区域间的热量无法通过自然风进行交换，夜间的湍流作用也非常弱，因此不同区域间的温度差异特别明显。此外，同夏季一样，水网在秋季的日间也显著增加了城市中心区的气温标准差。

CTRL与NL案例的气温差值分布图显示，在气温最低的早间时段［图5-26（a）、（b）］，水网的存在对城市中心区及近郊区的地面气温均有不同程度的升高作用，在东部的东湖至汤逊湖区域最为明显，升温幅度可达1 K左右。在气温最低的5：00，升温区域则更加靠近城市中心，基本遍布整个主城区的长江以东区域。由图5-26（d）可知，水网升高了晚间22：00时段的地面气温，与夏季不同的是，水网在秋季呈现出了纯粹的升温作用，而夏季由于显著减少了城市在白天的热量聚积，在晚间呈现出降温与升温并存的状态。而由图5-26（c）可发现，水体在热力作用较弱的秋季，对全城尤其是水体的下风向区域也起到了明显的降温效果，降温幅度甚至要高于在夏季的同一时段，在多个区域出现了1 K以上的降幅。这也进一步验证了前文的

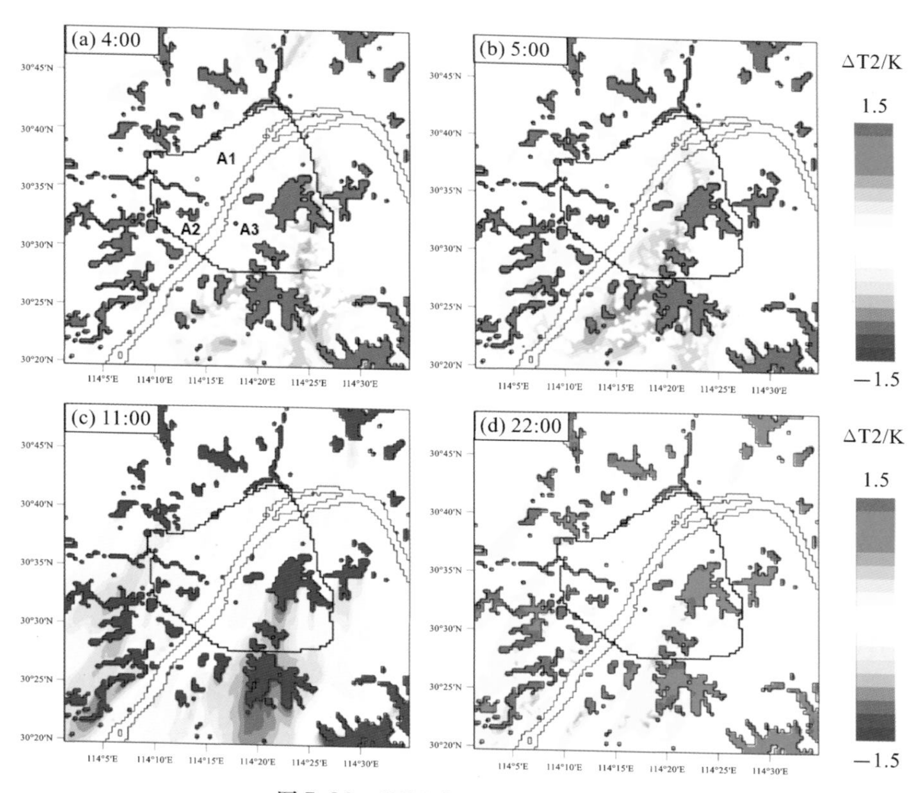

图 5-26　CTRL 与 NL 案例的 T2 差值

推测，即水网在日间的降温效果在一定范围内随着环境温度的升高而有所降低。

通过图5-27对Area1～Area3三个区域的气温变化趋势统计，可以更加定量地对比城市中心区内的不同区域在秋季受水网影响的程度。由该图可知，水网对各区域气温的影响幅度与各区域的水体资源情况呈正相关，这一点与夏季基本相同。对于气温增速指标，由图5-25可知气温在14：00后开始下降，水网对3个区域的降温速率均有不同程度的减小，水体资源最丰富的Area3区域的降温速率受影响最明显，Area2其次，而Area1则仅有不到0.1 K/h。这说明在秋季，当地水体对平均气温与气温变化的影响占重要地位，因此湖泊资源丰富的武汉市东部区域理论上更难出现逆温现象，西北的汉口区域则刚好相反。

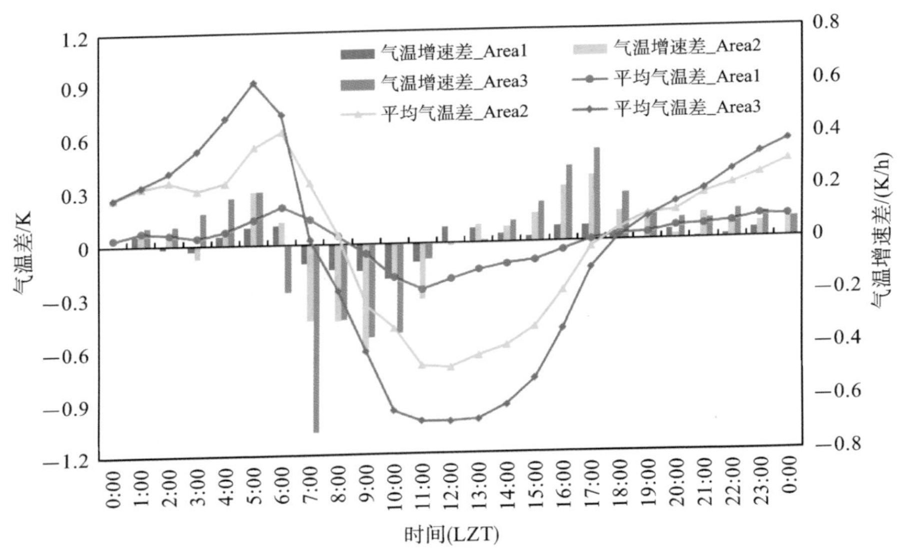

图5-27　CTRL与NL案例在Area1、Area2、Area3区域气温差值与气温增速差值

2.水网对秋季地表热量收支平衡的影响

在图5-28中首先可以发现，不管是否存在水网，0：00—5：00时间段内的潜热通量几乎都为0，这主要是该时段的静稳天气所导致的。由于在秋季夜间温度较低，热力导致的水分蒸发量微乎其微，水分蒸发主要依赖于风力，然而该时段的静稳天气使得水体的蒸发活动全面受阻，而在温度同样较低但拥有高风速的晚间时段，水网则带来了约30 W/m^{2}的潜热通量增加。因此，由图5-28（c）得知，在日出前的静

稳天气时段内，水网对潜热与显热通量的影响极其微小，但对地表热通量的影响较为显著，产生了20～30 W/m²的热通量输出，对逆温现象的削弱或有帮助，并且在风速大的晚间时段更加明显。此外，对于潜热通量，在5：00—6：00，即日出前的一小段时间内，风速逐渐增加导致蒸发能力增强，使得水网带来了约10 W/m²的潜热通量提升。在日出后气温升高时，提升作用逐渐消失并转为降低作用，这也是水网的存在使得背景相对湿度较大，并且降低了气温增长速度，湿空气一直处于趋近饱和的状态从而导致了蒸发速率的降低。

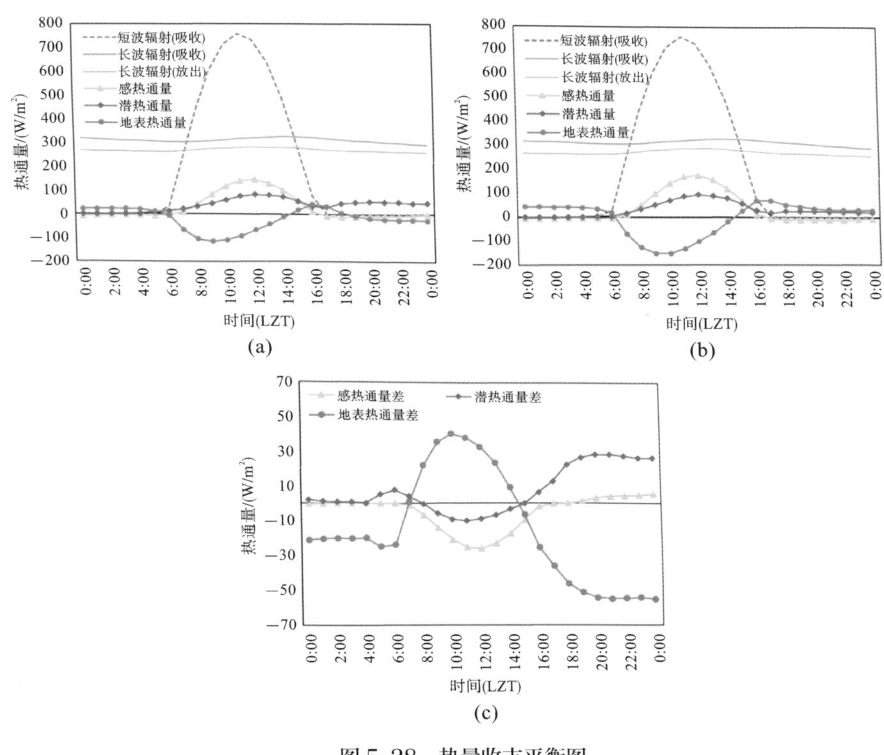

图 5-28　热量收支平衡图

（a）CTRL；（b）NL；（c）CTRL-NL 差值

5.3.3　水网对过渡季地面风环境的影响

1.水网对秋季风速的影响

图5-29统计了城市中心区的平均风速变化趋势，图5-30则直观地展现了早间静

风现象最严重的3：00、风环境开始好转的5：00，以及风力较强的午间11：00与晚间22：00时段中，水网对风速大小的影响（此处仍为标量风速之差）。

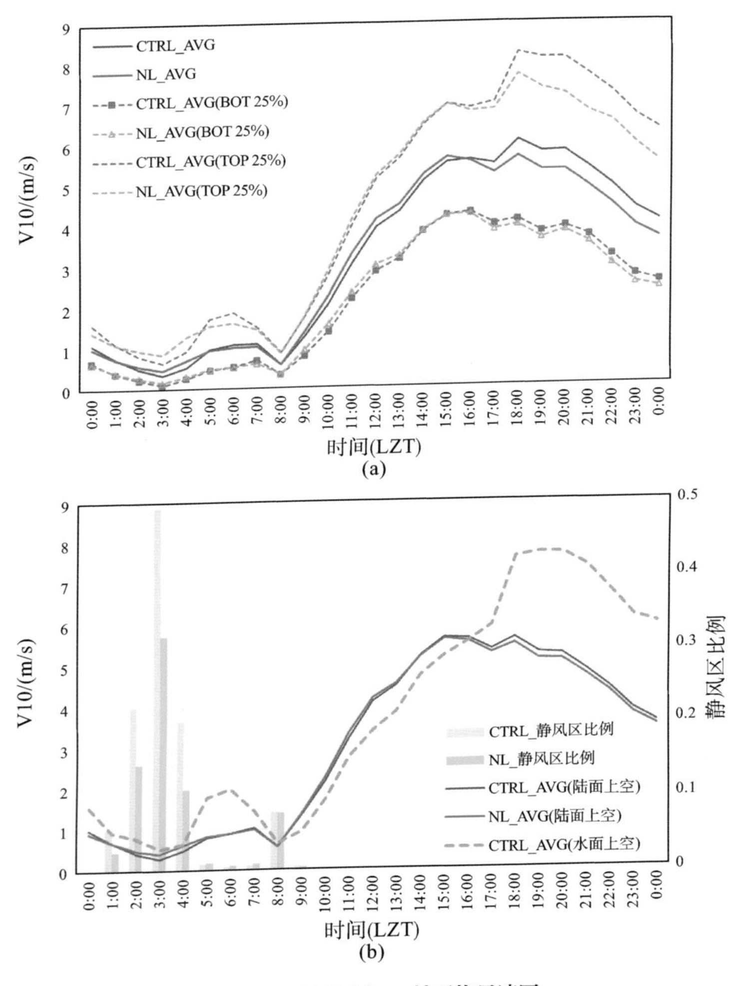

图 5-29　地面 10 m 处平均风速图

（a）城市中心区平均值；（b）城市中心区水体与陆面上空平均值

由图5-29（a）可看出，与气象资料显示相同，武汉市平均风速在0：00—3：00期间持续降低，在3：00达到低谷，仅0.34 m/s，静风现象非常严重。风环境在4：00后开始有所好转，并在日出后的7：00—8：00由于热力作用的陡增而突然下降，而后持续快速增长。通过对比CTRL与NL曲线不难发现，在风力最弱的3：00左右，水网的存在进一步降低了城市中心区内的水平风速，平均值降低了约0.1 m/s，上四分位平均值降低了约0.2 m/s。通过静风区比例还能发现，由于水网的存在，3：00的静风区（风力等级表中划分为无风，即风速<0.2 m/s，模拟数值按四舍五入处理）占比高达0.5，比不存在水体的NL案例高出了约0.12。而在5：00风环境发生好转之后，水网对风速的影响转变为提升作用，对上四分位平均值提升了约0.2 m/s。

通过图5-30（a）、（b）可以直观地看到在3：00，水网对城市中心区东部，尤其是东南区域的风速降低作用最明显，降幅可达约0.5 m/s。在5：00时段降低区域转移至南部区域，并且由于背景风力的提升，水网显示出了对风速的增加效果，在水体的上空最为明显。这主要是由于在环境温度较低的静风时段，水网形成的温度差异导致了区域热力流动，削弱了水平背景风，这一点在后文中会予以证实。而当背景风速略有提高时，便可以使水网发挥出低粗糙度表面的优势，促进城市通风。

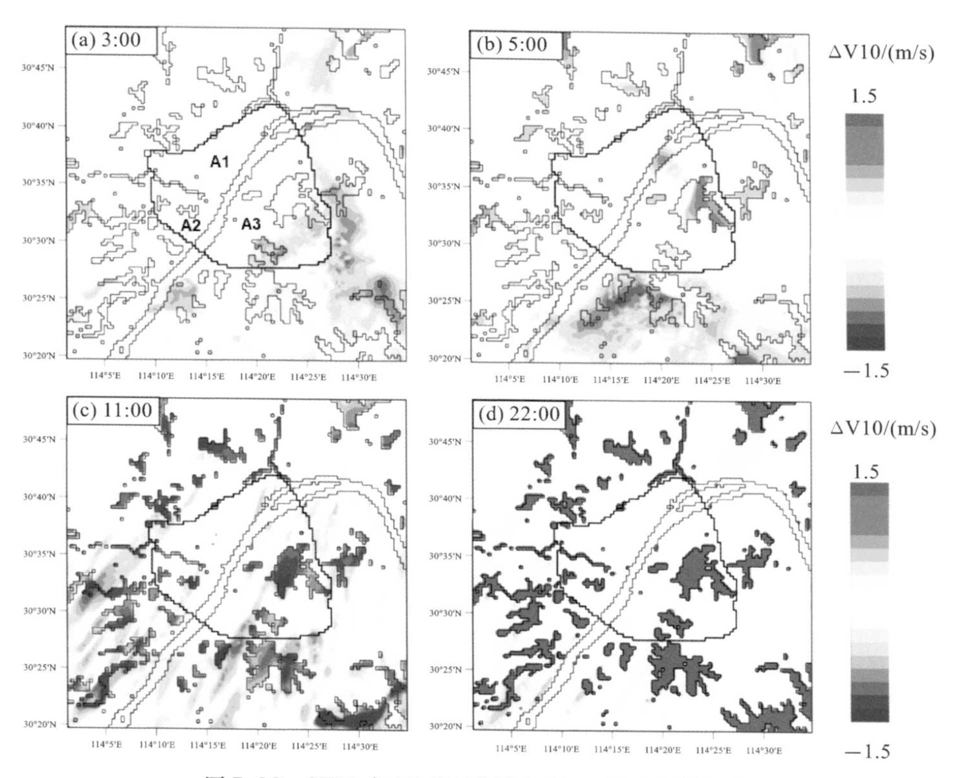

图5-30　CTRL与NL案例的地表10 m处风速差值图像

其次，在图5-29（a）中，还能观察到在白天的升温阶段，也是背景风速快速增长的阶段，水网略微降低了城市中心区的平均风速，降幅为0.1～0.2 m/s。在午后城市温度开始下降时，水网对风速的提升作用开始凸显，在日落后的晚间时段达到最强，对平均风速有高达0.5 m/s、上四分位平均风速0.9 m/s的提升，对城市中风速最弱的区域也有着0.2 m/s的增加作用。通过图5-30（c）、（d）能够更好地解释这一结果，在午间的11：00，由湖陆温差导致的湖风效应使得水体及周边区域的水平风速降低，在水面上空最明显，达到1.5 m/s左右，这与夏季的情况相似。在晚间22：00，图5-30（d）中可看到在水面上空，风速有远超1.5 m/s的提升，并且在城市大部分区域，尤其是水体下风向区域的风速均有明显的提升。

2.水网对秋季风向的偏转作用

图5-31展示了上述四个时间段内的CTRL与NL案例矢量风速之差，用于表现水网对风向的偏转作用。由图5-31（a）、（b）可以发现水网对西部的风力影响甚

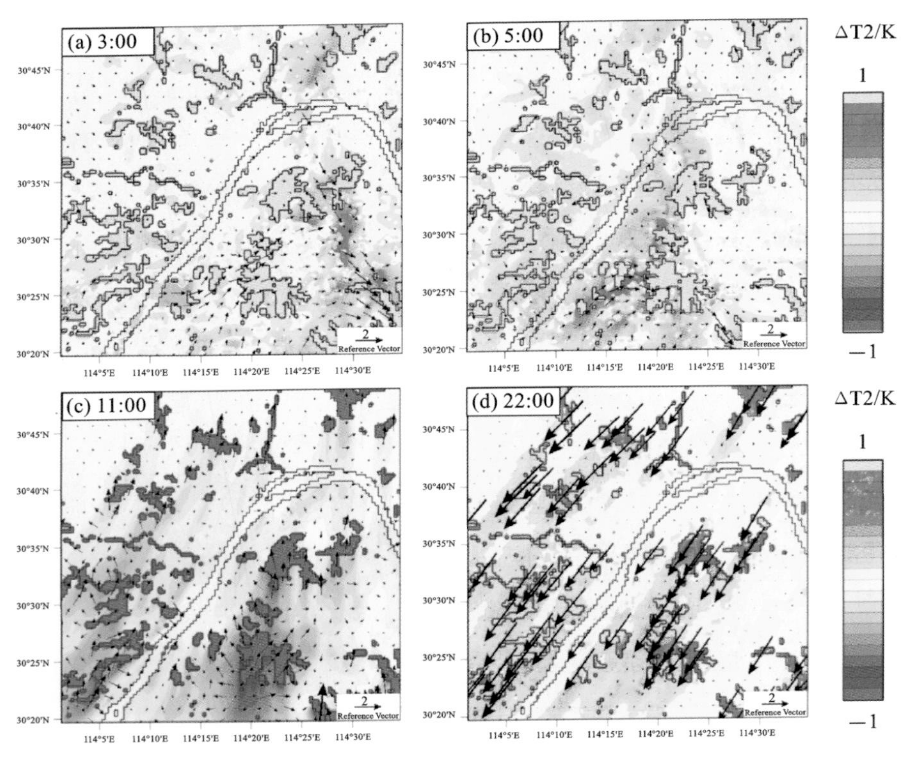

图5-31　CTRL与NL案例的地表10 m处矢量风速差叠加2 m处气温差值图像

微，而在东部出现了较强的风力偏转，并且这种偏转呈现出明显的湖陆风效应，即气流由温度较低的陆面上空流向温度较高的水体上空，在南湖、汤逊湖、严西湖以及东南角的梁子湖区域最为明显。产生的陆风分量基本为西南与西北方向，与该区域东向的背景风方向相反，因此导致了该区域的整体风速降低。在背景风有所增强的5：00时段，风向偏转的趋势有所减弱，仅在汤逊湖西南区域存在较明显的作用。

通过图5-31（c）可看出，在秋季的午间仍然出现了较强的湖风效应，风向与北向的背景风相反，并且在水体下风向的降温区域也产生了指向两侧温度较高区域的风，与夏季的情况相似。这也是在日间背景风逐渐增强的时段，CTRL案例的平均风速值一直略低于NL案例的原因所在。

而由晚间22：00的图5-31（d）可得知，水网对秋季晚间的风速增强效应基本是水体下垫面的低粗糙度导致的，能够很好地促进城市在一天内堆积的空气污染物的疏散。并且秋季晚间的局地热力差异比夏季小得多，因此在水体以外的区域基本看不到小规模的环流与湍流迹象。

3.水网对秋季静风区比例的影响

前文中由图5-29（b）得知，水网对日出前风速最差时段的城市静风区情况影响显著，因此本书这里分别针对3：00与5：00两个时段，按照中国气象局发布的《风力等级》国家标准将城市中心区的风速情况进行了划分。其中，小于0.2 m/s被判定为无风，因为WRF对风速的模拟结果中存在小数，故研究采取了四舍五入的方法，将小于0.25 m/s的区域划定为静风区；国家标准中，将0.5～1.5 m/s划分为风速一级，1.5～3.3 m/s划分为风速二级。由图5-29可知，该时段平均风速小于0.5 m/s，上四分位平均值也小于1 m/s，因此插入0.5 m/s以更精确地表示各区域的风速强弱关系，结果如图5-32所示。此外，研究还分别统计了Area1～Area3区域的风速平均值与静风区比例，展示于图5-33中。

根据图5-32（a）、（b）可以发现，在风环境最差的3：00时段，位于西部的Area1与Area2区域静风现象最为严重，比例约为0.8与0.6，东部的Area3区域则情况较好。然而对比CTRL与NL案例可知，水网的存在对东部Area3区域的静风区增加最明显，尤其是整个东南角区域基本均被转化为静风区。Area2其次，而Area1的静风区比例基本未受到水网的影响。这是一个非常有趣的现象，本地水体最丰富的Area3

区域静风区比例最小，然而水网却对其产生了最明显的静风区增加作用。由此产生了一些疑问：水网位于城市中心区外的部分是否也对城市中心区的风力起到了至关重要的作用？水网不同部分的具体作用强度又是怎样的？这些问题将在下一章中作为敏感性实验对象进行详细讨论。

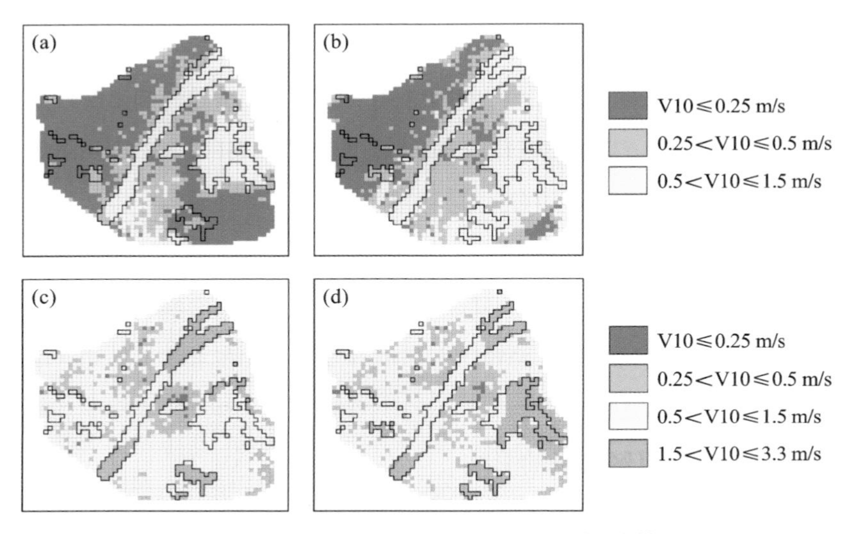

图 5-32　风力等级划分下的城市中心区风速分布情况

（a）3：00 CTRL；（b）3：00 NL；（c）5：00 CTRL；（d）5：00 NL

而在图5-32（c）、（d）中，在风环境有所好转的5：00时段，静风区数量得到了极大的削减，并且局地出现了风力相对较强的情况（二级，1.5～3.3 m/s）。该时间段内，风力较弱的区域集中在汉口与武昌的城市中心区域，这些区域建设强度大、建筑密度较高而不利于城市通风。并且不难发现，水网在此阶段造成了强风区的增加，集中在Area3的东湖与Area2的墨水湖区域，说明至少在平均背景风速增强到1 m/s时，水网对城市风环境的影响已经转亏为盈，在平均风速的增加与弱风区的减少上均起到了积极作用，对空气污染物的疏散大有裨益。

最后由图5-33可知，对于平均风速而言，水网对水体最丰富的Area3区域的影响最强，在晚间可达0.7 m/s，而Area1受到的影响最小。这与前文对气温的研究结果一致，说明本地水体对当地风速的影响非常明显，这也从侧面说明了这些区域更有利于空气污染物的疏散，相比城市其他区域有着较好的空气质量。

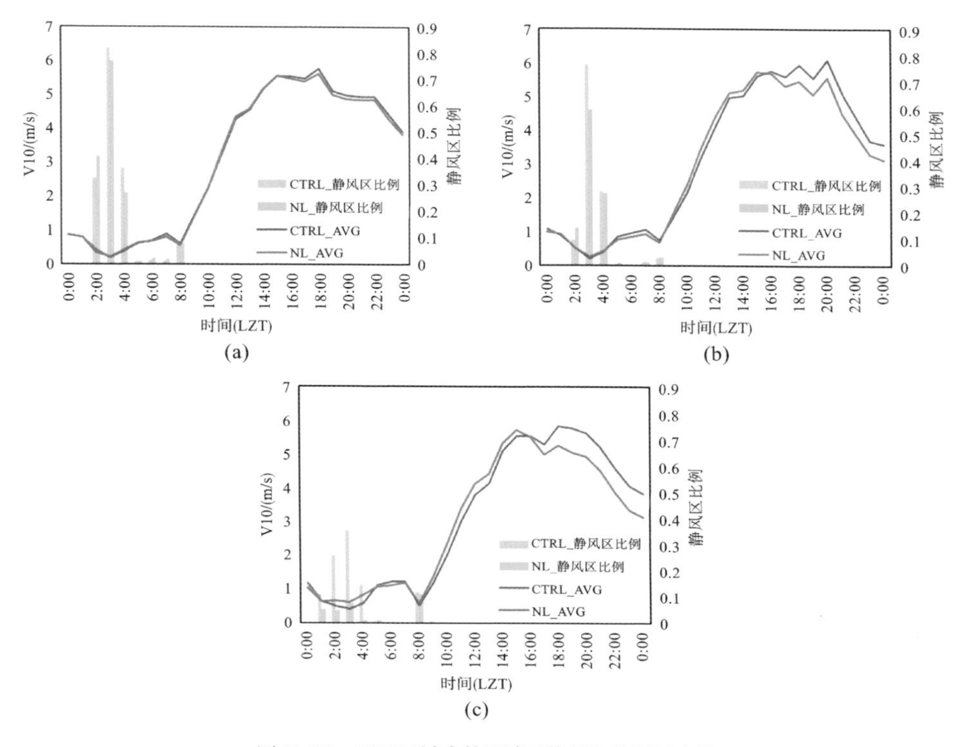

图 5-33　不同区域内的风速平均值与静风区占比

（a）Area1；（b）Area2；（c）Area3

5.3.4　水网对过渡季垂直层气象因子的影响

在5.3.2节中，研究发现在午后至夜间时段，武汉市的水网能够有效地降低由于地表长波辐射导致的地面气温急剧降低，可能会减弱城市上空的逆温情况。在5.3.3节中，也发现在早间时段，由于极低的背景风速导致了城市糟糕的水平风场，空气的垂直运动则成为促进城市通风并缓解污染物聚积的关键。因此，本书这里分析了水网对秋季的垂直层气象情况产生的影响，以评估武汉市水网在秋季静风条件下对城市通风的贡献。

图5-34展示了城市中心区上空的平均气温随时间与高度变化的趋势，由图5-34（a）可知，武汉市在11月3日凌晨时段开始出现低空逆温现象，在距离地面约200 m的区域内。并且随着地表温度进一步降低，低空逆温现象在4：00时段开始凸显，

逆温幅度在1 K以上，在地面气温最低的6：00甚至高达2 K，逆温现象主要发生在400 m以下区域。在日出后的7：00—8：00时段，逆温现象逐渐消失。结合图5-34（b）不难发现，从2：00起，水网开始对近地表层的气温起到升高作用，并且随时间逐渐增强。在逆温作用最强的4：00—6：00时期，水网的存在升高了近地表层至多0.25 K的大气温度，升温幅度在200 m内随高度递减，这可以说明水网在该时段内明显地削弱了低层大气的逆温现象。如果水网消失，武汉市的逆温层高度将进一步降低、厚度进一步增强，使得城市内部的空气污染物被压缩在更低的垂直空间内，造成更加严重的污染。

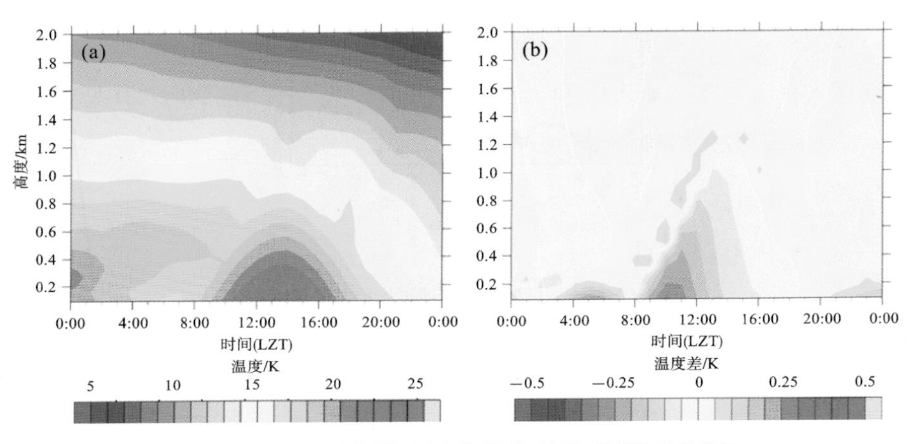

图5-34　CTRL案例的垂直层气温随时间与高度的变化趋势

（a）CTRL；（b）CTRL-NL差值

而在日间，水网对垂直气温的降低作用仍然明显，但与夏季对比而言主要有如下3点差异。①影响高度随时间的增长趋势较为平缓，峰值也较低。在夏季的11：00左右，水网的最大降温高度就激增至1.2 km，而在秋季则平缓地增长至14：00才到达该高度，同时夏季最大影响高度在2 km左右，相较秋季高得多。②水网在秋季的降温作用更为持久，水网对近地表层大气约0.4 K的最大降幅出现在9：00—11：00，维持了2 h以上，而夏季仅存在于9：00前后约1 h的时间内。这再次说明了在一定区间，水网对大气的降温作用会随着热环境的恶化而逐渐降低。③水网在秋季的降温作用一直持续到18：00后，而夏季在17：00后就已经消失。

秋季晚间的19：00—20：00，是水网热作用最弱的时间段，对近地表层气温的影响在0.05 K以下，而在21：00以后开始表现出明显的升温效应。

图5-35展示了城市中心区上空的相对湿度随时间与高度变化的趋势，由图5-35（a）可看出湿度分布在10：00前呈下高上低的趋势，而在11：00后则由于地面空气温度的快速升高而逆转为下低上高的趋势。日出前更大的湿度通常会有助于较小的颗粒物碰撞凝结或吸湿胀大形成较大的颗粒物，促进前体物向$PM_{2.5}$的二次转化，进而加剧空气污染。而图5-35（b）显示水网在一天内的大部分时段增加了空气的相对湿度，却唯独在静稳天气严重的3：00—6：00时段减弱了近地表层约2%的相对湿度。结合图5-28中的潜热通量变化与图5-34的近地表层气温情况可以解释这一现象，图5-28中已说明，由于该时段的温度较低且风力极弱，水网的存在几乎不会带来额外的水分蒸发，而图5-34则表明该时段水网提高了近地表层的气温，绝对湿度基本不变而气温升高导致了相对湿度的降低，这说明了水网的存在并没有使得该时段的空气污染由于相对湿度增加而恶化，反而有小幅度的缓解效果。而在日出后，水网对相对湿度产生的降低作用的高度不断增加，与图5-34产生升温的高度基本保持一致。

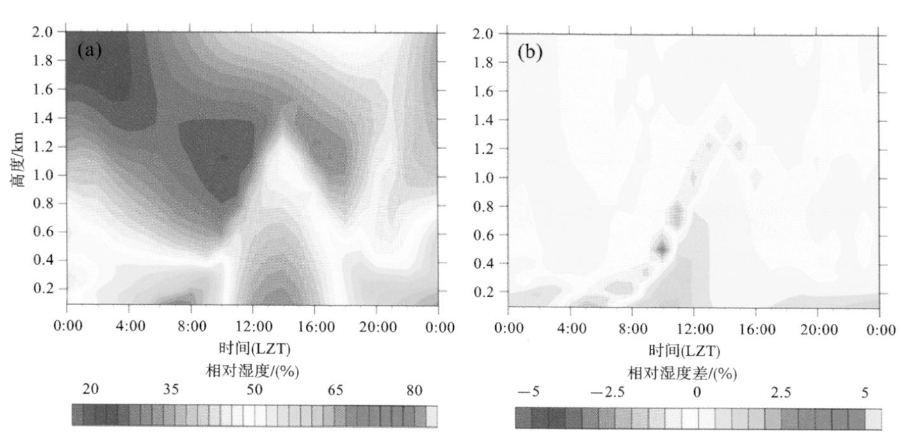

图 5-35　CTRL 案例的垂直层相对湿度随时间与高度的变化趋势

（a）CTRL；（b）CTRL-NL 差值

图5-36则展示了城市中心区上空水平风速随时间与高度变化的趋势，由图5-36（a）可看出在凌晨至早间均压场控制下的静稳天气时段，风速呈由上至下逐渐递减的趋势，而随着午后风力的不断增强，低层风速逐渐增至较高水平，但近地表层的水平风速仍然比地面200～800 m的区域低，可能是由城市的热力作用与城市冠层对风的拖曳作用共同导致的。图5-36（b）、（c）反映了水网对水平风速的影响情况。由图5-36（c）可以看出，在0：00—7：00以及午间时段，水网对城市中心区的水平风速均产生了0.5 m/s左右的影响，而这种影响在图5-36（b）中显示为整体风速的降低。这分别是由夜间陆风与日间湖风导致的，在前文对地面风场的讨论中已作出解释。通过这两幅图可以看出，秋季夜间形成的陆风环流对风场产生明显影响，高度约200 m，而日间的湖风环流则高达600余米。此外，与气温和相对湿度类似，在日间升温过程中也存在着高度随时间增加的水平风力增强区域，这可能是水网对这些区域的气温升高作用引起的小尺度湍流所导致的。而在16：00以后，环境气温已明显下降

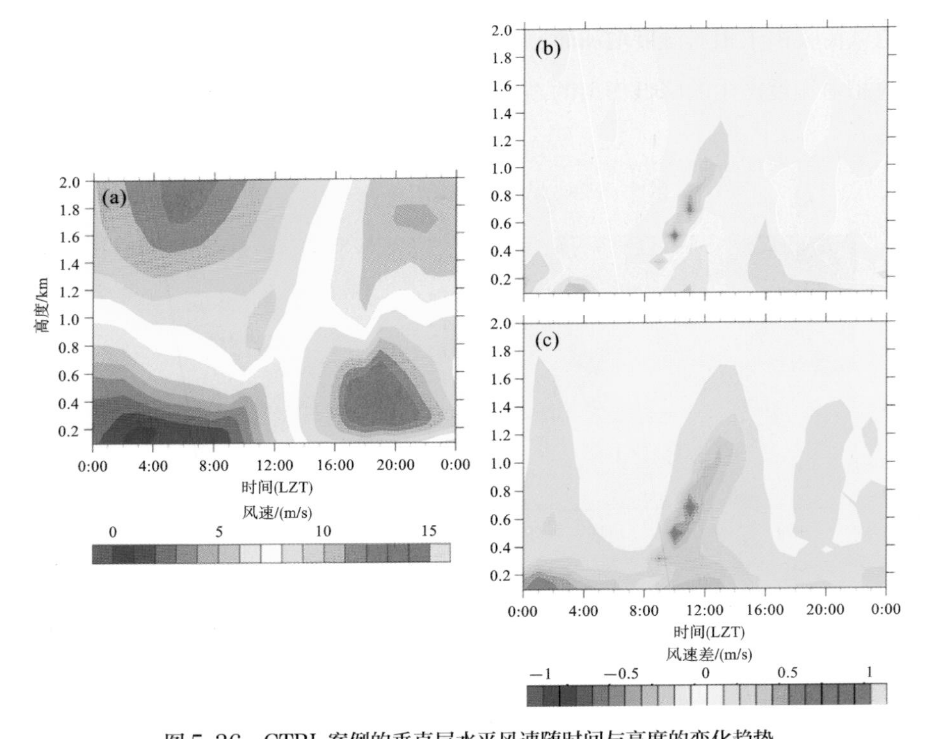

图 5-36　CTRL 案例的垂直层水平风速随时间与高度的变化趋势

（a）CTRL；（b）CTRL-NL 标量风速差值；（c）CTRL-NL 矢量风速差值

的时间段内，水网的存在不但增加了地表风速，也同时提升了近地表层的风速，但产生显著影响的高度随时间逐渐降低，在晚间对近地表层风速的影响几乎消失。

最后，通过绘制城市中心区的剖面气象场，我们研究了水网在秋季对垂直风场的具体影响情况，以探明其是否能够通过增强空气垂直运动，以缓解静风条件下的空气污染情况。同时，对背景风速较强的午间与晚间的情况也一并进行了研究。

图5-37展示了静风时段3：00—5：00的情况，由图5-37（a）、（c）、（e）首先可以观察到，在该时段内出现了明显的逆温现象，且由于剖面东部横跨沙湖、东湖以及严西湖水体而西部横跨城市，因此西部区域的近地表层气温整体较高且逆温现象更加严重。在3：00，西部区域的200～300 m高度处首先出现了幅度约1 K的逆温。而随时间推移东部在4：00也在200～300 m高度处出现了逆温现象，西部的逆温层高度进一步压低，但东湖上空情况略好。随气温进一步降低，在5：00时整个剖面均出现逆温层，在西部与最东端区域低至200 m以下。

通过观察图5-37（b）、（d）、（f）可以进一步发现，在3：00时段，剖面东部的沙湖、东湖、严西湖区域的近地表300 m以下的气温均有明显升高，而更高处300～800 m的气温则有0.3 K左右的降低，这再次体现了水网的存在对逆温现象的削弱作用。随着时间推移至4：00，还能观察到西部区域也开始受到水网的影响，提升郊区近地表处0.3～0.4 K的气温。而当时间来到背景气温最低的5：00时段，不难发现东西部的升温区域最终连为一体，覆盖了几乎整个城市中心区剖面，这体现了水体对城市中心区逆温现象的整体削弱。

从风速的角度上，由图5-37（b）、（d）、（f）可以得知，在地表风速最低的3：00时段，水网带来了近地表层约0.3 m/s的垂直风速，主要出现在东湖、严西湖区域上空，以及西部位于多个水体之间的陆面区域。同时可以观察到，在这些区域更高的地方（400～800 m处），水网的存在还导致了多个湍流现象的发生，这可能会使得由低层空气的垂直运动向上输送的空气污染物更好地在高空进行扩散与稀释。而将3：00—5：00的结果进行对比后能发现，随着背景风的逐渐增强与气温的降低，水网带来的近地表层空气垂直运动呈逐渐减弱的趋势，在5：00已经基本观察不到200 m以下的垂直风向。总而言之，水网有效增强了静风天气下近地表层的空气垂直运动，有利于空气污染物的疏散。

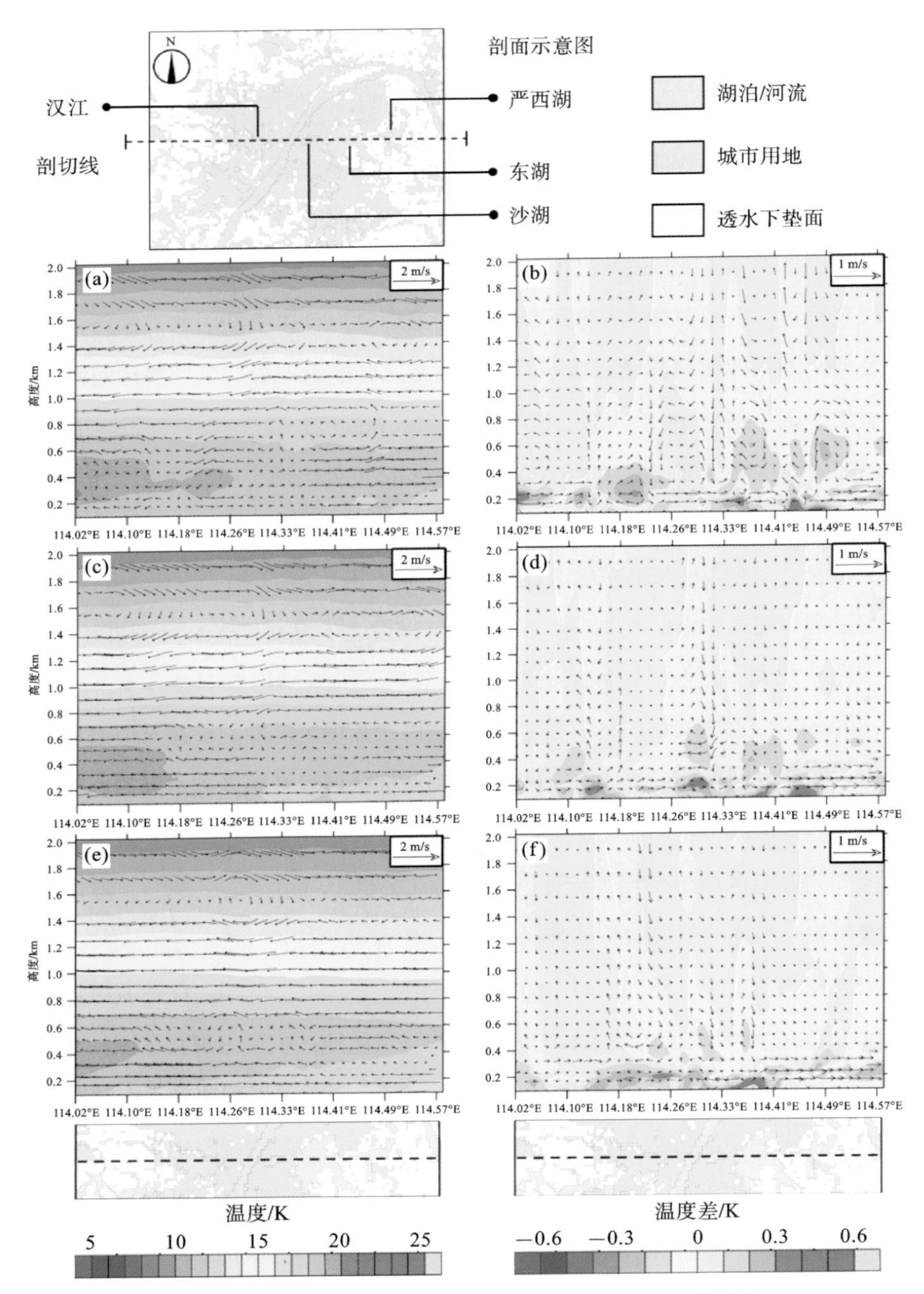

图 5-37 水网对日出前静稳天气下的剖面矢量风速与气温的影响

(a) 3：00 CTRL；(b) 3：00 CTRL-NL；(c) 4：00 CTRL；
(d) 4：00 CTRL-NL；(e) 5：00 CTRL；(f) 5：00 CTRL-NL

通过图5-38（a）、（b）可以发现，在午间11：00时段同夏季的结果相似，水网降低了整个剖面700 m以下的气温，并且在东部的东湖、严西湖以及西部建成区边缘的上空产生了0.3～0.5 K的强降温区以及明显的局地环流。由于秋季的太阳辐射弱，因此该时段内的环流顶端高度远低于夏季，仅为600 m左右。值得注意的是，在夏季与秋季的午间时段，西部建成区边缘地带虽然并不直接处于水体上空，但处于水体群中间，东、南、北三个方向都邻近水体，因此水网为该区域带来了相当强的温降与环流。这再次说明了水网产生局地环流的影响范围并不仅仅局限于水体及其周边，对其下风向区域的影响也非常显著。最后，通过图5-38（c）、（d）展示的晚间结果，不难发现在背景风速特别强的时间段，空气的垂直运动明显受到了抑制，导致其比处于静风条件下的早间时段更弱，同时水网的热作用也被明显地削弱了。

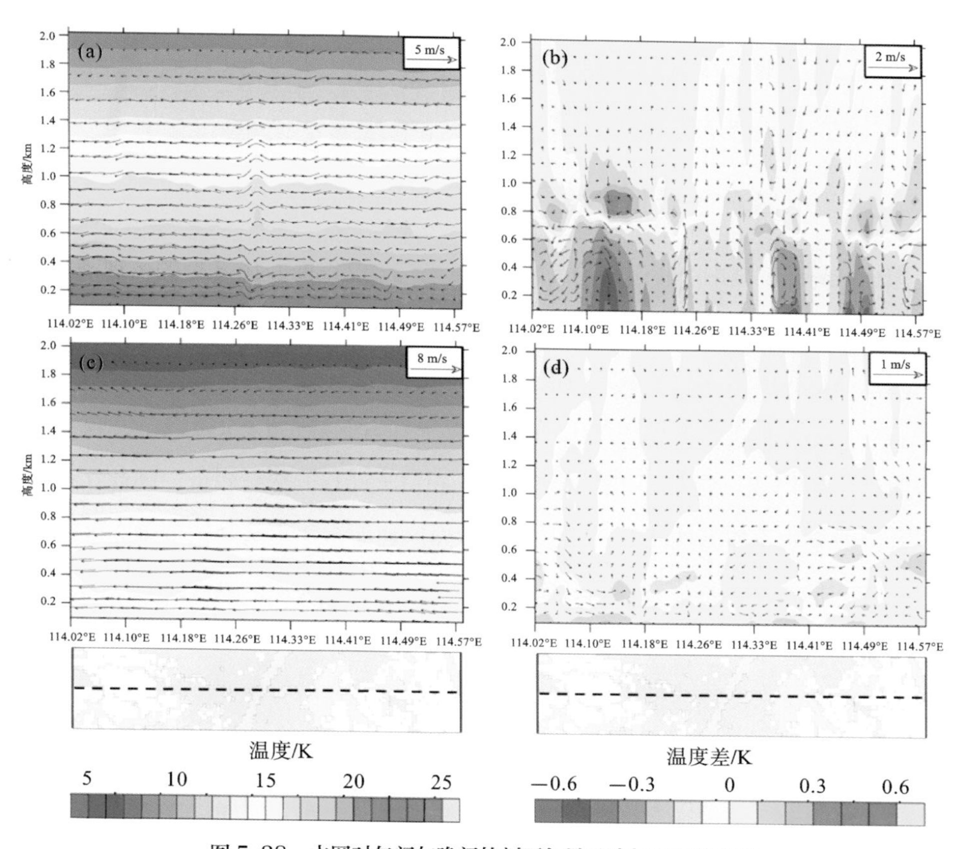

图 5-38　水网对午间与晚间的剖面矢量风速与气温的影响

（a）11：00 CTRL；（b）11：00 CTRL-NL；（c）22：00 CTRL；（d）22：00 CTRL-NL

5.4　城市水网冬季调节作用

由于冬季太阳辐射弱，地面的热量获取相较其他季节而言明显减少，因此水体热容量高、热辐射率低的属性也无法充分体现。然而，水体作为表面粗糙度极低且无污染排放的下垫面类型，对城市内的空气污染物借助背景风力进行疏散能有多大的促进作用？在寒冷天气下，水体是否还能够促进空气的垂直运动从而缓解污染物在城市冠层内的积聚？这些问题依然值得讨论。同时，在冬季较低的背景气温下，北风带来的冷空气与偶尔出现的南风所带来的温暖气流会导致气温的骤升与骤降，而城市气候在短时间内发生大幅度变化通常会导致流感等疾病的发生。水网能否通过其热惰性缓解气温的剧烈波动，对城市气候起到一定的稳定效果，也是本节的关注点之一。

因此，本节将针对以上三个问题，对水网在冬季带来的城市热环境与风环境的影响展开相对简洁而直观的分析讨论。

5.4.1　水网对冬季地表气象场的影响

图5-39统计了城市中心区的地面2 m处的平均气温与地面10 m处的风速，图5-40与图5-41则展示了气温与矢量风速的分布情况。

通过图5-39可知，在冬季的凌晨至日出时段，水网对城市中心区的升温幅度相较夏季与秋季小得多，峰值仅为0.3 K。而夏季基本保持在0.5 K及以上，秋季略低但峰值也达到0.5 K。这说明了冬季水体由于在白天储存的热量较低，因此在夜间带来的升温效果也不如其他两季明显。对于地面风速而言，水网为城市中心区带来了0.2 m/s左右的平均风速提升。结合图5-40（a）、（b）可知，该时段主导风向为东风，水网对气温与风速的提升作用基本局限于水体上空，而对陆地区域的影响微乎其微。这说明了在寒冷的冬季，水网对城市夜间的热作用非常弱，整体保温作用以及对地表辐射逆温的缓解作用明显不及秋季。水网在该时段对城市气候环境的主要贡献在于为城内的空气污染物提供光滑平整的疏散通道，水面上空的风速的增加达到2 m/s以上。

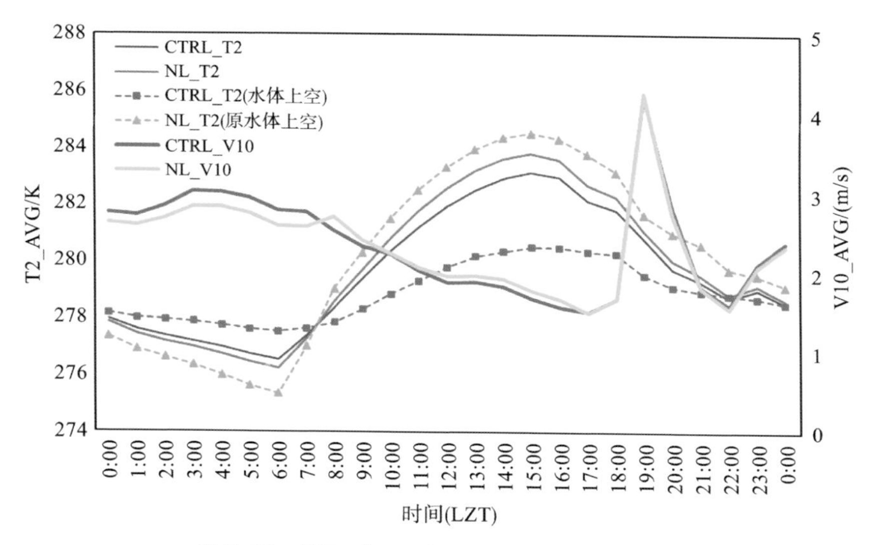

图 5-39　CTRL 与 NL 案例的 T2 与 V10 对比分析

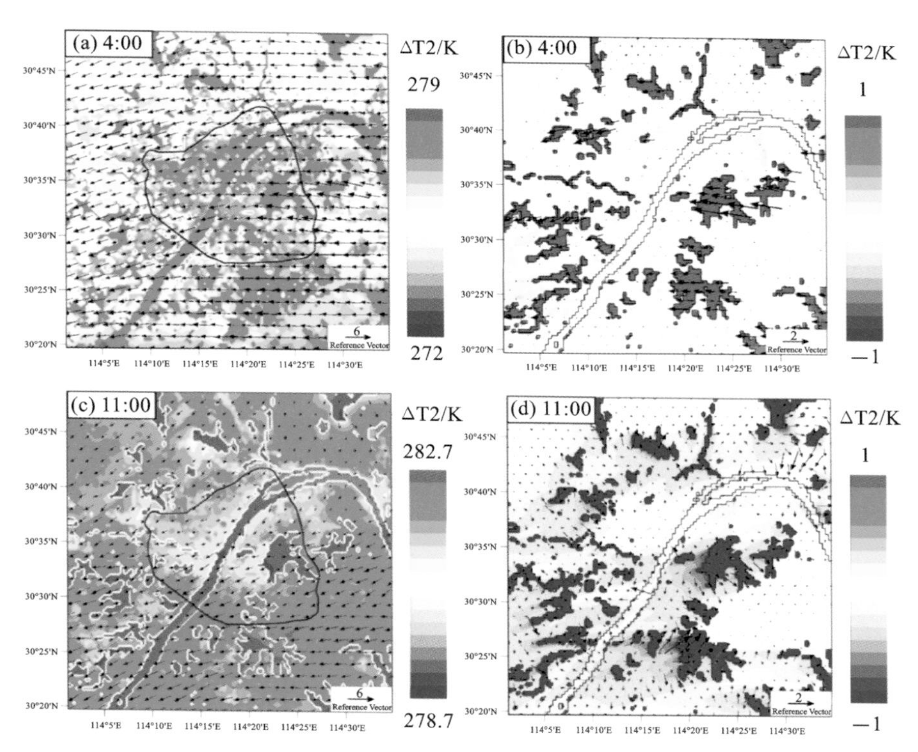

图 5-40　凌晨与午间地面 2 m 气温 T2 叠加 10 m 矢量风速 V10

（a）、（c）为 CTRL 案例；（b）、（d）为 CTRL-NL 差值

而在冬季的午间时段，水网对城市中心区平均气温仍然有着最高可达0.7 K的降幅，该数值高于夏季的0.5 K与秋季的0.6 K。水面上空的平均气温降低了4 K，也高于夏季的3 K降幅。结合图5-40（c）、（d）可得知，该时段主导风向为东北风，水体对其下风向区域降温效果明显，降幅普遍可达0.5 K，降温区域覆盖了整个城市中心区南部。这表明在热力作用最弱的冬季，水网在存在太阳辐射的白天反而会带来最明显的降温效果。

因此，滨水区域的冬季防寒措施尤为关键，在规划中应控制大型水体西南侧建筑群的布局形式，避免过于开敞的布局导致冷空气的过多输入。而在建筑设计中，应当注意控制建筑相应立面的窗墙比，并强化保温结构以降低冬季采暖的能源消耗。

由图5-39可知，研究区域的风速在下午18：00左右突然增加，结合图5-41（a）可知该时段除了东北方向的背景风外，还出现了一股来自东南方向的气流，两股气流在城市中心区南部发生交汇。由图5-41（c）、（e）可以进一步发现，这股东南方向的气流带来了较温暖的空气，并且随着时间的推移，东南风逐渐占据了主导地位。在23：00主导风向的偏转已经完成，风速与气温分布趋于稳定。不难发现，东南风带来的热空气在城市中心区域滞留的时间最长，而在水体等空旷处已经散去。这说明了城市中心建筑密集，使得外来气团困于其中久久不能消散，当污染气团输入时这一情况所造成的影响会更加恶劣。因此水体作为表面粗糙度极低且无污染排放的下垫面，对城市内的空气污染物借助背景风力进行疏散的作用显得至为关键。

通过图5-39还能发现，由于外来暖空气的输入，水体由日间降温到晚间升温的转换被明显延后了，在整个晚间时段水网仍然对城市起着降温作用。由图5-41（f）也可看出，直到23：00水体上空的气温仍然明显低于陆面区域0.5～1 K，而通常应在日落后1～2 h内就已经完成转换。这说明在冬季，水体的热惰性使得其面对外来气流所造成的温度突然变化时，受到的影响不如陆面区域剧烈，同时也能够缓解周边区域的情况，作用时间可长达6 h以上。同理，在来自北方的冷空气大规模输入时，水网也能对城市起到一定的保温效果，使得城市温度不至于发生骤降，这充分体现了水网对城市气候的稳定作用。

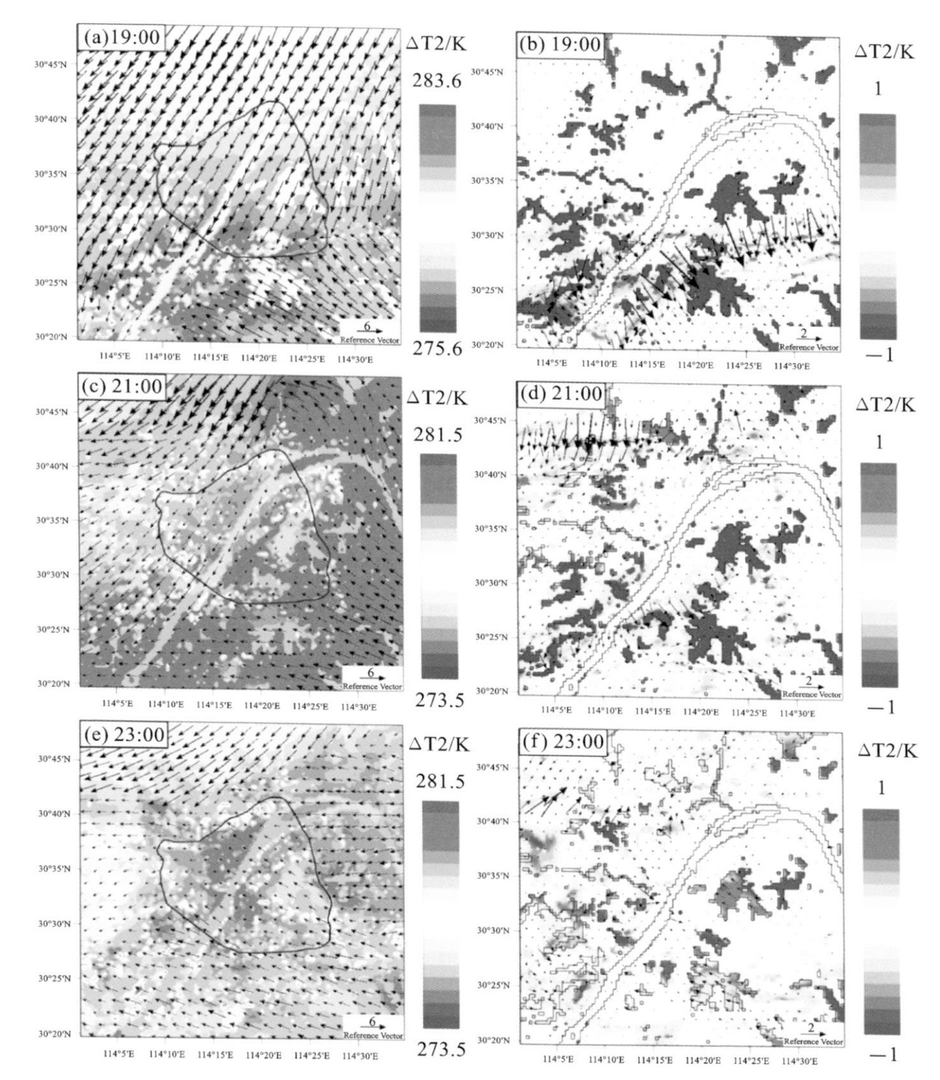

图 5-41　晚间 19：00、21：00、23：00 地面 2 m 气温 T2 叠加 10 m 矢量风速 V10

（a）、（c）、（e）为 CTRL 案例；（b）、（d）、（f）为 CTRL-NL 差值

此外，图5-41（b）表明在两股风力发生交汇的初期，在城市中心区东南方两股气流交汇处，水网对东南向气流产生了明显的对抗作用。这种相反的风向分量会加剧水平风力向湍流的转化，从而在一定程度上削弱风能，推迟外来气团抵达城市中心的时间。同时，由于外来暖空气输入，晚间水体导风作用一直没有显现，直到23：00风环境趋于稳定，温度分布也趋于平均，水体才开始发挥导风

作用。这进一步体现了水网作为城市气候的“缓冲器”，应当得到保护与妥善利用。

5.4.2 水网对冬季垂直层气象因子的影响

在5.4.1节中，研究发现了水网在冬季的夜间对城市没有起到明显的保温效果，而在日间的降温效果却特别明显，随后希望进一步探究水网对该时段垂直气象因子分布的影响。我们推测水网阻碍了外来气流的输入，并将其部分转化为湍流的形式消散，这一点也需要在垂直气象的模拟结果中得到验证。因此，本小节分析了水网对距地面2 km以内高空气象场的影响，主要包括城市中心区上空的平均气温、相对湿度，以及剖面的气温与风场分布情况。

图5-42与图5-43分别展示了城市中心区上空的平均气温、平均相对湿度随时间与高度变化的趋势。由图5-42可知，冬季气温保持在较低水平且昼夜温差较小，因此在凌晨时段并未像过渡季一样出现明显的地表逆温现象。同时，冬季水网对凌晨时段的近地表层气温提升作用也非常微小，在0.1 K以下，远不及夏季与秋季。同时，由图5-43可知，在冬季的凌晨时段由于气温极低，因此近地表层的相对湿度高达80%，较低的饱和湿空气含水量也使得水网的存在几乎没有带来夜间的相对湿度增加。

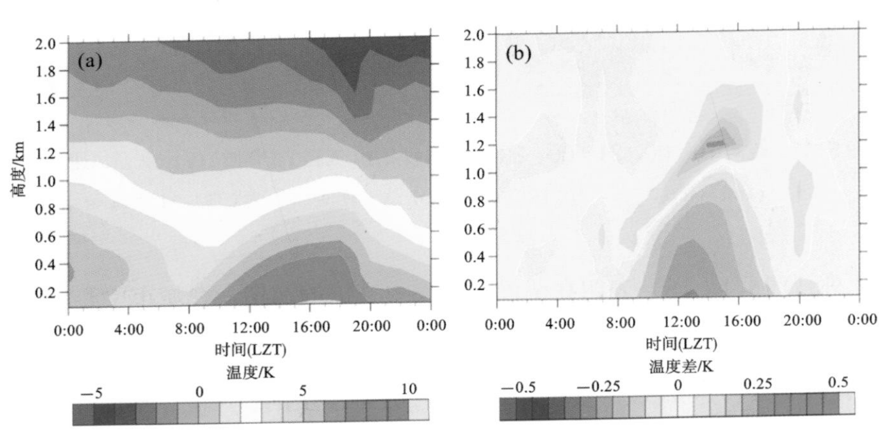

图 5-42 CTRL 案例的垂直层气温随时间与高度的变化趋势

（a）CTRL；（b）CTRL-NL 差值

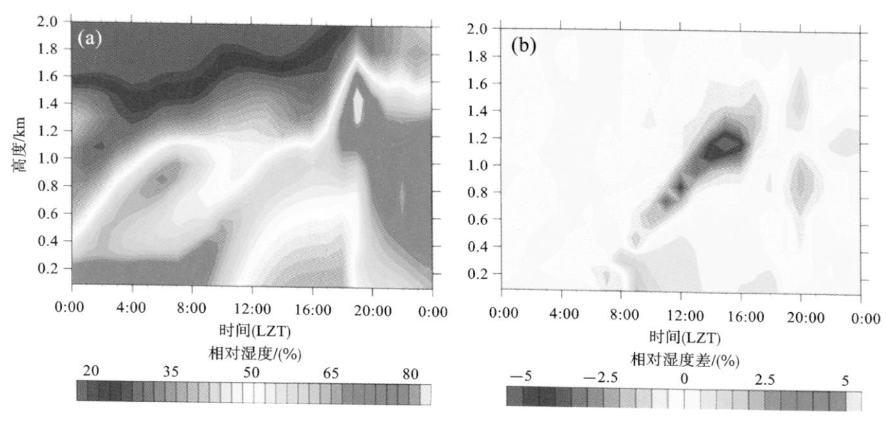

图 5-43　CTRL 案例的垂直层相对湿度随时间与高度的变化趋势

（a）CTRL；（b）CTRL-NL 差值

而在日间时段，水网对近地表层仍然有着最高0.3 K的降温作用，温降幅度不输夏季与秋季，但产生降温作用的最大高度较小，仅有1 km。同时，由于较低的气温带来较少的水分蒸发，水网对相对湿度的增加作用也十分受限，仅增加了1%～1.5%。总体而言，水网对冬季低层大气的温度与湿度作用情况并不明显，最突出的影响即为日间对气温的降低效果。这再次强调了在寒冷的冬季，对水网的适应策略应为重点关注滨水地带居住区的防寒工作与节能措施。

最后，通过分析城市中心区的剖面气象场情况，我们研究了水网在冬季对垂直风场的具体影响。在时间上，选取凌晨4：00以探究水网对空气的垂直运动情况的影响，晚间19：00以探究水网对湍流形成情况的影响。结果如图5-44所示。

首先，由图5-44（a）、（b）可知，水网几乎完全没有带来任何的空气垂直运动，并且即使在沙湖、东湖与严西湖的水面上空也没有带来明显的升温效果，升温幅度小于0.1 K。该现象说明在寒冷的冬季夜间，空气污染物的疏散仅能够依靠背景风力带来的水平运输能力。因此，在对水网的冬季适应策略上，更应该避免在主导风向与城市水体的连线上规划密集建筑群，留出空旷的通风廊道将水网的导风作用最大化发挥，以提升城市冬季的空气质量。

其次，由图5-44（c）、（d）可知，在19：00东南气流与东北的背景风交汇之初，水网的存在为近地表层带来了大量的垂直运动与湍流，在400 m以上的区域最为明显。这印证了前文中水网帮助阻碍了外来气流的输入，并使其部分转化为湍流而消散的推测。该现象在外来气团携带大气颗粒物等空气污染物时，还能同时阻止污染物向城内快速扩散，一定程度上提升城市空气质量。同时水网在暖气流输入的背景下，对近地表层的气温总体起到了降低作用。这些现象均说明了水网作为城市气候的“稳定器”，不仅影响着地面的热环境与风环境，对城市近地表层的气象条件也起着相同的作用。

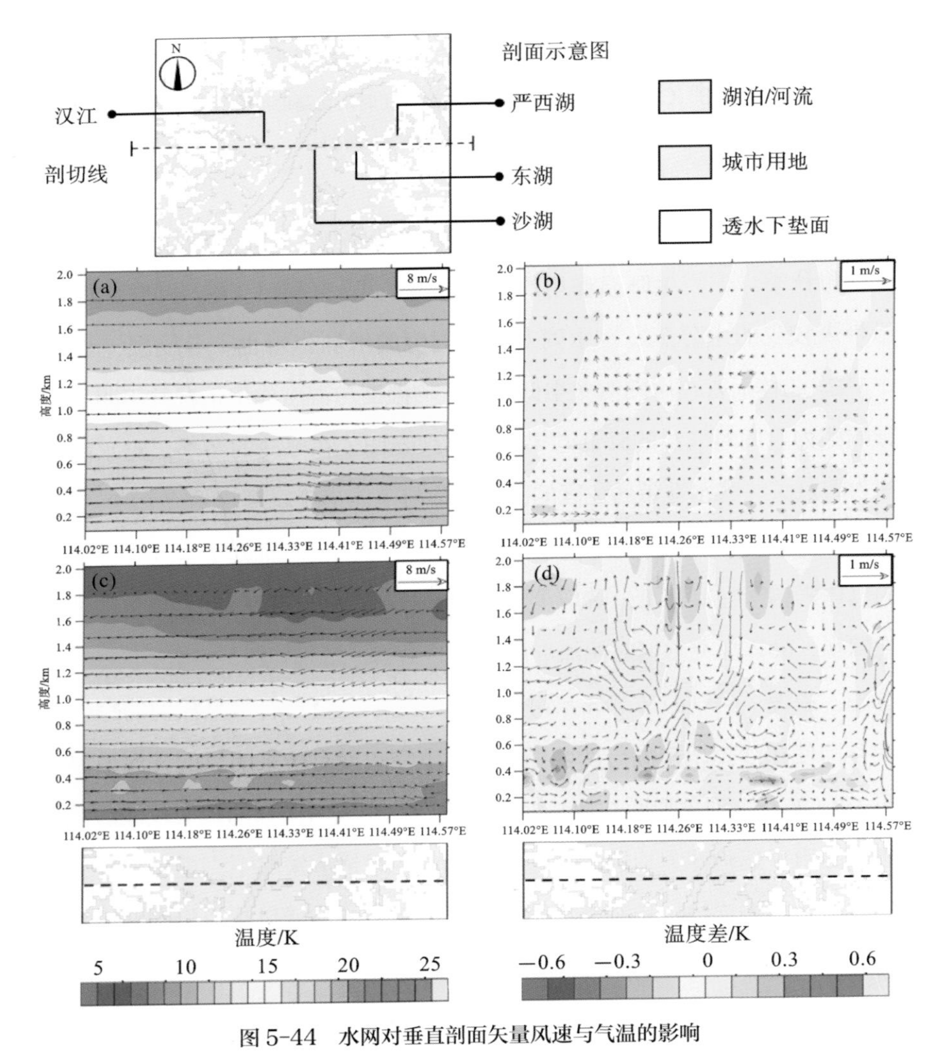

图 5-44 水网对垂直剖面矢量风速与气温的影响

（a）4：00 CTRL；（b）4：00 CTRL-NL；（c）19：00 CTRL；（d）19：00 CTRL-NL

5.5 本章小结

本章使用耦合城市冠层模块（UCM）的中尺度气象模型WRF，导入了网格化UCP建立的精细城市模型进行仿真实验，探究了水网对夏季的高温天气、过渡季（秋季）静稳天气与冬季寒冷天气下的城市热环境与风环境的作用，以及对污染物疏散可能造成的影响。

在夏季，水网对城市中心区的热岛起到了明显的缓解作用，并且对水体资源丰富的东部区域降低作用最强，而对水体资源匮乏的汉口区域影响最弱。水体对其下风向的温降作用最强，并且处于水体下风向的直接降温区域会向两侧高温区输送冷空气，间接扩大水体的降温范围。同时水体在日间能够通过产生湖陆温差形成湖风，对处于水体上风向与两侧的区域也产生了降温作用。此外，水网的存在显著增强了城市晚间的风速，在白天由于湖风环流与主导风向始终相反，使得水平风速略微降低，垂直风速与湍流作用增强，并且在多处形成了局地环流以帮助城市废热向高空疏散。

在过渡季（秋季），水网的存在显著降低了午后至晚间的地表降温速度，提升了夜间低层大气的温度，能够有效地缓解秋季经常出现的辐射逆温现象。同时，水体极低的表面粗糙度非常有利于通风，在背景风速较高的时段，水网能够通过减小对外来风的阻碍以促进空气污染物的疏散。而在背景风极弱的静稳天气下，水网能够有效增强低层大气的垂直运动，使聚积的空气污染物得以向高空扩散以改善城市空气质量。此外，在日出前低温、无风的静稳天气条件下，由于蒸发作用被完全抑制，因此水网的存在并不会明显增强空气的相对湿度从而加剧大气颗粒物的聚积与二次转化。

在冬季，水体的微气候影响能力总体而言不如夏季与过渡季。首先，在寒冷的冬季，对水网的适应策略应重点关注滨水区域的防寒工作与节能措施。其次，水网最明显的贡献在于其作为低粗糙度、无排放下垫面能够帮助城市空气污染物的疏散。最后，水网还能够作为城市气候的“缓冲器”。在来自北方的冷空气或南方的暖空气大规模输入时，水网会对城市起到一定的保温效果。主要体现在气温变化幅度的减小与发生时间的推迟，使得城市温度不至于骤升与骤降。缓冲作用还体现在水网阻碍了外来气流的输入，并使其部分转化为湍流而消散，这能够阻止外来污染气团畅通无阻地进入城市中心区，一定程度上提升城市空气质量。

综上所述，武汉市水网在各季节对城市微气候均起到了许多积极的调节作用。同时，也不难发现城市中心区的气温与风速似乎受某些区域水体的影响特别显著，而某一些区域则微乎其微。那么水网的不同部分对城市中心区微气候的影响程度具体是怎样的？这些内容将在下一章中予以讨论。

本章参考文献

[1] Gu H P，Jin J M，Wu Y H，et al. Calibration and validation of lake surface temperature simulations with the coupled WRF-lake model[J]. Climatic Change, 2015，129（3-4）.

[2] 覃海润，刘寿东，王咏薇. 太湖湖风个例分析[J]. 科学技术与工程，2015，15（20）：193-200.

6

基于 WRF 模拟技术的不同区位城市水网微气候调节作用研究

在上章中，使用WRF进行仿真实验探究了武汉市水网整体在不同季节下对城市微气候的影响。除季节差异外，武汉市水体分布的空间差异性明显，并且近年水体萎缩情况在不同区域也不同。同时，在政府的倡导下，在城市中心区以外的某些地方进行了退耕、退渔还湖行动，希望以此改善城市气候。虽然水网对城市中心区不同区域微气候的作用强度与该区域天然水体的覆盖情况关系很大，但并非呈明显的线性关系，某些区域明显受到非本地水体的影响。并且还能够观察到，位于城市中心区上风向的近郊区水体，其对风速与气温的影响范围均覆盖到城市中心区的部分区域。另外，第5章中探究湖陆风环流时发现，位于近郊区的水体形成的环流影响到了城市中心区的某些地方，并且还可能会与城市中心区水体产生的环流发生辐合。因此，对不同圈层、不同方向上的水体对城市中心区微气候的影响程度做出评估是十分必要的。

6.1 模型设定与案例介绍

6.1.1 模型参数设定

在研究时段的选择上，基于上章的研究结果，研究选择了水网微气候调节能力较强的夏季与过渡季（以秋季为例）作为模拟时段，而对于受水体影响不甚明显的冬季，本章暂时不予讨论。本书分别对夏季（2016年7月25—28日）与秋季（2017年11月2—4日）研究时段进行仿真计算，提取当地时间2016年7月27日与2017年11月3日的数据进行统计分析。模拟边界条件调用NECP/NCAR-FNL全球气象数据，输入对应时段的气候数据作为初始值进行模拟计算。WRF模拟嵌套域和物理模式等其他参数设定详见5.1.1节。

6.1.2 模拟案例介绍

武汉市政府根据城市发展的现状与目标，以多个“环线”将武汉市进行了划分。其中：总长度约91 km的三环线由两座长江大桥合围而成，分别为南部的白沙洲大桥与北部的天兴洲大桥。三环线环绕着整个武汉中心城区，并连接着位于中心城区边缘的武汉市诸多主要工业区与经济开发区，同时作为武汉市货运主通道和入城环路，减少中心区直穿车流。武汉市外环线，或称五环线，系总长度约190 km的武汉市绕城公路，由西南段（京港澳高速）、东北环（东西湖红羽村—东湖高新区豹澥）及阳逻大桥组成。环线共有19个互通立交以及2座长江大桥（武汉军山长江大桥、武汉阳逻大桥）、一座汉江大桥。建成通车的武汉市外环线是武汉城区的新“边界”。《武汉城市总体规划（2006—2020年）》表示，截至2020年，武汉城区范围扩大至五环线，总面积达3261 km^2。

因此在本章中，首先以三环线、外环线与市边界线为分界，将武汉市划分为城市中心区、近郊区、远郊区三部分。其中城市中心区为三环线以内部分，近郊区为三环线与外环线之间的部分，远郊区为外环线与市边界线之间的部分，如图6-1（a）所示。

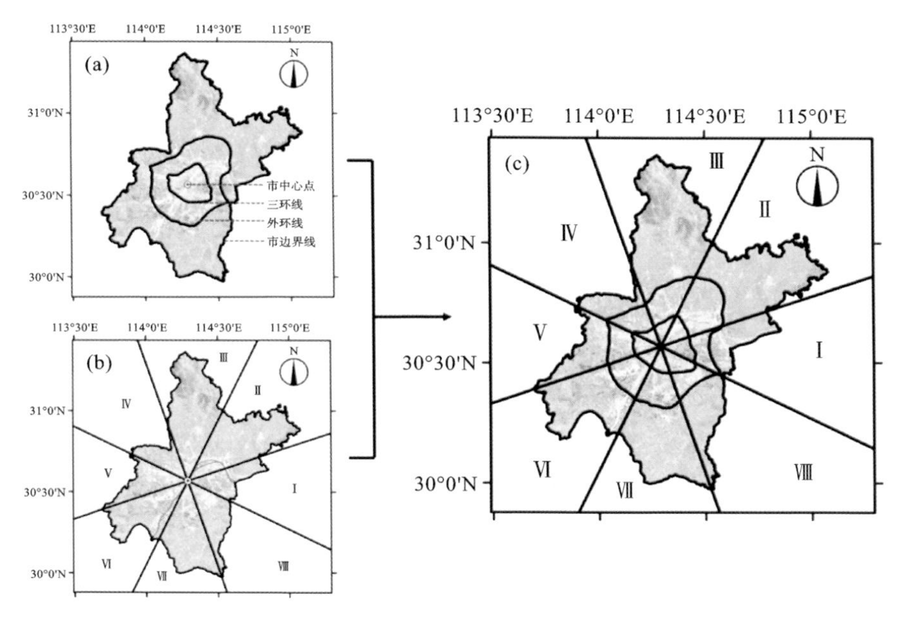

图 6-1　圈层与象限模板

其次，本章节还采用了城市空间形态研究中常使用的八方位线模型，或称象限方位分析法[1]。该模型以正东方位为起始、45°为间隔将研究区域分为8个区域，适用于对城市或自然资源在不同方向的空间分布差异性进行分析讨论。由于武汉市的水体资源非均匀地分布于全城的各个部分，非常适合引用八方位线模型进行分析。但在本章节中，正北向的南北轴线被偏转为东北方向，如图6-1（b）所示。这一调整主要有以下两方面的考量。①由于武汉市临江而建，历代的城市建设与发展均沿长江展开，这与北京、西安等有正南北中轴线的中国北方城市略有不同，因此调整轴线与长江流向相吻合能提升模型的合理性。②这一调整同时也能将Ⅱ、Ⅲ与Ⅵ、Ⅶ方位指向武汉市的主导风向，即夏季的西南风与秋冬季的东北风，有利于锁定特征研究区域与后续WRF模型建立中的风向选择。

最后，将圈层与象限方位的划分结果进行融合，如图6-1（c）所示，上述模型最终将武汉市划分为3个圈层、8个方位，总共24个缓冲区。

1.不同圈层城市水网微气候调节作用的模拟案例介绍

按照图6-1描述的“八象限-圈层”的区域划分标准设计了一组案例，分别保留了城市中心区水体、近郊区水体与远郊区水体，而其他水体用旱地进行下垫面替换，案例名称为Downtown lakes（DL）、Close suburb lakes（CSL）、Outer suburb lakes（OSL），如表6-1所示，用于探究不同圈层的水体对城市中心区微气候造成的影响。

表6-1　案例设置

案例名称	Downtown lakes（DL）	Close suburb lakes（CSL）	Outer suburb lakes（OSL）
描述	 N 保留城市中心区湖泊水体	 N 保留近郊区湖泊水体	 N 保留远郊区湖泊水体

2.不同方位城市水网微气候调节作用的模拟案例介绍

从不同方位的角度来看，本章的主要目的在于探究位于城市中心区各方位的郊区水体对城市中心区水体的联合与促进作用，城市中心区的湖泊水体现已受到了武汉市政府的政策保护，《武汉市湖泊保护条例》规定禁止城市建设活动侵占这些水域，故为了使不同方位研究案例设置更符合实际情况，本节在保留城市中心区水体的基础上，分别保留了城市中心区的上风向、侧风向与下风向水体（夏季的西南风与秋冬季的东北风方向相反，因此上下风向是相对的），案例名称为Upward（UP）、Sidewards（SIDE）、Downward（DOWN），如表6-2所示。每组案例均模拟了夏季与过渡季（秋季）两种情况，需要注意的是，案例的命名方式与主导风向有关，由于夏季的西南风向与秋季的东北风向正好相反，因此上风向与下风向的命名也是颠倒的。

表 6-2　案例设置

案例名称	Upward（UP）夏季 Downward（DOWN）秋季	Sidewards（SIDE）	Downward（DOWN）夏季 Upward（UP）秋季
描述	 保留城市中心区及其南侧湖泊水体	 保留城市中心区及其东西侧湖泊水体	 保留城市中心区及其北侧湖泊水体

6.2　不同圈层城市水网微气候调节作用

6.2.1　不同圈层水体对夏季高温天气的影响

1.不同圈层水体对夏季地面气温的影响

DL（城市中心区水体）、CSL（近郊区水体）、OSL（远郊区水体）案例的结果分别与所有水体都被替换为旱地的NL案例进行了差值计算，统计结果展示于图

6-2中。从图中可以发现，对于图6-2（a）中的平均气温指标，影响程度总体上呈DL>CSL>OSL，但均小于水网的整体作用，这也表明各部分水网共同作用能带来最好的降温效果。同时，DL案例的结果与CTRL案例非常接近，说明城市中心区水体在水网对城市中心区的气温影响中占主要地位，近郊区其次，而远郊区水体最不明显，且在日间基本没有起到作用。而对于城市热岛最强的晚间时段，DL与OSL均在热岛最强阶段对城市平均气温有降低作用，OSL的降温幅度更大，最高可达0.2 K，持续时间更长，从18：00一直持续到23：00。这些水体使得水网在22：00并没有完全升高城市气温，这也是为什么在第4章描述气温的图像中，晚间时段出现了大面积降温区。

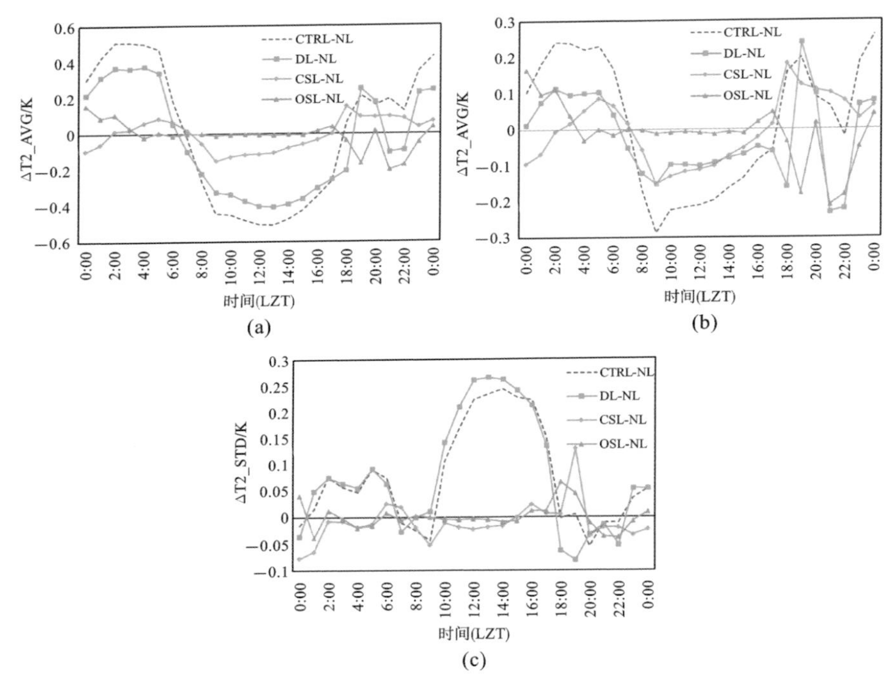

图 6-2　DL、CSL、OSL 案例与 NL 案例的地表 2 m 处气温差

（a）城市中心区平均气温差；（b）城市中心区陆面平均气温差；（c）城市中心区气温标准差之差

通过图6-2（b）中的陆面平均气温指标可以发现，除晚间OSL降温幅度更明显，且凌晨时段升温能力也较强外，在气温较高的白天，DL与CSL均对城市的陆面

区域起到了最高约0.15 K的平均气温降低作用。从图中还能看出CSL与DL在日间的降温幅度基本相同，并且CSL在午后带来的降温幅度比DL更高。这说明了位于三个不同圈层内的水体对城市陆面热环境的影响都不容小觑，因此在城市的建设与扩张中，不能只关注与保护特定区域的水体。

最后，由图6-2（c）统计的标准差可看出，DL对城市中心区气温标准差的增加幅度在日间最高，甚至高于CTRL，这是CSL和OSL水体对城市中心区的降温作用使得湖陆温差降低的结果，CSL与OSL降低了城市中心区气温标准差，因为它们使背景气候变得温和。

图6-3使用色度直观地展示了三个圈层的水体对研究区域内的气温影响，在第4章分析结果的基础上，此处选择了日间水网影响能力较强的11：00，以及晚间城市热岛较强，且已经从日落后温度急剧变化的过程中稳定下来的22：00这两个时段，作为夏季的代表进行分析。

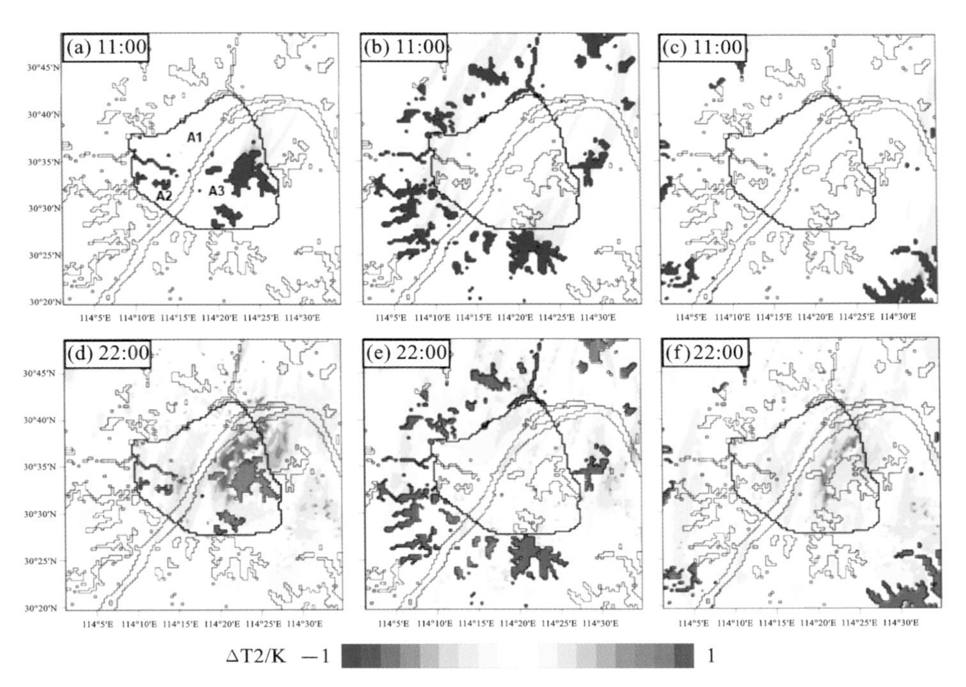

图 6-3　DL、CSL、OSL 案例与 NL 案例的地表 2 m 处气温差值图像

（a）DL 11：00；（b）CSL 11：00；（c）OSL 11：00；
（d）DL 22：00；（e）CSL 22：00；（f）OSL 22：00

由图6-3（a）、（b）、（c）展示的11：00的结果可以发现，图6-2（a）中的城市中心区水体对其本身以及下风向区域有着较为明显的降温作用，但绝大部分陆面区域受到的影响很小。而面积更大、数量更多的近郊区的水体对其下风向区域有更大范围的降温作用，且覆盖到大部分城市中心区的陆面区域，这也解释了为什么在图6-2（b）中CSL在午间的降温作用会高于DL。最后，远郊区水体对城市中心区气温几乎没有造成影响。

通过图6-3（d）、（e）、（f）对城市热岛严重的22：00的描述可以看出，DL对城市中心区，尤其是东湖周边区域的降温效果非常明显，最高可达0.7 K左右。该现象第4章中已作出解释，这是因为水体的存在使得周边的地面在白天获取的热量较少，从而在晚上体现出温度降低的趋势，这与前文图5-12中的研究结果一致，而这部分热量似乎被转移到城市中心区东部的区域。这也说明了水网对城市中心区晚间气温降低的效果主要是城市中心区的水体造成的。同时，由图6-3（f）可发现，与图6-2中描述的一致，远郊区水体降低了22：00几乎整个城市中心区的气温，降温幅度在0.2 K左右，这可能是远郊区的水体在白天略微降低了整个武汉市背景温度，并且晚间有利于城市通风造成的。

总而言之，近郊区水体对城市中心区陆面地区午间的降温效果是最显著的，城市中心区水体其次而远郊区水体影响微乎其微。在晚间，城市中心区水体带来的热岛缓解效果最明显，远郊区水体其次，而近郊区水体对城市中心区则主要起到升温的作用。

为了更加定量化地分析各圈层的水网对城市中心区不同区域的气温影响，解决第4章的遗留问题，研究统计了它们对Area1～Area3的作用情况，如图6-4所示。对于水网整体而言（CTRL案例），可以看出Area1受水网影响最小而Area3最大，这一点在第4章中已提及。

对于Area1，可以看出DL的影响程度是最小的。在日间，DL仅带来了不到0.05 K的温度降低，绝大部分的降温作用是CSL所带来的，午间最高在0.15 K左右。在晚间，CSL对Area1区域起到明显的升温作用，并在大部分时间内占据支配地位；OSL与DL共同起到降温作用，降温作用都比较弱，峰值在0.1 K以下。在图6-4（b）统计的气温增速情况影响中可看出，在早晨至中午的升温阶段，DL与CSL都有降低升温速率的影响，两者共同作用但影响幅度都较小，都在0.1 K/h以下。CSL的降温作用更持久，持续到了11：00，而DL在9：00已经基本结束。

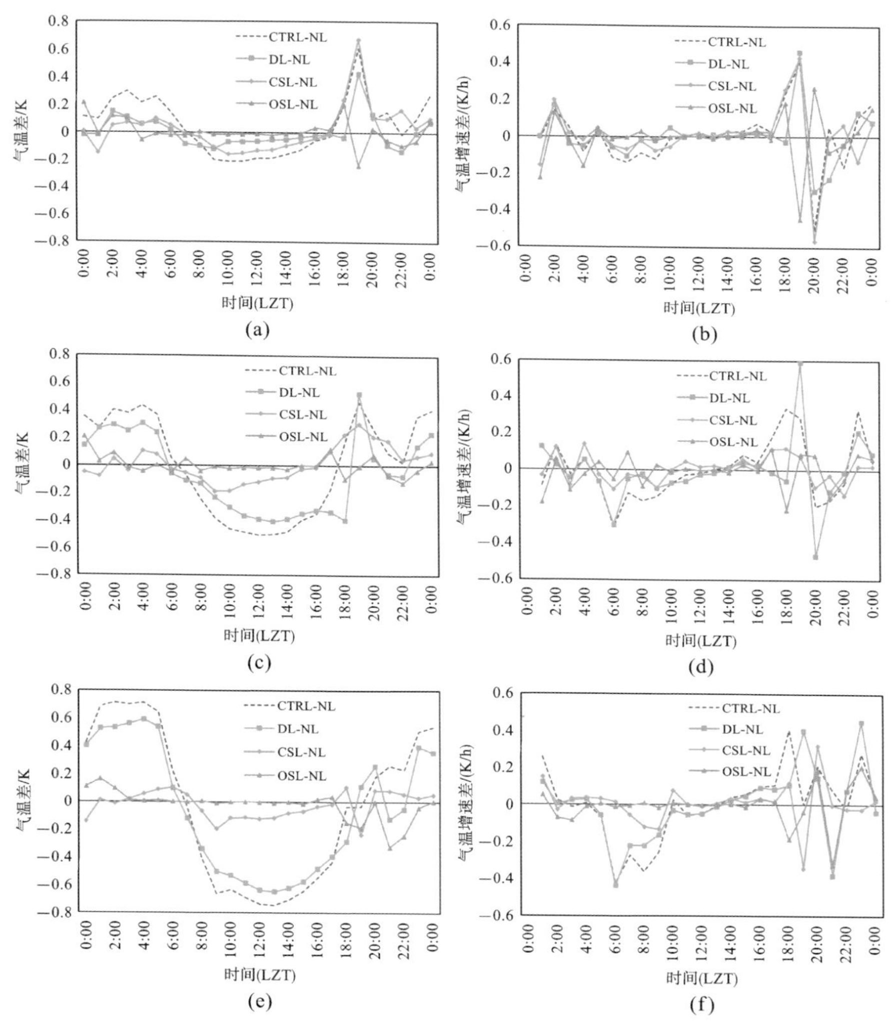

图 6-4　Area1、Area2、Area3 区域的 DL、CSL、OSL 案例与 NL 案例的地表 2 m 处气温差与气温增速差

（a）Area1 气温差；（b）Area1 气温增速差；（c）Area2 气温差；（d）Area2 气温增速差；（e）Area3 气温差；（f）Area3 气温增速差

对于Area2，由图6-4（c）、（d）可看出，Area2主要受本地水体影响，DL占主要地位而CSL其次，受CSL影响程度与Area1类似，这可能是两个区域相邻并且相

对位置与主导风向相同的缘故。在气温增速方面，DL在降低早间气温增速的作用中占主要地位，随后骤减至与CSL同一水平共同作用，但DL的降温作用更持久，在13：00后才基本结束。

Area3是受水网影响程度最强的区域，由图6-4（e）、（f）可知，本地水体在对区域气温的作用上占主导地位，在温度最高的时段降温幅度可达0.6 K以上，仅略低于水网整体0.1 K。Area3受CSL的作用和Area1与Area2相差不大，占次要地位。在晚间时段，OSL对该区域的晚间热岛降低作用也是最强的，在21：00—22：00降温幅度可达0.3 K，但CTRL案例显示当三个圈层的水网共同作用时，其降温效果却变得不甚理想，其中原因还有待探究。同时，DL对早间气温的增速控制也是最强的，在日出后的1～2 h中占主导地位，随后降低至与CSL共同作用，并且持续到13：00基本结束。

总体而言，Area1受近郊区水网的影响最明显，Area2与Area3受城市中心区与近郊区水网的共同作用，但城市中心区水网占主导地位。远郊区水网对城市中心区的降温作用在白天较弱，但在晚间对城市中心区的降温作用明显。

2.不同圈层水体对夏季地面风速的影响

图6-5分别统计了城市中心区地表10 m处的平均风速与陆面平均风速。由图6-5（a）可看出，DL对于城市中心区平均风速的影响起主要作用，与CTRL所代表的水网的整体作用情况非常接近，分别为凌晨的0.2 m/s左右增幅、午间0.1 m/s左右降幅以及晚间0.4～0.6 m/s的增幅。而CSL与OSL对日间城市中心区的平均风速总体上影响不明显，早晚影响则相对更为显著，但正负不稳定。

在图6-5（b）中，对于陆面平均风速指标，可看出DL相较于平均风速而言其影响程度骤减，因为该指标剔除了水体对自身上空风速的影响。可以看出，城市中心区的陆面风速基本受到城市中心区水体、近郊区水体与远郊区水体三者的共同作用。但在午后降温至晚间的这一时段内，城市中心区水体的影响占据主导地位，因为它对日间城市中心区造成的总体热量影响最大，且低粗糙度的水体表面对经过城市中心区的风阻碍作用较小。

图6-6展现了水网的不同圈层对研究区域午间11：00与晚间22：00的风速大小的作用情况，图6-7则展现了其对风向的偏转情况，两个时段主导风向均为南偏西。

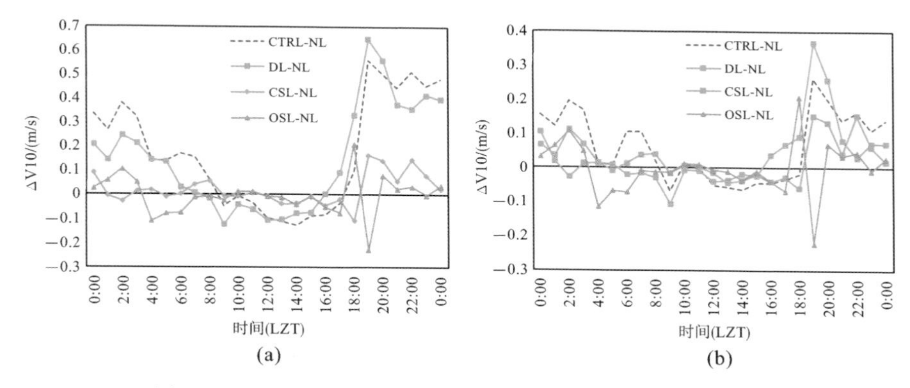

图 6-5　DL、CSL、OSL 案例与 NL 案例的地表 10 m 处风速差

（a）城市中心区平均值；（b）城市中心区陆面平均值

在11：00，水体上空由于湖风环流，基本呈0.5～1 m/s的风速降低作用。通过图6-6（a）、（b）、（c）可以看出，DL主要增强了城市中心区东北部，即东湖下风向区域的风速。而CSL则主要增强了城市中心区东南部，以及西部小范围内的

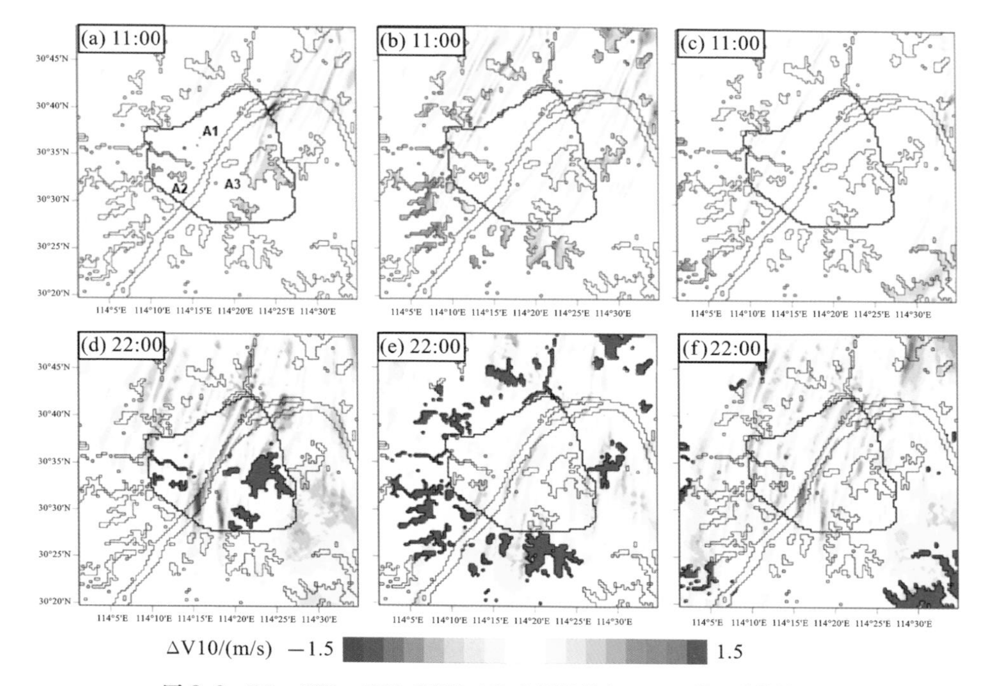

图 6-6　DL、CSL、OSL 案例与 NL 案例的地表 10 m 处风速差值图像

（a）DL 11：00；（b）CSL 11：00；（c）OSL 11：00；

（d）DL 22：00；（e）CSL 22：00；（f）OSL 22：00

风速，且影响范围相较DL更广，这些区域也处于南部近郊区水体的下风向区域。而OSL对城市中心区虽然总体上呈增强作用，但幅度非常小，在0.1 m/s以下。而通过图6-7（a）、（b）、（c），可以更好地观察到DL中的东湖引起了下风向区域由强降温区吹向两侧的风，而CSL的汤逊湖、严西湖以及西部水体也出现了同样的现象。这与图5-17中观察到的结果相同，说明该现象是两部分水体共同作用所导致的。

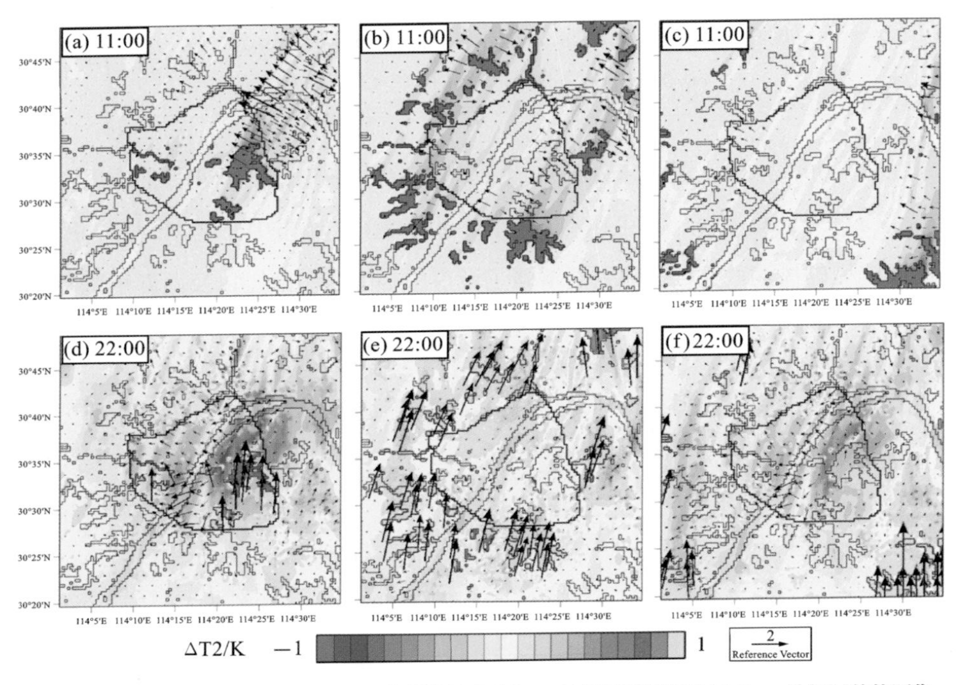

图6-7 DL、CSL、OSL案例与NL案例的地表10 m处矢量风速差叠加2 m处气温差值图像

（a）DL 11：00；（b）CSL 11：00；（c）OSL 11：00；
（d）DL 22：00；（e）CSL 22：00；（f）OSL 22：00

在22：00，由于低粗糙度的表面，水体上空均有高于1.5 m/s风速提升。通过图6-6（d）可看出，DL依旧提升了城市中心区北部风速，即东湖下风向区域，强度较大（某些区域高达1 m/s）但范围中等。东部的风速也有提升，由图6-7（d）可知是由温度导致的空气流动。而通过图6-6（e）可发现，CSL提升了城市中心区南部风速，强度中等（0.5 m/s左右）但影响范围较大。OSL对城市中心区风速提升作用也很明显，尤其是在西部区域比其他两者都强，东部也有一定影响，说明远郊区虽远，但对背景风场的影响不容忽视。此外，由图6-7可知，DL与OSL对城市中心区陆面有降温作用，使得城市中心区南部区域出现了向南的风向分量，与背景风冲突，导致这些区域内的风速有一定程度的降低。

总体而言，城市中心区水体与近郊区水体均对城市中心区风环境的改善起明显作用，远郊区水体的作用白天不明显但夜间也变得显著。

随后，本书对Area1～Area3区域的风速情况进行了统计，展示于图6-8中。此外本书还统计了不同时段内的平均影响，以更直观地体现水网作用的强度。其中，凌晨时段为2：00—5：00的均值，午时为12：00—15：00的均值，晚间为20：00—23：00的均值。城市中心区不同区域受水网不同部分影响的主要特征可以总结为以下几点。

图6-8（a）、（b）表明，Area1的风速受水网的影响总体上最小，是由各圈层水网的共同作用导致的，且CSL的影响幅度更大。在白天，因为水网增强了城市中心区某些区域的风速而削弱了另一些区域的风速，所以总体影响微弱（该现象可在图6-6中观察到），而在晚间受城市中心区与近郊区水网影响相对明显。

Area2与Area3的风速受水网的影响程度接近，由图6-8（c）、（d）可知，Area2在白天与晚间时段受各圈层水网的共同影响，CSL与DL起主要作用。而在凌晨时段，城市中心区水体的影响占支配地位。

而由图6-8（e）、（f）则能发现，城市中心区水体对Area3风速的影响占绝对的支配地位，无论是在凌晨、日间或晚间均远高于近郊区以及远郊区的水体。

3.不同圈层水体对夏季垂直层气象场的影响

图6-9展示了由不同圈层的水体造成的城市中心区上空的平均气温差（圈层案例-NL案例）随时间与高度变化的趋势，由图6-9（a）、（b）、（c）可看出DL、CSL、OSL案例的横向对比结果。

从图6-9中不难发现，在日间时段CSL对城市中心区上空低层大气的降温效果最明显，9：00—13：00间在600 m以下的近地表层产生了0.2 K左右的降温作用，而产生0.1 K降温作用的区域则延伸至2 km高空。DL位列第二，但影响程度远不及CSL，OSL则在日间的影响极小。而在20：00往后的晚间时段，CSL对城市中心区低层大

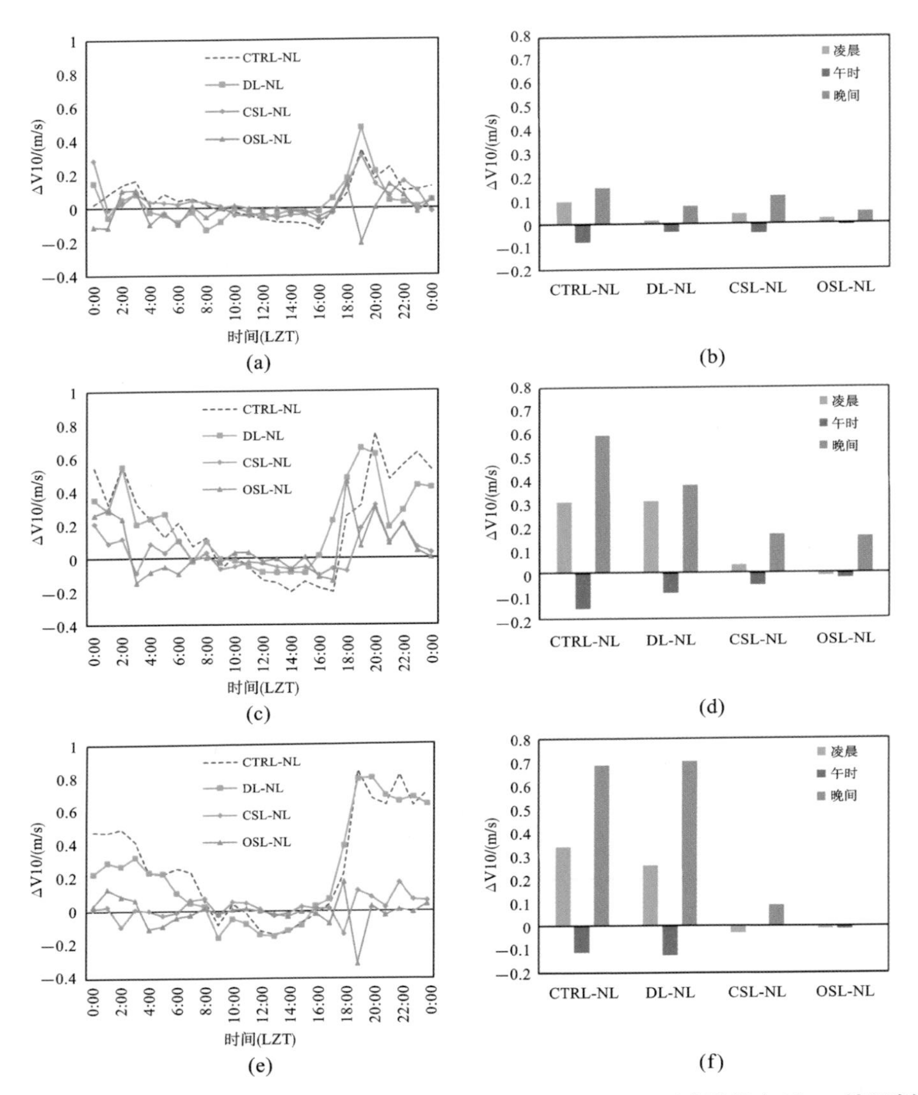

图 6-8 Area1、Area2、Area3 区域的 DL、CSL、OSL 案例与 NL 案例的地表 10 m 处风速差

（a）Area1 逐时统计结果；（b）Area1 分时段统计结果；（c）Area2 逐时统计结果；（d）Area2 分时段统计结果；（e）Area3 逐时统计结果；（f）Area3 分时段统计结果

气起到了约0.15 K的升温作用，产生明显影响的高度在1 km以下。而DL与OSL则均呈降温作用，且DL降温幅度大于OSL，在200 m以下有约0.4 K的降幅。这与晚间地表气温的影响趋势类似，即近郊区水体导致了城市中心区晚间的升温，而城市中心区水体与远郊区水体则起到了明显降温作用。

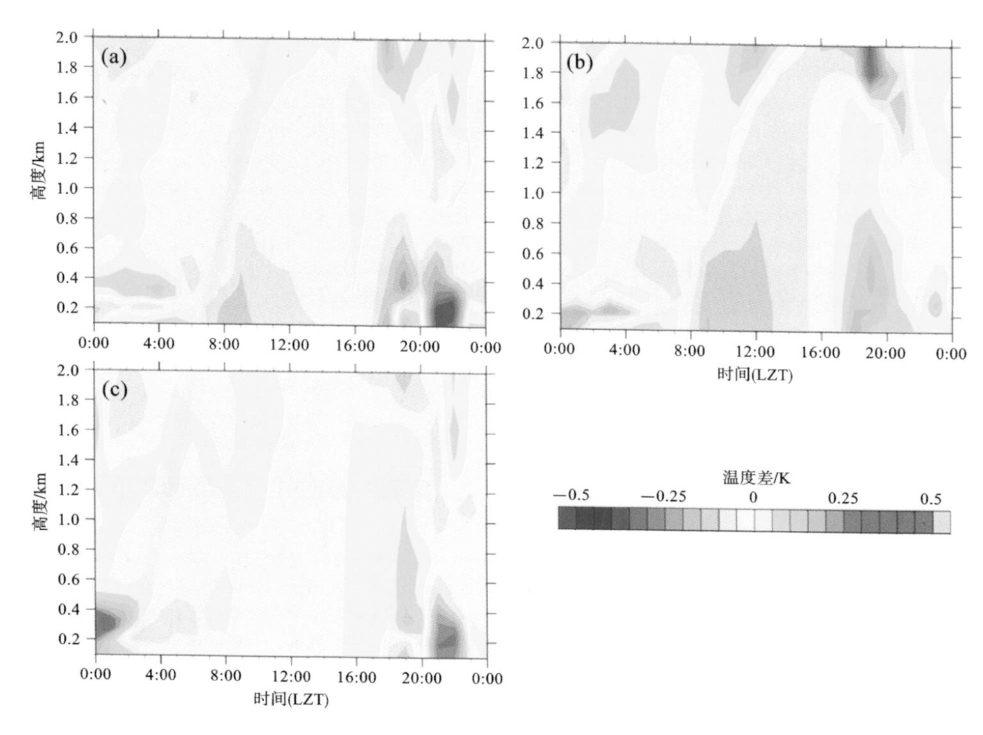

图 6-9 DL、CSL、OSL 案例与 NL 案例气温差值随时间与高度的变化趋势

（a）DL 案例；（b）CSL 案例；（c）OSL 案例

图6-10展示了由不同圈层的水体造成的城市中心区上空的平均相对湿度差（圈层案例-NL案例）随时间与高度变化的趋势。对比图6-10（a）、（b）、（c）可以得知，在温度较高、风速正常的夏季时段，近郊区水体对城市中心区低层大气的相对湿度的提升作用最为明显，在凌晨到日出前的时段对200 m以下区域的增幅在2%～4%之间，而在日间对2 km以下的空间有1%左右的增幅。城市中心区水体对相对湿度的影响程度其次，而远郊区最小，这主要是因为近郊区的水体总量远大于城市中心区，带来了更多的水分蒸发，而远郊区水体则离城市中心区太远，因此影响并不明显。而在20：00以后的晚间时段，DL与OSL对相对湿度的影响则明显高于CSL，这主要是因为它们对气温的降低作用使得空气的饱和水分含量降低，相对湿度因此增加。

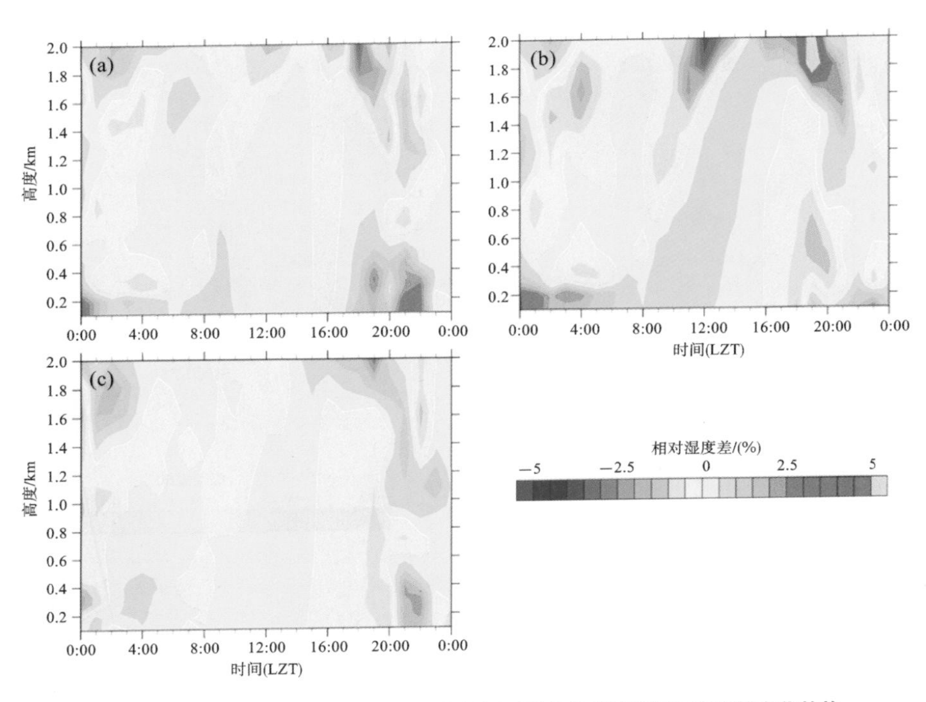

图 6-10　DL、CSL、OSL 案例与 NL 案例相对湿度差值随时间与高度的变化趋势

（a）DL 案例；（b）CSL 案例；（c）OSL 案例

图6-11则展示了由不同圈层的水体造成的城市中心区上空的平均水平风速差（圈层案例-NL案例）随时间与高度变化的趋势。

由图6-11（b）、（d）、（f）展现的矢量风速差可看出，对城市中心区上空低层大气风速的影响强度总体上呈CSL>DL>OSL。在8：00—12：00的上午时段，OSL对城市高空风场基本没有什么影响，但在午后及夜间时段与DL的影响程度相似。而DL与CSL对矢量风速的影响趋势基本一致，但DL的影响幅度全面低于CSL，尤其体现在凌晨时段与午后时段。图6-11（a）、（c）、（e）展示的标量风速差反映了这一作用结果，并且可以发现，对于风速大小而言，在夏季背景风比较强的时段，水网对高空水平风速的影响并不显著。

最后，研究同样针对空气的垂直运动情况与气温分布，对水网不同圈层对剖面气象场的影响程度进行了分析。图6-12展现了午间11：00的情况，从图6-12（a）、（b）可以发现，DL仅在沙湖—东湖区域形成了湖风环流，而CSL除在城市中心区

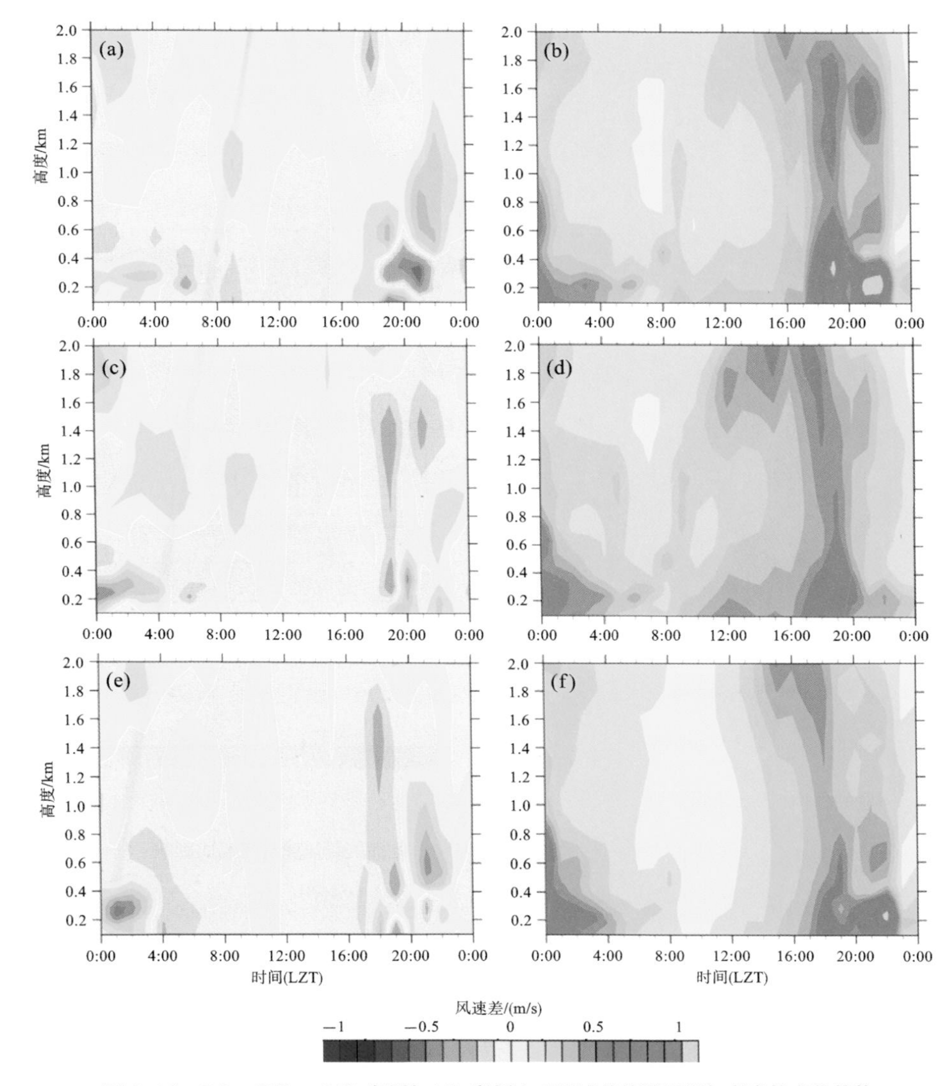

图 6-11　DL、CSL、OSL 案例与 NL 案例水平风速差值随时间与高度的变化趋势

（a）DL 案例标量风速差；（b）DL 案例矢量风速差；（c）CSL 案例标量风速差；
（d）CSL 案例矢量风速差；（e）OSL 案例标量风速差；（f）OSL 案例矢量风速差

西部区域以及东部严西湖区域形成了明显的局地环流外，在东湖区域也出现了环流的迹象，OSL对城市中心区域的垂直运动基本没有起到作用。并且对比图5-21中CTRL展示的，水网整体在东湖区域形成的环流与温降效应，可以发现单靠DL，东湖上空区域的降温幅度不到0.5 K，相比CTRL的0.7 K降幅明显较低，并且环流强度也有减弱。这可以说明，近郊区水体不但形成了自己的局地环流，并且对城市中心区的湖风环流也有增强作用，体现了水网的不同区域间相互作用、相互促进的机制。

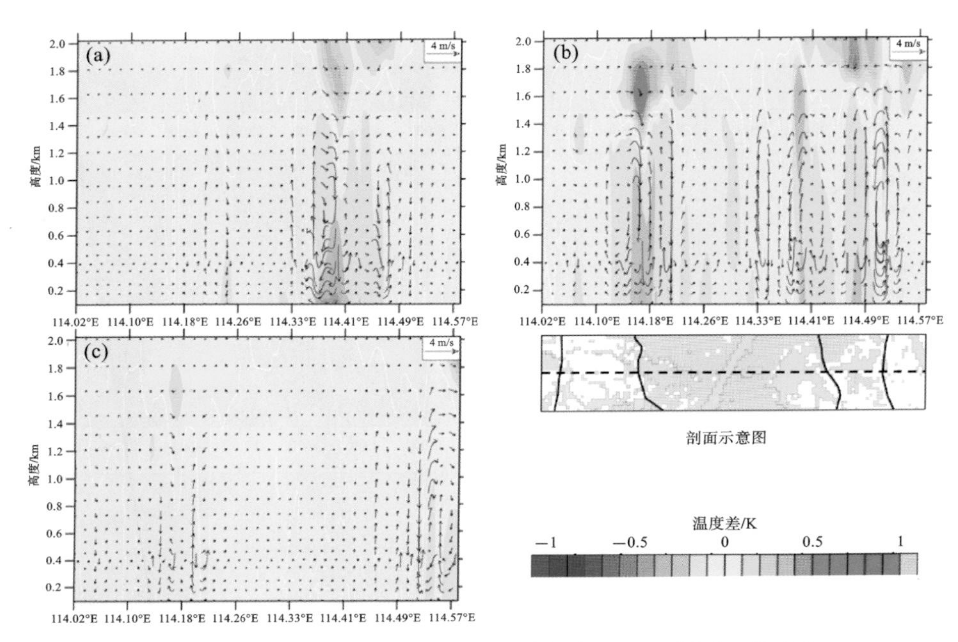

图 6-12 DL、CSL、OSL 对 11：00 时段剖面矢量风速与气温的影响

（a）DL-NL；（b）CSL-NL；（c）OSL-NL

图6-13中展现的对22：00时段的影响中可以发现，DL与OSL案例的空气垂直运动情况非常相似，而CSL案例相似但幅度最小。前文在图6-7中已经发现，在22：00时段，近郊区与远郊区的水网在城市中心区均造成了明显的降温作用，并且这种降温作用形成了陆风且对背景风场造成影响。图6-13（a）、（b）更好地印证了这一点，城市中心区近地表层的垂直作用增强，并且在更高的地方形成了湍流效应。因此可以得出，在晚间的陆风控制阶段，城市中心区水体与远郊区水体对城市中心空气垂直运动的促进效果最明显，提升了空气流动性，使得城市热量能够更好地进行疏散。

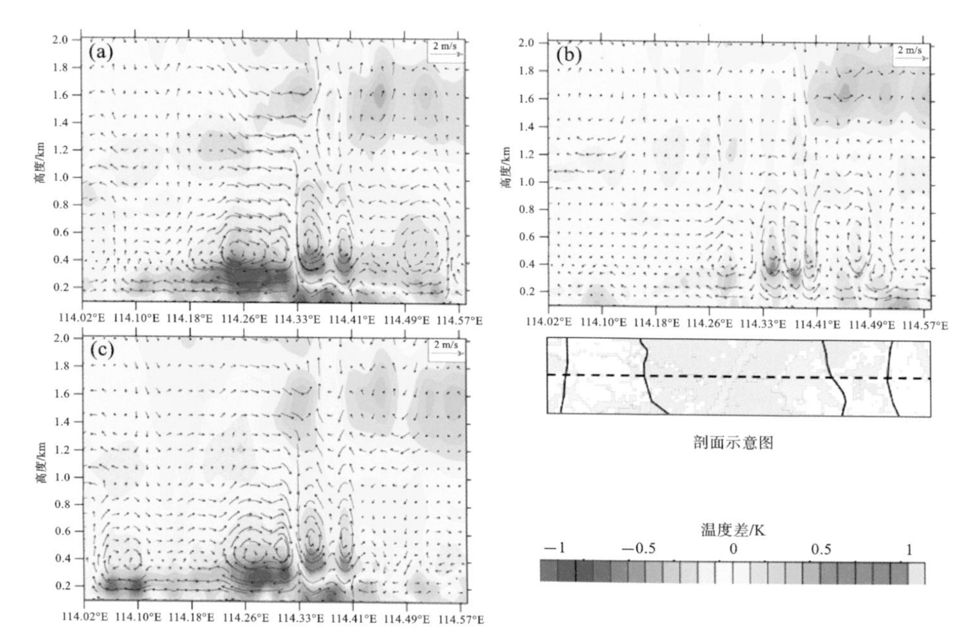

图 6-13 DL、CSL、OSL 对 22：00 时段剖面矢量风速与气温的影响

（a）DL-NL；（b）CSL-NL；（c）OSL-NL

6.2.2 不同圈层水体对过渡季静稳天气的影响

在6.2.1节中研究了水网不同圈层对夏季高温天气的影响，本小节将以秋季为例，继续探究水网对过渡季静稳天气下的逆温现象、空气垂直运动情况的作用强度以及它们对污染物扩散可能产生的影响。

1.不同圈层水体对秋季地面气温的影响

图6-14 展示了DL、CSL、OSL案例与NL案例在凌晨3：00、5：00以及晚间22：00的地表2 m处气温差值图像。

通过图6-14（a）、（b）、（c）不难看出，在凌晨静风时段的3：00，DL、CSL、OSL对城市中心区的温度影响都极低。并且可以发现，城市中心区的水体虽然显著升高了自身上空的气温，但由于没有风，水体的升温作用无法扩散到周边区域。此外，在CSL案例中，近郊区水体的存在也使得城市中心区东南部有明显的气温升高。

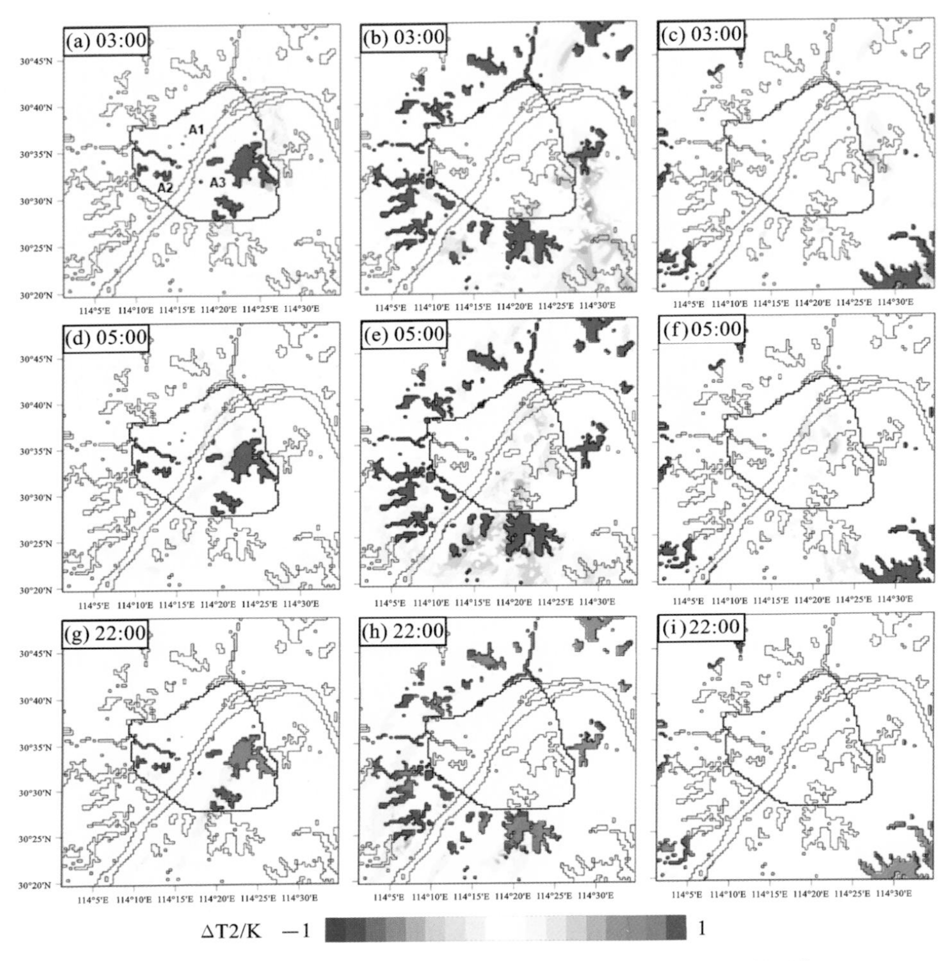

图 6-14 DL、CSL、OSL 案例与 NL 案例的地表 2 m 处气温差值图像

（a）DL 3：00；（b）CSL 3：00；（c）OSL 3：00；（d）DL 5：00；（e）CSL 5：00；（f）OSL 5：00；（g）DL 22：00；（h）CSL 22：00；（i）OSL 22：00

当时间来到5：00，随着背景气温进一步降低，而风速有略微增强，从图6-14（d）、（e）、（f）可以看出各圈层水网对城市中心区的升温作用有所体现。DL对城市中心区，主要是东部的气温略有升高作用。CSL对南部近郊区的升温作用明显，并且明显影响到了城市中心区东部区域，给东南区域带来了0.5 K的气温升高，东北区域也有0.3 K左右的升温。此外，OSL也对城市中心区东部区域起到了小幅度的升温作用，但要弱于DL。该结果说明了在早间低温无风时段，DL对城市中心区

气温的影响主要体现在水体上空的气温升高，而CSL则为较大范围的城市陆面带来了升温效果。

而在背景风强劲、平均风速高达6 m/s的晚间22：00时段，如图6-14（g）、（h）、（i）显示，高风速带来了水体对下风向区域的直接升温，而在不处于水体下风向的区域，则因为强劲的背景风全面压制了局地的热交换，受水网影响极小。但可以隐约看出，近郊区水网造成的升温范围最大，虽然其升温幅度低于0.1 K。

图6-15统计了不同圈层水网对城市中心区气温的影响幅度，从图6-15（a）中可以看出，对于城市中心区平均气温而言，DL带来了最多的夜间温度升高，在气温最低的日出前时段达到0.5 K，但这很大一部分是因为水体对自身上空气温的升高作用。CSL其次，在日出前升温幅度达0.1 K，OSL影响幅度最小。并且不同圈层在当天晚间的气温影响强弱排序也是如此。而在图6-15（b）中对于城市中心区陆面气温指标而言，由于剔除了水体对其本身的影响，DL对城市中心区陆面区域的升温作用骤减至0.12 K，但仍为三个圈层中影响最大的。可以看出，城市中心区夜间陆面的气温受三个圈层水体的共同作用，影响程度呈DL＞CSL＞OSL。

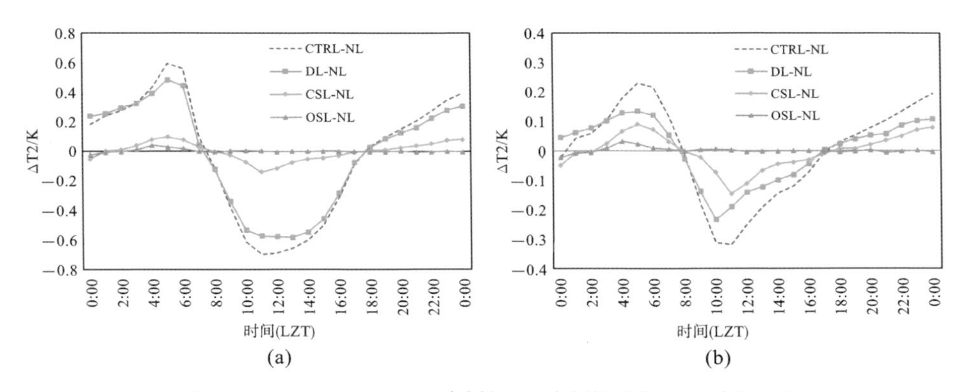

图 6-15　DL、CSL、OSL 案例与 NL 案例的地表 2 m 处气温差

（a）城市中心区平均气温差；（b）城市中心区陆面平均气温差

最后，依然按照区域Area1～Area3统计了不同圈层水体对城市中心区平均气温与升温速率的影响情况，如图6-16所示。

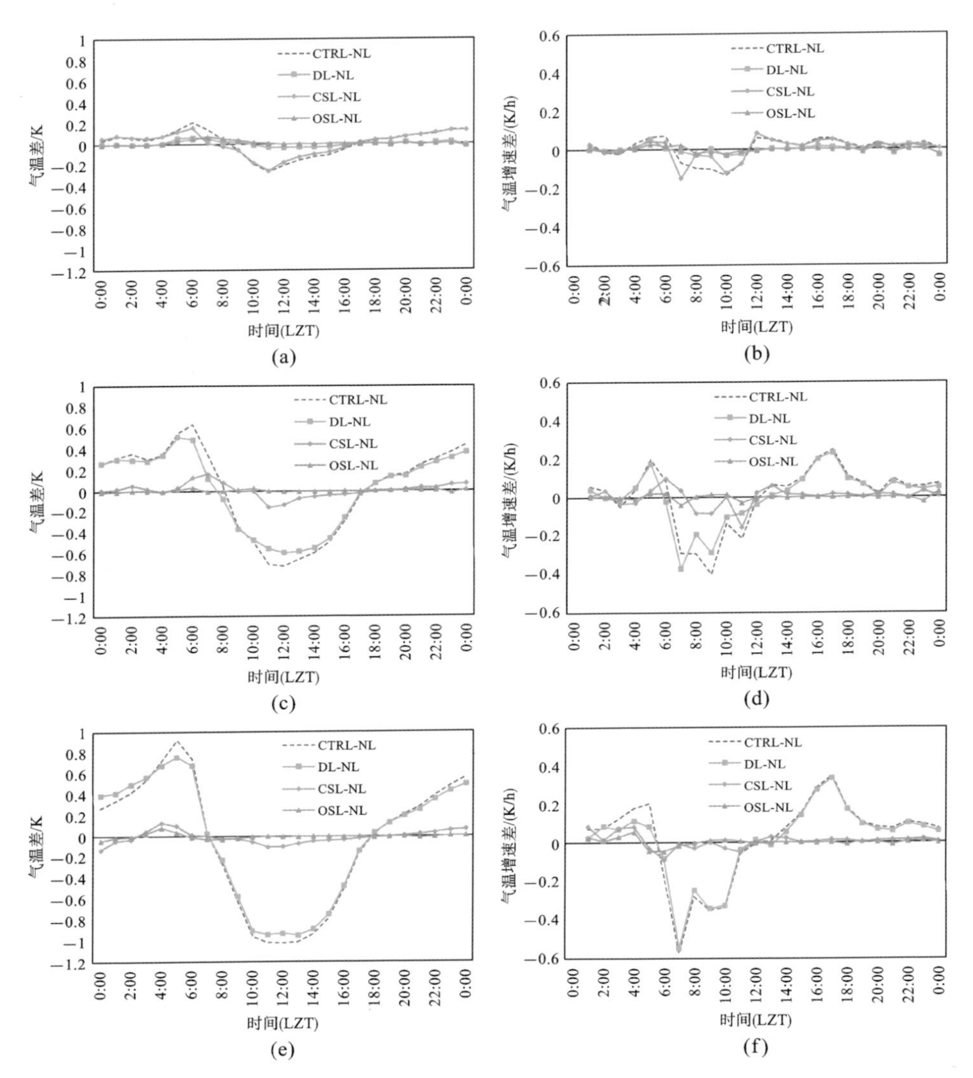

图 6-16　Area1、Area2、Area3 区域的 DL、CSL、OSL 案例与 NL 案例的地表 2 m处气温差与气温增速差

（a）Area1 气温差；（b）Area1 气温增速差；（c）Area2 气温差；（d）Area2 气温增速差；（e）Area3 气温差；（f）Area3 气温增速差

由图6-16（a）、（b）可看出，对于本地水体资源匮乏的Area1区域，其气温受到CSL，即近郊区水体的绝对控制，DL与OSL仅在气温最低的日出前与最高的午后有0.05 K左右的升降幅度。而对于Area2，由图6-16（c）、（d）可看出其气温受到的影响基本来自DL，CSL的影响则相对较弱，仅在日出前与午后有0.2 K的升降温，

与对Area1的影响幅度相同。而对于Area3，其受DL影响更加凸显，对CSL与OSL呈压倒性优势。并且还可以发现，Area3受CSL的影响不如其他两个区域，在日出前与午间仅有约0.1 K的升降温幅度。此外，气温变化速率所受到的影响与气温基本一致，也是Area1受CSL影响最强，Area2与Area3受DL影响最强。

图6-16的结果可简单概括为，城市中心区水网对Area2与Area3的气温影响占主导地位。近郊区水网对Area1的影响最大，Area2其次而Area3最小。远郊区水网对所有区域影响都是最小的。

2.不同圈层水体对秋季地面风速的影响

图6-17展现了水网的不同圈层对研究区域静风时段的3：00、5：00与晚间强风时段22：00的风速大小的作用情况，图6-18则展现了其对风向的偏转情况，其中静风时段风速极低且没有固定风向，晚间时段背景风为北风。

由图6-17（a）、（b）、（c）不难发现，在静风最严重的3：00时段，水网各圈层对城市中心区的影响都非常小，并且水体的低粗糙度表面属性并没有带来水体上空风速的增加，因为该时段基本没有背景风。此外，DL对城市中心区东北部、CSL对城市中心区东南部以及OSL对城市中心区东部的风速大小存在一定程度的降低作用，CSL的降低幅度最大，约为0.8 m/s，DL与OSL较小，约为0.4 m/s。与图6-18对比观察可知，这些均为受水网影响导致温度升高的区域，产生了西北方向的风向分量，削弱了本就孱弱的背景风，因此这是局地热作用所导致的。

当时间来到气温更低、背景风略微增强的5：00，从图6-17（d）、（e）、（f）可以看到随着背景风速的增加，水体以其低粗糙度表面对风速的增加效果开始显现，因此在该时段内DL对城市中心区风速提升效果最明显。热作用对城市中心区风力降低的情况在某些区域仍然存在，但风力得到增强的区域也相对增加了，这一点在CSL案例中的东部区域可以看见。此外，图6-18（e）可以说明，在图5-30中发现的夜间陆风环流现象是由近郊区水体所导致的，主要为汤逊湖及其西部的小湖泊共同作用的结果。

对于22：00，从图6-17（g）、（h）、（i）中可以很明显地观察到，该时段水网对风环境的影响是水体的低粗糙度表面对背景风的简单增强，主要体现在水体的上空与水体下风向区域。而不处于水体下风向的大部分区域则受影响微弱，且该时

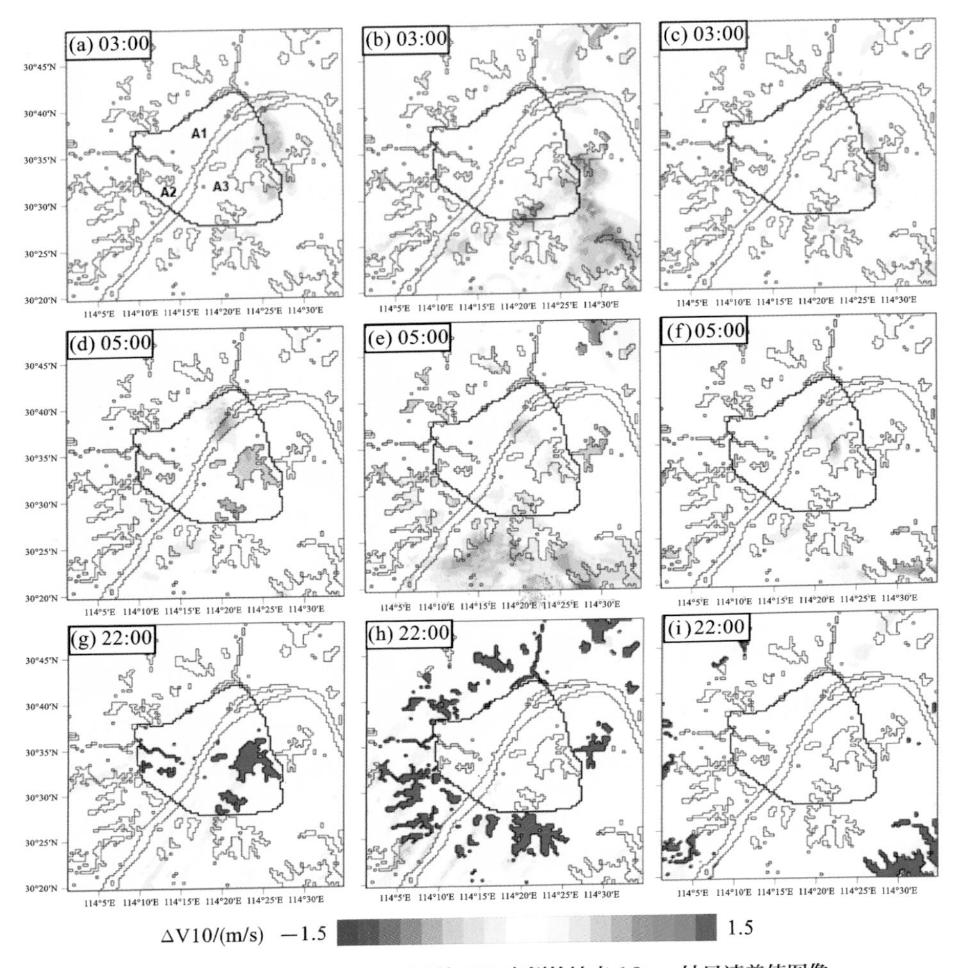

图 6-17　DL、CSL、OSL 案例与 NL 案例的地表 10 m 处风速差值图像

（a）DL 3：00；（b）CSL 3：00；（c）OSL 3：00；（d）DL 5：00；（e）CSL 5：00；（f）OSL 5：00；（g）DL 22：00；（h）CSL 22：00；（i）OSL 22：00

段基本没有受到局地热力作用的影响。

而后，本小节对风速最低的3：00时段的城市中心区静风区情况进行了统计，依然采用5.3.3节中介绍的，基于国家发布的《风力等级》的划分方法，结果如图6-19所示。对比DL、CSL、OSL与NL案例的结果后可知，近郊区的水体是导致城市中心区东南角形成大面积静风区的原因。而DL对城市中心区东北、东南部分区域造成了小规模的弱风区增加（0.25～0.5 m/s），主要出现在东湖的北部与南部。OSL案例与NL案例没有明显的差异，说明远郊区水体只对城市中心区内部静风区造成了零碎的增加。

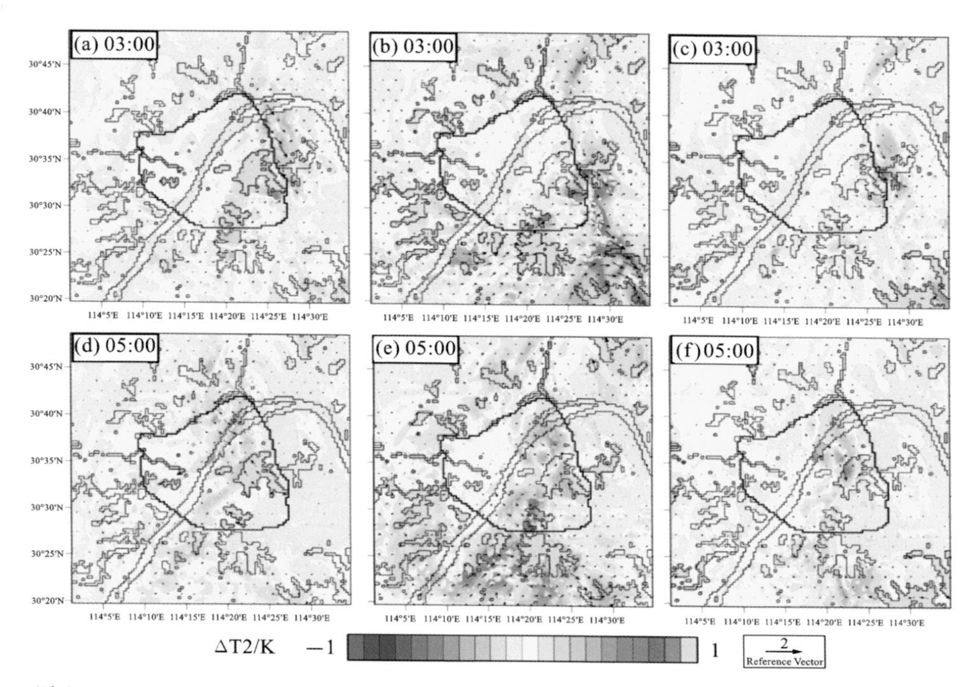

图 6-18 DL、CSL、OSL 案例与 NL 案例的地表 10 m 处矢量风速差叠加 2 m 处气温差值图像

（a）DL 3：00；（b）CSL 3：00；（c）OSL 3：00；（d）DL 5：00；（e）CSL 5：00；（f）OSL 5：00

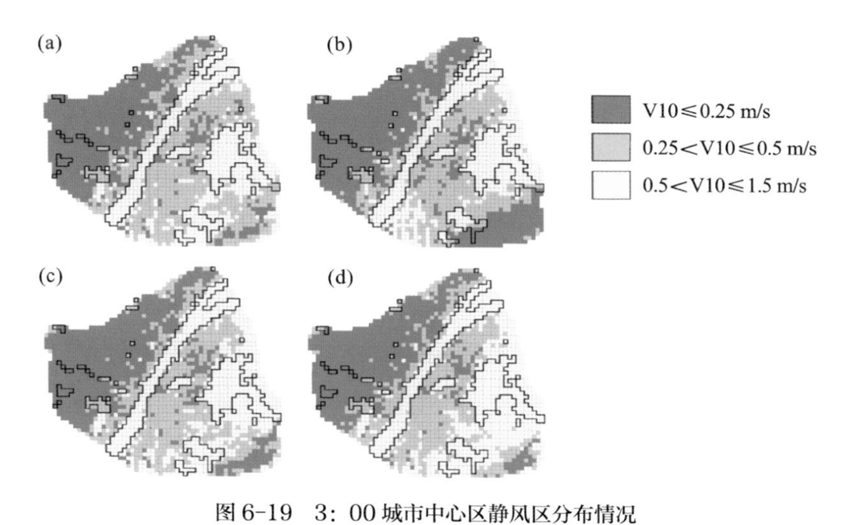

图 6-19 3：00 城市中心区静风区分布情况

（a）DL 案例；（b）CSL 案例；（c）OSL 案例；（d）NL 案例

为了更好地描述图6-19中展示的水网不同圈层对城市中心区风速的影响情况，图6-20（a）、（b）分别统计了城市中心区地表10 m处的平均风速与陆面平均风速，图6-20（c）、（d）则为城市中心区静风区比例与静风区比例差值（圈层案例-NL案例）。

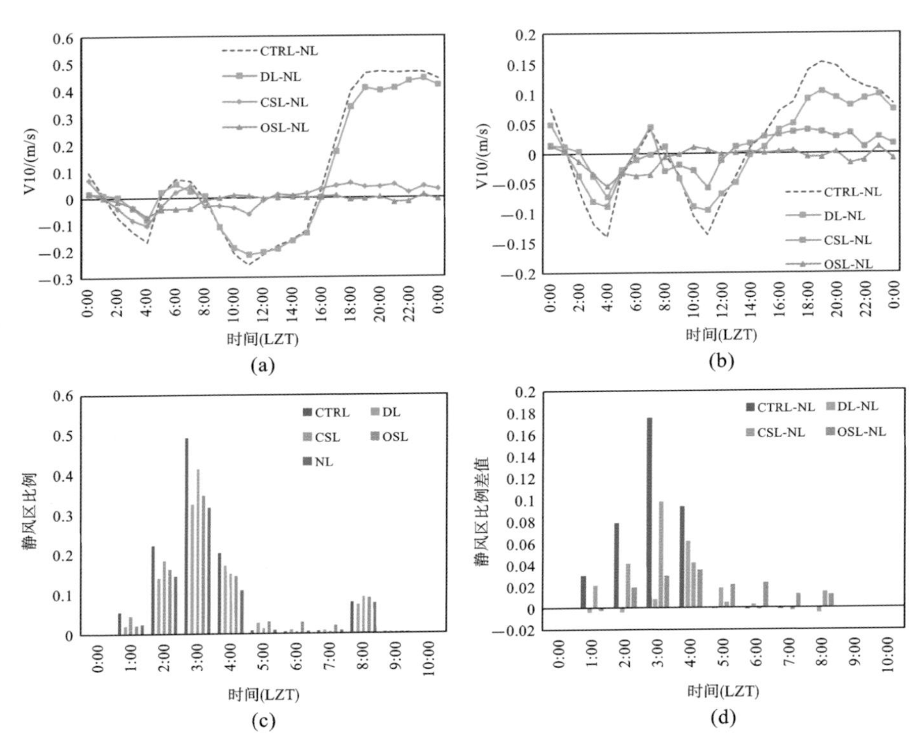

图6-20　DL、CSL、OSL案例与NL案例的地表10 m处风速差

（a）城市中心区平均值；（b）城市中心区陆面平均值；

（c）城市中心区中静风区比例；（d）静风区比例差值（圈层案例-NL案例）

在3：00—5：00的静风阶段，由图6-20（a）可知，三个圈层共同作用削减了城市中心区平均风速，CSL的影响略强，削减幅度最高为0.1 m/s，DL与OSL相近，最高为0.07 m/s左右。虽然该时段各圈层水网的影响幅度均较小，但需要注意的是该时段城市中心区的平均风速只有不到0.4 m/s，因此水网的影响也不能忽略。对于该时段的静风区占比情况，通过图6-20（c）、（d）可知，CSL起主要作用，在风速最弱的3：00增加了10%的静风区区域，在2：00与4：00增加了4%，这与图6-19中的结论相符。

在风速得到较大提升的日间，由图6-20（a）可知，DL对城市中心区风速的影响程度凸显，开始占据主导地位，这是因为平均值计算了水体对自身上空风速的影响。在下午到晚间风速不断增强的同时，DL对风速的增加幅度也在不断增强，在晚间达到0.4 m/s的增幅。这也是因为背景风越强，水体低粗糙度表面对通风能力带来的提升作用也越明显。而对于CSL，在下午至晚间基本保持在0.05 m/s左右的增加幅度，没有随背景风增强发生明显变化。OSL的影响依然极小。

对于图6-20（b）所展示的城市中心区陆面平均值，在静风时段受各圈层影响的强弱与城市中心区平均值类似。而在风速较高的日间与晚间，由于水体对自身上空风速的影响被剔除，DL的影响幅度骤减。但DL仍在白天的风速降低与晚间的风速增加作用中占据主导地位，在午间有0.1 m/s的降低，晚间有0.1 m/s的升高。这说明了在热力作用较弱的秋季，城市中心区水体不仅改善了自身上空区域的通风条件，对整个城市的通风效果提升也起到了重要的作用。

随后，研究对Area1～Area3区域的风速情况进行了分别统计，展示于图6-21中。由图6-21可知，对于Area1而言，无论是早间的静风时段，还是晚间的强风时段，其受水网的影响均非常小。相对而言，在静风时段，主要受到DL与OSL的共同影响，幅度在0.1 m/s以下，而在晚间则受CSL影响较大。对于Area2，在静风时段，该区域受水网的影响作用是最小的，几乎无法被观察到，在白天与晚间，DL则对风速的影响占支配地位。对于水体资源最丰富的Area3区域，在静风时段受三个圈层共同作用，CSL降低幅度最大，而在白天及夜间，DL则占绝对支配地位，造成了在午间约0.4 m/s的水平风速降低作用以及晚间超过0.6 m/s的提升作用。此外，图6-21（d）还展示了不同圈层对Area3区域在3：00时的静风区比例影响。同样可以看出，主要是CSL造成了Area3区域15%的静风区数量增加，而DL与OSL造成了3%左右的次要增加，这定量地描述了图6-19中的观察结果。

总而言之，在静风时段，Area1与Area2区域的风速受水网的影响幅度很小，而Area3受近郊区水网影响最明显。在非静风时段，Area1受近郊区水体影响最强，而Area2与Area3均受城市中心区水体影响最强。远郊区水体对城市中心区风速的影响一直非常低。

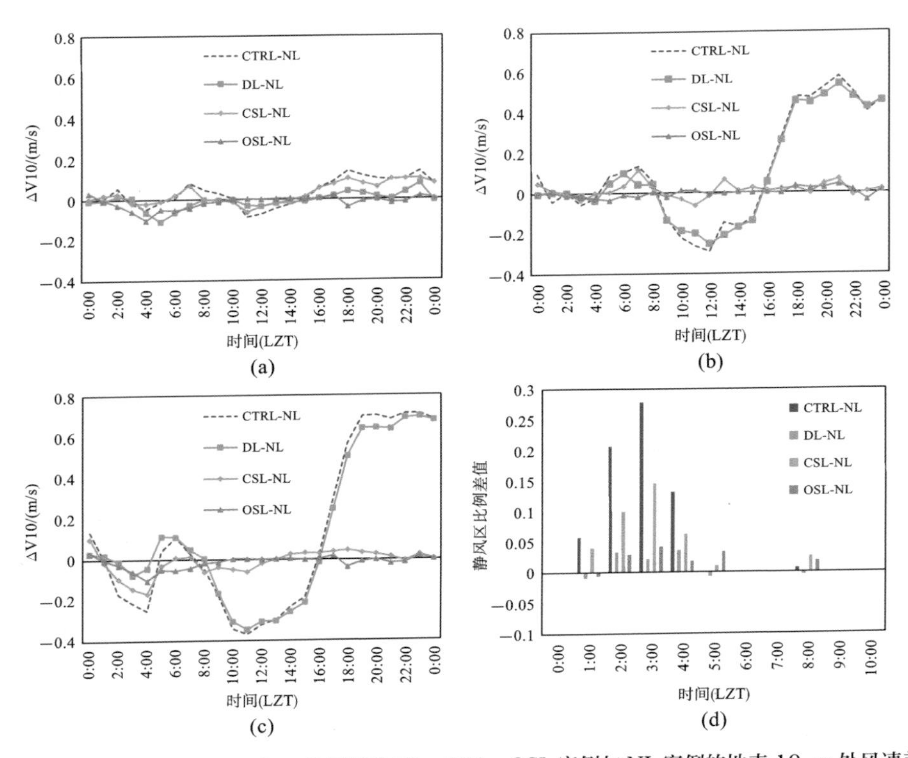

图 6-21　Area1、Area2、Area3 区域的 DL、CSL、OSL 案例与 NL 案例的地表 10 m 处风速差

（a）Area1 逐时统计结果；（b）Area2 逐时统计结果；

（c）Area3 逐时统计结果；（d）Area3 静风区比例差值

3.不同圈层水体对秋季垂直层气象场的影响

首先，需要借助城市中心区上空的平均气温随时间与高度变化的趋势图来阐述不同圈层的水体对于城市中心区近地表层气温的提升情况，以评估哪部分水体对削弱静风天气下的逆温现象效果最明显。图6-22展示了由不同圈层的水体造成的城市中心区上空的平均气温差（圈层案例-NL案例）随时间与高度变化的趋势，由图6-22（a）、（b）、（c）可看出DL、CSL、OSL案例的横向对比结果。

不难发现，对于温度最低的4：00—6：00间的近地表层气温而言，CSL的升高作用最明显，在200 m以下能够达到0.1～0.15 K，而DL只能在100 m以下造成0.1 K的气温升高。但不管是哪一部分，在该时段对温度升高的作用均远低于水网整体带来的效果，水网整体能够带来近地表层最高0.25 K的升温，这说明需要保全水网的整体性才能发挥缓解秋季早间辐射逆温的效果。对于日间气温的影响而言，DL对低层大气的降温效果是最强的，在8：00—12：00间能造成最大0.25 K的降温，而CSL位列其次，最大只有0.1～0.15 K的温降幅度。此外，OSL对城市中心区垂直层气温的影响几乎可以忽略不计。

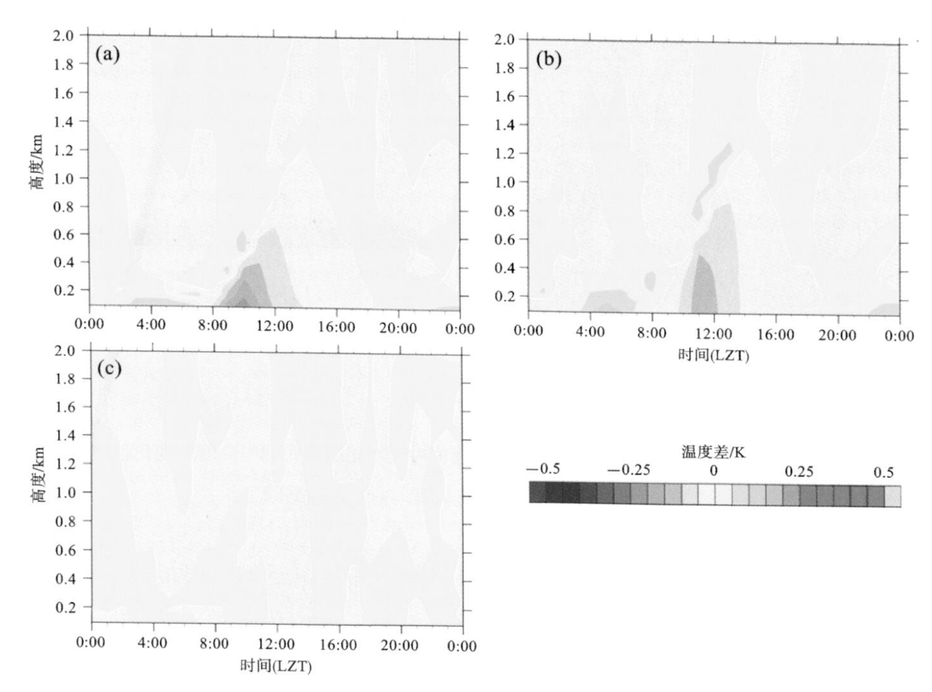

图 6-22　DL、CSL、OSL 案例与 NL 案例气温差值随时间与高度的变化趋势

（a）DL 案例；（b）CSL 案例；（c）OSL 案例

而后，前文第4章已论述，由于静风条件抑制了空气流动带来的水分蒸发，早间低温抑制了热力导致的水分蒸发，而水网的存在升高了近地表层的大气温度，使得静风、低温条件下早间的空气相对湿度反而变得更低，有利于抑制颗粒物的聚积与二次转化。因此本书这里希望探明哪部分水体对城市中心区近地表大气的相对湿度的降低作用最明显。图6-23展示了由不同圈层的水体造成的城市中心区上空的平均相对湿度差（圈层案例-NL案例）随时间与高度变化的趋势，由图6-23（a）、（b）、（c）可看出DL、CSL、OSL案例的横向对比结果。

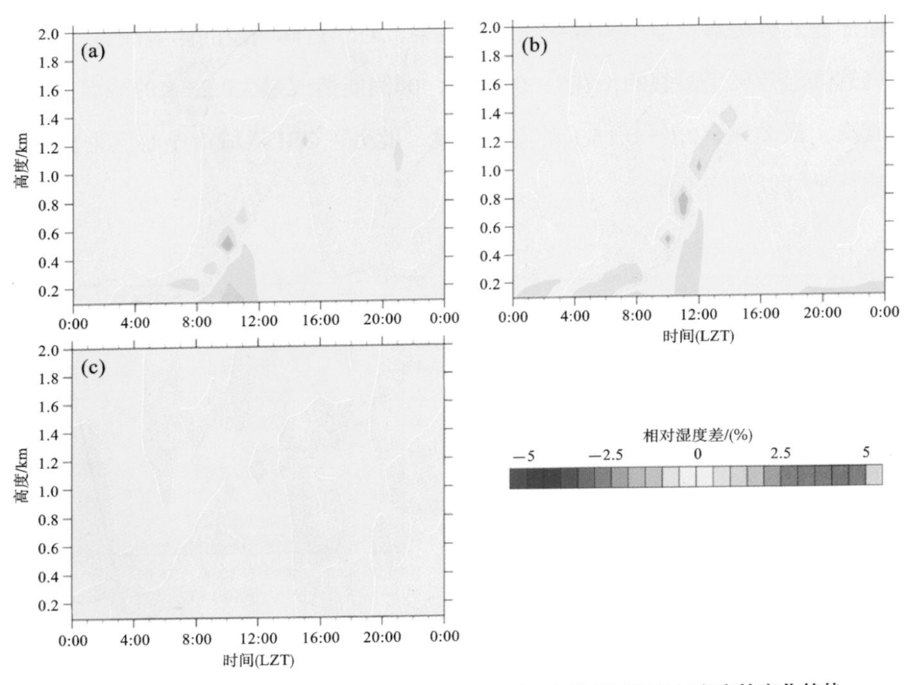

图6-23　DL、CSL、OSL案例与NL案例相对湿度差值随时间与高度的变化趋势

（a）DL案例；（b）CSL案例；（c）OSL案例

显而易见的是，在4：00—6：00，CSL对城市中心区近地表层相对湿度的降低作用相对最强，起到1%的降低效果，但也远不如水网整体所带来的2%。DL仅在4：00时出现了非常短暂的、幅度约1%的相对湿度降低，但持续时间短，影响范围小。在日间时段，DL对城市中心区平均相对湿度的增加效果最为明显，为1.5%左右，而CSL其次。此外，还能发现在凌晨的0：00—2：00，以及晚间19：00—24：00的非静风时段，CSL对近地表处的相对湿度有1%的提升作用，DL对相对湿度也有微小的提升作用趋势。这也说明，当风速达到一定值时，各圈层的水网便开始增加相对湿度了。

最后，本节依然使用了剖面图来探究在静风时段，水网的不同圈层对空气垂直运动的促进效果，以判别哪部分水网能在静风天气下促进空气污染物向高空疏散。图6-24与图6-25分别展示了3：00与5：00的垂直剖面情况。

不难发现，将水网拆成3部分独立的区域后，水网对热力作用本就较弱的秋季日出前时段的气候影响大打折扣，在空气垂直运动与近地表气温升高上均有体现。在

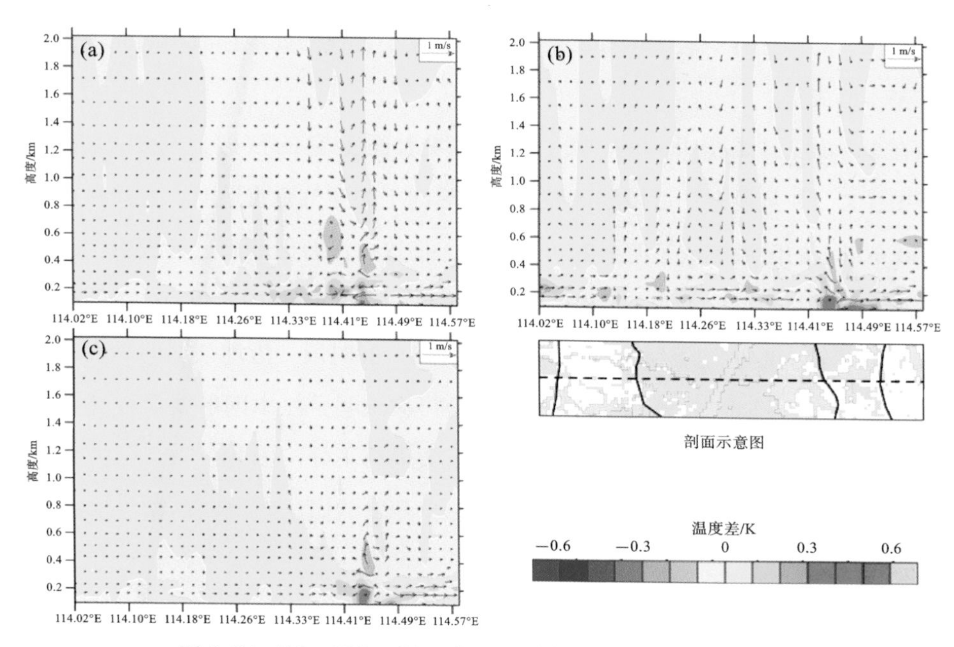

图 6-24　DL、CSL、OSL 对 3：00 剖面矢量风速与气温的影响

（a）DL-NL；（b）CSL-NL；（c）OSL-NL

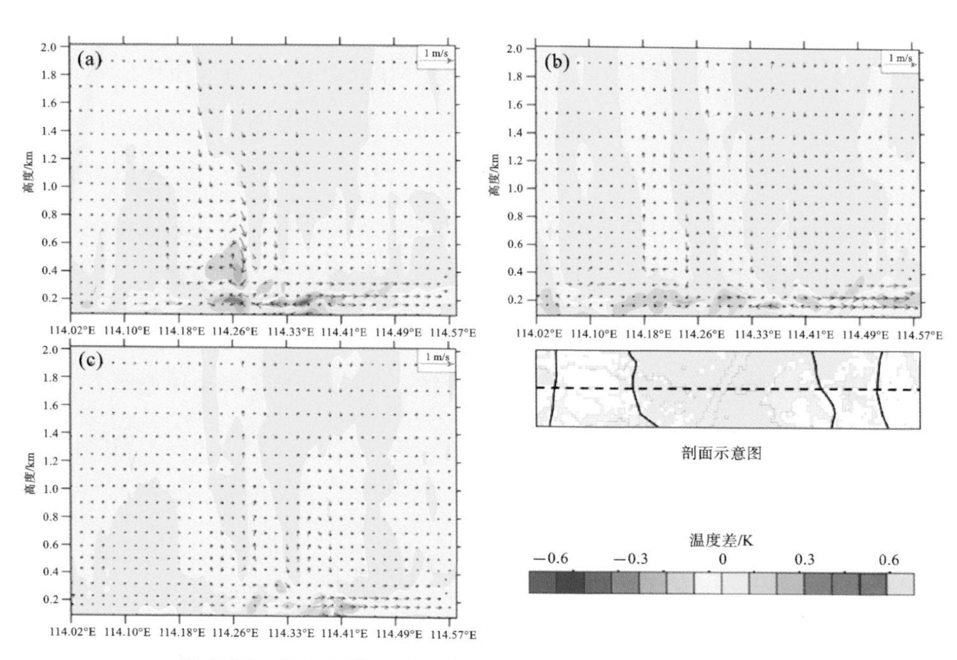

图 6-25　DL、CSL、OSL 对 5：00 剖面矢量风速与气温的影响

（a）DL-NL；（b）CSL-NL；（c）OSL-NL

之前的图5-37中还存在较为明显的热力差，以及小规模的局地环流和湍流现象，而现在基本消失了。

在3：00，DL提升了沙湖、东湖区域水面上空的气温，提升幅度仅有0.2～0.3 K，并且没有在近地表区域形成明显向上的空气垂直运动。虽然在东湖区域300 m以上的区域形成了明显的垂直运动，但这并没有影响到近地表层，因此聚集在城市冠层内的污染物并不会随之向高空疏散。在此时段内，仅有CSL的严西湖区域形成了较弱的近地表空气垂直运动。而在5：00时段，近地表层的垂直运动趋势进一步减弱，基本被静稳天气所控制。这再次说明了，水网形成局地环流需要各圈层水网的共同作用，每一部分单独作用效果都不好，因此仅重点保护城市中心区的水体，而对其他区域的水体肆意侵占、开发的做法对水网的微气候调节效果损害是巨大的。

6.3 不同方位城市水网微气候调节作用

本节旨在通过案例分析进一步探讨不同象限的城市水体对城市中心区微气候的影响。为达到这一目的，本节按照前文提出的“八象限-圈层”方法，针对不同城市方位的水体设置了3组案例，分别为保留上风向水体（UP）、保留侧向水体（SIDE）及保留下风向水体（DOWN）。此外，武汉市发布的《武汉市湖泊保护条例》规定禁止建设活动侵占城市中心区湖泊水体，故为符合实际情况，本节中的三组案例均保留城市中心区水体，每组案例均模拟了夏季与过渡季（秋季）两种情况，案例的设置详情见6.1.2节。本节的主要目的在于探究位于城市中心区各方位的郊区水体对城市中心区水体的联合与促进作用，并且可以为武汉市今后的城市扩张及生态资源保护与开发提供理论借鉴。

6.3.1 不同方位水体对夏季高温天气的影响

1.不同方位水体对夏季地面气温的影响

UP（上风向水体）、SIDE（侧向水体）、DOWN（下风向水体）案例的结果分别与所有水体被替换为旱地的NL案例进行了差值计算，结果展示于图6-26中。

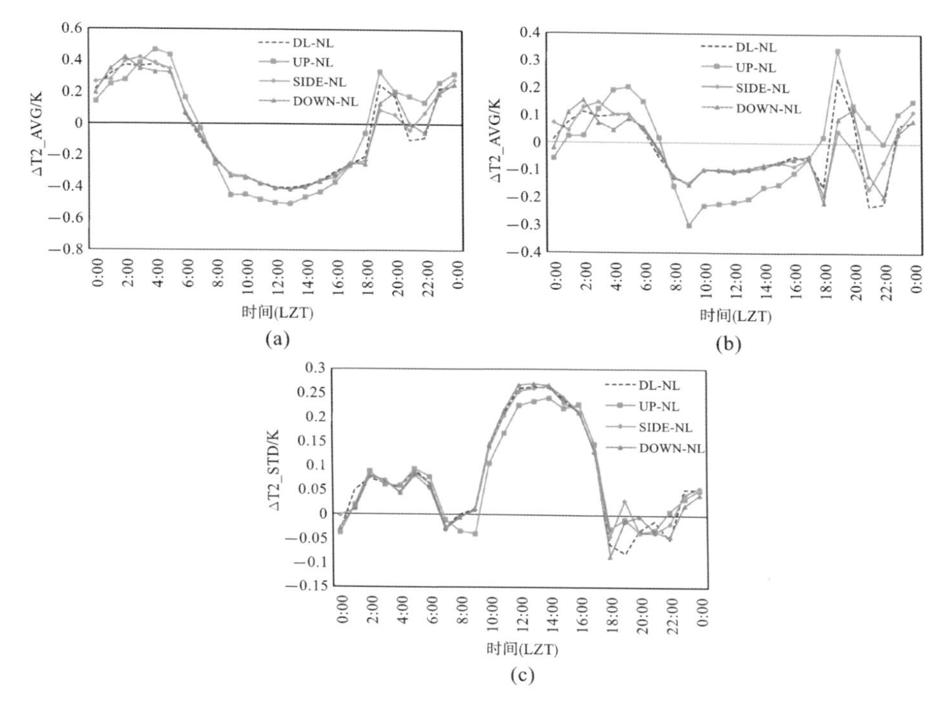

图 6-26 UP、SIDE、DOWN 案例与 NL 案例的地表 2 m 处气温差

（a）城市中心区平均气温差；（b）城市中心区陆面平均气温差；（c）城市中心区气温标准差之差

由图6-26（a）可知，SIDE与DOWN的曲线基本与DL杂糅在一起，而UP曲线有明显区分度，在后半夜相比DL有0.1 K的增幅，白天有0.1 K以上的降幅。这说明总体而言上风向水体对城市中心区气温的影响明显高于其他两个方位。图6-26（b）反映了不同方位的水体对城市中心区陆面平均气温的影响，UP在日间与夜间相比DL单独作用也有0.1 K左右的升降幅度。在前半夜UP对城市陆面起到了降温作用，而SIDE是升温作用。此外还能发现，在晚间时段UP削弱了水网在21：00—22：00的降温效果，使得水网体现出日间降温、晚间升温的规律作用，这也表明了6.2节研究中近郊区水体造成的晚间城市中心区升温效果可能主要是由上风向部分造成的。而对于标准差而言，UP则在日间对标准差有着不到0.05 K的小幅降低作用，主要是由于其对城市中心区的降温效果最好，从而使得城市间的热力差异相对减弱。

而后，图6-27直观展现了不同方位的水体在午间11：00与晚间22：00对研究区域的气温影响趋势。

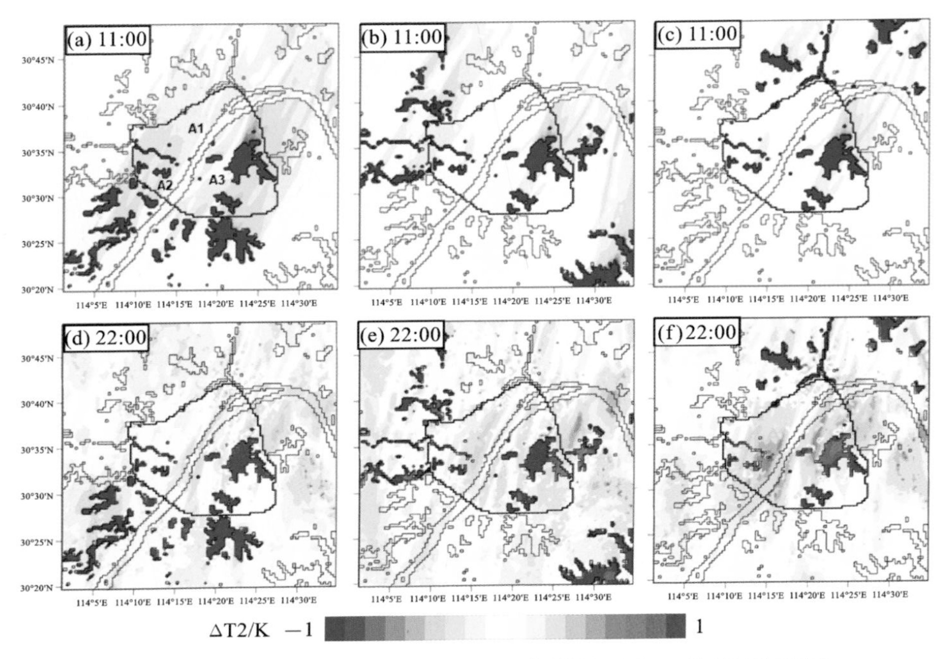

图6-27　UP、SIDE、DOWN案例与NL案例的地表2 m处气温差值图像

（a）UP 11：00；（b）SIDE 11：00；（c）DOWN 11：00；（d）UP 22：00；（e）SIDE 22：00；（f）DOWN 22：00

由图6-27（a）、（b）、（c）不难发现，对于午间时段，UP降温效果最为明显，上风向水体造成的降温效果覆盖了城市中心区的绝大部分地区。SIDE对城市中心区的降温效果则明显较弱，仅西部边缘处于降温区的覆盖中。DOWN则与DL单独作用的效果并无差异。而通过图6-27（d）、（e）、（f）可知，对于热岛最严重的晚间时段，与DL单独作用时的结果相比，DOWN与其最为相似，SIDE则使得降温作用明显减弱，而UP减弱更加明显，并使得西部转化为升温作用，这呼应了图6-26中UP削弱了水网晚间的降温作用的结果。

总体来说，在白天，位于城市中心区上风向区域的水体带来的降温效果最强，然而晚间带来的升温效果也最明显。侧向与下风向水体的影响相对较弱。

而后，为了更加定量化地分析各方位的水体对城市中心区不同区域的气温影响，统计了它们对Area1～Area3的作用情况，如图6-28所示。

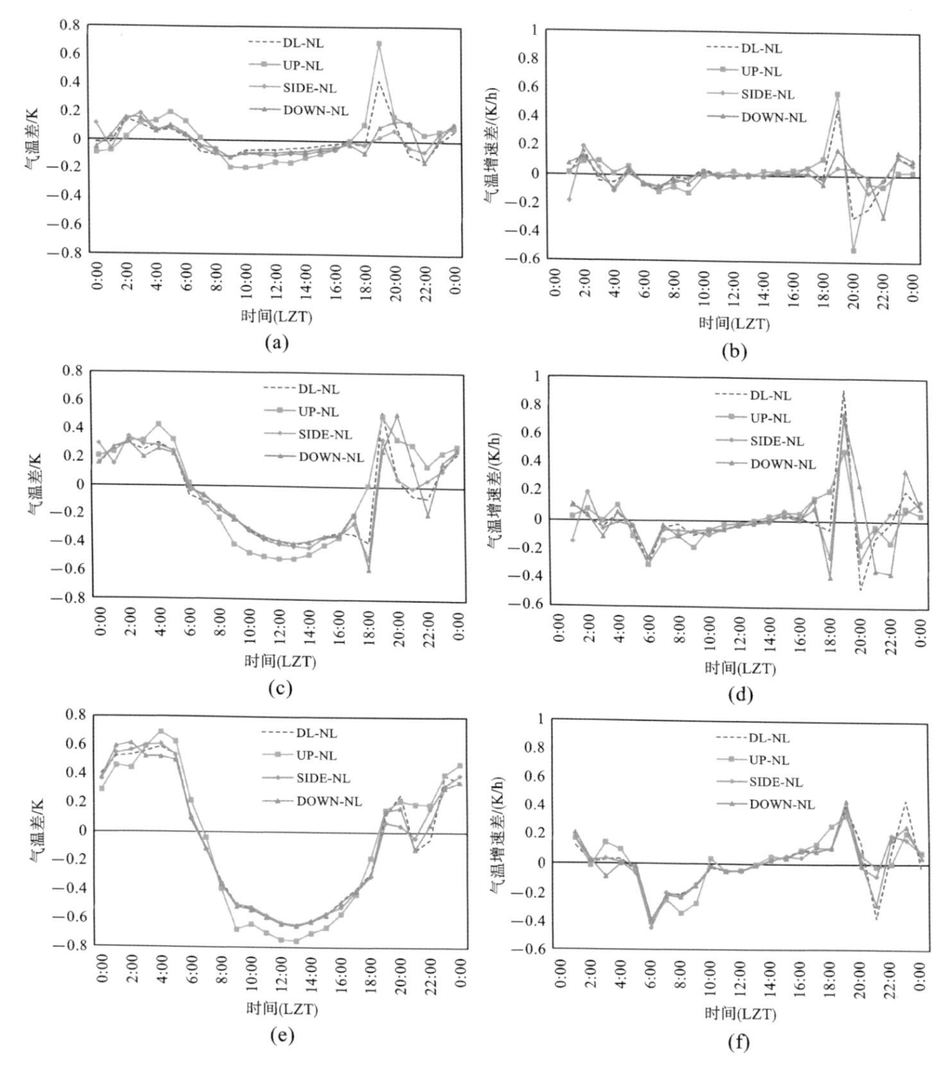

图6-28　Area1、Area2、Area3区域的UP、SIDE、DOWN案例与NL案例的地表2 m处气温差与气温增速差

（a）Area1气温差；（b）Area1气温增速差；（c）Area2气温差；（d）Area2气温增速差；（e）Area3气温差；（f）Area3气温增速差

对于Area1，与DL相比，UP带来的日间增幅在0.1 K左右，而在晚间则高达

0.2 K。SIDE和DOWN降低了日落初期18：00—19：00的升温，可能是它们为城市热量随主导风向疏散提供了通路的原因。在图6-28（b）所示的对气温增速的影响中可看出，UP对早间增速的降低也起着主要作用，而在日落初期对气温的降低呈阻碍作用，随后转化为促进作用，说明UP的存在延迟了城市中心区气温发生骤降的时间。

对于Area2而言，依然是UP的作用最为明显，影响幅度更大，在上午升温时段的温度降幅高达0.2 K，这主要是因为Area2距离上风向水体更近，因此受到的影响最直接。在晚间相较Area1更为缓和，UP全面压制了水网的降温效果。而对于气温增速而言，UP阻止了城市中心区晚间的快速降温，对气候的稳定起到了最明显的作用。

对于Area3，UP对日间降温的影响不如Area2，但比Area1要高，影响幅度为0.1～0.15 K。这主要是因为Area3的面积较大，上风向水网主要只影响到城市中心区的南部区域，而北部区域的降温主要是由DL水体作用的结果。此外还能发现，在Area3，UP的水网对气温造成的影响是最稳定的，呈增强夜间升温—增强白天降温—增强晚间升温的趋势，而其余两个区域在日落后都存在不同程度的波动。

总体而言，上风向水体对各区域的气温影响都是最大的，且离上风向水体越近的区域受影响越明显，且Area3受上风向水体的影响最稳定。

2.不同方位水体对夏季地面风速的影响

图6-29展现了水网的不同方位对研究区域午间11：00与晚间22：00的风速大小的作用情况，图6-30则展现了其对风向的偏转情况，两个时段的主导风向均为南偏西。

由图6-29（a）、（b）、（c）中11：00的结果可以看出，相对于DL，除去水体对其本身上空的风速影响，UP增强了城市中心区东南部（即汤逊湖与南湖下风向区域）的风速，并小幅增加了城市中心区西部的风速。SIDE与DOWN带来的额外风力提升的影响范围似乎没有覆盖到城市中心区。同时通过对比图6-30（a）、（b）、（c）的结果可以看出，UP带来的额外降温使得城市中心区西部与南部区域形成了更强的风力偏转，由降温区指向周边温度较高的区域，这更加有利于扩散水体的降温效果。

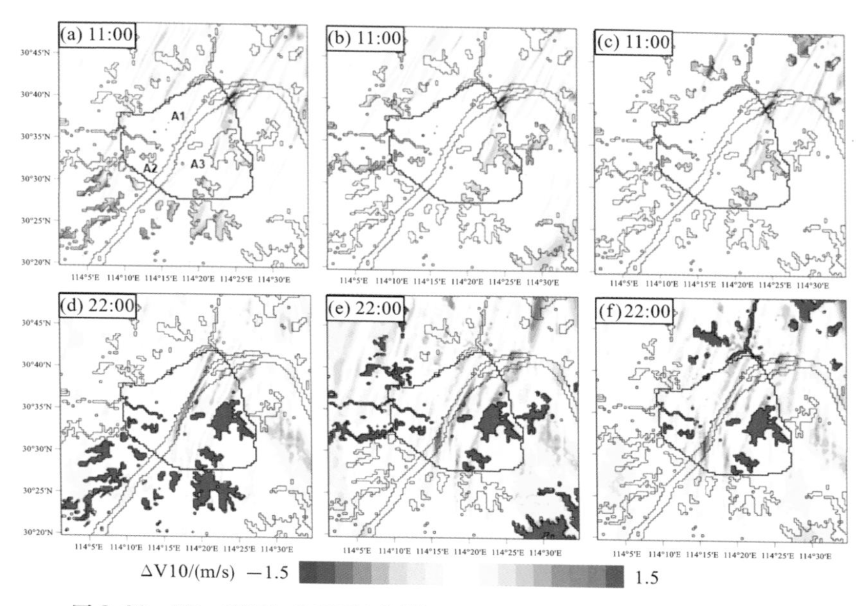

图 6-29　UP、SIDE、DOWN 案例与 NL 案例的地表 10 m 处风速差值图像

（a）UP 11：00；（b）SIDE 11：00；（c）DOWN 11：00；
（d）UP 22：00；（e）SIDE 22：00；（f）DOWN 22：00

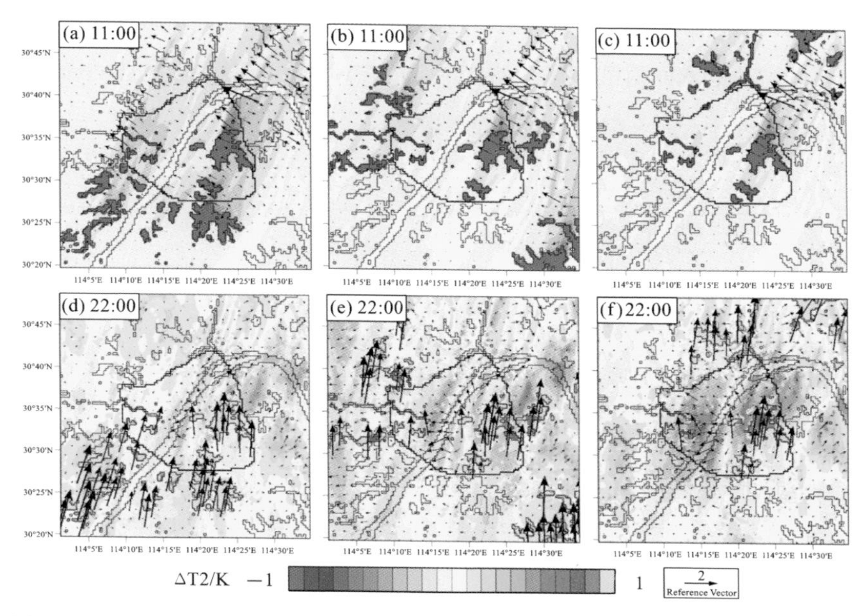

图 6-30　UP、SIDE、DOWN 案例与 NL 案例的地表 10 m 处矢量风速差叠加 2 m 处气温差值图像

（a）UP 11：00；（b）SIDE 11：00；（c）DOWN 11：00；
（d）UP 22：00；（e）SIDE 22：00；（f）DOWN 22：00

在晚间22：00时段，不难发现，UP对城市中心区风速的增加效果由最强转为最弱。在晚间时段，城市气温降低的主要途径是自然通风所导致的废热向城外的输送，而位于上风向的水体并不能提供这样的空气通道。而SIDE与DOWN区域的水体对城市中心区风速的影响更强，且SIDE更偏向于提升城市中心区内部的风速，而DOWN则对城市中心区下风向区域的风速提升作用更为明显，这可以很好地帮助城市热量的疏散。

总体而言，在白天，上风向水体对风速的提升作用略强，而在晚上，下风向与侧风向水体对城市通风能力的增强效果则明显得多。

图6-31分别统计了城市中心区地表10 m处的平均风速与陆面平均风速。由图6-31（a）可看出，在从4：00开始的早间时段，UP对风速的提升作用最强，比DL高出最多0.2 m/s。而后随着时间推移慢慢降低，在午间至日落时段与SIDE和DOWN差不多。而在日落后的时段内，SIDE与DOWN在19：00左右太阳辐射消失导致气温急剧降低的时间段内对风速的提升作用突然降低，随后在热岛最强的晚间时段内表现出更强的风速提升效果，增幅比DL单独作用的效果最多高出0.1 m/s，这与图6-28中得出的结论相符。对于图6-31（b）中展示的城市中心区陆面平均风速的结果，可以看出不同方位的水网对陆面风速的作用强度在趋势上与对平均风速的影响基本相同，仅由于未统计水面上空的风速从而导致数值较低。

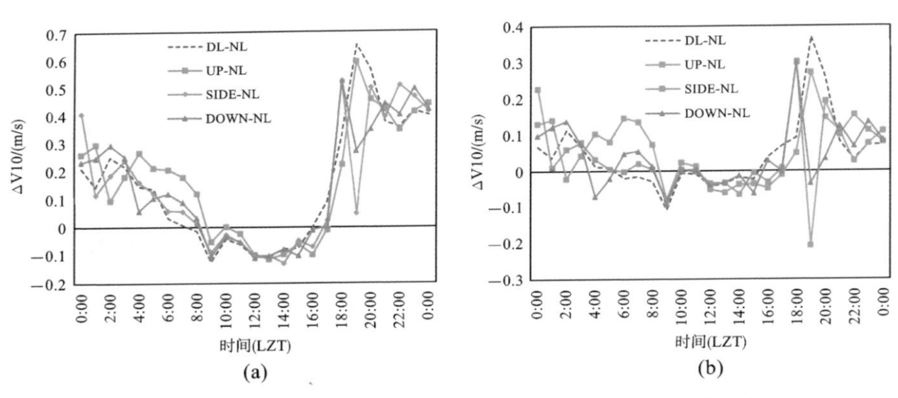

图6-31　UP、SIDE、DOWN案例与NL案例的地表10 m处风速差

（a）城市中心区平均值；（b）城市中心区陆面平均值

图6-32则对Area1～Area3区域的风速情况分别进行了统计，并计算了不同时段

内的平均影响。其中，凌晨时段为2：00—5：00的平均值，午时为12：00—15：00的平均值，晚间为20：00—23：00的平均值。

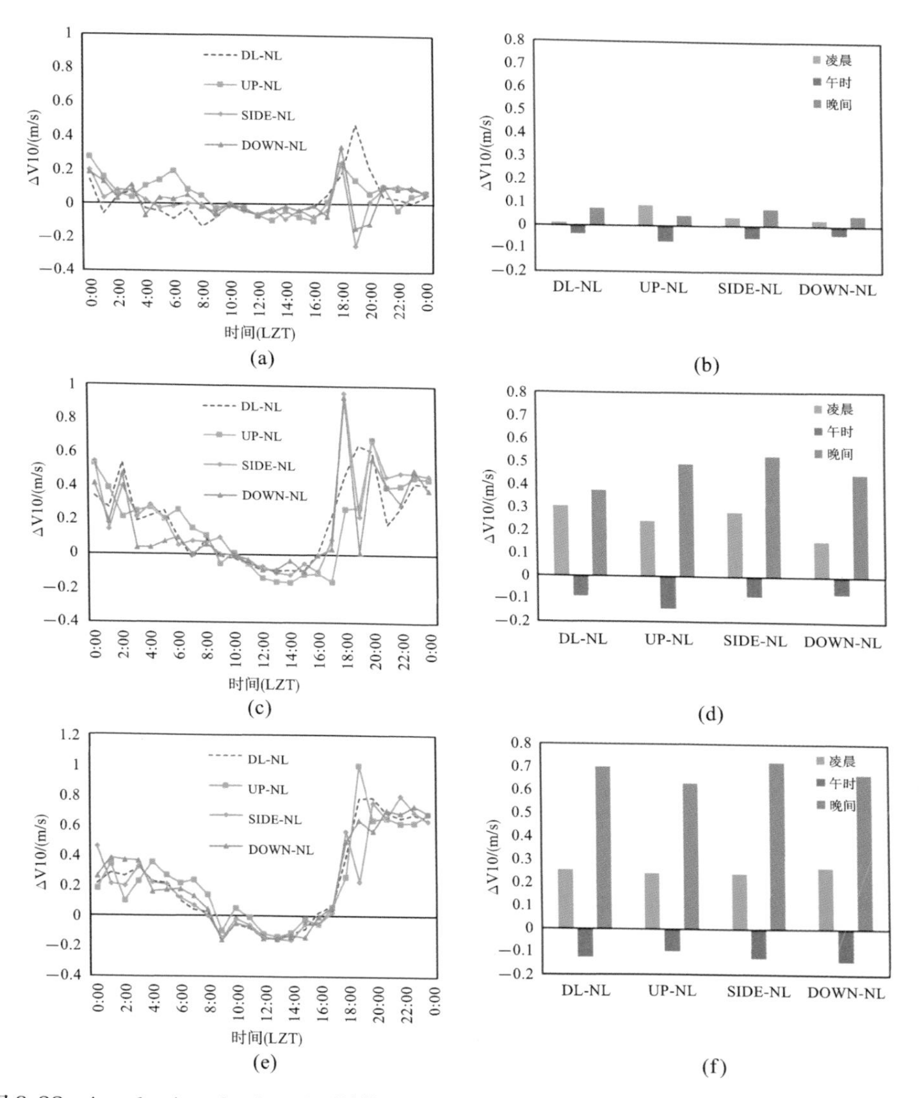

图 6-32　Area1、Area2、Area3 区域的 UP、SIDE、DOWN 案例与 NL 案例的地表 10 m 处风速差

（a）Area1 逐时统计结果；（b）Area1 分时段统计结果；（c）Area2 逐时统计结果；（d）Area2 分时段统计结果；（e）Area3 逐时统计结果；（f）Area3 分时段统计结果

对Area1而言，该区域的风速依然受水网的影响最小。相对而言，在凌晨时段，UP对Area1的风速提升效果最明显，达到0.2 m/s，而DL单独作用时则起到了约

0.5 m/s的风速降低效果。在午间时段，对风速的降低作用呈UP>SIDE>DOWN。而在晚间时段SIDE对风速的提升作用最强。

对于Area2，相对于DL单独作用的风速提升效果而言，在凌晨时段，UP、SIDE、DOWN对风速的提升作用均有不同程度的削弱。在午后，UP对风速的降低作用最强。而在晚间时段内，三个方位都带来了额外的风力增强，增强幅度呈SIDE（0.15 m/s）>UP（0.1 m/s）>DOWN（0.07 m/s）。

对于Area3，可以观察到凌晨至早间阶段，UP带来的风力提升作用最大。而在午后及晚间，三个方位的水体所带来的额外风速变化相对于Area1与Area2更小。

总体而言，城市中心区两侧的水体在晚间时段对各区域均起到了最强的风力提升作用。上风向水体在日出前的风速提升作用较明显，但Area2区域除外。Area3区域受城市中心区以外的水体影响程度最小。

3.不同方位水体对夏季垂直层气象场的影响

图6-33展示了由不同方位的水网造成的城市中心区上空的平均气温差（水网案例-NL案例）随时间与高度变化的趋势，由图6-33（a）、（b）、（c）可看出UP、SIDE、DOWN案例的横向对比结果。

同地面气温一样，UP对日间城市中心区上空低层大气的降温起到了最明显的效果，降温高度（2 km）、最大降温幅度（0.3 K）与温降时间（8：00—16：00）均几乎与图5-19所示的水网整体带来的影响相同。但与水网整体相比，UP在0：00—2：00间起到的是降温作用而非升温作用，这与前文中图6-26（b）得出的是SIDE带来了前半夜气温升高，而UP带来了前半夜气温降低的结果相符。

对于SIDE与DOWN，可以观察到两者对垂直气温的作用程度均相同，且在白天的温降幅度与DL类似，这也再次证明了白天城市中心区的气温降低受到上风向水体影响最显著的结论。此外，可以发现在SIDE与DOWN案例中，20：00—23：00均在城市上空600 m以下区域出现了最高可达0.3 K的气温降低，而在UP案例中则要弱得多。由此可以说明，日间主要通过上风向水网带来冷空气来降低城市中心区的气温，而在晚间则主要通过下风向的水网提供良好的通风条件，以促进城市积热随主导风向的疏散。

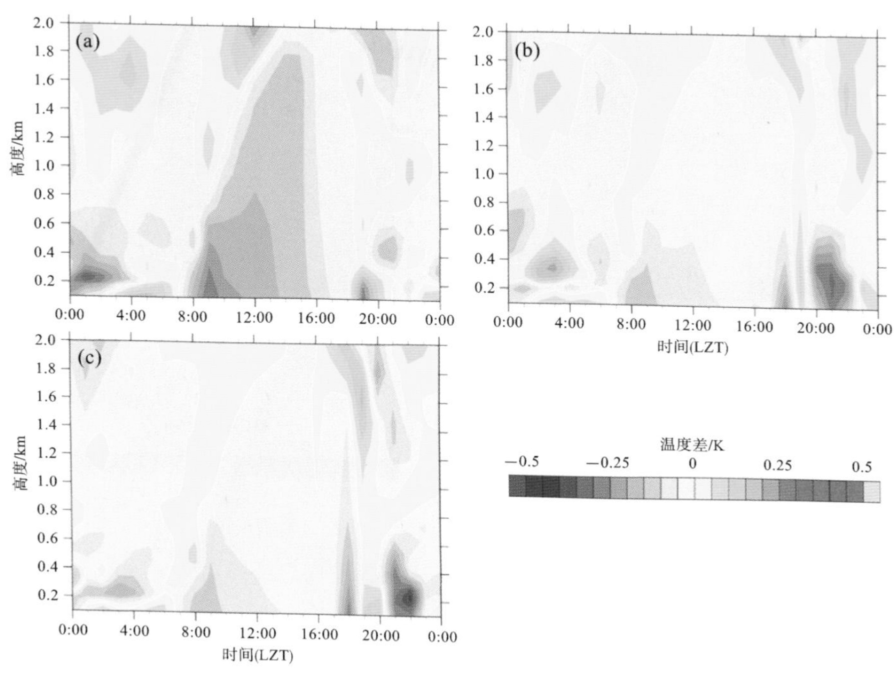

图 6-33　UP、SIDE、DOWN 案例与 NL 案例气温差值随时间与高度的变化趋势

（a）UP 案例；（b）SIDE 案例；（c）DOWN 案例

图6-34展示了由不同方位的水网造成的城市中心区上空的平均相对湿度差（方位案例-NL案例）随时间与高度变化的趋势。对比图6-34（a）、（b）、（c）可以得知，在温度较高、风速正常的夏季时段，城市中心区上风向水体对城市中心区低层大气的相对湿度的提升作用最为明显，与城市中心区水体共同作用时，在凌晨到日出前的时段对200 m以下区域的增幅接近5%，而在日间对2 km以下的空间也有1.5%～2.5%的增幅。这与水网整体的作用效果相似，说明夏季水网对城市中心区湿度增加的作用绝大部分是由城市中心区与上风向水体共同作用导致的。

最后，本书同样针对空气的垂直运动情况与气温分布，对水网不同方位对剖面气象场的影响程度进行了分析。

由图6-35可以观察到，在午间11：00时段，UP对剖面气温以及环流强度的影响均是最强的，且与水网整体作用的结果相近，说明城市中心区水体与上风向水体共同作用控制了城市中心区的环流场。在对于西部区域的环流解释上，最终可以得出

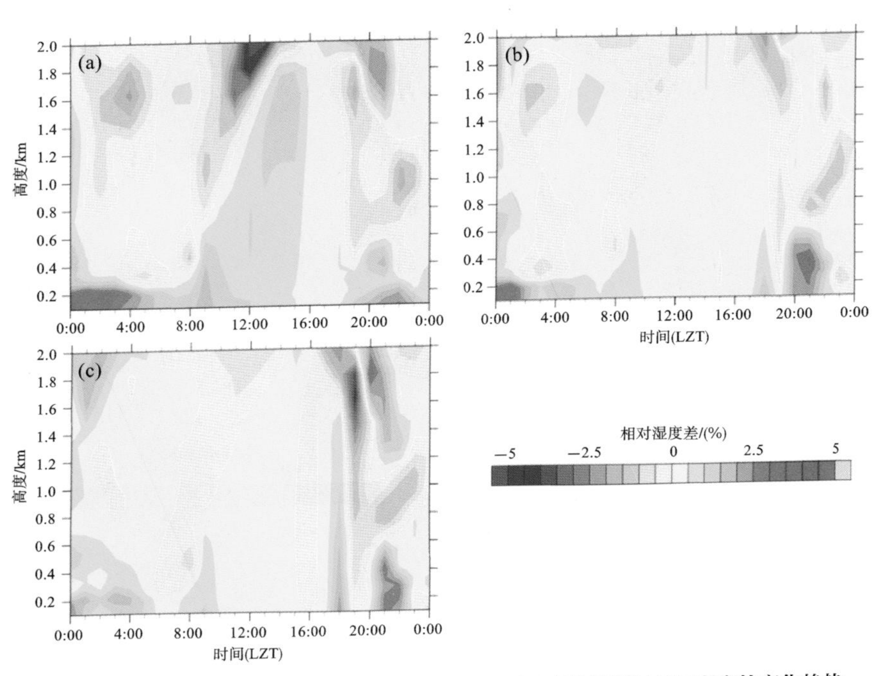

图 6-34　UP、SIDE、DOWN 案例与 NL 案例相对湿度差值随时间与高度的变化趋势

（a）UP 案例；（b）SIDE 案例；（c）DOWN 案例

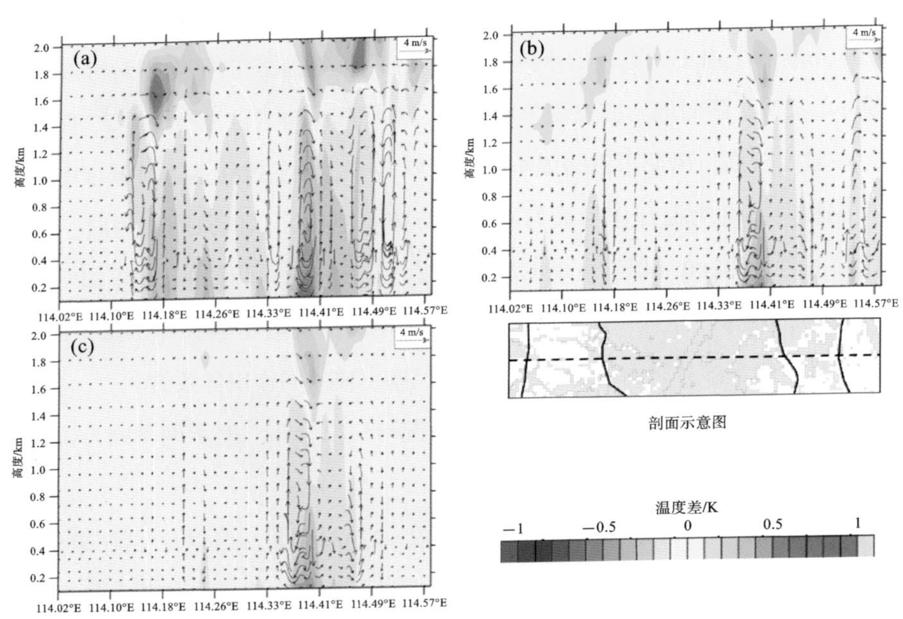

图 6-35　UP、SIDE、DOWN 案例对 11：00 时段剖面矢量风速与气温的影响

（a）UP-NL；（b）SIDE-NL；（c）DOWN-NL

该区域的温降与环流是由后官湖所导致的，可以看出水体在炎热的夏季日间对其下风向区域的微气候调控能力非常可观。此外，我们还能看出侧向水体对剖面气温与环流存在较弱的影响，但并没有影响到城市中心区，而下风向水体对城市中心区水体调控垂直气象场基本没有提供帮助。

由图6-36可以得知，在晚间22：00时段，情况则与午间截然相反。在午间对垂直影响能力增幅最强的UP没有起到增长的作用，反而起抑制作用。抑制作用主要发生在武汉市西边后官湖的北部区域。可以看出，由于UP的存在，DL对该区域的近地表层气温的降低幅度，以及环流的规模均被严重削减了，这是因为晚间该区域水体带来的热空气流入对城市中心区的热力作用形成了较大的干扰。而在SIDE与DOWN案例中可以看出，两者的垂直作用均比较明显，并且DOWN案例中热力差异与环流作用更强。这说明在晚间UP起到明显的消极影响，SIDE影响不大而DOWN有促进作用。

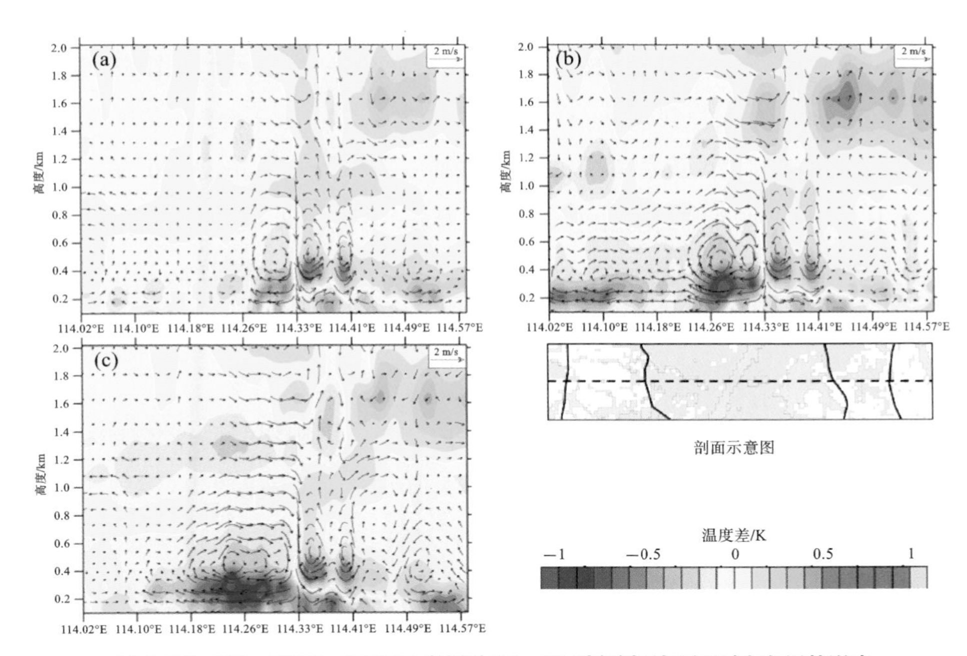

图 6-36 UP、SIDE、DOWN 案例对 22：00 时段剖面矢量风速与气温的影响

（a）UP-NL；（b）SIDE-NL；（c）DOWN-NL

总体而言，夏季的白天上风向水体对城市中心区垂直热交换的增幅效果最为明

显，而在晚间则转换为明显的抑制作用，下风向水体则在此阶段对垂直作用的增幅最明显。

6.3.2 不同方位水体对过渡季静稳天气的影响

过渡季的模拟结果时间段为2017年秋季的11月3日，当日主导风向为北风（早间静风时段无固定风向）。因此对于该时段而言，上风向水体指的是位于城市中心区北侧近郊区与远郊区的水体，下风向水体指的是位于城市中心区南侧近郊区与远郊区的水体，而侧向指的是位于城市中心区东西侧近郊区与远郊区的水体。案例设置的具体情况可见6.1.2节。此外，由于秋季时段的关注点依然在于水网对逆温现象的削弱，以及垂直空气运动的增强作用，因此选取了日出前与日落后时段作为重点讨论对象，而对白天的气象影响仅略有提及。

1.不同方位水体对秋季地面气温的影响

UP（上风向水体）、SIDE（侧向水体）、DOWN（下风向水体）案例的结果分别与所有水体都被替换为旱地的NL案例进行了差值计算，结果展示于图6-37中。

从图6-37中首先可以观察到，在3：00时段由于静风天气下没有固定风向，因此UP与DL单独作用时的效果差异不大，但至少使得整个城市中心区处于0～0.1 K的升温作用下，尤其是西北部的汉口区域。SIDE对城市中心区东部的严西湖区域以及东北部区域额外带来了0.3～0.5 K的升温幅度，而DOWN则额外带来了城市中心区东部与东南部更明显的升温作用。此外，DOWN的存在明显降低了西部的气温，使其基本处于0～0.1 K的降幅之下，并且西北部受的影响更明显。

在5：00时段，此时背景风速略提升，但仍然没有固定风向。此时UP对气温的影响仍然很小，但对城市中心区北部的升温作用相较DL略有升高。对于SIDE与DOWN，由图6-37（e）、（f）可看出，两者对城市中心区东部的影响趋势非常相似，但DOWN对东南部的升温作用更强，而SIDE则对西部的升温作用较为显著。对比前文中图6-14的CSL案例最终可以得出，近郊区水体对秋季早间静风时段的升温作用主要是由东侧与东南侧水体共同作用带来的。

而在晚间的22：00时段，主导风向为强劲的北风。不难看出，UP带来的升温幅度虽然不大，但影响范围很广，使得整个城市中心区都处在0～0.1 K的升温幅度

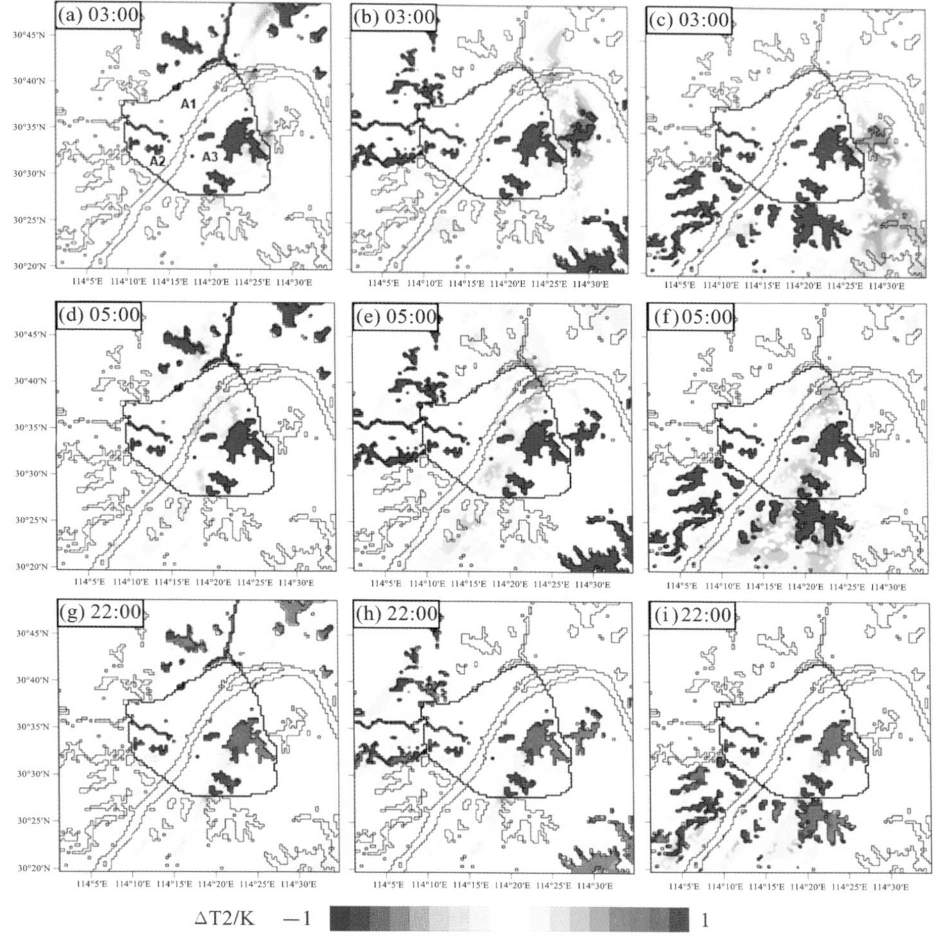

图 6-37 UP、SIDE、DOWN 案例与 NL 案例的地表 2 m 处气温差值图像

（a）UP 3：00；（b）SIDE 3：00；（c）DOWN 3：00；（d）UP 5：00；（e）SIDE 5：00；（f）DOWN 5：00；（g）UP 22：00；（h）SIDE 22：00；（i）DOWN 22：00

下。同时还可以发现，该时段热力作用不明显，且背景风速很大，这使得水网带来的升温作用基本局限在水体上空及其下风向区域。因此，位于城市中心区两侧的水体基本没有为城市中心区带来任何影响，而DOWN提供的额外升温区与城市中心区南部连接起来，形成了城市南部的大片升温区域。

总体来说，在静风条件下，城市中心区两侧与南部的水网能够更好地帮助城市中心区内部水网升高地表气温，从而帮助减弱城市中心区的逆温现象以缓解城市内部空气污染物的堆积情况。

而后，我们统计了UP、SIDE、DOWN对城市中心区气温的影响幅度，如图6-38所示。

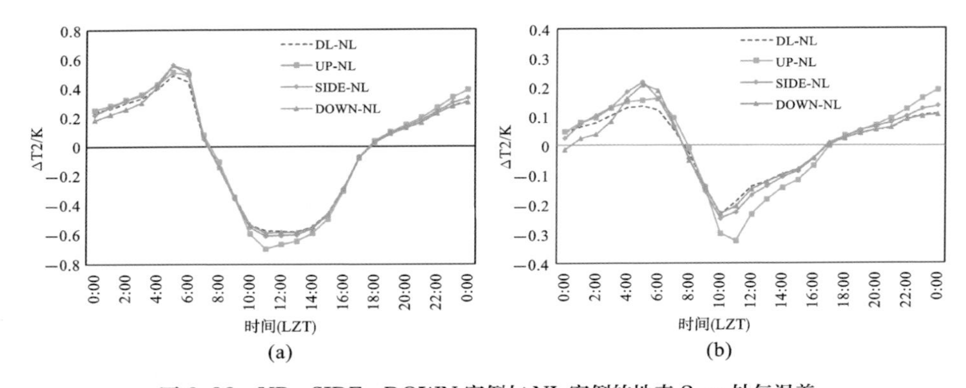

图 6-38　UP、SIDE、DOWN 案例与 NL 案例的地表 2 m 处气温差

（a）城市中心区平均气温差；（b）城市中心区陆面平均气温差

由图6-38（a）可以看出，在对城市中心区平均气温的影响上，凌晨时段各方位的水网带来的升温作用均不明显，略高于0.2 K并与DL单独作用时差不多。但DOWN则明显比DL低0.05 K左右，这表示相对于城市中心区水体单独作用的结果，下风向水体的存在还降低了城市中心区的气温，这与图6-37中显示的结果一致。但随着气温逐渐降低，下风向的水体在5：00—6：00间也带来了较为明显的额外气温提升。对于陆面平均气温而言，其受到水网在凌晨阶段的影响基本与城市中心区平均气温相同。在北风较强的午间时段，UP则相较于DL提供了约0.1 K的额外降温，SIDE的降温幅度较小，而DOWN基本没有作用。而在晚间阶段，可以看出UP的升温作用最明显，提供了额外0.1 K的城市中心区平均气温提升，以及0.1 K的陆面平均气温提升，而SIDE则提供了0.03 K左右的小幅度升温。

因此可以得出，在秋季静风条件下，位于城市中心区周边的水体都能够在一定程度上加强水网对逆温现象的缓解作用，而在非静风条件下，处于上风向的水体的影响则最为明显。

本书这里统计了Area1～Area3的受作用情况，以定量化分析水网的各方位对城市中心区不同区域的气温影响，结果如图6-39所示。

由图6-39（a）、（b）不难发现，在前半夜0：00—4：00，UP与SIDE共同作用提升了Area1的地表气温，而DOWN则略有降低，这与图6-37中显示的情况一致。而在日出前的6：00时段，DOWN也体现出了升温效果，升温幅度为

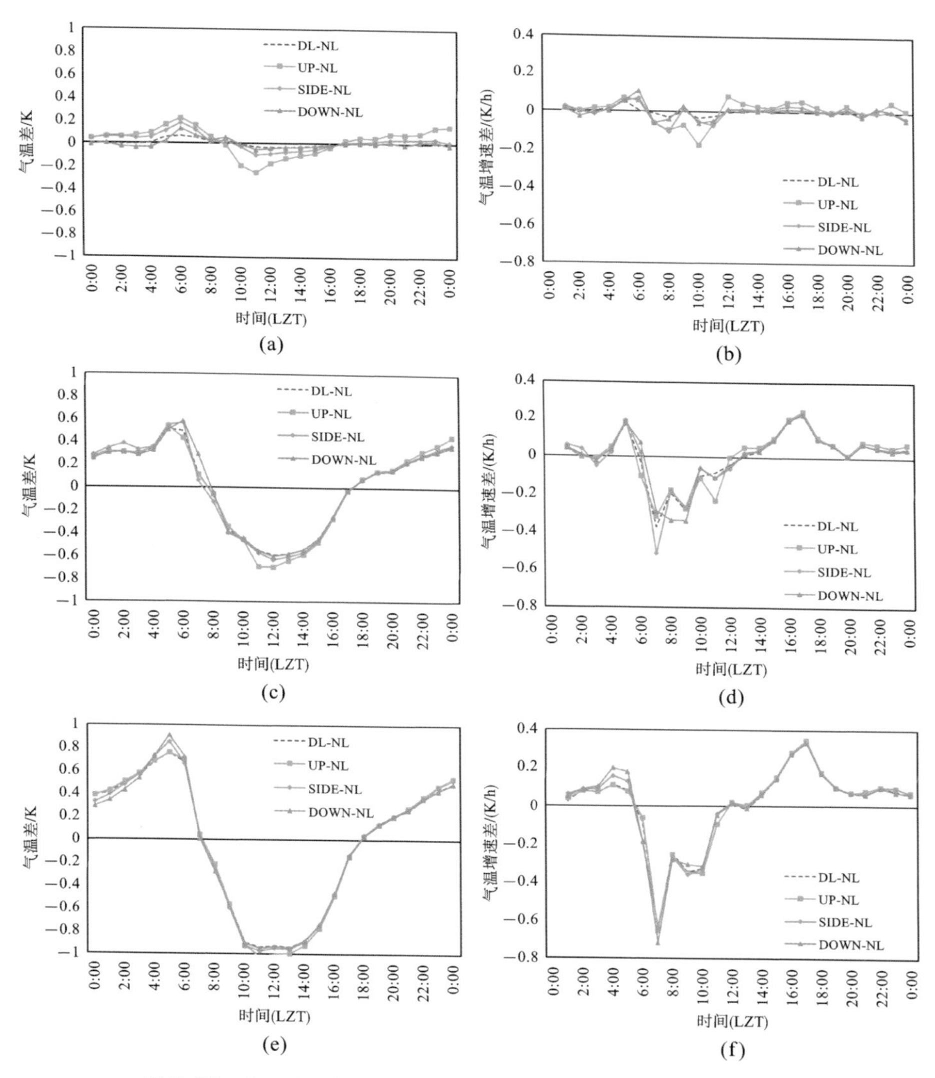

图6-39　Area1、Area2、Area3区域的UP、SIDE、DOWN案例与NL案例的地表2 m处气温差与气温增速差

（a）Area1气温差；（b）Area1气温增速差；（c）Area2气温差；（d）Area2气温增速差；（e）Area3气温差；（f）Area3气温增速差

UP>SIDE>DOWN。而在北风逐渐增强的中午及晚间，UP在对Area1的气温控制中占主导地位，在午时与晚间带来了最高±0.2 K的额外温度变化（相对于DL），SIDE其次而DOWN非常不明显。在气温增速上的影响趋势也相似，在上午风速开始增加后，UP在阻碍白天升温与晚间降温的作用中都很明显。

由图6-39（c）、（d）可知，对于Area2而言，该区域早间受水网各方位的影响都很小，与DL单独作用的情况基本相同，SIDE带来的升温效果相对来说更明显一些。在中午以及晚间受UP的影响相对明显，但幅度比Area1小，仅为0.1 K左右，这是因为该时段的上风向在北面，Area1与该区域的水网距离较近，受到的影响也更加明显。

由图6-39（e）、（f）可知，对于本地水体最丰富的Area3区域，上风向区域的水体基本没有带来额外的气温变化，DOWN的影响最大而SIDE其次。但在4：00前，这两个方位的水体相对于DL起到的是降低温度的作用，而在4：00后发生转换，分别最高带来了0.15 K与0.1 K的额外气温提升。在午间时段，UP对温度的降低作用最明显，但在下午至晚间时段，Area3的气温基本不再受各方位水网的影响，处于本地水体的控制之下。在气温增速的影响上，DOWN与SIDE在3：00以后明显阻止了气温的继续降低，但在日出以后各方位水网的影响就基本看不出来了。

总而言之，在秋季静风天气下，Area1的气温主要受北部水网及侧向水网的共同作用，Area3受南部水网与侧向水网的影响较强，而Area2则受任何方向的影响都很弱。在非静风天气下，Area1明显受上风向水体的影响，而Area2与 Area3则主要受本地水体影响，上风向水网起到了少许作用。

2.不同方位水体对秋季地面风速的影响

图6-40展现了水网的不同圈层对研究区域静风时段的3：00、5：00与晚间强风时段22：00的水平风速大小的作用情况。图6-41则展现了其对风向的偏转作用情况，其中静风时段风速极低且没有固定风向，晚间时段背景风为北风。

由图6-40可以看出，对于3：00时段，大部分区域没有受到水网的影响，UP、SIDE、DOWN三个案例中产生水平风速降低的区域与图6-41所示的温度升高区域基本吻合，这说明水平风速的降低是水网造成的热力作用导致空气的水平运动转化为垂直运动所导致的。在5：00风速略微提升的时段，水平风速的降低区域仍然与升温区域基本吻合，水体只提升了自身上空的风速。通过图6-40（f）与图6-41（f）还能发现，在南部汤逊湖区域形成的明显陆风现象使得该区域水平风速明显降低，并且汤逊湖上也完全没有显示出低粗糙度表面使背景风增强的现象，这说明背景风在该时段完全被水网带来的热力作用导致的空气流动所压制。

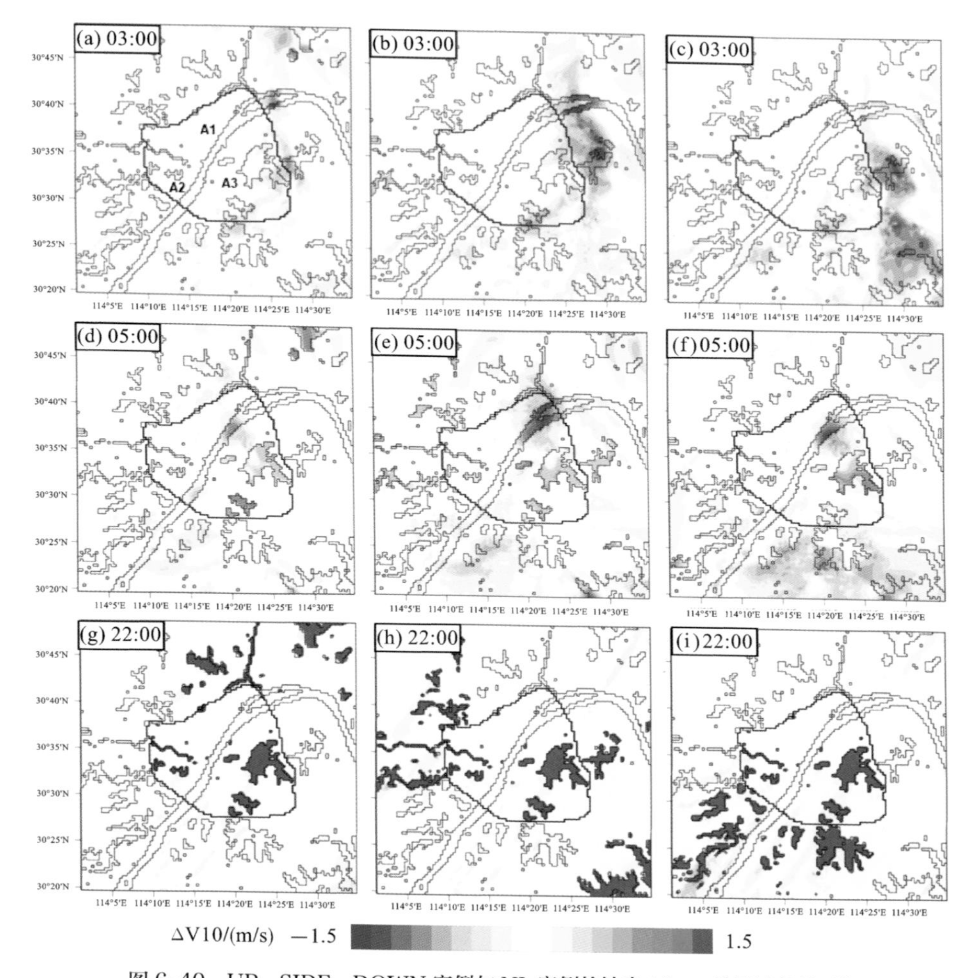

图 6-40　UP、SIDE、DOWN 案例与 NL 案例的地表 10 m 处风速差值图像

（a）UP 3：00；（b）SIDE 3：00；（c）DOWN 3：00；（d）UP 5：00；（e）SIDE 5：00；（f）DOWN 5：00；（g）UP 22：00；（h）SIDE 22：00；（i）DOWN 22：00

而在22：00的强风阶段，由于秋季热力作用较弱，并且强风使得城市气温进一步降低，水体只能通过其低粗糙度下垫面增强其表面和下风向区域的风速，而对其

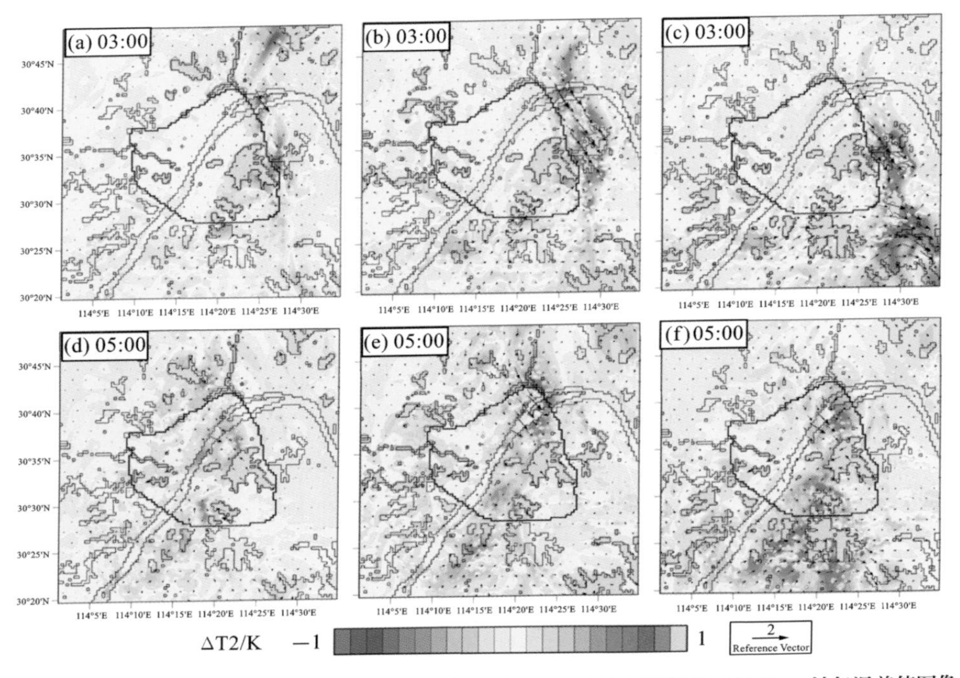

图 6-41 UP、SIDE、DOWN 案例与 NL 案例的地表 10 m 处矢量风速差叠加 2 m 处气温差值图像

(a) UP 3：00；(b) SIDE 3：00；(c) DOWN 3：00；

(d) UP 5：00；(e) SIDE 5：00；(f) DOWN 5：00

余区域则基本没有造成影响。在此时段，可以观察到下风向水体与城市中心区水体形成了连续的风速增强区域，这将有利于城市中的空气污染物借助背景风向下风向的城外疏散。

总体而言，在静风阶段，城市中心区两侧以及南部的水体会将水平风向垂直风转换，从而使城市水平风速有所降低。在强风时段，水体则主要增加自身表面及下风向区域的风速，在此条件下，下风向的郊外水体能够帮助增强城市中心区水网的通风效果。

从图6-42所示的3：00时段的城市中心区静风区情况统计结果中，对比UP、SIDE、DOWN与NL案例的结果后可知，SIDE对城市中心区东北方向与东南方向的静风区增加作用都很明显，而DOWN对城市中心区东南方向的静风区增加作用最明显，这些区域也都是SIDE与DOWN导致热力流动的区域。UP对静风区的影响最小，仅对城市中心区东部区域有着小幅度的增加作用。此外，SIDE与DOWN对城市中心

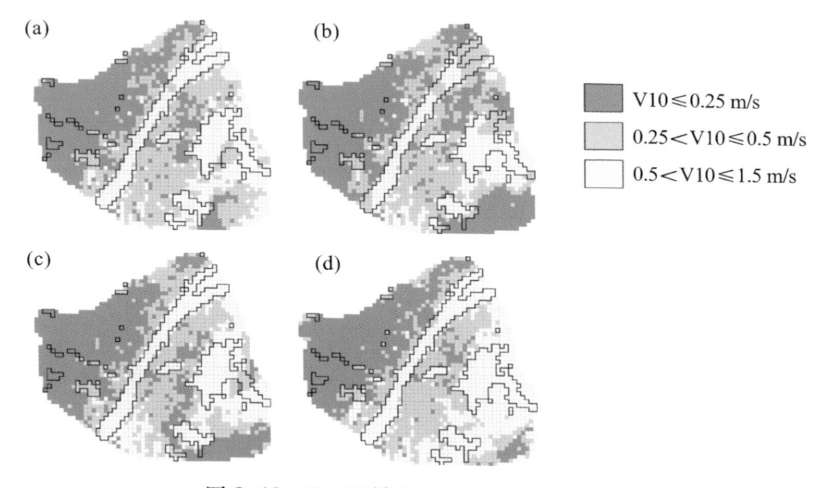

图 6-42　3：00 城市中心区静风区分布情况

（a）UP 案例；（b）SIDE 案例；（c）DOWN 案例；（d）NL 案例

区西北部的静风区有小幅削减作用。

而后，我们统计了UP、SIDE、DOWN对城市中心区气温的具体影响幅度，展现于图6-43中。从图6-43（a）可以看出，在早间静风时段，城市中心区的水平风速情况受SIDE与DOWN的降低作用最强，相比DL而言，它们都带来了最大约0.1 m/s的额外水平风速降低。而在日间时段，SIDE与DOWN也带来了额外的水平风速降低，但影响幅度很小。而在下午及晚间时段，各方位的水网带来的额外影响都非常不明显，对水平风速起到了很小幅度的增加效果，远不及城市中心区水网自身带来的风速增加作用。

对于图6-43（b）中所展示的陆面风速影响，不难发现它的趋势与城市中心区风速影响非常相似。但在午间12：00以后的降温阶段，UP对水平风速带来的升高趋势比较明显。这主要是由于与夏季不同，秋季热力作用较弱使得上风向的水体能够更好地发挥其低粗糙度属性，对背景风的低阻碍时期带来了城市中心区水平风速更多的增加。

对于静风区而言，在风速最弱的3：00，SIDE对静风区数量的增加作用最明显，相比DL额外增加了11%的静风区比例，DOWN其次，带来了5%的额外增加，UP则只带来了约1%的额外增加。这与图6-42所展示的结果一致。而在4：00，虽然静风区的增加量变得更高，但这主要是DL带来的静风区数量提升的结果，带来的额外增量比3：00要少。

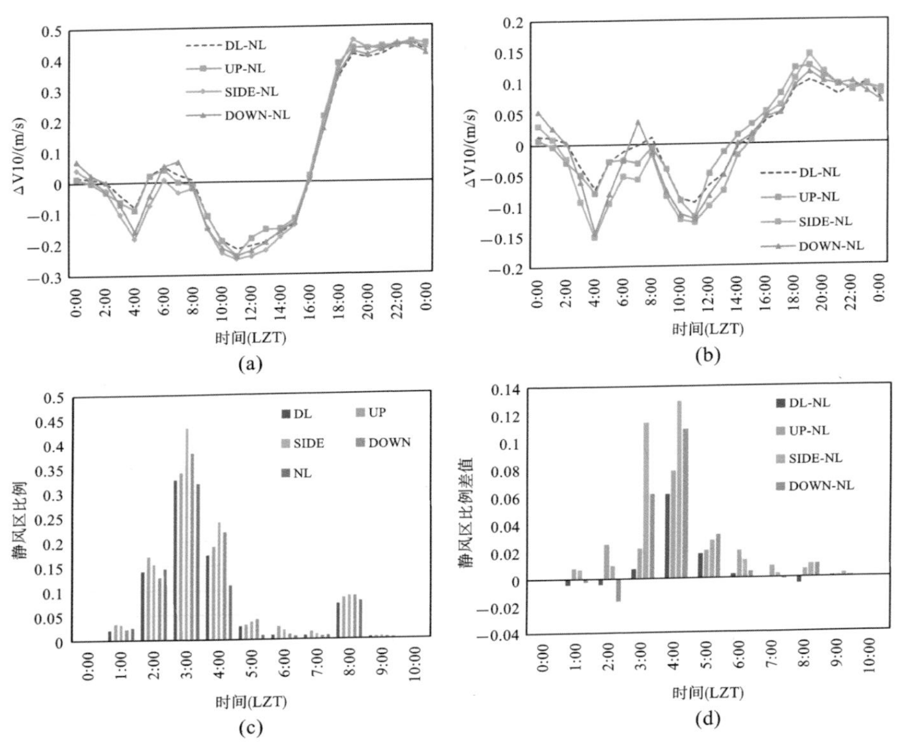

图6-43　UP、SIDE、DOWN案例与NL案例的地表10 m处风速差

（a）城市中心区平均值；（b）城市中心区陆面平均值；

（c）城市中心区中静风区比例；（d）静风区比例差值（方位案例-NL案例）

总的来说，在静风区时段，城市中心区侧向与南部的郊区水网造成的热力流动使得大面积区域的水平风转化为垂直风，带来了最强的水平风速降低作用。但在静风条件下，空气污染物本来就不可能依靠极弱的水平风场向外疏散，因此水网将水平风转化为垂直风，从而导致水平风速降低的结果并不一定是消极的。

最后，我们对Area1～Area3区域的风速情况分别进行了统计，展示于图6-44中。由图6-44（a）可看出，对于Area1，该区域受城市中心区水体影响很小，而受郊区水体影响较明显。在4：00到日出之间的静风时段，相对DL而言，SIDE对水平风速带来的额外降幅最大，最高可达0.1 m/s，受UP的影响其次，

DOWN最低。并且相对于DL而言，下风向的水体削弱了城市中心区水体对水平风速的降幅。

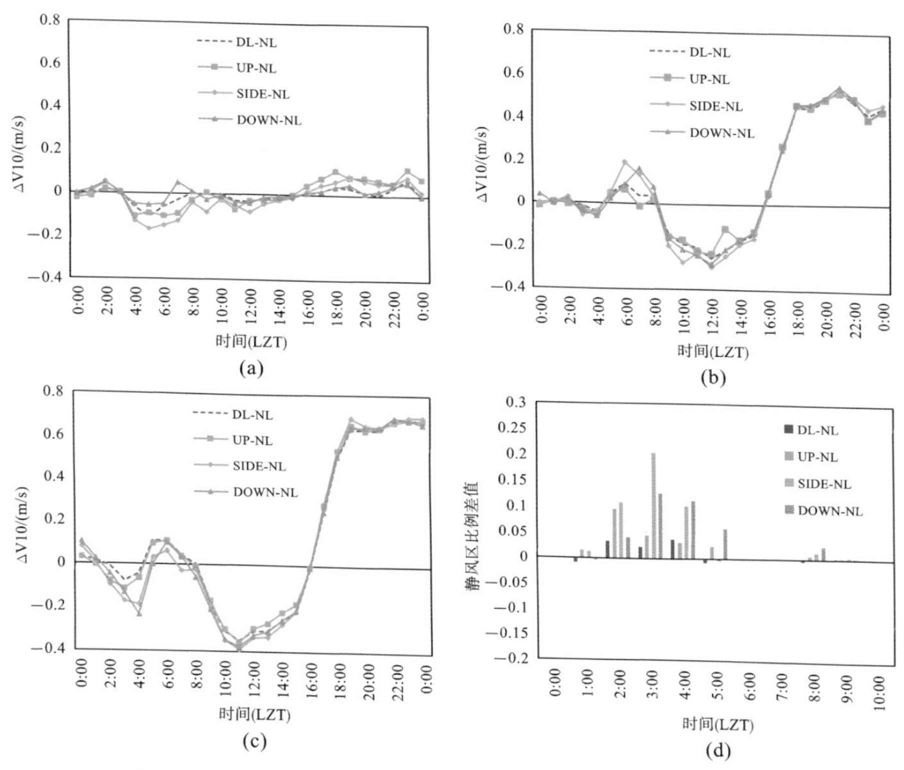

图 6-44　Area1、Area2、Area3 区域的 UP、SIDE、DOWN 案例与 NL 案例的地表 10 m 处风速差

（a）Area1 逐时统计结果；（b）Area2 逐时统计结果；

（c）Area3 逐时统计结果；（d）Area3 静风区比例差值

对于Area2，由图6-44（b）可知，静风时段各方位水体对该区域水平风速的影响都非常小，在6：00左右甚至都带来了风速增幅，SIDE和DOWN最高约为0.2 m/s。

而对于图6-44（c）显示的Area3而言，与前文结果一致，该区域风速在静风阶段明显受到SIDE和DOWN的水平降低作用，带来的额外水平风速降幅约为0.2 m/s。而在日间阶段，UP对水平风速的降低作用较小。在午后至晚间阶段，各方位水网影响均极小，风速增加主要是由城市中心区本地的水体带来的。图6-44（d）中静风区影响结果则显示，在3：00，SIDE对Area3区域额外带来了约20%的静风区比例，

DOWN其次，UP则影响最小。

总体而言，由于热力作用较弱，秋季受各方位水网影响的差异相较夏季要小得多，在静风阶段，Area1与Area3受侧向与下风向水网的影响最大，最多的水平风被偏转为垂直风。在强风阶段，各方位水体对城市中心区带来的风速影响都很小，仅体现为水体以其低粗糙度的表面属性降低了对背景风的阻力，因此围绕水体迎合主导风向设计通风廊道是秋季通风中最关键的部分。

3.不同方位水体对秋季垂直层气象场的影响

首先，本书这里需要借助城市中心区上空的平均气温随时间与高度变化的趋势图来阐述不同方位的水体对于城市中心区近地表层气温的提升情况，以评估哪个方位的水体能够更好地帮助城市中心区水体削弱静风天气下的城市逆温现象。

图6-45展示了由不同方位的水网造成的城市中心区上空的平均气温差（水网案例-NL案例）随时间与高度变化的趋势，由图6-45（a）、（b）、（c）可看出UP、SIDE、DOWN案例的横向对比结果。

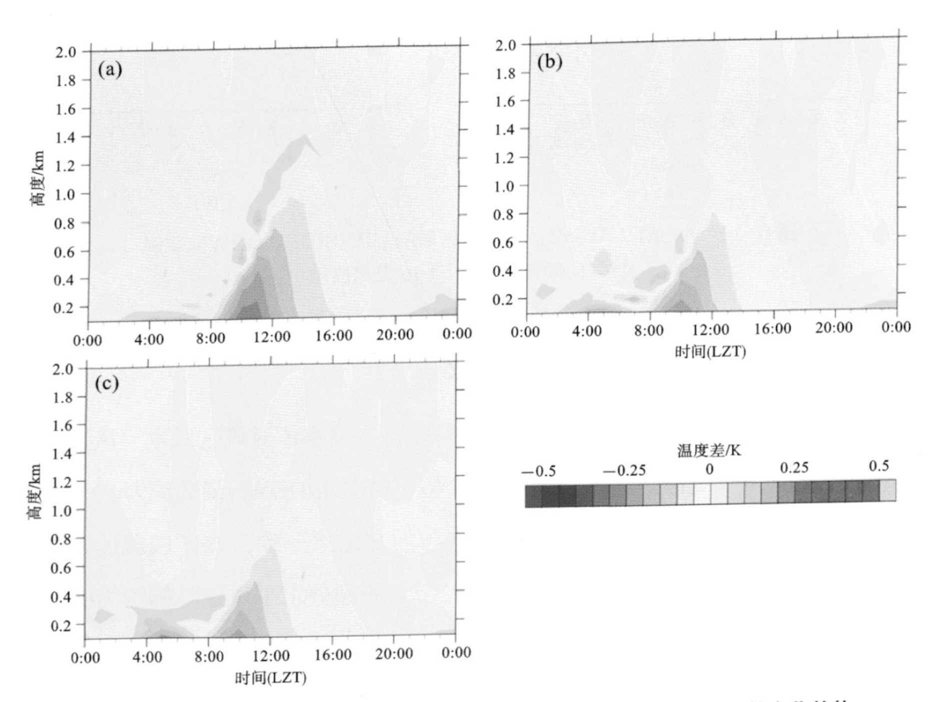

图6-45　UP、SIDE、DOWN 案例与 NL 案例气温差值随时间与高度的变化趋势

（a）UP 案例；（b）SIDE 案例；（c）DOWN 案例

由图6-45首先可以看出，在3：00—6：00早间静风时段内，DOWN对近地表层气温的提升效果最为明显，为300 m以下的区域带来了0.2 K以上的气温提升。SIDE其次，造成明显影响的区域在200 m以下。而UP带来的影响相对而言是弱的，但也比DL单独作用时的结果要更明显一些。对于日间气温而言，方位的影响变得明显起来，UP对低层大气的温降效果最强，将地表热量疏散至高空的现象也最明显。SIDE则与DOWN相差不多，相比DL单独作用的结果略有提升。而在晚间时段，则可以看出UP对200 m以下气温的增加效果比其余两者明显得多。

总体而言，在有主导风向的时段，位于城市中心区上风向水网对城市中心区日间的近地表层气温降低效果，以及夜间的升温效果最明显。而在静风时段，水体数量更多的东西侧与南部水体带来的影响更大，能够更好地缓解地表逆温现象。

图6-46则展示了由不同方位的水网造成的城市中心区上空的相对温度差（水网案例-NL案例）随时间与高度变化的趋势，由图6-46（a）、（b）、（c）可看出UP、SIDE、DOWN案例的横向对比结果。

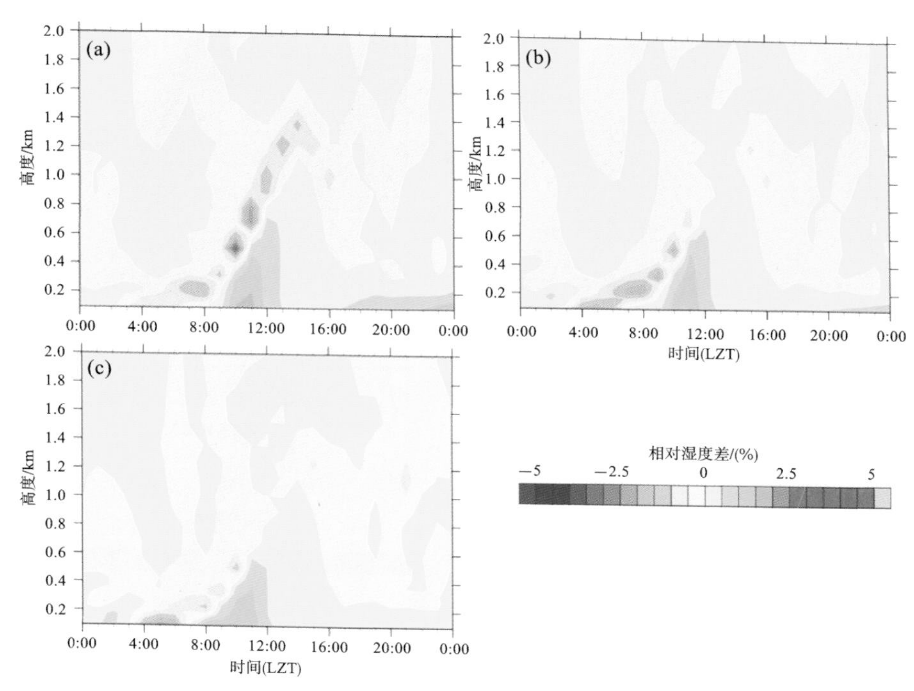

图6-46　UP、SIDE、DOWN 案例与 NL 案例相对湿度差值随时间与高度的变化趋势

（a）UP 案例；（b）SIDE 案例；（c）DOWN 案例

由图6-46不难发现，在3：00—6：00静风时段，与对气温的影响趋势相似，SIDE与DOWN降低了近地表层1%～2%的相对湿度，且DOWN的降低幅度更强一些。UP带来的影响则最弱。在日间时段，UP对相对湿度的提升作用则要强于其他两者，但差异并没有特别明显。这说明日间空气湿度的增加效果受风向的影响没有气温那么明显，两侧与下风向区域在水体数量上比上风向更多，更大的蒸发量为低空区域带来了相似的增湿效果。而在日落后温度较低的晚间时段，UP影响则明显强于其他两者，带来了1%～2%的相对湿度增加。

总体而言，在日出前的静风时段，因为水分蒸发受阻，东西两侧与南部的水网更强的升温作用带来了更明显的相对湿度降低，能够更多地抑制颗粒物的转化与聚积。在风力较强的时段，上风向水体的增湿效应则变得显著。而对两侧与下风向水体，在白天由热力所带来的蒸发量比上风向高，也对城市的相对湿度有明显提升作用。

最后，我们同样针对空气的垂直运动情况与气温分布，对水网不同方位对剖面气象场的影响程度进行了分析，结果展现于图6-47与图6-48中。

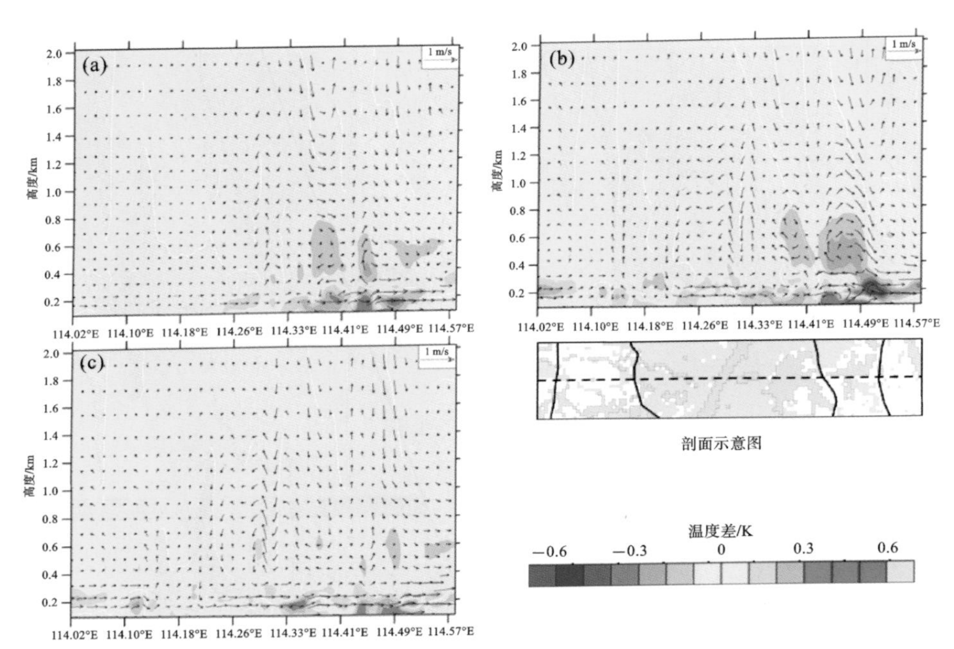

图 6-47　UP、SIDE、DOWN 案例对 3：00 时段剖面矢量风速与气温的影响

（a）UP-NL；（b）SIDE-NL；（c）DOWN-NL

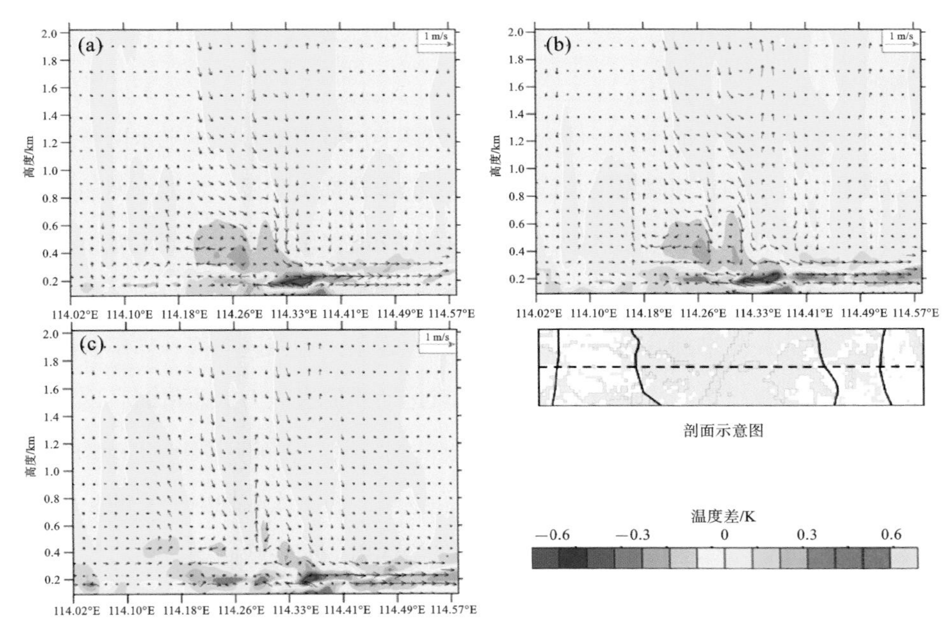

图 6-48 UP、SIDE、DOWN 案例对 5：00 时段剖面矢量风速与气温的影响

（a）UP-NL；（b）SIDE-NL；（c）DOWN-NL

由图6-47可知，不管是与哪个方位水网的联合，影响效果都要强于图6-24、图6-25所示的DL单独作用结果，DL本身带来的热力差异很弱，并且几乎没有带来近地表的空气垂直运动。而后由图6-47可以看出，在3：00时段，SIDE对地表气温的提升与空气垂直运动作用相对而言更加明显，而其他两者较弱。而在图6-48所示的5：00时段，DOWN对空气垂直运动的提升效果更加明显。然而相对于前文中图5-37所示的水网整体作用效果而言，单独方位的水体作用效果明显较弱，并且它们对城市东部都带来了明显的近地表层降温，这可能反而会增加逆温层的强度。

总体来说，在秋季静风时段，削弱近地表逆温现象与促进空气垂直运动更需要水网整体共同发挥作用，各圈层、各方位的水网单独作用的效果均大打折扣。

6.4 本章小结

本章继续使用仿真实验的方法，探究了位于城市中心区不同圈层和不同方位的水体对夏季的高温天气与过渡季（以秋季为例）静稳天气下的城市热环境与风环境的影响程度。

对于位于不同圈层的水体，研究发现：在夏季，城市中心区本地水网与近郊区水网对城市中心区的日间降温及夜间通风作用的提升都很明显，本地水网的作用主要发生在水体自身上空与周边区域，而近郊区水网的作用范围则覆盖了城市中心区的大部分区域，远郊区水网在大部分情况下影响均很小；在秋季的早间与晚间，城市中心区水网能最好地提升地表气温以削弱逆温现象，近郊区的提升作用其次。此外，各圈层的水体在单独作用时，对大气垂直运动的促进能力都非常弱，这说明各个圈层的水体必须联合作用才能形成足够强度的湖陆风，从而明显影响局地环流。

对于位于不同方位的水体，研究发现：在夏季，白天太阳辐射较强的阶段，城市中心区上风向的水体能带来最明显的额外降温作用，而在晚间城市热岛最严重的阶段，下风向与侧风向水体能够显著增强城市通风；对于秋季，在静风条件下，各方位的水网均在一定程度上通过提升夜间地表气温加强了水网对逆温现象的缓解作用，而在非静风条件下，上风向水网的影响则最为明显。研究还发现，无论是夏季还是秋季，在形成局地环流与空气的垂直运动方面，局部水网的单独作用效果均大打折扣。这表明保证水网的整体性对增强城市中心区空气的垂直运动，促进城市废热与空气污染物的垂直疏散非常重要。

本章参考文献

[1] 王帅，孟瑞琦，毛敏，等. 基于八方位线模型的城市土地空间形态分析——以山西省县级以上城市为例[J]. 北京农业，2015（15）：238-240.

7

城市空间与水网微气候调节作用耦合机制研究

通过前两章的研究发现，在夏季，相较于远郊区水网，武汉市外环线以内的主城区水网对城区能够起到最直接的降温和通风作用，有利于缓解夏季城市热岛现象。然而，城市水体不能作为独立的自然下垫面对城市气候环境产生独立影响，任何建成环境因素都会影响到水体的微气候调节效能。随着城市化发展，城市一方面会向着“高密度化”这种水平方向布局形式变化，另一方面也会向着“高层化”这种垂直方向发展模式变化，这不仅会使城市热量增加，同时也会显著改变城市风场，造成城市气流不畅通，废热堆积过多，从而导致夏季城市热岛效应加剧。由城市变化导致的这些气候因素的改变还会显著影响水体的微气候调节作用，使得夏季城市水体无法有效帮助城区降温，进一步加重自然灾害，增加居民的健康风险。

在此大背景下，仅通过增大水体面积来改善城市气候环境，缓解夏季城市热环境的手段不可取，但可根据城市现有条件合理规划城市建设，探寻水体与城市之间的相互影响规律，并据此优化水体和城市空间布局，充分利用“蓝色空间”效能，以“城水耦合”重塑城市建设与水体生态调节作用之间的良性友好关系，从而应对未来气候环境变化的挑战。

因此，本章将继续采用WRF模拟方法，在前两章的研究基础上，进一步深入讨论夏季主城区水网对城市空间微气候的调节作用，并通过模拟案例的对比定量化分析城市高层化和高密度化两种发展模式对夏季水体微气候调节作用的影响机制。

7.1 研究范围与案例介绍

7.1.1 研究范围界定

为了探究城市空间与水体微气候调节作用之间的相互影响关系，需要首先划定准确的研究范围。既有研究表明，武汉市根据城市发展目标，以多个“环线”对城区进行了划分，由于建设用地面积日益紧张，整体上看武汉市呈现“核心—放射状”的扩张模式[1]。图7-1（a）为武汉市环线划分以及水体和建成区分布情况，由内至外的黑色框线分别为武汉市一环线至四环线，内环水体相对较少，二环之内仅为沙湖和长江，三环附近存在东湖、南湖等大面积水体。三环外水体面积更大且形态蜿蜒自然，主要水体为城市南部汤逊湖、城市北部金银湖和严西湖等。同时可以发现二环内城区的建筑较为密集，三环外的边缘城区分布则较为分散，而在四环外的区域建筑零星分布。为了讨论在不同建成环境条件下的水体微气候调节作用，本书的研究范围集中在武汉市四环内的主城区。

在这种城市扩张背景下，卢有朋的研究表明武汉市的热岛强度因此呈现“圈层式”空间分布特征[2]，极强热岛区在三环内聚集，而弱热岛区域则分布在四环附近的城市边缘区，整体形成“梯度递减”的空间分布规律，这与城区不同圈层的建设强度和水体斑块的空间分布特征有关。

因此本章也以武汉市环线将主城区划分为多个圈层，从而讨论在城市不同圈层环境下水体的微气候调节作用。由于武汉一环内的建成区面积和水体面积都较小，从城市尺度来看数据样本较少，会影响研究结果，因此，如图7-1（b）所示，本书以二环线内区域作为第一圈层，该圈层为武汉市中心城区，建筑密集程度较高，其中存在长江、沙湖、月湖等水体，水体面积占比约为18.3%；以二环至三环区域作为第二圈层，该圈层接近武汉市中心城区，且在过去二十年间建成区面积增长迅速，建设强度不低于第一圈层，该圈层内存在东湖、南湖等大面积湖泊水体，水体面积占比21.6%，为三个圈层中的最大值；以三环至四环区域作为第三圈层，该圈层为武汉市边缘城区，建筑分布零散，建成区被汤逊湖、严西湖、后官湖等多个大型水体分隔开，水体面积占比为19.3%。

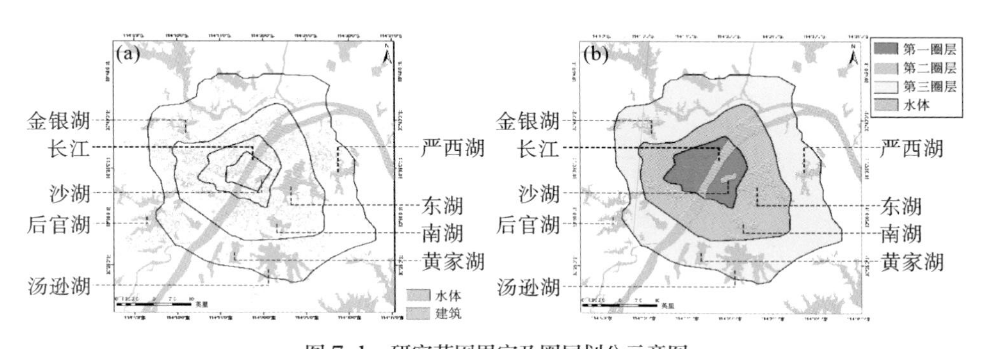

图 7-1　研究范围界定及圈层划分示意图

（a）武汉市环线划分及建筑和水体分布示意图；（b）武汉市圈层划分示意图

武汉市城市扩张不仅呈现“主城为核”的特点，在不同城市方位上也呈现差别，体现了主城的核心辐射作用。刘恒等人[1]通过研究武汉市城市扩张的放射指数，发现武汉市随着城市南部的武汉东湖新技术开发区、武汉经济技术开发区的发展，城市中心有向城市南部移动的趋势，这会导致武汉西南方位城市建设强度加大。另外，通过既有研究发现背景风向和风速是水体微气候调节作用的重要影响因素[3]，而武汉西南方位的夏季主风道上风向处建设强度增大，会改变城市风环境，并进一步影响水体的微气候调节作用。因此，本章仍继续采用前文中介绍的八方位模型，按照不同方位将武汉市四环内的主城区分为八个象限。如图7-2所示，Ⅱ象限和Ⅵ象限位于城市夏季西南向主风道上，其中存在的主要水体为长江干流。Ⅰ象限至Ⅲ象限对应武汉市夏季下风向区域，Ⅴ象限至Ⅶ象限对应武汉市夏季上风向区域。本章将通过不同方位之间的对比分析，挖掘城市建成环境与夏季背景风对水体微气候调节作用的影响规律，从城市方位的角度给出优化建议，以最大化利用水体微气候调节效益，帮助城市降温。

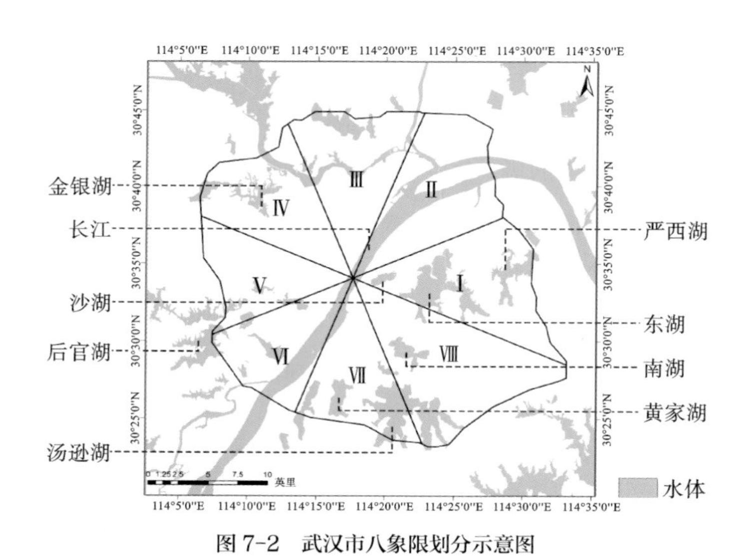

图 7-2　武汉市八象限划分示意图

对于城市空间而言，城市邻水区是水体与城市建设区之间的天然“缓冲带”，是受到水体微气候调节作用最直接、最显著的区域，同样也是水体帮助城市降温的“必经之地”。因此，作为城市建成区与水生态区的“相交区域”，城市邻水区是本章的重点研究对象，水体的降温范围决定了邻水区的设计范围。不同城市气候条件、城市发展状况存在差异，使得邻水区范围也有不同。本章将利用地表温度反演数据，计算武汉市主要水体的降温范围，据此划定更为准确的邻水空间区域，并在后文提取主要邻水区内的数据结果进行分析。

水体对邻水区热环境的影响主要包括降温幅度（water cooling intensity，WCI）和降温范围（water cooling distance，WCD），由于水体温度低于周围城市温度，因此形成了一个以水体为中心的温度变化曲线，距离水体越远，温度越高，直至拐点温度发生变化，如图7-3所示。

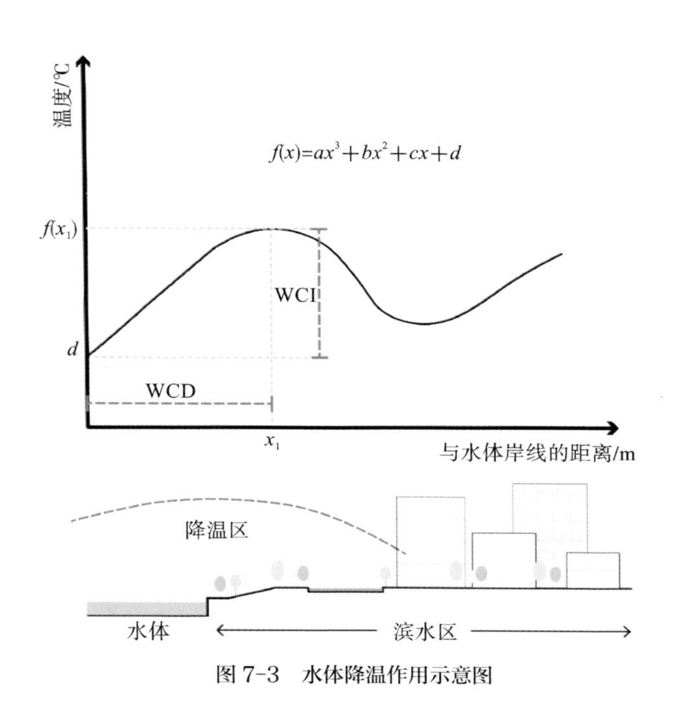

图 7-3　水体降温作用示意图

降温范围（WCD）：温度曲线第一个转折点距水体岸线的距离，单位为m，WCD指标用来描述水体降温作用延伸到距离水岸多远的范围。

降温幅度（WCI）：温度曲线第一个拐点处的平均温度与水体边缘平均温度之差，单位为℃，WCI指标用来描述水体的最大降温强度。

距离岸线的温度波动曲线，符合图7-3中的显性三项式方程 $f(x)$，式中a、

b、c和d是三项式方程的拟合系数，如果拐点的横坐标为x_1，那么WCD为x_1，WCI为$f(x_1)-d$。Chen等人[4]首先提出三项式方程，Jaganmohan等人[5]在此基础上将其再次开发，根据三项式方程特性，计算出水体的WCD和WCI：

$$\mathrm{WCD}=x_1=\frac{-2b-\sqrt{4b^2-12ac}}{6a} \tag{7-1}$$

$$\mathrm{WCI}=f(x_1)-d=ax_1^3+bx_1^2+cx_1 \tag{7-2}$$

本章选择武汉市内15个主要水体作为研究对象，运用上述公式计算出武汉市主要水体的降温范围，并据此划定邻水空间范围。为了计算出夏季高温天气下水体的降温范围，本章根据Landsat 8 TIRS卫星遥感影像数据，采用大气校正法[6, 7]反演得到了2020年8月3日的地表温度数据。在该时刻下，研究范围内上空云量覆盖极少，影像质量较高，最高气温为39 ℃，风向为西南向，与武汉夏季主导风向一致。

本章采用反演温度与实测温度对比法验证地表温度精度[8]。图7-4为2020年8月3日武汉市14个气象监测站点的气温数据与地表温度反演结果的对比，可见各站点气温数据与反演数据的波动趋势基本一致，且地表温度普遍比气温高出2～7 ℃。这主要是和地表属性有关，城市不透水面比例大，在相同太阳辐射情况下，比空气升温更迅速。两者皮尔森相关系数为0.673，显著性p值为0.008（双尾检验），表明通过该方法得到的地表温度（简称LST）的精度在可接受范围内。

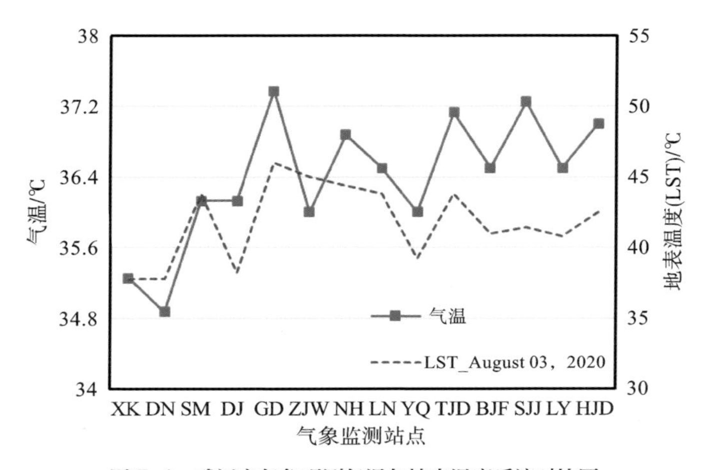

图 7-4　武汉市气象观测气温与地表温度反演对比图

由于Landsat8地表温度反演数据精度为100 m，因此本书选择面积大于10公顷（hm^2）的水体作为研究对象，水体样点特征及湖面温度见表7-1。湖面自身平均温度最小的为杜公湖30.5 ℃，平均温度最高的为黄家湖40.7 ℃。

表 7-1 水体样点特征及湖面温度

样点编号	湖泊名称	面积 /hm^2	湖面温度 /℃		
			最小值	最大值	平均值
样点 1	汤逊湖	4820	31.8	43.9	33.5
样点 2	东湖	4242	31.6	49.2	33.4
样点 3	后湖	1863	31.3	40.9	32.6
样点 4	杜公湖	176	27.2	37.9	30.5
样点 5	安湖洲	2502	32.0	37.8	33.2
样点 6	青菱湖	912	32.6	39.7	33.9
样点 7	墨水湖	364	32.8	41.4	34.7
样点 8	沙湖	395	32.5	50.3	35.2
样点 9	严西湖	1961	34.4	48.6	37.8
样点 10	黄家湖	900	35.0	47.6	40.7
样点 11	白莲湖	1830	32.3	49.7	35.1
样点 12	后官湖	1462	32.2	49.5	35.4
样点 13	前进湖	70	32.5	49.7	34.9
样点 14	南湖	1135	31.9	50.1	35.1
样点 15	汤湖	51	31.7	48.1	34.1

本书运用ArcGIS 10.8软件，以100 m为间隔，以水体为中心，分别作出15个水体距岸边0～2000 m范围内20个梯度缓冲区，计算出每个缓冲区内的平均地表温度，并绘制如图7-5所示的地表温度曲线。其中横轴为该缓冲区与湖岸边缘的距离，纵轴为该缓冲区平均地表温度。可见所有水体都表现出随着远离水体，地表温度上升这一趋势，且当达到某一拐点值时，地表温度随之下降，后续波动趋于平缓，这一现

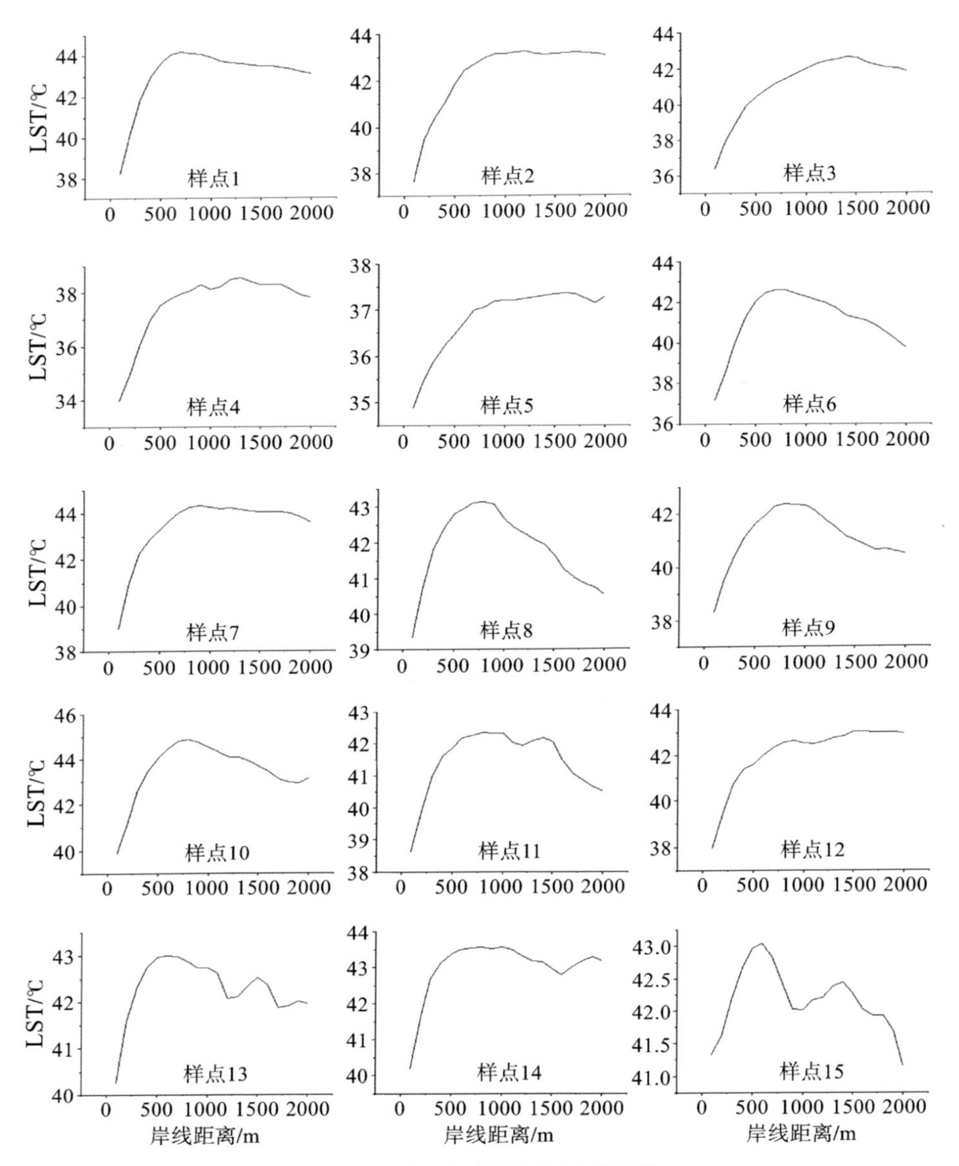

图 7-5　地表温度随岸线距离变化曲线

象说明水体对邻水区有显著的降温效果，且存在一定的影响范围。

运用Jaganmohan等人的方法［式（7-1）和式（7-2）］，计算出15个水体的WCI和WCD，如表7-2所示。15个湖泊的降温范围为758.4～1320.3 m；降温幅度为1.5～7.5 ℃。武汉市主要湖泊平均WCD为1004.1 m，大部分水体降温范围集中在

700～1200 m之间，因此本书选择距离岸线1200 m的环形邻水区作为主要研究范围。这样的设定主要出于两个方面的原因：①综上分析可知，研究范围内的水体降温范围大多集中在1200 m以下，因此以1200 m为邻水缓冲区尺度范围，保证了可完整覆盖大部分水体所造成的水体降温效应区；②该范围比较符合城市规划研究尺度，且以百米取整的做法有利于网格数据的处理和分析。

表 7-2　各样点降温幅度和降温范围

样点编号	名称	WCI/℃	WCD/m
样点 1	汤逊湖	7.5	1220.4
样点 2	东湖	6.8	1109.1
样点 3	后湖	6.9	1320.3
样点 4	杜公湖	5.5	1104.4
样点 5	安湖洲	2.9	1281.6
样点 6	青菱湖	7.2	861.8
样点 7	墨水湖	6.3	998.5
样点 8	沙湖	4.8	775.2
样点 9	严西湖	5.4	1130.0
样点 10	黄家湖	6.5	847.3
样点 11	白莲湖	4.6	910.6
样点 12	后官湖	5.6	1154.4
样点 13	前进湖	3.2	758.4
样点 14	南湖	4.3	816.2
样点 15	汤湖	1.5	774.2

7.1.2　模型参数设定

为了考量夏季水体的微气候调节作用，本章选取当地时间2016年7月21日20点至

2016年7月25日20点这四天数据进行模拟计算，并取7月22日全天数据结果为代表进行分析，这是由于该段时间武汉为夏季晴朗且极端高温天气，最高温为38 ℃，模拟时段风向与武汉市夏季主导风向一致，均为西南方向。边界条件调用NECP/NCAR-FNL全球气象数据，土地利用数据采用地理国情监测云平台提供的湖北省土地利用资料，空间分辨率为30 m×30 m。模拟实验采用三重嵌套网格，模拟中心经纬度为114.328°E、30.580°N，三重嵌套网格距分别为7.5 km、2.5 km及0.5 km，最内层嵌套域包含了武汉市大部分的建成区，WRF模式参数设定见表7-3。

表 7-3　WRF 模式参数选择

WRF 物理方案	D1	D2	D3
Microphysics	Lin et al.	Lin et al.	Lin et al.
Cumulus	Kain-Fritsch（new Eta）	—	—
Longwave radiation	RRTMG	RRTMG	RRTMG
Shortwave radiation	Goddard	Goddard	Goddard
Boundary layer	YSU	YSU	YSU
Surface layer	Revised MM5	Revised MM5	Revised MM5
Land surface	Noah LSM	Noah LSM	Noah LSM
Urban surface	—	SLUCM	SLUCM
Lake model	CLM 4.5	CLM 4.5	CLM 4.5

7.1.3　模拟案例介绍

1. 水网对城市空间微气候调节作用的模拟案例介绍

与前文一致，本章仍采用模拟研究中常用到的“差值法”讨论水网对城市空间微气候的调节作用。设置两组案例，分别是“有水体”（Normal，简称NL）案例和“无水体”（No Water，简称NW）案例。其中Normal案例为基础案例，代表武汉市真实土地利用情况，No Water案例为无水体敏感性实验，即将武汉市全部天然水体改变成陆地，NL与NW案例的各气象要素模拟结果差值即为水体带来的影响。为了便于分析水体变化这一单一变量对邻水区微气候的影响，除土地利用数据中的水体设定以外，No Water案例所使用的气象数据、城市形态数据以及模拟嵌套域等案例设置均与Normal案例完全一致，案例设置详情见表7-4，边界条件及模拟参数设定详见7.1.2节。

表 7-4　案例设置

案例名称	Normal（NL）	No Water（NW）
案例描述	 保留武汉市内水体	 将水体替换为陆地

在城市形态参数方面，为接近真实情况，本书模拟案例采用武汉市2020年建筑矢量信息数据作为城市空间形态参数的基础数据，该要素面矢量数据包含空间坐标信息、建筑轮廓和建筑高度等基本信息。根据WRF模式的模拟特性，通过ArcGIS软件以500 m为精度划分网格尺度，用3.2.3节中介绍的计算方法分别计算出每个网格内的建筑密度、平均建筑高度、建筑高度标准差、面积加权平均建筑高度、建筑表面积与总用地面积之比、迎风面积指数这六个城市形态参数，将其导入WRF-UCM模块中调用计算，城市形态参数计算结果如图7-6所示。

2. 城市空间发展模式对水网调节作用影响的模拟案例介绍

案例设计从实际出发，城市化进程伴随的城市人口比例增加已成为必然趋势，2020年武汉市常住人口已达1232.2万人，北京大学城市与经济地理学系教授冯健预测2030年武汉人口将达到1720万人，人口规模将比2020年高出近40%，同时伴随着人均居住面积的逐年上涨，由人口数量增加导致的城区用地需求量急剧增加。根据

2010—2021年《武汉市统计年鉴》提供的数据，武汉市近十年来总建筑面积增长迅速，由2010年的5664万平方千米增长至2021年的21433万平方千米，年均增长率约为27.8%。武汉市建成区面积由2010年的500 km^{2}增长至2021年的885 km^2，其增长率远小于建筑面积，因此可以发现，在城市用地面积小幅增加的情况下，城市总建筑面积大幅提升，由此会带来城市建筑密度、建筑高度的增加。据此，在充分理解并消化《武汉市国土空间总体规划（2021—2035年）》的基础上，根据WRF模式的模拟特性，本书以2020年为对照组，取20%为增长率，共设置10组建筑密度和建

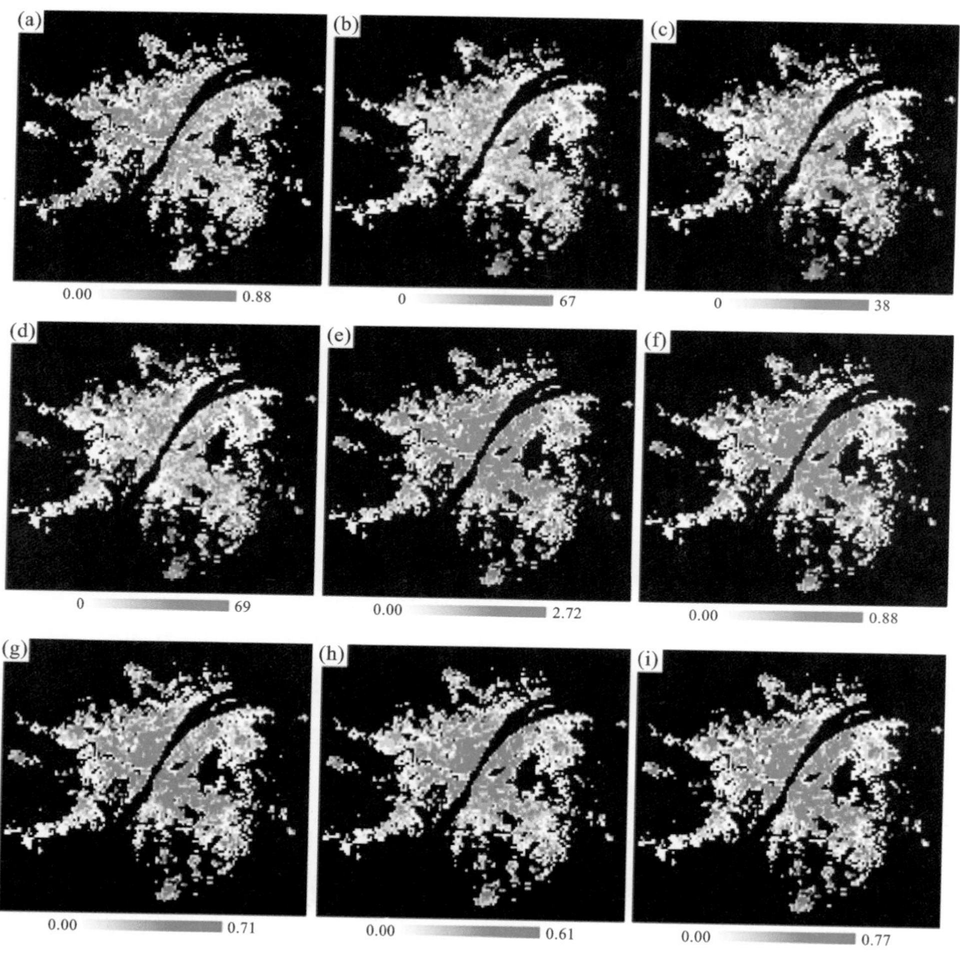

图 7-6 NUDAPT 模式城市形态参数计算结果

（a）建筑密度；（b）平均建筑高度，m；（c）建筑高度标准差；（d）面积加权平均建筑高度，m；（e）建筑表面积与总用地面积之比；（f）正北向迎风面积指数；（g）东北向迎风面积指数；（h）正东向迎风面积指数；（i）东南向迎风面积指数；图中黑色区域代表不存在建筑的区域

筑高度梯度升高的模拟案例，并结合《武汉2049年远景发展战略规划》，设置2组符合城市远景规划的强对比实验案例，综合讨论在城市用地面积不变的前提下，未来“高层化”和“高密度化”这两种城市发展模式对水体微气候调节作用的影响机制。

“高层化”城市发展模式案例设定。为探究建筑高度这一单一变量对水体微气候调节作用的影响，案例设定以固定背景气象条件、土地利用条件及其他城市形态数据等变量，在建筑密度不变的前提下，仅整体改变武汉市建筑高度，以期得到建筑高度变化与水体微气候调节作用之间的关系。根据中尺度气象模型WRF-NUDAPT网格化城市冠层参数特性，依托ArcGIS 10.8软件，整体提升武汉市全域建筑高度参数，并输入至WRF-UCP模块中进行调用计算，共建立如表7-5所示的7组模拟实验。

表 7-5　建筑高度变化对水体微气候调节作用影响研究案例设定

案例简称	水体下垫面设定	城市形态指标设定
CL	Normal	所有建筑形态指标均保持 2020 年武汉市真实情况
CLNW	No Water	
BH20	Normal	在 CL 案例基础上，将建筑高度统一提升 20%
BH20NW	No Water	
BH40	Normal	在 CL 案例基础上，将建筑高度统一提升 40%
BH40NW	No Water	
BH60	Normal	在 CL 案例基础上，将建筑高度统一提升 60%
BH60NW	No Water	
BH80	Normal	在 CL 案例基础上，将建筑高度统一提升 80%
BH80NW	No Water	
BH100	Normal	在 CL 案例基础上，将建筑高度统一提升 100%
BH100NW	No Water	
BH200	Normal	在 CL 案例基础上，将建筑高度统一提升 200%
BH200NW	No Water	

Control case（简称CL）是对照实验，其采用2020年武汉市的建筑矢量数据，代表2020年的真实建成情况。BH20、BH40、BH60、BH80和BH100为梯度变化建筑高度的实验组，该五组案例是在CL案例基础上，以20%为增长率，分别将建筑高度梯度提升20%、40%、60%、80%和100%。BH200为城市远景强对比实验组，即在CL案例基础上，将建筑高度整体提升200%。

与上一章案例设定相同，每组模拟实验以水体为变量分别设定两个案例，分别是"有水体"案例（Normal，简称NL）和"替换水体"案例（No Water，简称NW）。CLNW案例为将基础案例CL的水体下垫面替换为旱地后的案例。BH20NW、BH40NW、BH60NW、BH80NW、BH100NW和BH200NW分别是将每组建筑升高案例的水体替换成旱地后的案例，除水体这一变量以外，其他所有参数设定与原案例保持一致。建筑高度增长案例示意图见图7-7。

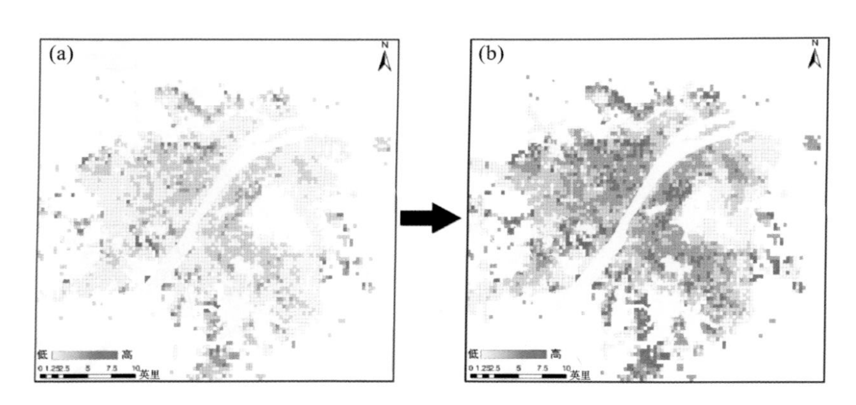

图 7-7　建筑高度增长案例示意图

（a）对照实验建筑高度平面分布；（b）建筑高度增长案例平面分布

"高密度化"城市发展模式案例设定。为探究建筑密度这一单一变量对水体微气候调节作用的影响，案例设定以固定背景气象条件、土地利用条件及其他城市形态数据等变量，在建筑高度不变的前提下，仅整体改变武汉市建筑密度，以期得到建筑密度变化与水体微气候调节作用之间的关系。根据中尺度气象模型WRF-NUDAPT网格化城市冠层参数特性，依托ArcGIS 10.8软件，整体提升武汉市全域建筑密度参数，并输入WRF-UCP模块中进行调用计算，共建立如表7-6所示的7组模拟实验。

表 7-6 建筑密度变化对水体微气候调节作用影响研究案例设定

案例简称	水体下垫面设定	城市形态指标设定
CL	Normal	所有建筑形态指标均保持 2020 年武汉市真实情况
CLNW	No Water	
BD20	Normal	在 CL 案例基础上，将建筑密度统一提升 20%
BD20NW	No Water	
BD40	Normal	在 CL 案例基础上，将建筑密度统一提升 40%
BD40NW	No Water	
BD60	Normal	在 CL 案例基础上，将建筑密度统一提升 60%
BD60NW	No Water	
BD80	Normal	在 CL 案例基础上，将建筑密度统一提升 80%
BD80NW	No Water	
BD100	Normal	在 CL 案例基础上，将建筑密度统一提升 100%
BD100NW	No Water	
BD200	Normal	在 CL 案例基础上，将建筑密度统一提升 200%
BD200NW	No Water	

CL案例为对照实验，BD20、BD40、BD60、BD80和BD100为梯度变化建筑密度的实验组，该5组案例是在CL案例基础上，分别将建筑密度梯度提升20%、40%、60%、80%和100%。BD200为城市远景强对比实验组，即在CL案例基础上，将建筑密度整体提升200%。

与建筑高度变化案例设定一致，每组模拟实验以水体为变量另外分别设定一个案例，BD20NW、BD40NW、BD60NW、BD80NW、BD100NW和BD200NW分别是将每组建筑密度升高案例的水体替换成旱地后的案例，除水体这一变量外，其他所有参数设定与原案例保持一致。建筑密度增长案例示意图见图7-8。

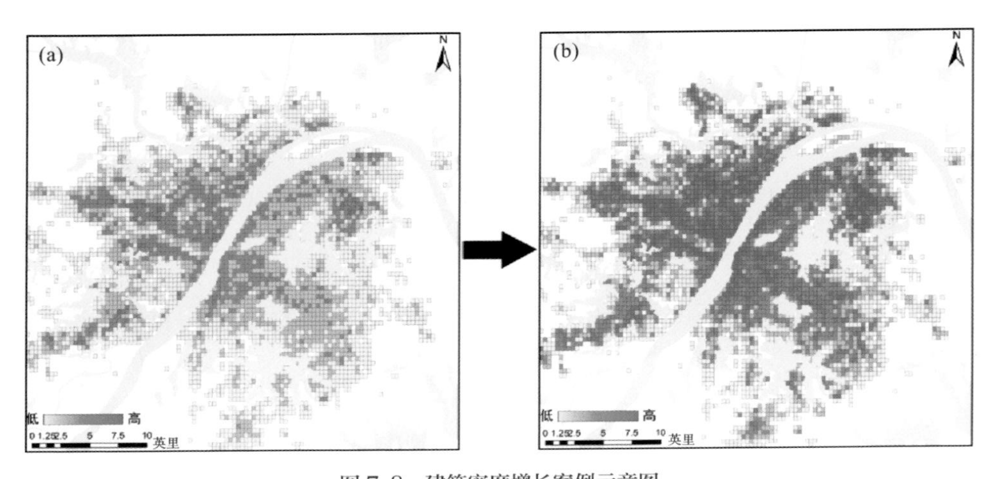

图 7-8　建筑密度增长案例示意图

（a）对照实验建筑密度平面分布；（b）建筑密度增长案例平面分布

7.2　水网对城市空间微气候调节作用研究

结合前两章的分析发现，城市不同位置水体的微气候调节作用有明显差异，水体的空间分布特征以及城市建设强度是产生这种现象的重要原因。因此，本章将通过分析WRF模拟案例，继续从城市不同圈层、不同方位两个角度，定量化分析城市水网对城市空间热环境和风环境的调节作用规律，并以城市空间形态指标为落脚点，探讨城市空间与水体微气候调节作用的耦合关系。

7.2.1　水网对不同圈层城市空间微气候调节作用

1. 不同圈层水体及城市空间形态特征

通过前两章的研究发现，水体面积是影响其降温幅度的重要因素。故为了探究不同圈层水体的微气候调节作用机制，首先需要对不同圈层水体分布情况及城市空间形态特征进行分析。在水体分布上，本章计算了三个圈层的所有水体面积，同时计算了水体面积与该圈层总面积的比值，称为水体面积占比，结果显示于表7-7中，图7-9更加直观地用色度区分了每个圈层的水体面积占比，从而量化分析不同圈层水体的分布情况。可以发现，第一圈层水体面积最小，从第一圈层至第三圈层水体面积逐渐增大，第二圈层水体面积约为第一圈层的4倍，第三圈层水体面积最大，是第一圈层水体面积的7倍，是第二圈层的1.6倍。从水体面积占比来看，第一圈层水体面积占比仍然最小，第二圈层占比最大。第三圈层虽然水体面积大，但该区域总面积最大，水体面积占比次于第二圈层。

总体而言，中心城区第一圈层内的水资源匮乏，水体面积覆盖度低。第二圈层内存在东湖、南湖等大面积水体，水体面积覆盖度最高。第三圈层水体资源丰富，但水体分布不均，大型水体集中在城市南部，形成“大开大合”的水体分布格局，水体面积占比不及第二圈层。

表 7-7　不同圈层水体面积分布情况

	第一圈层	第二圈层	第三圈层
水体面积占比 /（%）	16.3	21.7	19.2
水体面积 /km^2	28.54	114.51	189.53

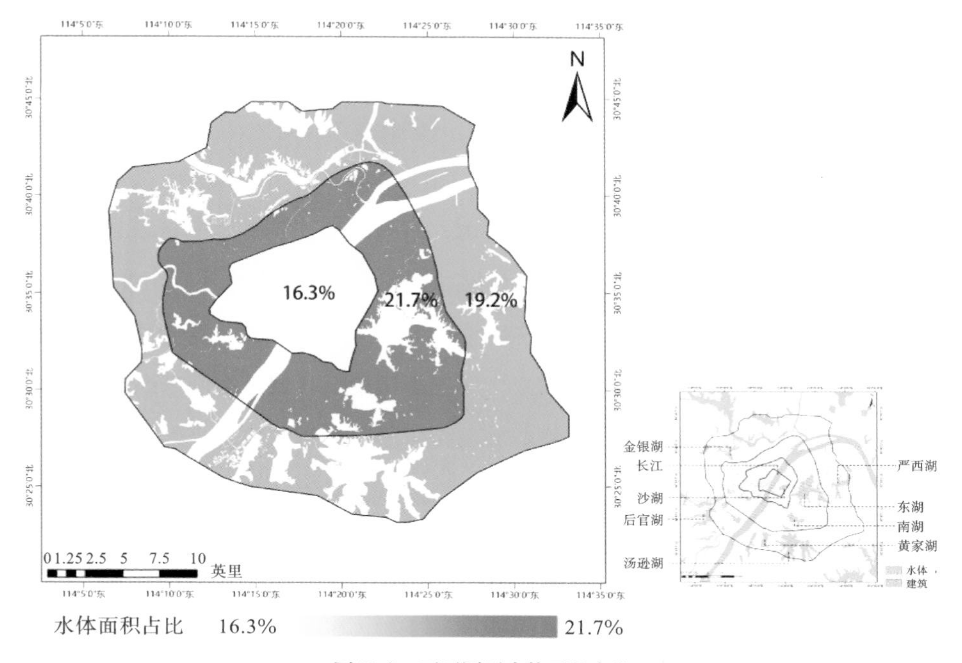

图 7-9　不同圈层水体面积占比

在城市空间形态指标的选取上，在本书的前序研究中[9]，依托地表温度反演数据，定量分析了建筑密度（BD）、平均建筑高度（MBH）、建筑结构指数（BSI）、错落度（SDH）、迎风面积比（FAI）、平均建筑表面积（MBS）、平均建筑体积（AV）和容积率（FAR）等8个城市空间形态指标与邻水区地表温度（LST）的关联性，并根据相关性检验结果筛选得到建筑密度（BD）、迎风面积比（FAI）、容积率（FAR）这三个影响水体降温作用的核心城市空间形态指标，指标计算公式详见表7-8。在后文的研究中，将重点讨论这三个核心城市空间形态指标对水体微气候调节作用的影响。

表 7-8　核心城市空间形态指标及计算公式

城市空间形态指标	缩写	计算公式
建筑密度	BD	$\mathrm{BD}=\sum_{i=1}^{n}\frac{P_i}{A}$
迎风面积比	FAI	$\mathrm{FAI}=\frac{A_{\mathrm{proj}}}{A}$
容积率	FAR	$\mathrm{FAR}=\sum_{i=1}^{n}\frac{\left(\frac{H_i}{C}\times P_i\right)}{A}$

注：P_i 为每个网格内第 i 个建筑的占地面积，A 为每个网格面积，H_i 为第 i 个建筑的高度，n 为网格内的建筑数量，A_{proj} 是与来风方向垂直的平面上的建筑投影面积，C 是常数 3，按照每层 3 m 高计算。

为了考量不同圈层的城市建设强度情况，本书分别计算了三个圈层全域核心城市空间形态指标的平均值，将结果可视化展示于图7-10中。发现建筑密度（BD）、迎风面积比（FAI）及容积率（FAR）均随圈层产生规律性变化。第一圈层内的城市空间形态指标均值最高，第二圈层次之，第三圈层最低。城市空间形态整体表现为“内高外低”的空间分布格局，这意味着城市核心区建筑密集、空间开敞度较低且风阻较大，这会导致中心城区热量聚集。而外围城区建筑分布相对零散，建筑密集程度及纵向高度较低，空间开敞且风阻较小。

2. 水体对不同圈层城市空间热环境影响

本书分别计算了研究范围内，邻水区及水面上空2 m高的各时刻平均气温（图7-11）。发现从上午6：00至下午20：00气温先增后减，并于16：00达到峰值，且此时刻邻水区与水体的气温差值也最大，约为1.3 ℃。为了进一步观察日间不同时段，

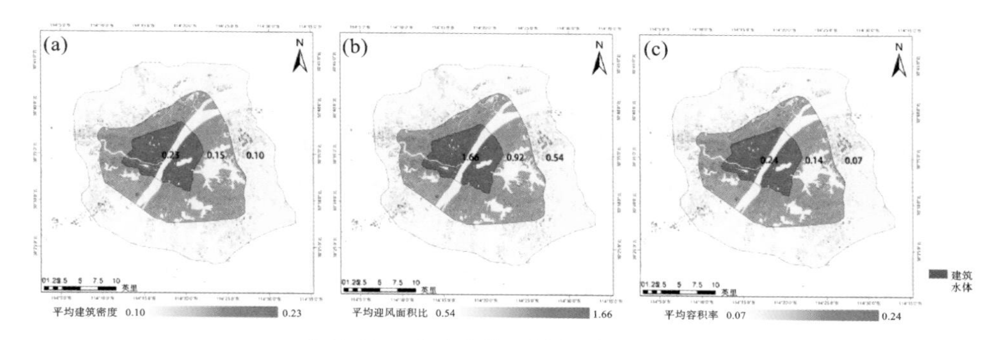

图 7-10 不同圈层核心城市空间形态分布

(a) 建筑密度；(b) 迎风面积比；(c) 容积率

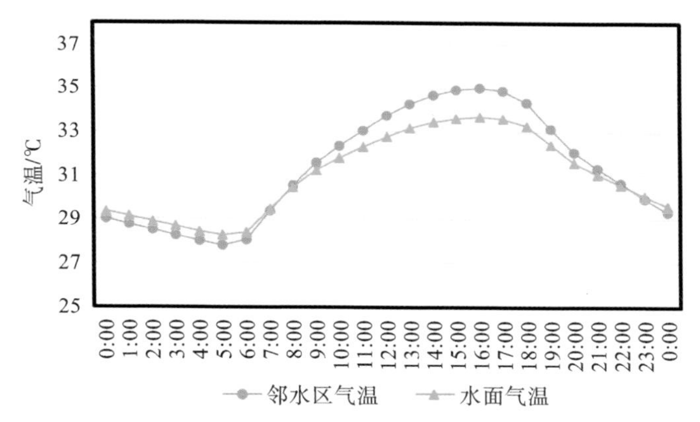

图 7-11 基础案例（NL）邻水区及水面上空 2 m 处气温日变化规律

水体对不同圈层气温的影响，分别选取上午10：00、午间15：00以及下午19：00三个温差较大的时刻，用基础案例（NL）气温值减去替换水体案例（NW）气温值，将结果展示于图7-12中。

三个时刻的结果呈现一个共同特点，即在水体下风向区域呈现出“舌状”的降温区域，这与王浩等人[10]的研究结论一致。上午10：00为水体降温作用的迅速上升期，由图7-12（a）可以发现在第二圈层东湖下风向区域有明显的低温区，而第三圈层大面积水体汤逊湖、后官湖下风向区域的降温作用不及第二圈层。午间15：00为水体降温作用最强时刻，根据图7-12（b）可以发现此时刻仍然是第二圈层内的东湖及长江的降温作用最显著，并在武汉市夏季下风向处东北角形成大面积低温区，降温幅度可达0.8 ℃，此时刻第一圈层内的水体的降温仍然不明显，这是因为第一圈层内水体面积小且过高的建设强度会阻碍冷气的渗透。下午19：00为水体降温作用迅速衰减时刻，由图7-12（c）可知所有水体的降温作用均减弱，但第一圈层、第二圈层的温差仍然比第三圈层约低0.2 ℃，这是因为中心城区高蓄热量及地面长波辐射足够给大气环境提供更多的热量，进而在日落前后中心城区的水体与周围环境仍存在气温差，因此降温持续时间比外环城区更长。

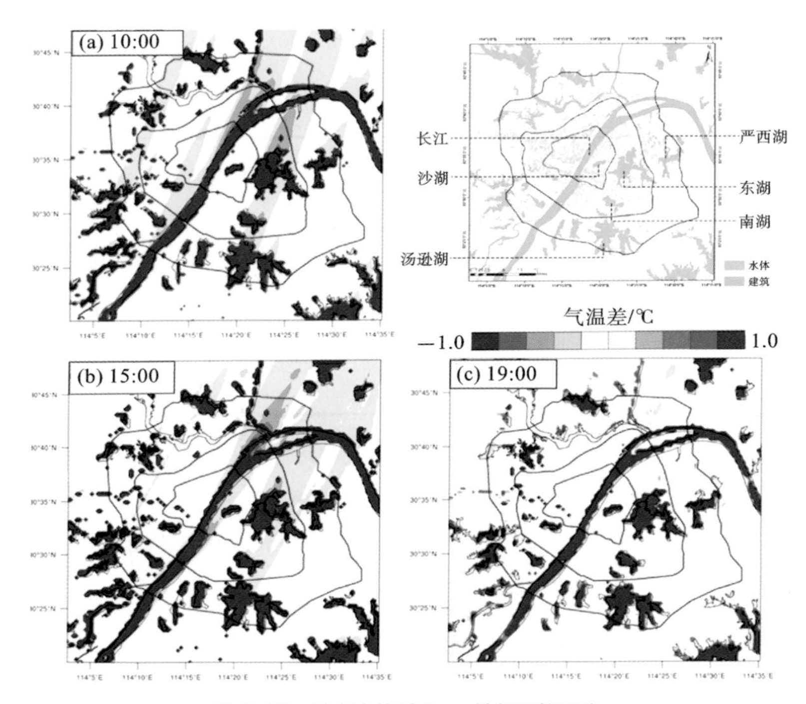

图 7-12　城市水体对 2 m 处气温的影响

为了准确量化分析不同圈层水体对邻水区的降温作用，本书提取了气温差较大的午间15：00，三个圈层邻水区1200 m范围内2 m高气温模拟结果，并得到从100 m至1200 m邻水缓冲区内的平均气温变化，如图7-13所示。可以看到三个圈层的折线图都符合显性三阶多项式函数特征，距离水体越远气温越高，并沿着指数曲线达到拐点，表明三个圈层邻水区都有明显的水体降温作用。在距离水岸线600 m范围内三者气温差距明显，第一圈层建设强度最大，水体面积较小，因此邻水区气温最高。

第二圈层水体面积占比最大，水体能够为邻水区带来更强的降温作用，因而气温最低。第三圈层虽然水体面积大，但开发强度低，建筑物产生的遮挡较少，故气温比第二圈层更高。运用显性三阶多项式计算方法，分别计算水体降温幅度（WCI）和降温范围（WCD），用以量化分析不同圈层邻水区水体的降温作用。

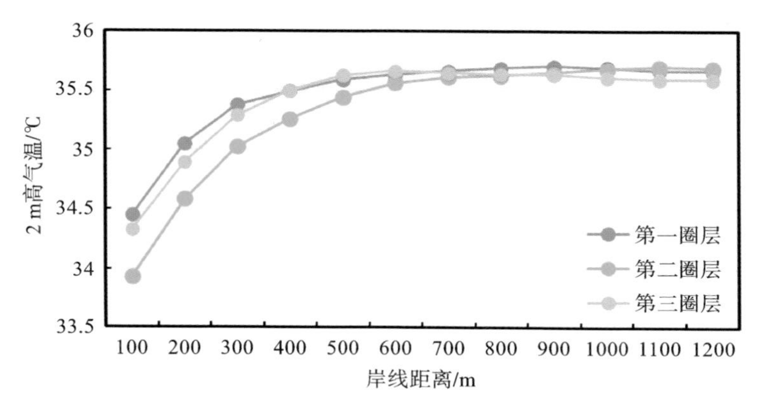

图 7-13　15：00 武汉市不同圈层邻水区气温随岸线距离变化

水体降温幅度（WCI）是量化水体降温作用的关键指标之一，降温幅度越大，通常意味着水体对邻水区的降温强度越大。图7-14给出了三个圈层邻水区WCI日变化情况，与日间气温变化规律类似，从8：00开始WCI逐渐攀升，并在16：00左右达到最大值，此后WCI开始下降。

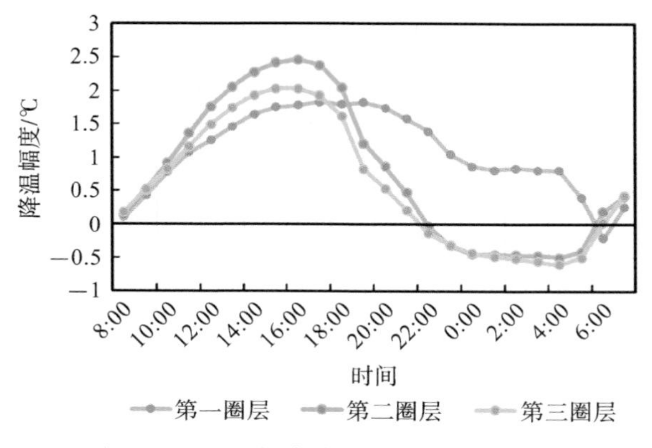

图 7-14　不同圈层邻水区降温幅度随时间变化

从不同圈层上看，在18：00之前，第二圈层WCI最大值为2.4 ℃，第三圈层为2.0 ℃，第一圈层为1.8 ℃。为了更清晰地展示各圈层之间的差异，图7-15为日间水体降温作用最强时段（8：00—18：00）不同圈层水体WCI平均值，从图中可以直观看到日间三个圈层WCI差距较大，第二圈层WCI均值最高，为2.1 ℃，是第一圈层的1.3倍，是第三圈层的1.2倍。水体面积是重要的影响因素，第二圈层水体面积占比最大，因此对城市邻水区的降温幅度也最大，而第一圈层水体资源匮乏且城市建设强度较高，城市风阻较大，从而削弱了水体的WCI。第三圈层位于外环城区，水体周围环境的气温受到建成区影响较弱，因此表达水体与周围环境温差的WCI较小。

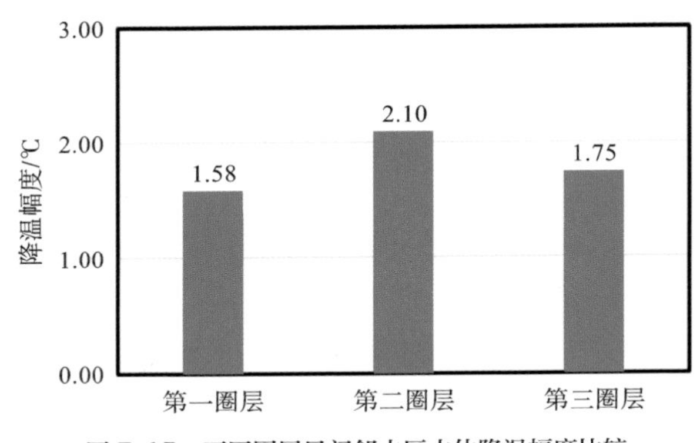

图 7-15　不同圈层日间邻水区水体降温幅度比较

此外，在18：00后，第二、三圈层WCI迅速降低，23：00时WCI降至0 ℃，此后WCI为负值。这是因为水体比陆地具有更大的比热容，降温缓慢，导致入夜之后水体比陆地气温高，对邻水区产生“加温”作用[11]，进而使得WCI呈现负值。而第一圈层WCI在18：00降温明显较缓慢，18：00后WCI均值比第二、三圈层高出约1.0 ℃，一直持续到第二天6：00水体降温幅度仍然为正值。这是因为日间城市冠层吸收热量多，核心城区会产生“高温夜”的现象，导致夜间水体温度仍低于周围环境的温度，水体进而产生持续的降温作用。

水体降温范围（WCD）用来描述水体降温作用延伸至距离水岸多远处，代表了水体降温作用所到达的最远距离，WCD越大，代表水体对邻水区的降温辐射范围越大。图7-16给出了夏季全天武汉市三个圈层内的水体WCD变化情况。整体上看，水体的WCD呈现持续上涨的变化趋势，从8：00开始WCD逐渐攀升，在17：00左右产生小幅度波动，持续增大直至20：00达到峰值1000 m左右，在23：00之后WCD变化趋于稳定。这是因为在8：00至16：00之间，城市气温持续升高，周围环境与水体之间的温差持续增大，加大了水体与周围环境的气流交换，进而使得WCD升高。在16：00至23：00之间，虽然空气温度下降，但太阳辐射也逐渐减小，有利于湿冷气团向邻水区输送，因此WCD仍继续增大。23：00之后水体处于“放热”阶段，且夜间受到太阳辐射等其他因素影响较小，因此影响范围逐渐趋于稳定。

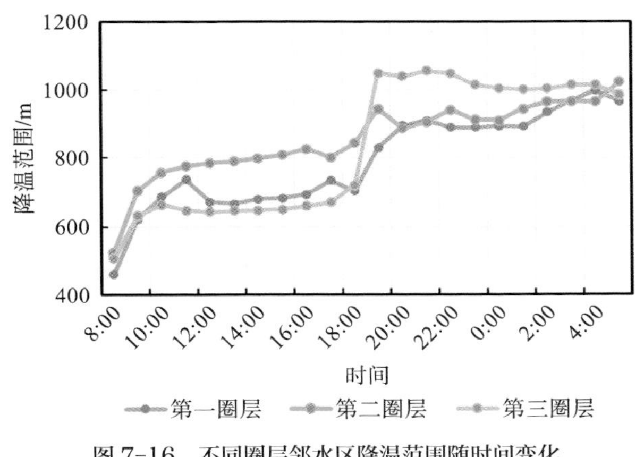

图 7-16　不同圈层邻水区降温范围随时间变化

从不同圈层角度看，在日间18：00之前，第二圈层WCD始终位于首位，第一圈层和第三圈层WCD最低，计算日间（8：00—18：00）时段三个圈层WCD平均值，将结果展示于图7-17中。从图7-17中可以明显看到日间三个圈层水体WCD差异明显，该时段内第二圈层WCD均值最高，为803 m，第一圈层和第三圈层WCD比较接近，分别为696 m和660 m。这是因为第二圈层水体面积占比最大，水面蒸发和空气对流作用越强，对周围环境的影响范围越远，这与前人的研究结论一致[12]。第一圈层位于中心城区，建筑物过于密集从而影响湿冷空气的渗透，并且高楼也会削弱中心城区风速，减少水体的蒸发，因此其WCI和WCD均较低。第三圈层所处的外环城区开发程度相对较低，水体与邻水区之间的温度差异相对较小，因此虽然水体面积大但整体降温作用不及第二圈层。

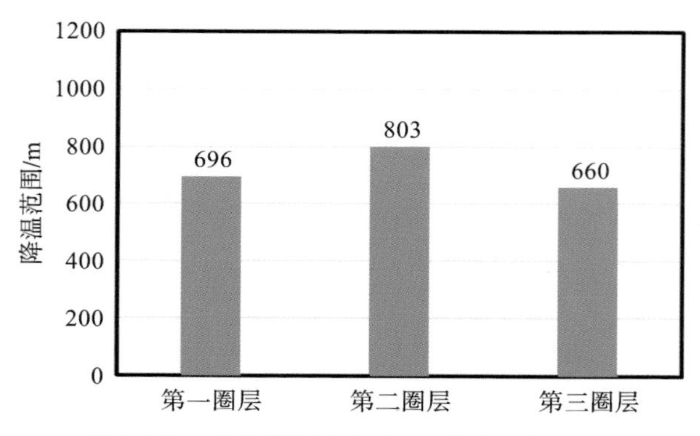

图 7-17　不同圈层日间邻水区水体降温范围比较

从图7-16可知，在18：00之后，各圈层水体WCD均有明显提升，这是由于在日落前后，太阳辐射强度减弱，水体产生的冷气能够输送至更远的距离。结合图7-14，第三圈层在夜间23：00之前一直都具有降温作用，在20：00左右时WCD提升至1050 m，为三个圈层中的最大值，在23：00之后WCD逐渐降低。故在日落后至零点之前，第三圈层水体仍然能够起到较大范围的降温作用，这是因为第三圈层内大型水体多，且建筑分布零散、建筑迎风面积比低，空间开敞且风阻较低，从而更有利于湿冷空气的输送。因此，在城市规划过程中，城市外围水体附近660 m的日均降温范围内，应注意合理布置建筑，一方面可以为日落后大型水体的降温预留冷气输送通道，另一方面也利于夜间水体放出的热量快速随风疏散，防止废热集聚。

总而言之，水体对邻水区热环境的调节作用受到水体面积和城市建设强度的共同影响。武汉市第一圈层内水体面积小且建设强度高，水体的降温作用最弱。而第二圈层内存在大型水体东湖，水体面积占比最高，降温幅度和降温范围随之升高。第三圈层大面积水体多但分布不均匀，且位于外环城区，城市建设强度低，水体与周围环境之间的温度差较小，因此其降温幅度和降温范围均不及第二圈层。

通过前文分析，城市建设强度是重要的影响因素，因此为了验证前文结论并量化分析城市空间形态对水体降温作用的影响，以包含水体降温范围的1200 m网格作为分析尺度，计算出不同圈层邻水区核心城市空间形态指标与午间15：00气温差值的皮尔森相关系数，相关性结果见表7-9。由表可知核心城市空间形态指标与气温差值呈正相关，意味着水体降温作用会随着建设强度的增大而减小，且从第一圈层至第三圈层相关性逐渐减弱，说明越接近中心城区，城市空间形态对水体降温作用的影响越显著。图7-18为第一圈层BD、FAI、FAR与气温差值的线性回归分析，可见FAR对气温差值的影响最显著，能够解释53.1%的气温差值变化，其次是FAI，BD最弱，FAR每提升1，水体降温幅度下降0.9 ℃。另外也发现，较多样本点的容积率集中在1.5至2.7之间，当容积率超过1.5时，气温差值绝对值降至0.2 ℃并趋于平缓，这也说明邻水区平均容积率控制在1.5以下将对水体降温作用产生最小的影响。

表 7-9　不同圈层核心城市空间形态指标与气温差值的皮尔森相关系数

	第一圈层	第二圈层	第三圈层
BD	**0.645****	0.434**	0.224*
FAI	**0.675****	0.367**	0.126
FAR	**0.729****	0.392**	0.215*

注：** 在 0.01 水平（双侧）上显著相关；* 在 0.05 水平（双侧）上显著相关。

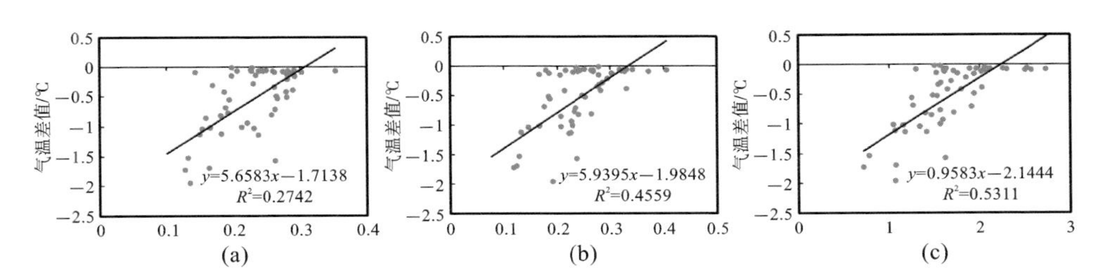

图 7-18　第一圈层核心城市空间形态指标与气温差值的线性回归分析

（a）BD；（b）FAI；（c）FAR

3. 水体对不同圈层城市空间风环境影响

城市水体不仅对邻水区热环境有显著的调节作用，由水体和陆面间的热力差异引起气压差，从而产生的中尺度局地环流也会显著改变邻水区风环境[13]。

图7-19为三个圈层，基础案例（NL）和替换水体案例（NW）邻水区内的风向、风速平均值日变化规律。对比两组案例发现，在0：00—6：00时段，NL案例的风速要高于NW案例，说明水体在夜间对外来风起到了促进作用，此时风向并无

明显偏转。这主要是因为夜间城市气温相对较低，此时水体的热力作用较小，但其作为粗糙度极低的下垫面非常利于空气在其上空流动，因此会提高局地风速。通过对比发现，在夜间第二圈层水体的导风作用最强，夜间0：00至清晨6：00，第二圈层水体对邻水区的风速提升幅度最大，带来的平均风速增幅为2.2 m/s，比第一、三圈层高出0.3 m/s左右。这是因为第二圈层水体面积占比最高，Zeng等人[14]的研究也证实了水体对风速的促进作用与水体面积呈正相关，故第二圈层的风速增幅最大。

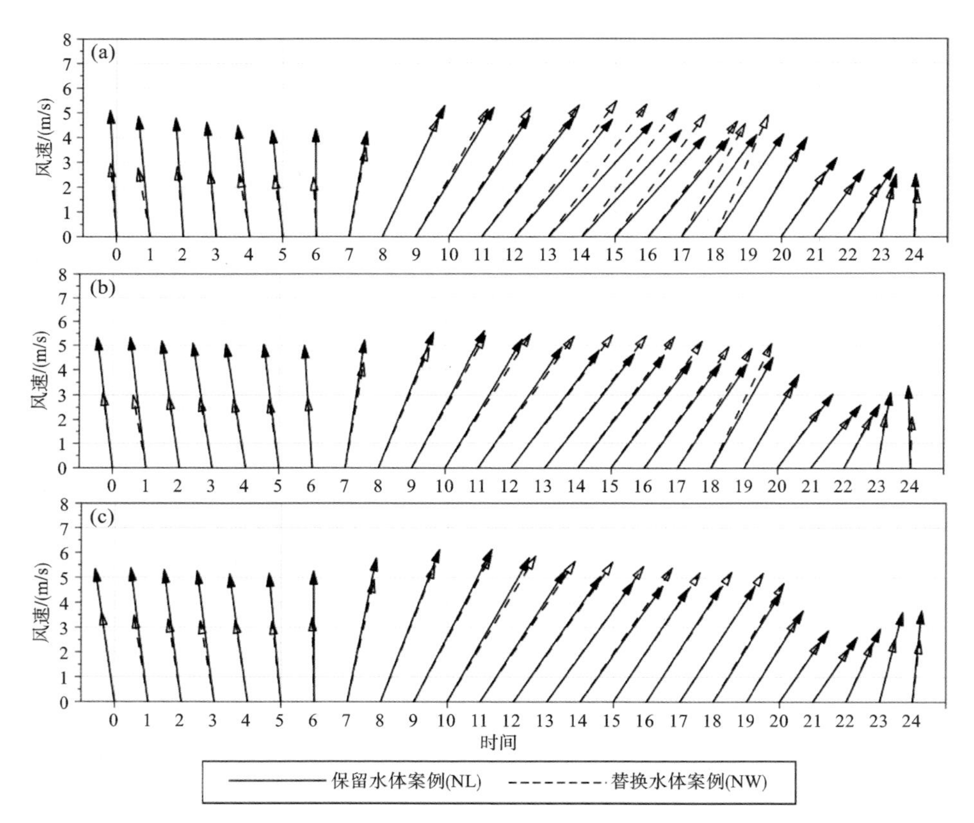

图 7-19　NL 案例及 NW 案例不同圈层邻水区 10 m 高风向、风速平均值日变化规律

（a）第一圈层；（b）第二圈层；（c）第三圈层

在日间10：00—18：00，随着太阳辐射增强和城区气温升高，向岸背景风能够为湖泊上风岸带来更多的干暖气团，增大了湖泊上风岸的局地温度场的温度梯度，会产生从湖面吹向邻水区陆面的湖风，并使外来风向发生偏转。第一圈层内建筑最为密集，由中心城区的高温引起的水陆间的对流、湍流交换作用也更强烈，因此第一圈层内的水体对邻水区风向的偏转作用最明显［图7-19（a）］。在18：00之后，各圈层水体的存在又提高了风速，这是由于日落后水-陆温差逐渐减小，经过湖面后的离岸湿冷空气使得湖泊下风岸的气温差更大，气压梯度更大，因此产生与背景风向相同的陆风。

为了更加直观分析不同圈层水体的局地风速增加及风向偏转作用，图7-20分别给出了夜间3：00、日间15：00以及18：00三个时刻的风速差值（NL案例减去NW案例）平面图。由图7-20（a）可知，夜间各水体上空均产生了较为明显的风速增幅，夜间是城市热岛效应的高发时期，第一、二圈层内的长江干流、东湖等水体的导风作用能够提高中心城区废热的疏散速度，降低邻水区气温，有效缓解晚间城市热岛。第三圈层南侧的汤逊湖、后官湖等大型水体对外来风的促进作用，能够将郊区的新鲜空气引入城市内部，从而提升城市空气质量。

图7-20（b）为气温最高的15：00风速差值结果，此时水体对邻水区风速的影响为促进和削弱并存。第一圈层内的长江沿岸的邻水区风速差为正值，意味着此时中心城区的水体仍起到一定的导风作用，而第二、三圈层的大型水体削弱了水体上空及邻水区风速。结合图7-19，入夜前的18：00是中心城区水体对风向起到偏转作用的最显著时刻，从图7-20（c）中可以看到第一圈层中心区的长江对南侧邻水区产生西北向的风分量，中心城区与外环城区下垫面的蓄热量和散热性能不同，加上人为排放等因素，导致中心城区部分区域温差较大，水体因此产生的热力风使背景风发生转向，这种偏转作用能够将湿冷气团输送至长江沿岸，从而缓解中心城区高温滞留的问题。

据前文分析，日间以水陆环流为代表的局地环流是使邻水区风向发生偏转的主要原因，且这一现象在第一圈层内最显著。因此为了清晰展示不同圈层水体带来的局地环流特征，图7-21给出基础案例（NL）和替换水体案例（NW）的垂直层气温和风速差值，并叠加矢量风速差。剖切位置为东西向横向剖切，横穿城市三个圈层且位于长江干流、东湖、严西湖等各圈层的主要水体上空。

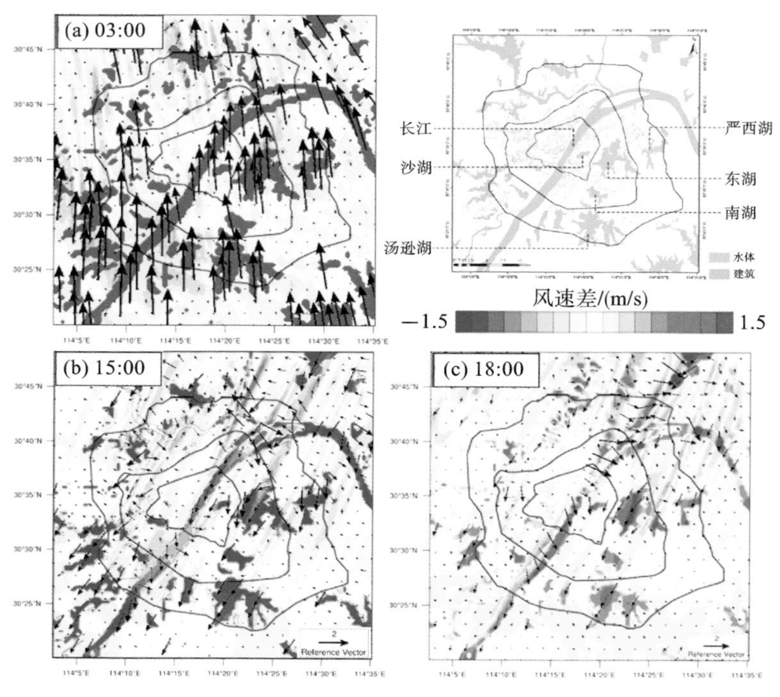

图 7-20 NL 案例与 NW 案例 10 m 处风速差值

图7-21（a）、（c）为午间15：00的模拟结果，此时水体受到城市热岛及太阳辐射的影响，大型水体上空产生多个明显的涡流，气流在向上运动的同时，还产生向下的回流，距离中心城区越近，水体产生的湍流活动越强烈且结构越清晰，这也是第一圈层内背景风发生转向的原因。第一圈层和第二圈层内的垂直风速最大可达1.0 m/s左右，湍流的垂直高度约为1.6 km，比第三圈层高0.3 km。由图7-21（a）发现，第一圈层长江干流及第二圈层东湖产生的水平和垂直降温范围也会随湍流活动而加大。在上一节的研究中发现，第三圈层邻水区日间的平均WCD为660 m，是三个圈层中的最小值，从图7-21（a）、（c）发现第三圈层水体上空湍流活动最弱，这也影响了该处水体对邻水区的降温作用范围。

图7-21（b）、（d）为下午18：00模拟结果，可以更加清晰看到虽然此时的城市气温和太阳辐射强度降低，但第一圈层水体上空仍然存在较强的湍流运动，湍流结构比15：00更加清晰，这也使得此时对背景风的偏转作用最强，而其他圈层水体的湍流结构基本被破坏。图7-22给出了不同圈层水体上空2 m处相对湿度差值与气温

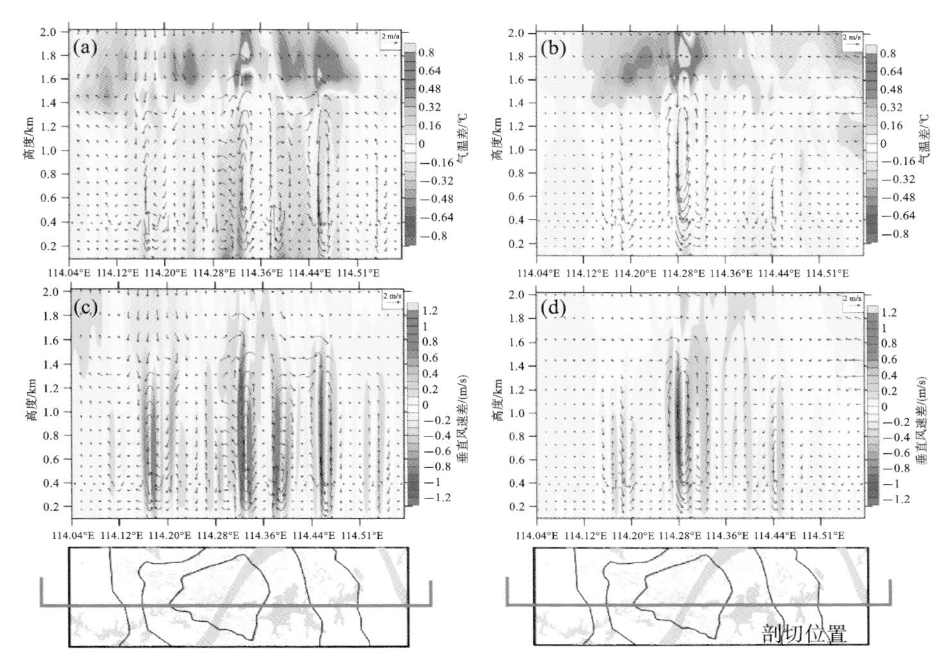

图 7-21　NL 案例与 NW 案例垂直层气温差及风速差，同时叠加矢量风速差（垂直风速差为正值代表上升气流，负值为下沉气流）

（a）15：00 气温差；（b）18：00 气温差；（c）15：00 垂直风速差；（d）18：00 垂直风速差

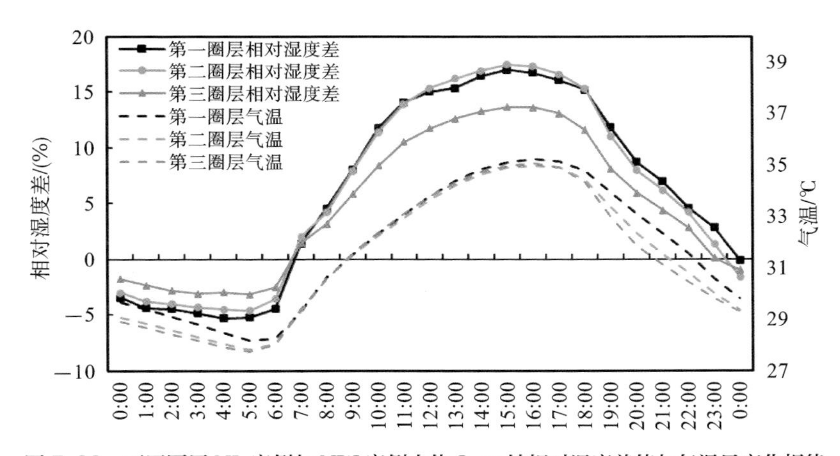

图 7-22　不同圈层 NL 案例与 NW 案例水体 2 m 处相对湿度差值与气温日变化规律

日变化规律，相对湿度是空气中实际的水汽压与此时气温下的饱和水汽压之比，与温度和太阳辐射有关，温度越高水体蒸发作用越强。从图7-22可以发现在18：00日落前后，相比较外环城区，中心城区由于其高蓄热量，地面长波辐射及湍流显热提供给大气更多热量，城郊气温差距越来越大，温度更高的水体带来的湍流扩散效果更明显，水体蒸发量也会更大，因此18：00后，第一圈层相对湿度差值最高，湍流活动最强。而第三圈层距离中心城区较远，城市气温下降迅速，再加上其中分布多个大型水体，邻水区水分过于饱和从而阻止了太阳辐射继续蒸发水分，故而水体的湍流活动最弱。

根据前文的分析可知，与日间不同，在气温相对较低的夜间，水体作为表面粗糙度极低的下垫面能够起到“导风”作用，增加了外来风速，从而缓解夜间热岛，但邻水区复杂的建成环境会削弱水体这一调节作用，因此为了定量化评估不同圈层城市空间形态对水体导风作用的影响，本书计算了三个圈层邻水区核心城市空间形态指标与夜间（0：00—6：00）风速差平均值（NL案例减去NW案例）的相关系数，结果如表7-10所示。可以发现，距离中心城区越近，各城市空间形态指标与风速差的相关性越强，意味着中心城区水体导风作用的下降，多是密集且高的建筑物布局导致的。图7-23为相关性最显著的第一圈层核心城市空间形态指标与邻水区风速差值的线性回归分析，三者与风速差值呈显著负相关，BD对风速差的解释能力最强（R^2为0.4732）。建筑密度变化会带来城市冠层内街峡比例的变化，中心区建筑密度高会使空地及绿地面积相应变少，建筑之间的距离较短，不利于城市通风，当建筑密度达到0.22以上时，水体带来的导风作用效果会迅速降至0.1 m/s左右，第一圈层BD每升高10%，风速差约下降0.5 m/s。同样地，第一圈层中心城区的纵向发展也会显著降低局地风速，削弱水体的导风作用，FAR每升高1，风速差下降0.59 m/s。

表7-10　不同圈层核心城市空间形态指标与风速差值的皮尔森相关系数

	第一圈层	第二圈层	第三圈层
BD	－ 0.688**	－ 0.382**	－ 0.237*
FAI	－ 0.635**	－ 0.353**	－ 0.194
FAR	－ 0.662**	－ 0.341**	－ 0.159

注：** 在 0.01 水平（双侧）上显著相关；* 在 0.05 水平（双侧）上显著相关。

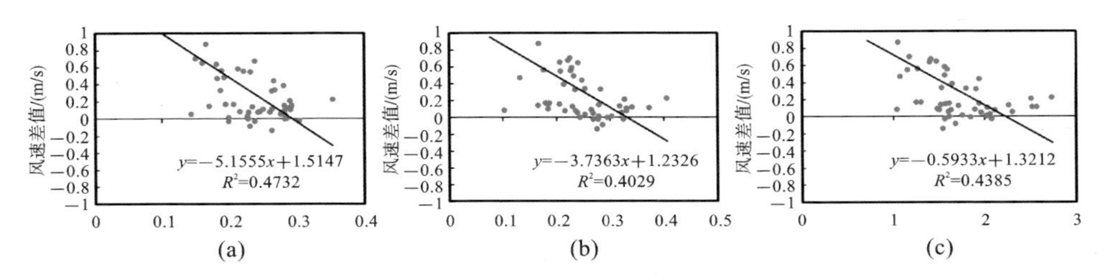

图 7-23　第一圈层核心城市空间形态指标与邻水区风速差值的线性回归分析

（a）BD；（b）FAI；（c）FAR

7.2.2　水网对不同方位城市空间微气候调节作用

已有研究表明，城市背景风向和风速是影响水体微气候调节作用的关键因素[15]，在夏季背景风的作用下，水体对不同方位城市空间微气候的影响也会产生差异。本书这里将继续运用WRF模拟技术，运用7.1.1节中介绍的“象限方位”分析法，定量化讨论夏季水体对不同象限邻水区微气候的调节作用机制，城市八象限划分见图7-2。

1.不同方位水体及城市空间形态特征

为了量化分析不同方位水体的分布情况，本书计算了八个方位内所有水体面积，同时计算了水体面积与该方位总面积的比值，称为水体面积占比，结果显示于表7-11中。同时，图7-24更加直观地用色度区分了每个方位的水体面积占比。可以发现Ⅰ、Ⅱ、Ⅵ、Ⅶ象限的水体面积占比较高，均在20%以上。Ⅱ、Ⅵ象限内的水体主要为穿城而过的长江干流，Ⅰ、Ⅶ象限内存在东湖、严西湖、汤逊湖和黄家湖等大面积湖泊，因此水体面积占比较大，其余象限内水体面积占比相对较小，均在10%左右。

表 7-11　不同象限水体分布情况

象限	Ⅰ象限	Ⅱ象限	Ⅲ象限	Ⅳ象限	Ⅴ象限	Ⅵ象限	Ⅶ象限	Ⅷ象限
水体面积占比 / (%)	27.39	22.16	14.16	7.618	11.82	29.11	33.11	14.15
水体面积 /km²	67.92	54.47	30.43	15.39	17.38	47.92	57.84	41.23

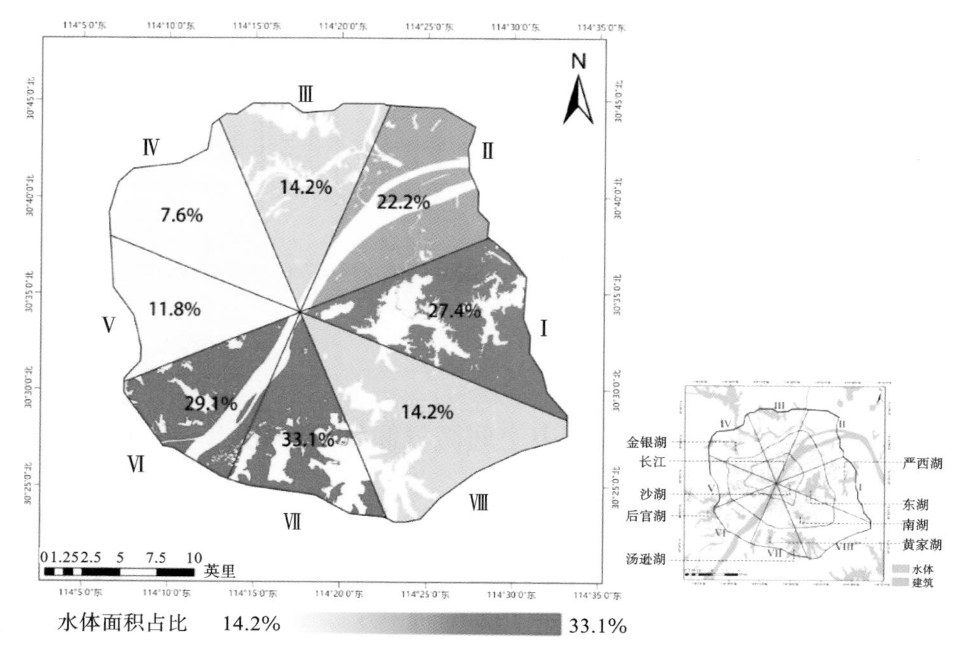

图 7-24 不同象限水体面积占比

本书分别计算了八个象限的全域核心城市空间形态指标的平均值，将结果可视化展示于图7-25中。发现建筑密度（BD）、迎风面积比（FAI）及容积率（FAR）随方位发生相似的变化，在“垂江”轴线上的区域城市形态指标数值较高。这种空间分布格局与水体面积占比相反，水体面积占比越低的区域，城市建设强度越高（Ⅲ、Ⅳ、Ⅴ和Ⅷ象限）。另外，Ⅳ、Ⅷ象限的FAI和FAR均高于周围其他象限，这与BD的变化特征不同，意味着Ⅳ、Ⅷ象限内不仅建筑密集，同时分布大量的高层建筑，导致风阻较大，会对城市夏季西南向背景风产生阻挡。

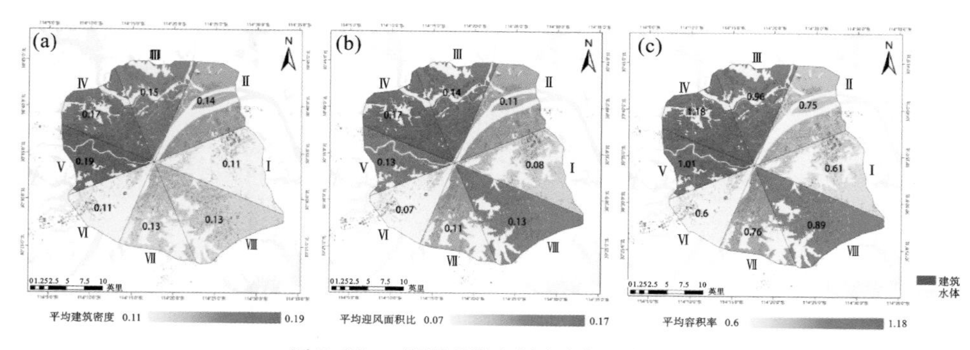

图 7-25 不同象限核心城市空间形态分布

2. 水体对不同方位城市空间热环境影响

图7-26为基础案例（NL）和替换水体案例（NW）的2 m高气温模拟结果差值平面分布图，图7-27为NL案例午间15：00矢量风速的平面分布结果，该时刻研究区内模拟风向为西南向，与武汉市夏季主导风向一致。

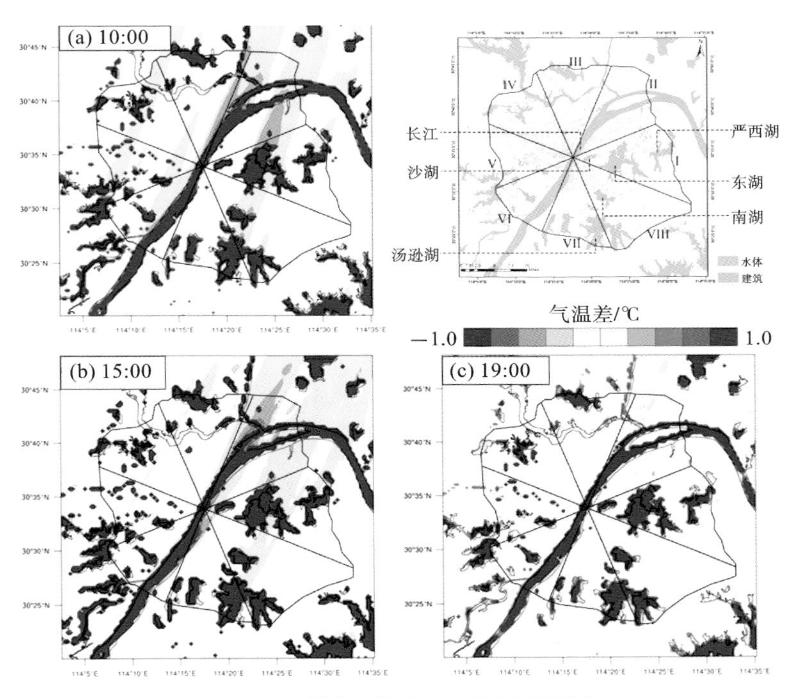

图 7-26　城市水体对 2 m 处气温的影响

结合7.2.1节的分析结果，上午10：00时，水体的降温作用处于迅速“攀升”期，从图7-26（a）可以发现，此时降温区分布较为零散，在Ⅰ象限、Ⅱ象限、Ⅵ象限及Ⅷ象限的大型湖泊及长江下风岸都产生了明显的降温区域；观察图7-26（b），到午间15：00时，降温区域主要集中在城市下风向位置的Ⅰ象限和Ⅱ象限，特别是在东湖及长江的下风岸邻水区最为明显。Ⅷ象限位于大型水体汤逊湖下风岸，因此也存在较为显著的降温作用。Ⅲ、Ⅳ、Ⅴ象限由于水体分布相对少且城市建设强度大，水体降温作用较弱；在下午19：00时，城区气温下降，水陆热力差异减弱，各象限水体降温作用明显减弱，但在城市下风向的东北角区域仍存在0.2 ℃的降温区。

因此，发现各时刻水体的降温作用有一个共同特点，即在武汉市东北角的下风向区域形成较大范围的降温区域。这是城市水体日间产生的湿冷空气随风在下风向城区集聚的原因，这也意味着，下风向城区建设强度不宜过大，这会导致该处形成高温、高湿的气候环境，产生更大的不舒适感。

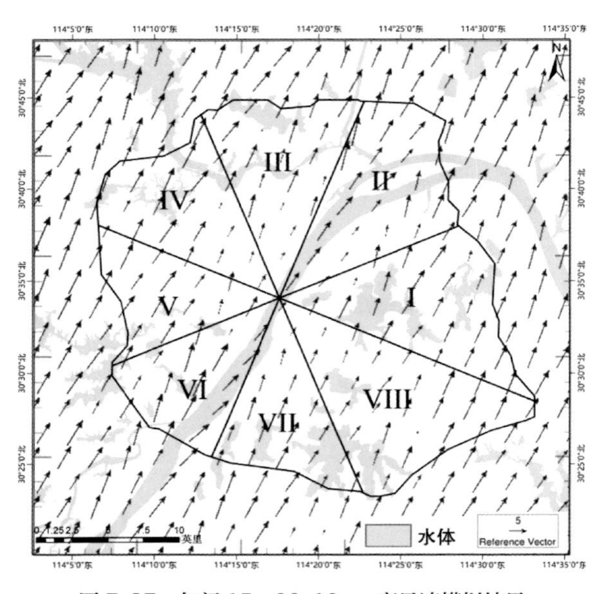

图 7-27　午间 15：00 10 m 高风速模拟结果

为进一步量化分析不同方位水体的降温作用，提取气温最高的午间15：00，8个象限邻水区1200 m范围内2 m高气温模拟值，得到从100 m至1200 m缓冲区内的平均气温变化，如图7-28所示。可以看到8个象限的折线图都符合显性三阶多项式函数特征，距离水体越远气温越高，并沿着指数曲线达到拐点，表明所有象限邻水区都有明显的水体降温作用。象限之间的气温存在差异，在距离水岸线600 m范围内，Ⅰ象限和Ⅷ象限的气温最低，特别是在距离岸线100 m左右时，与其他象限之间的差距最明显。由上文的分析结果可知，主要是因为研究范围两个面积最大的湖泊东湖和汤逊湖分别存在于这两个象限，Ⅷ象限包含了汤逊湖下风岸的降温区域，故这两个象限邻水区气温要低于其他象限，且越接近水体这种差距越大，这也说明了不同方位水体的降温作用同样受到了水体面积的影响。另外，在邻水区范围内Ⅱ象限和Ⅲ象限气温始终高于其他象限，结合图7-29可知，这是武汉市区内废热顺着背景风在下风向区域聚集，从而导致Ⅱ象限和Ⅲ象限局部地区高温现象，这种废热堆积的问题是否会削弱该处水体的降温作用，将在后文进一步讨论。

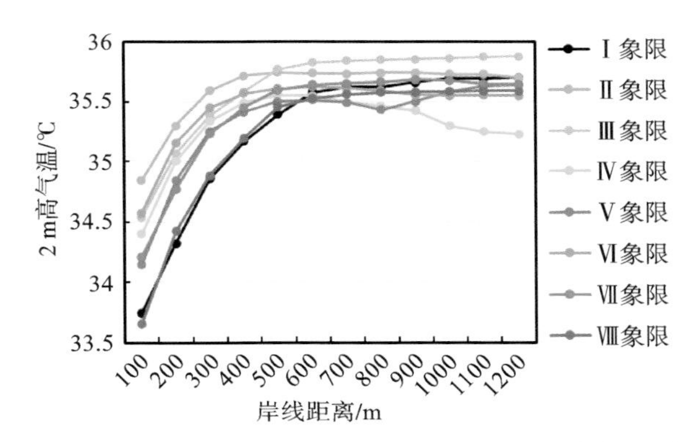

图7-28　午间15：00武汉市不同象限邻水区气温随岸线距离变化

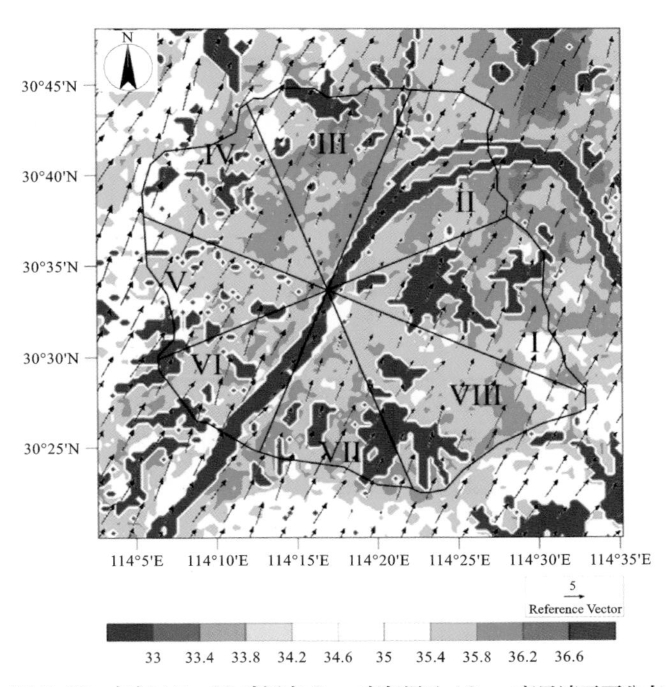

图7-29　午间15：00武汉市2 m高气温及10 m高风速平面分布

为定量化分析不同象限水体的降温作用，图7-30和图7-31分别给出了午间

15：00 8个象限的水体降温幅度（WCI）和降温范围（WCD），为了讨论水体面积对不同方位降温作用的影响，图7-30和图7-31上分别叠加了各方位的水体面积占比。

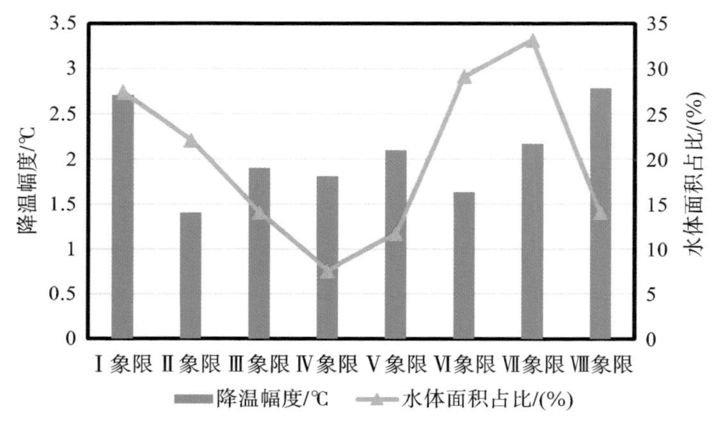

图 7-30 各象限水体降温幅度（WCI）与水体面积占比

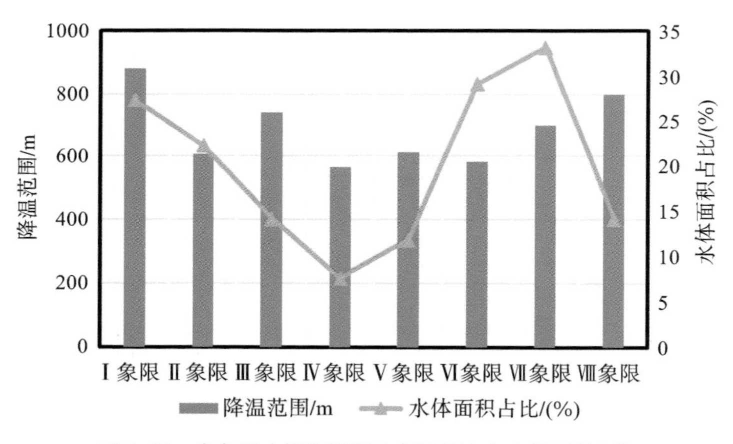

图 7-31 各象限水体降温范围（WCD）与水体面积占比

整体上看，各象限水体WCI和WCD的变化与水体面积占比变化趋势比较接近，整体都是先减小后上升的变化特征，但在部分象限内两者的变化规律有一定差异，说明除了水体面积外，不同方位水体降温作用还受到其他因素影响。Ⅰ象限中存在大型湖泊东湖，水体面积占比高并且城市建设强度低，因此其WCI和WCD最高。Ⅷ象限水体面积占比小，但WCI和WCD都很高，如前文所述这是汤逊湖下风岸的强降温区域全部位于Ⅷ象限内的原因。Ⅱ象限的WCI最低，这是因为水体类型、形状都会影响水体的降温强度，杜红玉等[7, 16]通过CFD模拟发现面状湖泊的WCI要强于线状河流，岳文泽等[17]也发现了类似结论，形状越复杂的水体，其与外界的热交换面积越大，从而对周围环境的降温作用也越强，而Ⅱ象限主要水体就是穿城而过的带状长江干流，水体复杂度低，故而WCI较低。Ⅲ象限的WCD比较高，结合图7-29发现，Ⅲ象限位于城市下风向区，且其中的水体主要分布在城市外环区域，水体下风岸内分布的建筑很少，顺南向风输送的水汽受到的阻挡作用较小，故其WCD较大。Ⅳ象限水体面积占比仅为7.6%，为所有象限中最小值，水体的降温作用有限，另外Ⅳ象限建筑密度大且容积率及迎风面积是所有象限中最高的，影响了冷空气的渗透，所以Ⅳ象限水体WCD最低。Ⅴ象限虽然水体面积占比不高，但其处于大型湖泊后官湖的下风岸，因此WCD也较高。在所有方位中，Ⅵ、Ⅶ象限出现了水体面积占比较高，但WCI和WCD相对较低的情况，这是因为Ⅶ象限中的大型湖泊汤逊湖产生的降温区域主要集中在下风岸的Ⅷ象限内，因此导致Ⅷ象限水体WCI和WCD均较高，而Ⅶ象限相对较低。Ⅵ象限水体面积占比接近30%，处于城市主风道上风向处，初步推测该处水体降温作用受建筑的影响较大，削弱了其降温作用。

为了探究不同象限水体面积与水体降温作用之间的关联性，运用水体覆盖率指标（FWC，图7-32）计算出各象限的邻水区FWC与气温差值（有水体案例NL减去无水体案例NW）之间的皮尔森相关系数，相关性结果见表7-12。可以发现，各象限内FWC与气温差值均呈显著负相关，意味着水体面积越大，其降温作用越显著，故存在大型湖泊的Ⅰ、Ⅱ象限和Ⅶ、Ⅷ象限的WCD和WCI较强。为了进一步考量不同方位的水体面积对其降温作用的影响强弱，对各方位FWC和气温差值进行线性回归分析，统计各方位回归方程的拟合优度（R^2），并叠加各方位水体面积占比，如图7-33所示。

发现在大部分情况下，水体面积占比较高的方位，拟合优度也较高，例如Ⅰ、Ⅱ、Ⅵ象限的R^2均在0.7以上，表明存在大型水体的区域，其降温作用更依赖于水体的面积。Ⅲ、Ⅳ象限的水体面积占比较低且建设强度大，故水体面积的解释能力最弱（R^2分别为0.57和0.56）。Ⅱ象限和Ⅵ象限呈现非常显著的相关性（R^2分别为0.77和0.74），这是由于这两个象限位于武汉夏季西南向主风道上，贯穿这两个象限的

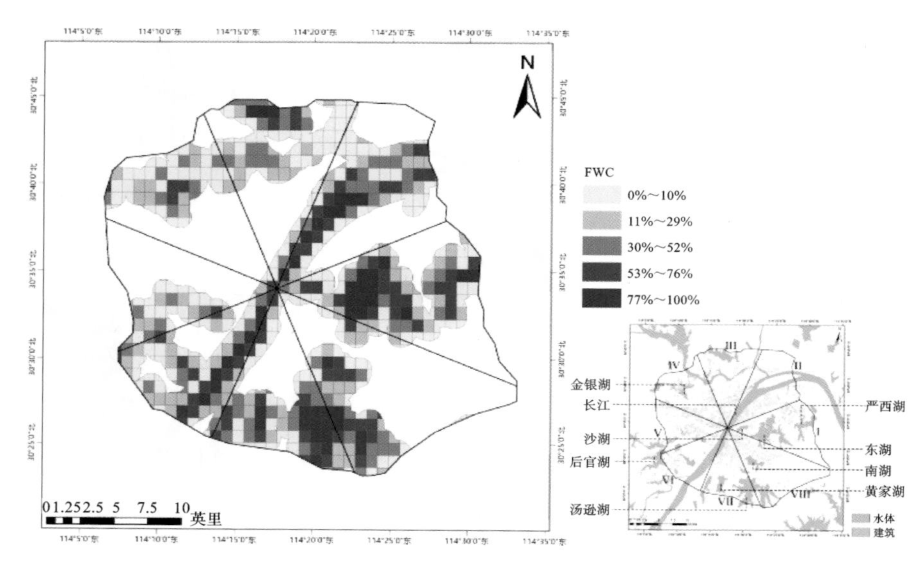

图 7-32　武汉市水体覆盖率（FWC）平面分布

表 7-12　水体覆盖率 FWC 与气温差值的皮尔森相关系数

象限	Ⅰ象限	Ⅱ象限	Ⅲ象限	Ⅳ象限
相关系数	− 0.868**	− 0.867**	− 0.758**	− 0.752**
象限	Ⅴ象限	Ⅵ象限	Ⅶ象限	Ⅷ象限
相关系数	− 0.802**	− 0.865**	− 0.762**	− 0.798**

注：** 在 0.01 水平（双侧）上显著相关；* 在 0.05 水平（双侧）上显著相关。

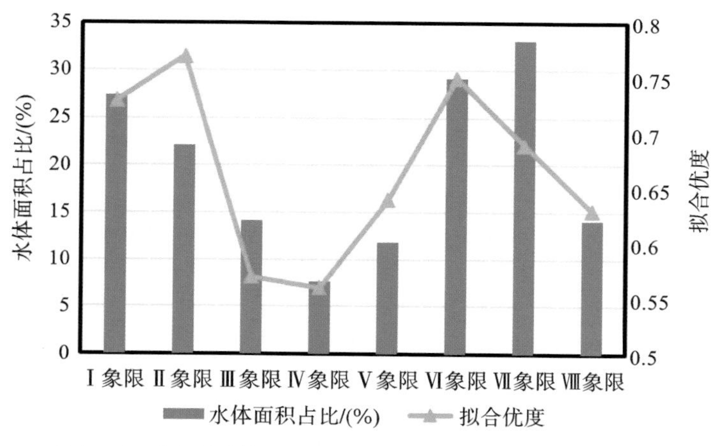

图 7-33　各方位水体 FWC 与气温差值拟合优度及水体面积占比

长江成为夏季最具通风潜力的“河流型”通风廊道，风阻相对较小，水体面积因素对其降温作用的解释能力更强。故依托长江布置夏季风道，保证该方位上充沛的水体资源，同时控制长江沿岸建设强度，不仅能够为城市通风降温，还能促进水体的降温作用，缓解夏季热环境。

除水体面积外，建筑密度（BD）、迎风面积比（FAI）、容积率（FAR）这三个城市空间形态指标是导致邻水区升温的关键影响因素。而在前文的研究中发现VI象限虽然水体面积占比大且位于主风道上风向处，但其降温幅度和降温范围均比较低，为了探究城市空间形态是否是导致这种现象的原因，同样以覆盖水体降温范围的1200 m为分析网格，提取了8个象限邻水区核心城市空间形态指标与15：00气温差值数据，得到两者之间的皮尔森相关系数，以考量城市空间形态对哪些方位水体的影响最强，相关性结果见表7-13，为了直观分析不同方位上的差异，将相关系数值展示于平面分布图7-34中。

表 7-13　核心城市空间形态指标与气温差值的皮尔森相关系数

	Ⅰ象限	Ⅱ象限	Ⅲ象限	Ⅳ象限	Ⅴ象限	Ⅵ象限	Ⅶ象限	Ⅷ象限
BD	0.524**	0.633**	0.169	0.03	0.543**	0.586**	− 0.056	0.349*
FAI	0.387*	0.417**	0.04	0.147	0.329	0.543**	− 0.015	0.347*
FAR	0.465**	0.473**	0.16	0.116	0.406*	0.416	− 0.088	0.278*

注：** 在 0.01 水平（双侧）上显著相关；* 在 0.05 水平（双侧）上显著相关。

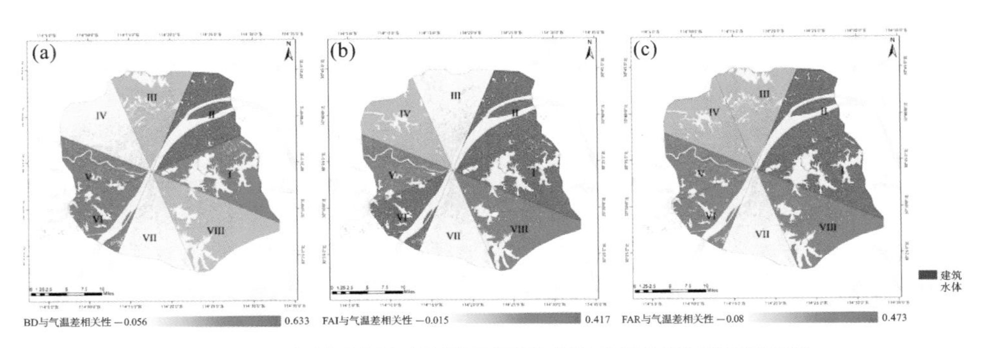

图 7-34　不同方位城市空间形态指标与气温差值的皮尔森相关系数

城市空间形态指标与气温差值呈正相关，代表城市空间形态指标削弱了水体的降温作用。三个指标中BD与气温差值之间的相关性最强，说明建成区的密集程度是影响水体降温作用的关键因素。可以直观看到，相关系数较高的方位仍然集中在夏季主导风向风道上，意味着主风道处的建筑对水体降温作用有更显著的影响，故选取相关系数较高的Ⅰ、Ⅱ、Ⅴ、Ⅵ象限进行城市空间形态指标与其温差值的线性回归分析，如图7-35～图7-37所示。

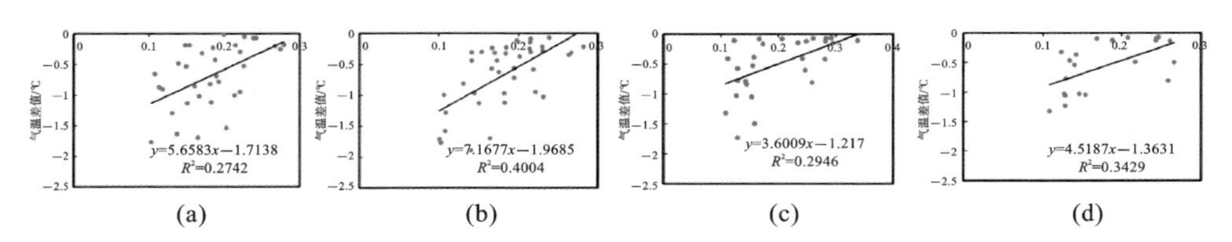

图 7-35　建筑密度（BD）对气温差值的影响

（a）Ⅰ象限；（b）Ⅱ象限；（c）Ⅴ象限；（d）Ⅵ象限

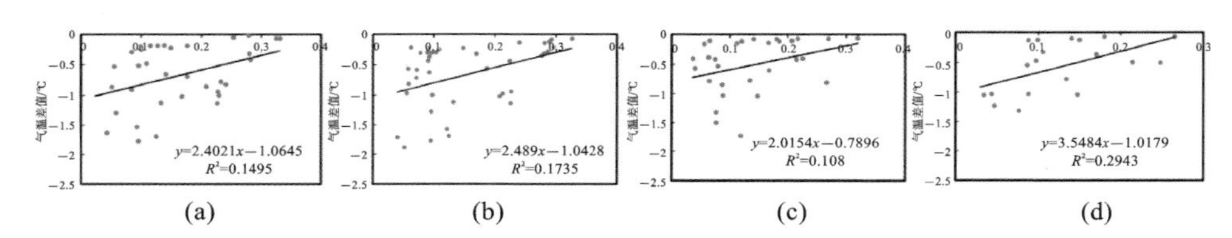

图 7-36　迎风面积比（FAI）对气温差值的影响

（a）Ⅰ象限；（b）Ⅱ象限；（c）Ⅴ象限；（d）Ⅵ象限

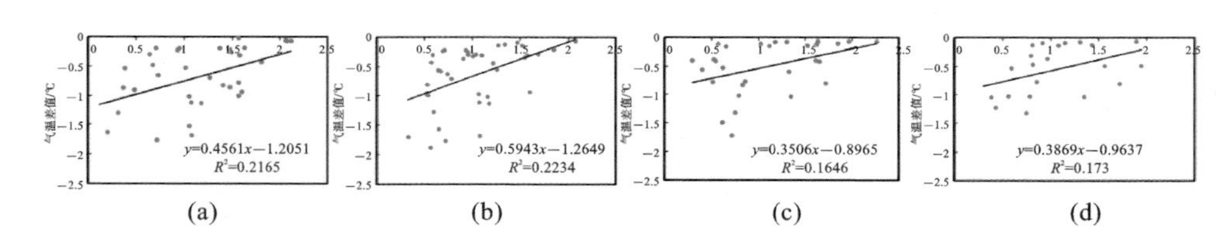

图 7-37　容积率（FAR）对气温差值的影响

（a）Ⅰ象限；（b）Ⅱ象限；（c）Ⅴ象限；（d）Ⅵ象限

由图7-35可知，在下风向区域Ⅱ象限内BD解释能力最强，能够解释40%气温差值变化。上、下风向处BD每上升10%，平均水体降温强度分别降低0.4 ℃和0.6 ℃，这意味着建筑密度对下风向城区水体的降温作用影响最显著。从图7-37可见，FAR与BD类似，其对城市下风向城区水体的降温作用影响最大，下风向处建筑过高过密会降低水体降温作用的延展范围，并且结合前文所述，在背景风作用下，城市下风向位置湿气集聚，建设强度高的区域空间开敞度较低，空气流动能力相对较弱，导致湿气无法迅速扩散，使得水体上空相对湿度过于饱和，会阻碍其继续蒸发散热，故需要重点控制城市下风向城区的建设强度。在本书研究个例中，下风向城区Ⅰ、Ⅱ象限平均建筑密度和容积率相对较低，分别约为0.12和1.36，而水体面积占比分别高达27.4%和22.2%，因此水体面积对降温效果的正向影响仍比较强，也说明应保护该处的现有水体，其产生的显著降温作用也能够缓解下风向城区的高温问题。

由图7-36可知，对于FAI指标来说，在上风向Ⅵ象限的影响最强（R^2为0.2943），且FAI带来的气温差变化最大，FAI每升高10%，Ⅵ象限降温强度降低0.45 ℃。这是因为Ⅵ象限处于城市来风向区域，若迎风面积指数增大，对背景风的阻挡作用也会越强，进而会显著削弱该处水体的降温作用，这也是Ⅵ象限水体面积占比虽然高达29%，但其降温幅度和降温范围却不及其他象限的主要原因。因此，在城市上风向处不宜建设高楼，会阻挡通风道，无法充分发挥水体的降温作用。

3. 水体对不同方位城市空间风环境影响

综合前文分析，夏季水体的降温作用呈现“方位”式的空间分布特征，且背景风是重要的影响因素。已有研究表明，在背景风的作用下，水体对城市风环境的调节作用也会发生显著变化[18]。因此本书这里旨在探究不同方位水体的风环境调节作用机制。

图7-38分别给出基础案例（NL）和替换水体案例（NW）的10 m高风速模拟结果差值平面分布图。在上午8：00，大部分水体上空风速差为正值，说明日出后的一段时间内水体对外来风仍然起到加强的作用。在Ⅰ象限东湖、Ⅵ象限后官湖、Ⅶ象限汤逊湖上空产生了约1.5 m/s与背景风同向的矢量风速，而在水体面积占比相对较小、城市建设强度较大的Ⅲ、Ⅳ、Ⅴ、Ⅷ象限水体的导风作用不显著。

在午间气温最高的15：00，随着气温升高，水体与周围环境的气温差异增大，产生从低温湖面吹向高温陆面的湖风，且风向与外来风相反，这种现象同样是在Ⅰ、Ⅵ、Ⅶ象限最明显。此外，处于下风向城区的Ⅱ象限长江下风岸水体产生了向两侧沿岸的风分量，结合前文分析这是因为在下风向城区气温较高，导致水体与周围陆地温差过大，产生由长江吹向两岸的湖风。

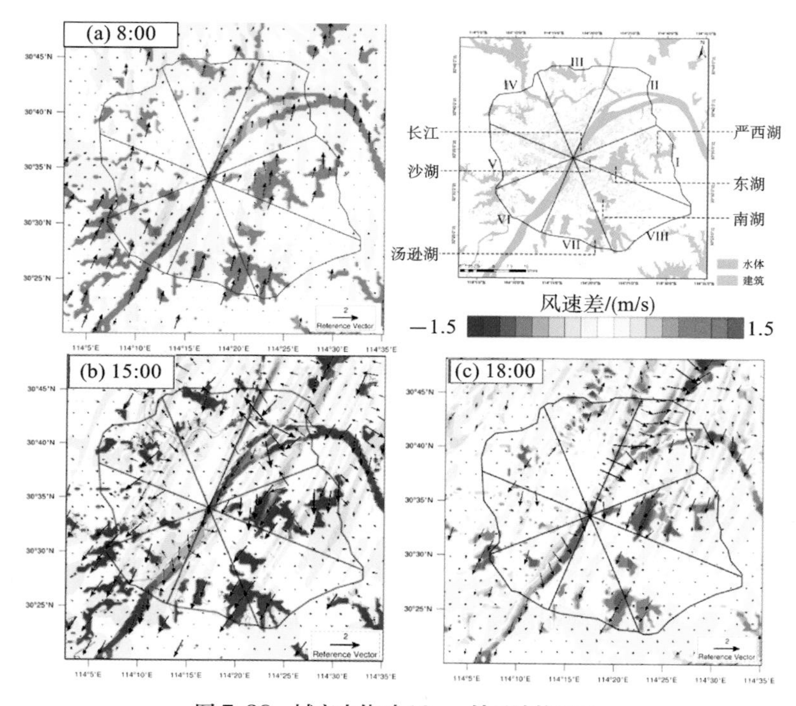

图 7-38　城市水体对 10 m 处风速的影响

日落前后的18：00，在沿长江干流的Ⅱ、Ⅵ象限位置水体产生了西北向风分量，结合前文分析，产生这一现象的主要因素是水体的湍流运动。Ⅵ、Ⅶ象限顺应夏季背景风向且建设强度相对较低，长江作为天然的通风道，空间开阔，能够满足水体产生局地环流的动力条件，水陆间的湍流交换作用更强烈，这有利于将冷空气分流至长江沿岸的邻水区，并扩大降温范围。

图7-39为不同方位，基础案例（NL）和替换水体案例（NW）邻水区10 m处风向、风速平均值日变化规律。从风速上看，水体带来的导风作用主要集中在夜间0：00至清晨6：00，而在该时段下，高温空气也会顺着外来气流在下风向城区聚

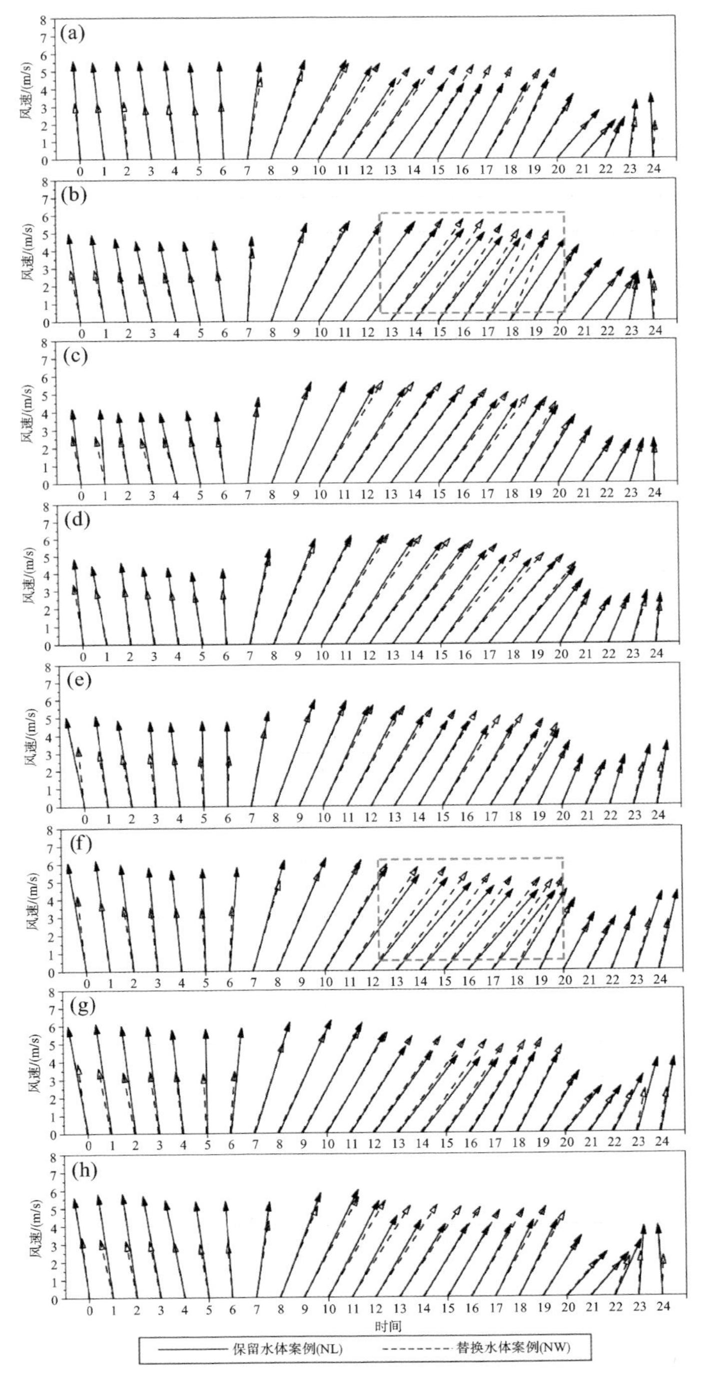

图 7-39 NL 案例及 NW 案例不同方位 10 m 高风向、风速平均值日变化规律

（a）～（h）分别为Ⅰ～Ⅷ象限模拟结果

集，并因此导致夜间热岛现象频发，这一时段的风速提升可以促进夜间邻水区的通风作用，并且对比所有现象发现，夜间Ⅰ象限NL和NW案例风速差值最大［图7-39（a）］，风速差值最高达到2.5 m/s，有利于疏散夜间下风向城区废热，缓解“高温夜”的现象。

从风向上看，各象限水体带来的风向偏转主要集中在日间10：00至18：00，在该时段内水体产生了阻挡外来风的逆风，但逆风风速较低，大部分情况下不到1.0 m/s。对比8个图发现，Ⅲ至Ⅴ象限内的水体［图7-39（c）、（d）、（e）］，无论是夜间的导风作用还是日间的风向偏转效果，都不及其他象限，结合前文分析这是由于这几个象限水体面积占比小且建设强度大，水体的风环境调节作用较弱。在所有象限中，Ⅱ象限和Ⅵ象限的风向偏转更明显［图7-39（b）、（f）］，在18：00最高能带来近8°的偏转，Ⅱ、Ⅵ象限处于城市主风道位置，其中存在的水体主要为穿城而过的长江，这也进一步说明了依托长江打造通风道，能够将水体产生的冷气扩散至长江沿岸邻水区进行降温。

水体在日间产生的垂直湍流作用是使风向发生偏转的主要原因，为了进一步分析主风道上下风向处水体产生的局地环流特征，将气温最高的午间15：00的气温差和垂直风速差（NL案例减去NW案例）展示于图7-40中，两组剖切线分别位于局地风向偏转作用最强的Ⅱ、Ⅵ象限水体的上空。

对比图7-40（a）、（b）和图7-40（c）、（d）发现，城市下风向位置水体产生的垂直湍流运动更强，湍流高度和垂直运动速度均要高于上风向处水体，并将水体产生的湿冷气团沿水平和垂直方向扩散，从而使得下风向处水体带来的降温范围更大。从下风向处来看［图7-40（a）、（c）］，Ⅱ象限长江附近的湍流结构更加完整，垂直流速最高可达1.2 m/s以上，因此对外来风的偏转作用最强，这有利于将低空城市废热输送至高空，同时湍流的水平流速也能实现水体和邻水区的热量交换，这也是Ⅱ象限邻水区降温显著的主要原因。图7-40（b）、（d）为上风向位置的垂直气温和风速剖面，可以发现位于主风道的Ⅵ象限长江上空也存在明显的湍流运动，并且要显著强于Ⅷ象限的南湖，同时环流宽度也更大，这有利于冷气渗透至周围邻水区。

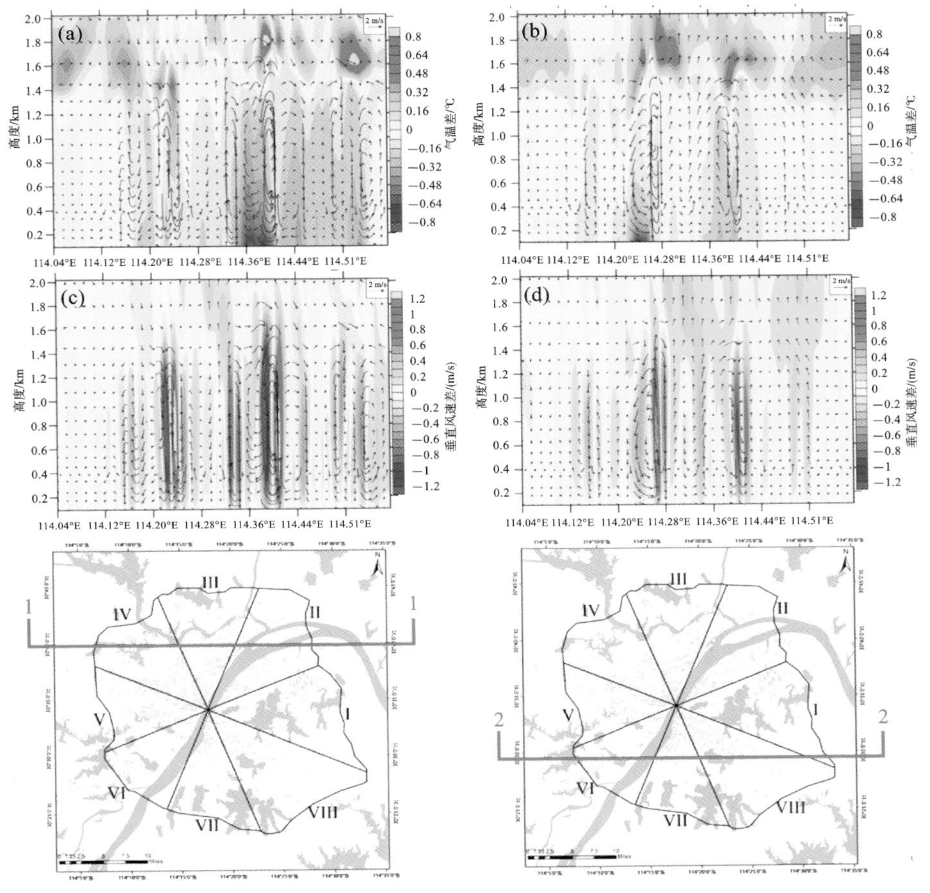

图 7-40　15：00 上下风向位置水体对气温及垂直风速的影响

（垂直风速差为正值代表上升气流，负值为下沉气流）

（a）1—1 剖面气温及矢量风速差；（b）2—2 剖面气温及矢量风速差；

（c）1—1 剖面垂直风速及矢量风速差；（d）2—2 剖面垂直风速及矢量风速差

综合前文分析，在夜间0：00至6：00，水体对风速的提升作用最明显，在一定程度上能够缓解夏季夜间城市热岛现象，但城市邻水区内复杂的建成环境会对局地风场产生影响，阻挡水汽向城区渗透。故为了更准确评估城市空间形态在哪些方位，对水体夜间导风作用的影响最显著，本研究首先计算了夜间（0：00至6：00）8个方位邻水区的风速差值平均值（NL案例减去NW案例），并分析了各方位核心城市空间形态指标与风速差值的相关性，见表7-14。

表 7-14　邻水区核心城市空间形态指标与风速差值的皮尔森相关系数

	Ⅰ象限	Ⅱ象限	Ⅲ象限	Ⅳ象限	Ⅴ象限	Ⅵ象限	Ⅶ象限	Ⅷ象限
BD	−0.578**	−0.626**	−0.1	0.172	−0.523**	−0.556**	−0.141	−0.353*
FAI	−0.431**	−0.408**	−0.089	0.053	−0.348	−0.226	−0.054	−0.254
FAR	−0.339*	−0.387**	−0.014	0.011	−0.292	−0.13	−0.081	−0.317*

注：** 在 0.01 水平（双侧）上显著相关；* 在 0.05 水平（双侧）上显著相关。

整体上看在各象限城市空间形态与气温差值呈负相关，且在下风向Ⅰ、Ⅱ象限的相关性最显著，说明建设强度加大会削弱水体夜间的导风作用。对比三个城市空间形态指标，发现建筑密度（BD）与风速差值的相关性最高，在下风向Ⅰ、Ⅱ象限和上风向Ⅴ、Ⅵ象限为非常显著的负相关，这与前文热环境的结论一致。FAI和FAR在Ⅰ、Ⅱ象限的相关性最强，这是由于下风向处水体的风环境调节作用最强，高楼会对该处水体产生的局地气流产生更多的阻挡。为了准确评估相关性最强的BD指标对水体导风作用的影响，图7-41展示了下风向Ⅰ、Ⅱ象限和上风向Ⅴ、Ⅵ象限的邻水区BD与风速差值的线性回归分析。其中，Ⅱ象限BD对风速差的影响相对更明显，能够解释39%的风速差变化，且随着BD的升高，Ⅱ象限风速差的降幅最大，上

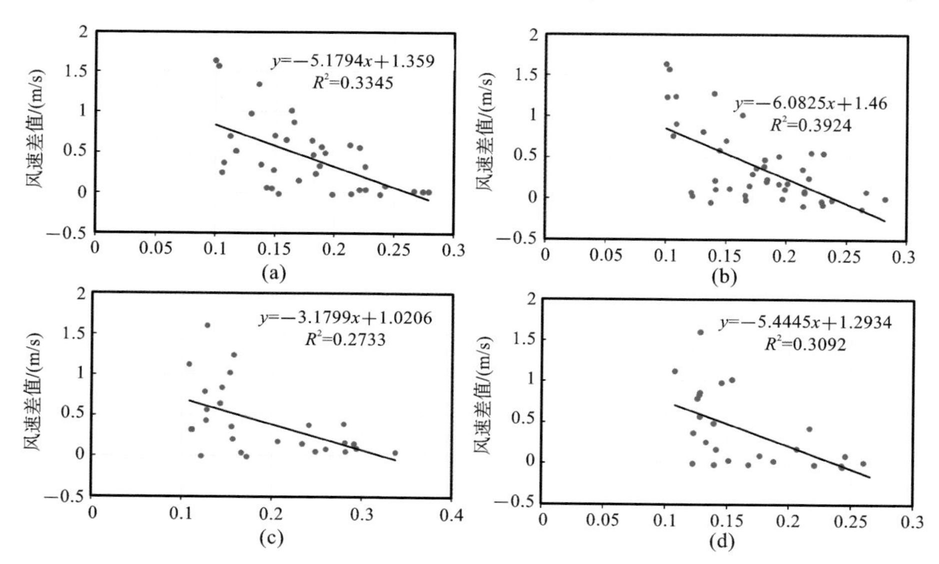

图 7-41　建筑密度（BD）对夜间（0：00—6：00）邻水区平均风速差的影响

（a）Ⅰ象限；（b）Ⅱ象限；（c）Ⅴ象限；（d）Ⅵ象限

下风向位置BD每升高10%，风速差的平均降幅分别为0.43 m/s和0.56 m/s。这也进一步说明了，下风向城区的建筑密度不宜过高，否则既显著降低该处水体在日间的降温作用，也削弱了其夜间的导风作用。

7.3　城市空间发展模式对水网调节作用影响研究

通过前文的研究发现，水网具有显著的微气候调节作用，能够改善城市空间风热环境，但同时也发现城市空间形态会削弱水体这一调节作用。而随着城市发展，城市一方面会向着“高密度化”的水平方向布局形式变化，另一方面也会向着“高层化”的垂直方向发展模式变化，不仅会使城市热量增加，导致城市热岛效应加剧，同时也会显著改变城市风场，造成城市气流不畅通，废热堆积过多。城市气温和背景风是影响夏季城市水体微气候调节作用的关键因素，由城市变化导致这些气候因素的改变将会显著影响水体的微气候调节作用。

因此，本章旨在通过分析模拟案例，探讨武汉市全域建筑密度和建筑高度变化对夏季水体微气候调节作用的影响。为达这一目的，针对建筑密度和建筑高度变化设定了十三组共二十六个案例进行模拟，同样从城市圈层、城市方位两个角度，探讨两种城市发展模式对水体风热环境调节作用的影响机制，模拟案例设置详情见7.1.3节。

7.3.1　高层化发展模式对水网调节作用影响

1. 高层化发展模式对不同圈层水网调节作用影响

为了考察建筑高度变化对水体夏季降温作用的影响，图7-42给出了气温最高的15：00，基础案例CL和建筑高度变化案例，不同圈层邻水区内2 m高气温随岸线距离变化情况。从这组图中可以发现，建筑升高后，邻水区气温逐渐下降，各案例岸线距离越大，气温差距越大。同时观察三个圈层发现，第一圈层内建筑升高带来的气温降幅最大，从第一圈层至第三圈层邻水区气温降幅逐渐减小。图7-43为不同圈层建筑高度变化案例与基础案例2 m高气温日变化规律对比，发现随着建筑高度梯度

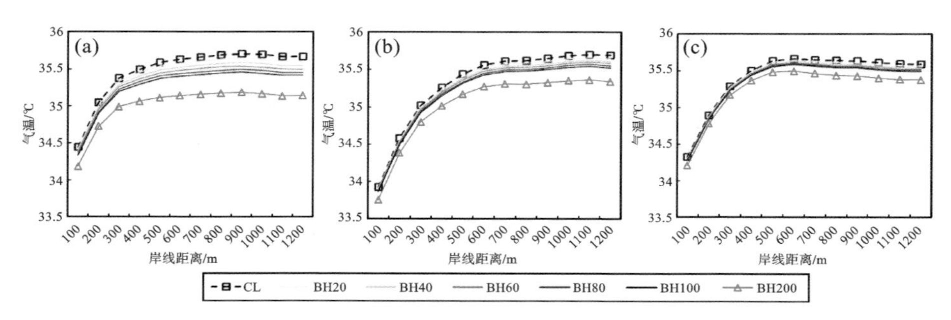

图 7-42　午间 15：00，不同圈层建筑升高案例与基础案例邻水区 2 m 高气温随岸线距离变化对比

（a）第一圈层；（b）第二圈层；（c）第三圈层

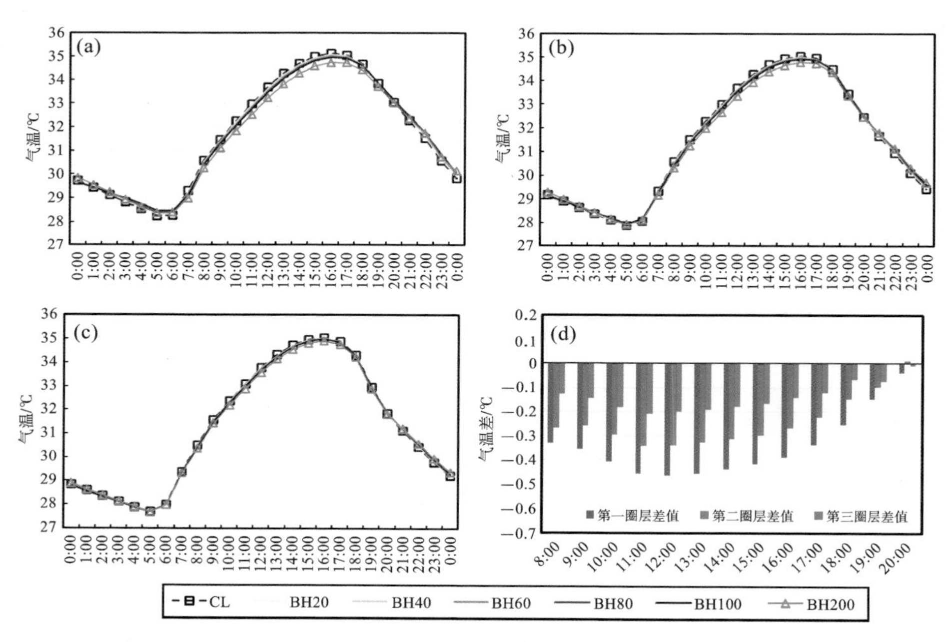

图 7-43　不同圈层建筑高度变化案例与基础案例 2 m 高气温日变化规律对比

（a）第一圈层；（b）第二圈层；（c）第三圈层；（d）BH200 案例气温减去 CL 案例气温

增大各圈层气温逐步下降，将BH200案例气温减去CL案例气温，展示于图7-43（d）中，发现建筑升高后第一圈层的气温降幅更大，并且在日间8：00—20：00案例间温差较明显，在午间15：00时温差达到峰值。为了更清晰展示各圈层的气温变化特征，图7-44为午间15：00，CL案例和建筑高度变化案例2 m高气温平面分布情况，可更加直观看到在建筑密度不变的情况下，仅提升建筑高度后，出现了由中心城区向

外环城区气温逐渐降低的变化特征。周伟奇和田韫钰[19]的研究发现这是由于高层建筑的遮荫作用有效地阻挡了进入街道峡谷内的太阳辐射，从而使气温和地表温度降低，Jamei E等人[20]的研究也得到了类似的结论。第一圈层内建筑密度最高，继续提升建筑高度后，会形成更大体量的建筑，从而产生更大的阴影遮蔽区，使中心城区降温更明显。也因此出现图7-42中所示，第一圈层邻水区案例间温差最大的情况，这种温差变化会影响水体的降温作用。因此，为定量描述建筑高度对水体降温作用的影响，本书这里计算出各组建筑高度变化案例的降温幅度（WCI）和降温范围（WCD），并与基础案例CL进行比较分析。

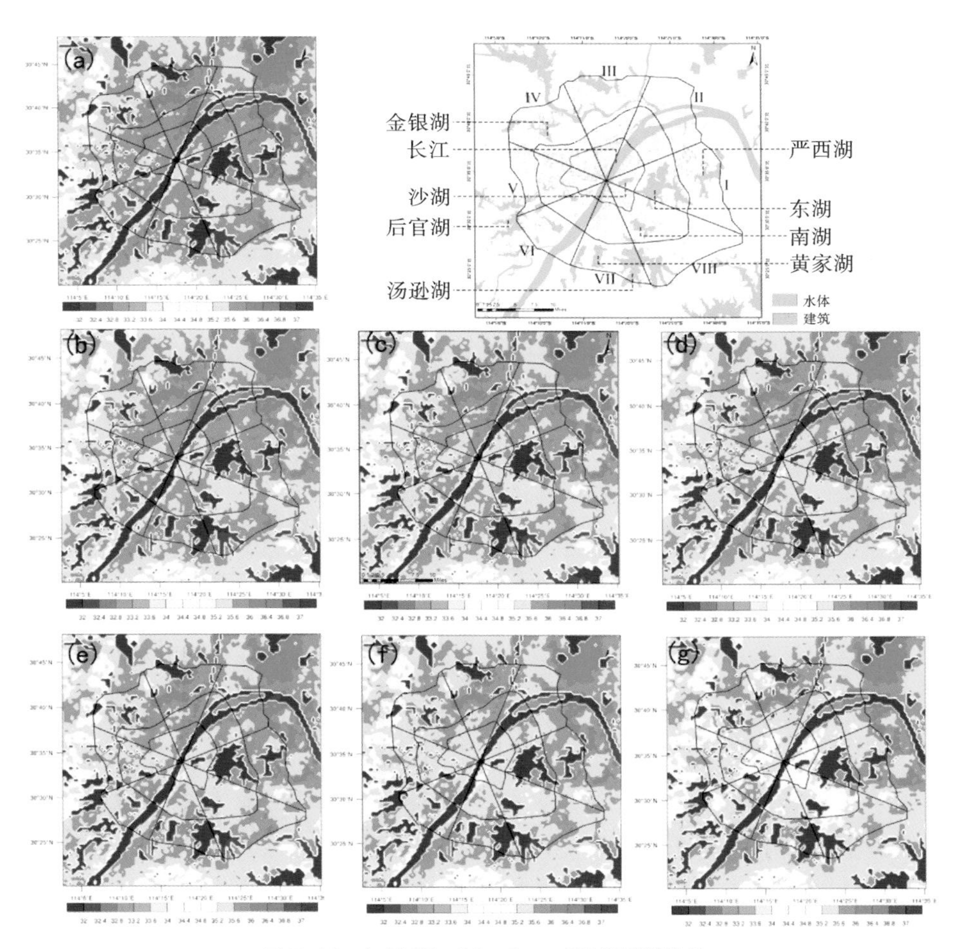

图7-44　午间15：00，2 m高气温模拟结果

（a）基础案例CL；（b）～（g）分别为BH20、BH40、BH60、BH80、BH100、BH200案例

从图7-43发现，日间8：00至日落后的19：00建筑升高带来的气温变化最明显，故本书将计算该时段下不同圈层，建筑高度变化案例与CL案例的WCI和WCD，分别将结果展示于图7-45和图7-46中。

由图7-45和图7-46可见，随着建筑升高，三个圈层水体WCI和WCD均逐渐降低，且城市第一圈层内的降幅更明显。为了更加清晰展示水体WCI和WCD的变化情况，将基础案例WCI和WCD分别减去BH200案例的WCI和WCD，两者差值结果分别见图7-45（d）和图7-46（d）。当建筑升高两倍后，水体WCI显著降低，且各圈层结果都有一个共同点，即WCI差值先增大后减小，这种变化特点和日间气温的变化趋势一致。这是由于正午太阳辐射强度最大，高楼产生的阴影遮蔽效果也最强，故在该时刻下表达水体与周围环境温度差的WCI也随之下降，中心城区建筑最为密集，所以WCI的降幅也更大。建筑升高两倍后，从第一圈层至第三圈层，正午水体WCI降幅分别为0.37 ℃、0.16 ℃和0.03 ℃。

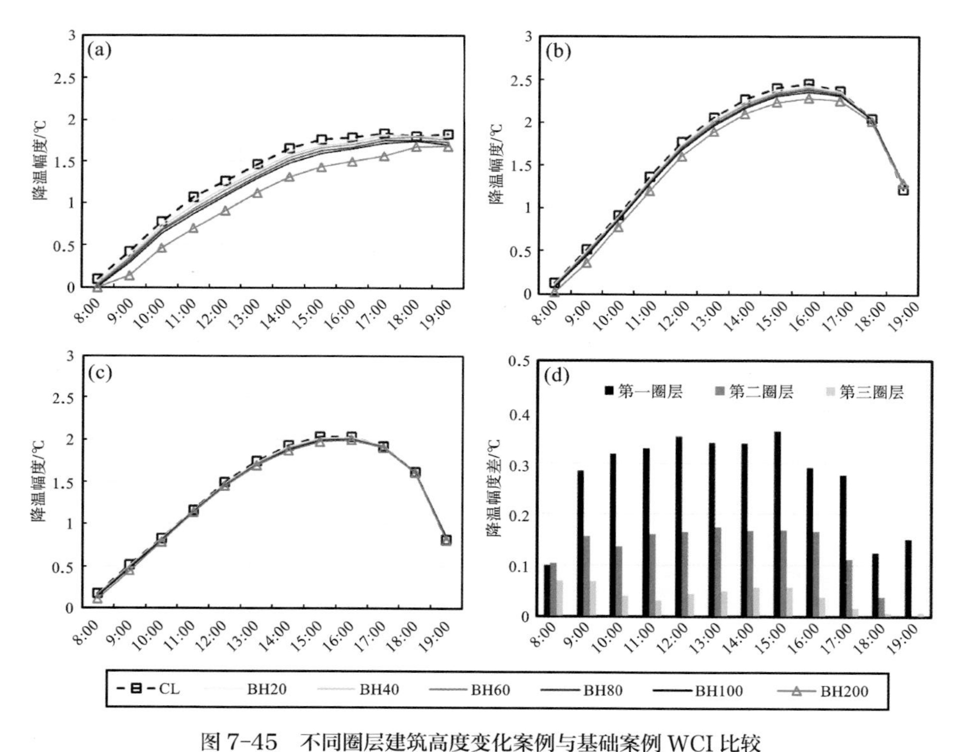

图 7-45　不同圈层建筑高度变化案例与基础案例 WCI 比较

（a）第一圈层；（b）第二圈层；（c）第三圈层；（d）CL 案例 WCI 减去 BH200 案例 WCI

如图7-46所示，建筑升高同样使得第一圈层水体WCD显著降低，这是由于在中心城区，高楼会对冷气的输送产生阻挡，进而显著缩小了水体降温作用的延伸范围。另外，WCD差值随时间的变化情况与WCI不同，出现了随着时间推移WCD差值逐渐减小的情况，这是因为在午间，过高的气温会使水汽蒸发，建筑升高带来的午间气温小幅降低对WCD几乎没有影响。在清晨日出后的8：00左右，城市气温相对较低，水汽的输送受到气温变化的影响更小，而受到中心城区高楼的阻挡作用更强，因此在上午8：00至11：00时段，第一圈层水体WCD的降幅最大。建筑升高两倍后，上午8：00第一圈层水体WCD平均降幅为410 m。

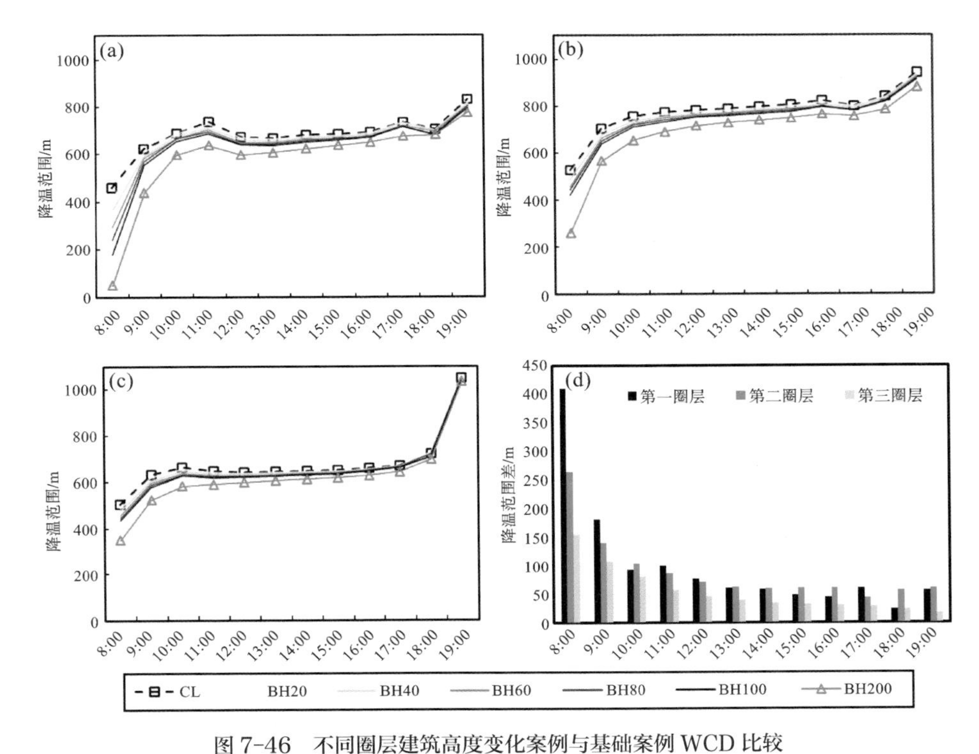

图 7-46　不同圈层建筑高度变化案例与基础案例 WCD 比较

（a）第一圈层；（b）第二圈层；（c）第三圈层；（d）CL 案例 WCD 减去 BH200 案例 WCD

为了进一步量化分析城市建筑高度变化对水体降温作用的影响，图7-47（a）为日间水体降温幅度（WCI）最大的15：00，各圈层平均建筑高度增长率与WCI的线性关系图，两者关系直线斜率代表影响强弱，可以明显看到第一圈层建筑升高对水体降温作用影响最强。由第一圈层至第三圈层，建筑高度每升高一倍，水体WCI分别降低0.15 ℃、0.09 ℃和0.05 ℃。图7-47（b）为水体降温范围（WCD）降幅最大的上午8：00至11：00时段，各圈层建筑高度增长率与平均WCD的线性关系图，由第一圈层至第三圈层，建筑高度每升高一倍，水体WCD分别降低77 m、24 m和18 m。

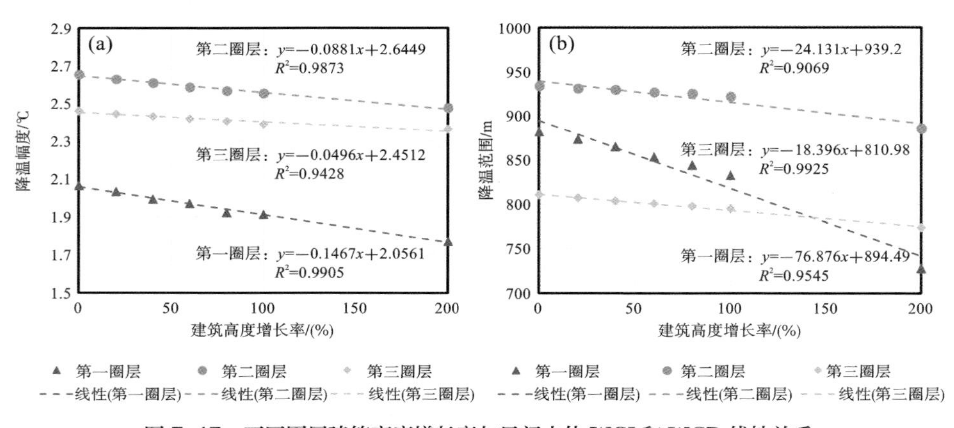

图 7-47　不同圈层建筑高度增长率与日间水体 WCI 和 WCD 线性关系

（a）WCI；（b）WCD

水体对邻水区不仅有降温作用，还会显著影响邻水区的风环境。已有研究表明，水体因其热容量较大，与白天的降温作用不同，在夜间水体辐射冷却速率低于陆面，水体会将白天积蓄的热量排放到周围较冷空气之中[21]，受气压梯度力的影响，湖面气压低于周围陆面气压，低层空气从陆面流向湖面，形成陆风[22]，多数情况下陆风与背景风同向，这也是水体在夜间能够起到导风作用的重要原因。前文研究发现，夜间0：00至清晨6：00水体导风作用最显著，能够明显提高邻水区风速，而已经有许多研究发现，城市建筑升高造成的屏风式阻挡作用将显著削弱城市风速[23，24]，故本书这里将重点讨论建筑高度变化对水体夜间导风作用的影响。

图7-48为不同圈层，建筑升高案例和基础案例邻水区风速差对比图，发现各案例差值存在一定的波动变化，但整体上看，仍然是建筑梯度升高后，风速差逐渐下降，意味着建筑升高削弱了水体的导风作用。第一圈层各组案例之间的差距最大，这是由于第一圈层建设强度最大，会对气流产生更显著的阻挡作用，进而水体的导

风效果显著降低。第一圈层案例间最大的差异发生在3：00左右，建筑升高两倍后，水体对风速的提升效果会下降约0.7 m/s。

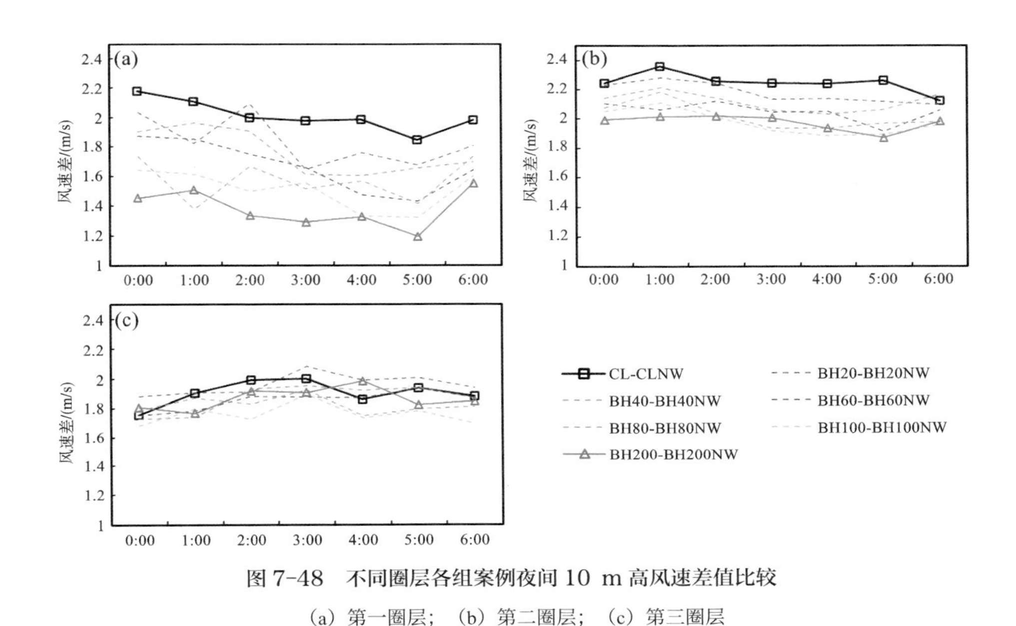

图 7-48　不同圈层各组案例夜间 10 m 高风速差值比较

（a）第一圈层；（b）第二圈层；（c）第三圈层

图7-49（a）为夜间0：00至6：00，各圈层建筑高度增长率与平均风速差的拟合关系，可以清楚看到第一圈层建筑升高后对水体导风作用的削弱幅度最大，建筑升高一倍后，从第一圈层至第三圈层夜间，风速差分别下降约0.3 m/s、0.1 m/s和0.04 m/s。另外，建筑高度增长率与风速差之间并非简单的线性关系，风速差是先快速下降，后速度放缓。图7-49（b）为建筑高度增长后，凌晨3：00三个圈层全域平均风速的变化规律，发现风速的变化与风速差的变化趋势一致，这也意味着高楼带来的屏风式遮挡作用，也是削弱夜间水体导风作用的关键因素。据国家大气污染防治攻关联合中心统计[25]，夏季夜间风速低于2 m/s且相对湿度高于60%时，城市中心就容易形成静稳、高温高湿等不利气象环境。故对于武汉市中心城区的建筑高度需更加精细化管控，二环内平均建筑高度最大涨幅应控制在60%以内，当二环内全域平均建筑高度高于30 m时，中心城区的整体风速就会降至2 m/s以下，并使得夜间水体导风作用减弱，将容易造成污染物在水体下风岸积累并二次转化，导致城市出现污染问题[22]。

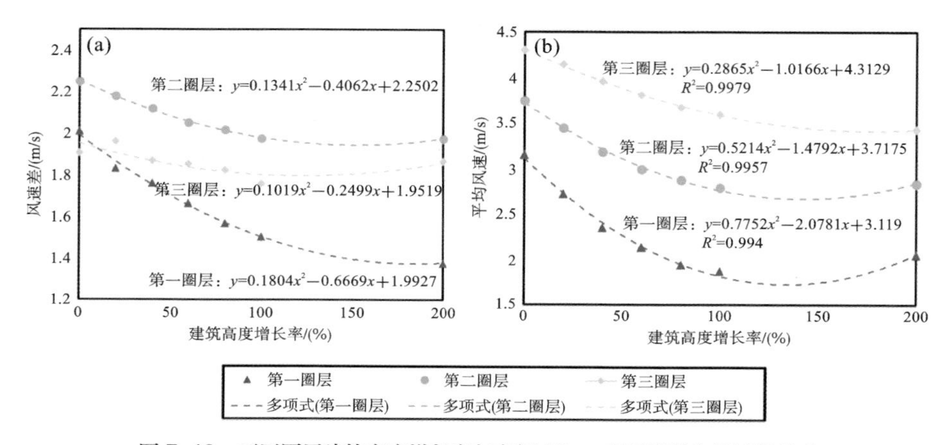

图 7-49　不同圈层建筑高度增长率与夜间 10 m 高风速差和风速的关系

（a）10 m 高风速差值，即各组实验 NL 案例风速减去 NW 案例风速，反映水体对风速的影响；

（b）各组实验 NL 案例的 10 m 高风速

夜间水体产生的热量也依赖于陆风和背景风向下风岸区域疏散，水体导风作用减弱后会使热量和污染物在湖岸聚集，从而导致城区升温，故本书将继续探究建筑升高后，各圈层水体对热量的疏散情况。

在对图7-48的分析中，已经发现案例间水体夜间导风作用最大的差异发生在凌晨3：00左右，故选择该时刻，绘制各建筑升高案例与基础案例的垂直层气温和风速差值（图7-50），同时为了对比不同圈层内的变化情况，垂直剖切位置为东西向横向剖切，横穿城市三个圈层且位于长江干流、东湖、严西湖等各圈层的主要水体上空。

根据图7-50（a）可见，夜间水体对0.2 km的垂直范围内产生了约0.2 ℃的升温作用，并且位于第三圈层的外环城区上空升温作用更明显，这是由于外环城区夜间气温更低，受热力差异影响，水体放出的热量更多。建筑小幅升高40%以内时，水体的导风作用减弱，并在城市上空产生了水平气流，从而阻挡热量向高空疏散，因此出现了图7-50（b）和7-50（c）中所示的高空热量减少的情况。但由图7-50（d）和图7-50（e）可知，当建筑继续升高80%左右时，第一圈层中心城区0.2 km范围内的气温差要高于CL案例，这是由于在城中心区，水体导风作用随建筑升高而显著下降，热量无法有效疏散，从而在中心城区“聚集”升温的结果。对比图7-50（a）和

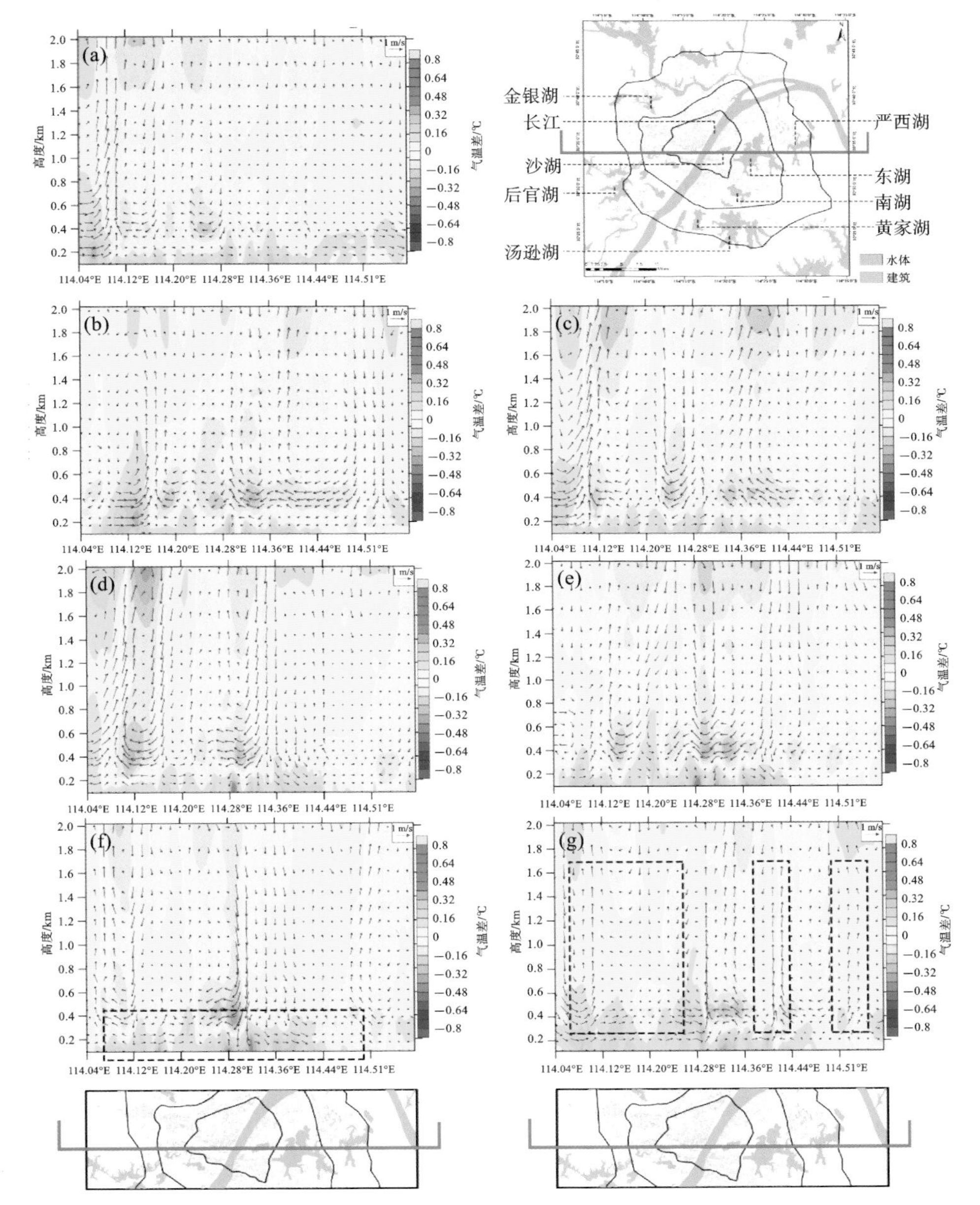

图 7-50　夜间 3：00，建筑升高案例与基础案例水体对垂直层气温及风速的影响

（a）CL-CLNW；（b）BH20-BH20NW；（c）BH40-BH40NW；（d）BH60-BH60NW；
（e）BH80-BH80NW；（f）BH100-BH100NW；（g）BH200-BH200NW

图7-50（f），发现当建筑升高一倍以上时，这种现象更加明显，水体放出的热量在城市0.3 km的垂直范围内集聚。从图7-50（g）可以发现，当建筑大幅升高两倍时，

水体产生的热量不再聚集在低空范围，而是向高空疏散，这应该是由于高楼屏风作用阻挡城市通风，近地面热量疏散不畅，进而向垂直层疏散，导致城市外环区域高空气温差明显上升。并且对比图7-50（a）和（g）发现，随着水体对垂直层热量排放的增多，第二圈层大型水体东湖与高空热交换加剧，在0.2～0.6 km的垂直范围内产生更强烈的乱流，这会影响上层高温空气的扩散，并下沉至城区加剧夜间城市热岛。

由此可以发现，中心城区应注意控制建筑高度，城市建筑高度过高会显著削弱水体的降温幅度和降温范围，不利于冷空气渗透，使水体无法在日间有效为城市降温。在夜间，高层化的发展模式，也会使水体独有的导风作用大打折扣，无法有效疏散夜间城市废热，并且水体产生的热量在城市垂直上空集聚，持续下去会进一步造成中心城区内的升温。

2. 高层化发展模式对不同方位水网调节作用影响

在城市主风道位置邻水区，建筑迎风面积比和容积率与水体降温作用存在显著的负相关关系，而“高层化”的城市发展模式也势必会使该区域的迎风面积比与容积率升高，削弱水体的降温作用。故本书这里将主要探讨在建筑密度不变的前提下，城市纵向发展对哪一个方位水体的微气候调节作用影响最强，城市方位划分见图7-2。

在前文的研究中已经发现，建筑升高后对水体降温幅度（WCI）产生最大影响的时刻是午间15：00。故本书这里计算了建筑升高案例与基础案例，午间15：00不同方位水体WCI，绘制建筑高度增长率与WCI的线性关系图，并将各直线拟合方程展示于图下方，如图7-51所示。纵观城市八个象限直线斜率均为负数，因此不难发现在各个方位内，建筑升高都会导致WCI下降，但在各方位影响的程度不同。

影响最显著的是城市Ⅱ象限，建筑升高一倍之后，水体WCI约降低0.11 ℃。图7-52为下午15：00基础案例CL水体对相对湿度的影响，Ⅱ象限处于主风道下风向处，在背景风作用下，水体产生的水汽会在下风向Ⅱ象限内积聚，而建筑升高会导致城区风速降低，使得下风向处积聚的水汽得不到有效扩散，造成该处水体近水面区域水分饱和从而阻止太阳辐射继续蒸发水分，也因此水体WCI下降更明显。另外，随着建筑升高，Ⅷ象限水体WCI降幅相对较大，建筑升高一倍后降低近0.1 ℃，

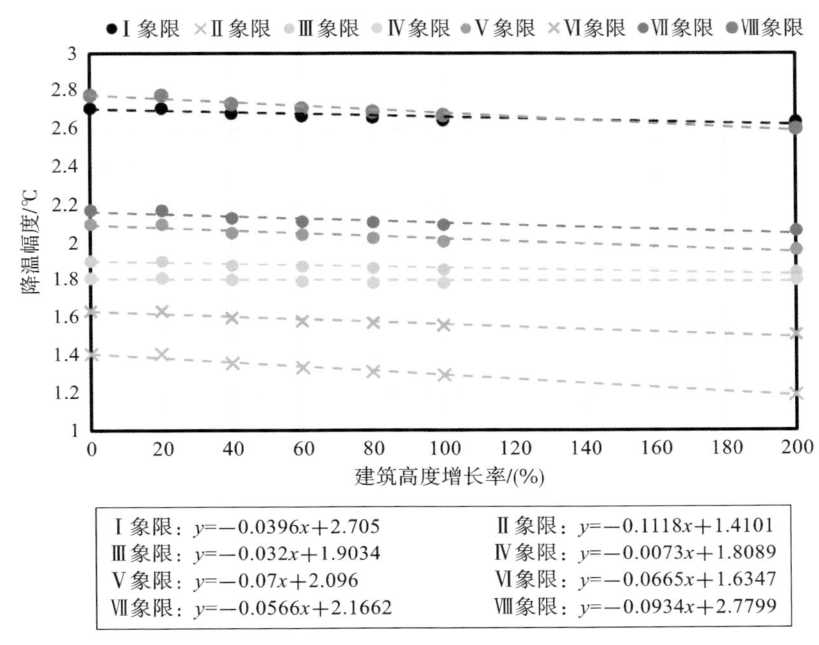

图 7-51　正午 15：00，不同象限建筑高度增长率与水体降温幅度线性关系

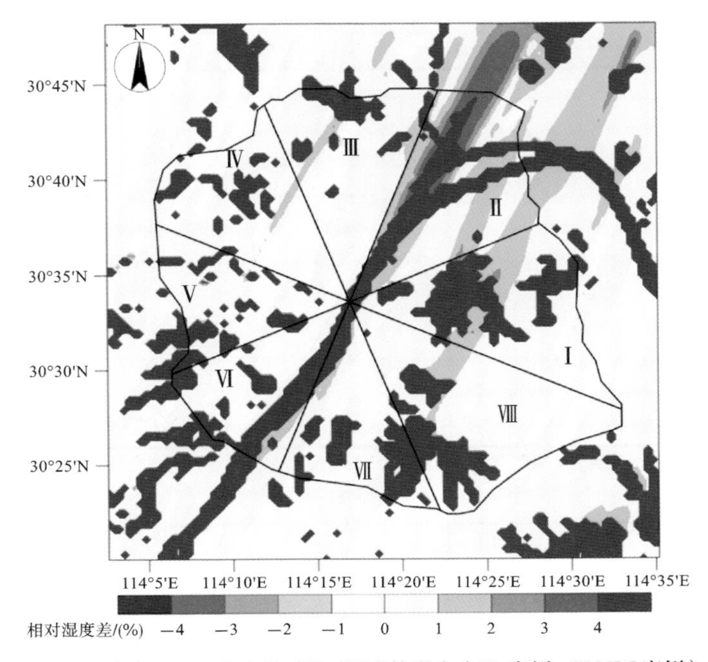

图 7-52　午间 15：00 水体对相对湿度的影响（CL 案例 -CLNW 案例）

在前文的研究中发现，Ⅷ象限由于处在大型湖泊汤逊湖和东湖之间，其WCI最强，建筑升高带来的气流不畅等问题，使得两个大型湖泊之间形成的天然“冷链”被打断，从而也显著减小了该处水体降温幅度。故应考虑保护城区大型水体并整合城市零星分布的水体，构建大型网状生态系统，并注重控制水体之间的建筑高度，这有利于最大限度发挥大型湖泊的降温作用，并抑制城市热岛的蔓延。

结合前文的研究结论，发现建筑升高后不仅削弱了日间水体降温幅度，还会导致水体降温范围（WCD）减小，且建筑升高对水体WCD的影响更加明显。在前文中发现，上午8：00是建筑高度影响水体降温范围最强的时刻，图7-53为该时刻不同方位，建筑高度增长率与水体WCD之间的线性关系。发现在各个方位内，建筑高度均会降低水体WCD，影响最强的仍然是Ⅱ象限，建筑升高一倍后，WCD降幅为267 m，这仍是高楼阻挡风道，风速降低使下风向处水汽无法扩散，水面蒸发量减小的原因。建筑升高一倍后，Ⅷ象限的WCD下降约214 m，位列所有象限中第二，这也进一步说明了，在城市主要水体之间不宜布置高楼，会使得水体WCI及WCD同时显著降低。另外，除以上象限外，Ⅵ象限水体WCD降幅也比较大，建筑升高一倍，

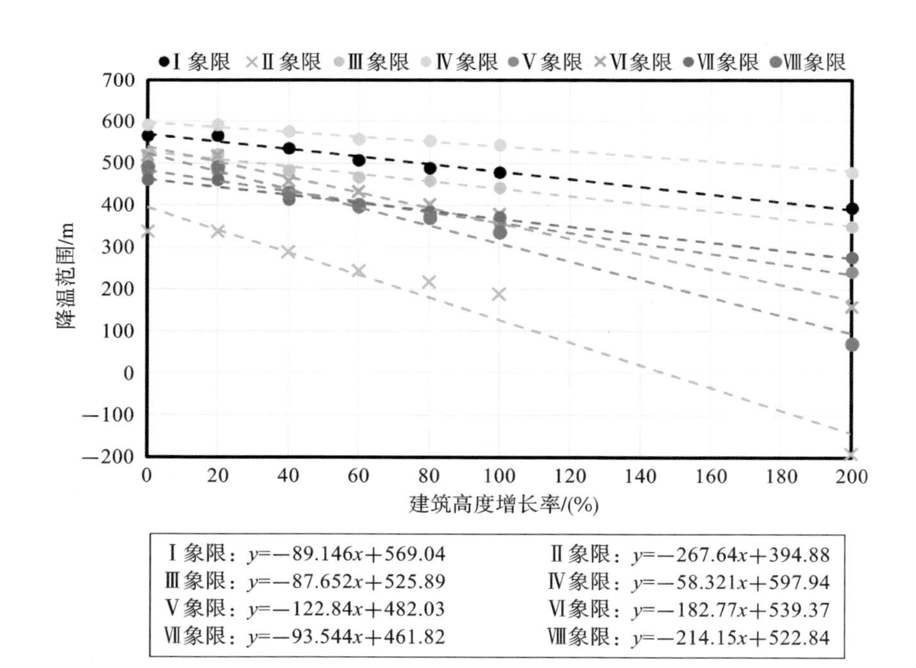

图7-53 上午8：00，不同象限建筑高度增长率与水体降温范围线性关系

WCD下降182 m，结合前文结论，主要原因就是Ⅵ象限处于主风道上风向处，建筑升高后会对外来风产生最直接的阻挡作用，进而减小湿冷气团的输送距离，故该处水体WCD明显下降。故而在城市主风道上风向处需控制建筑高度，以减小对背景风的阻挡作用。此外，从图7-53中可以发现，水体WCD降幅较大的Ⅱ、Ⅵ象限，均出现了当建筑高度增长20%时，水体降温范围基本没有变化，而当建筑高度增长率达到40%时，水体WCD就开始呈现迅速下降的变化趋势，这意味着主风道处平均建筑高度未来增长幅度宜在40%以内，对于武汉市来说，目前主风道上风向处Ⅵ象限和下风向处Ⅱ象限的全域的平均建筑高度分别约为16.2 m和14.7 m，故未来这两处的平均建筑高度分别控制在23 m和21 m，将会最小程度地影响现有水体的降温作用。

夜间0：00至清晨6：00水体有显著的导风作用，能够提高邻水区风速。为了继续考量建筑升高后对不同方位水体夜间导风作用的影响，计算了建筑升高案例与基础案例在0：00至6：00的风速差平均值，并展示于图7-54中。通过不同象限之间的对比发现，仍然是位于主导风向处的Ⅱ象限和Ⅵ象限的拟合直线斜率最低，说明建筑升高对该处水体的导风作用影响最大。综合前文分析，这是由于Ⅱ象限和Ⅵ象限

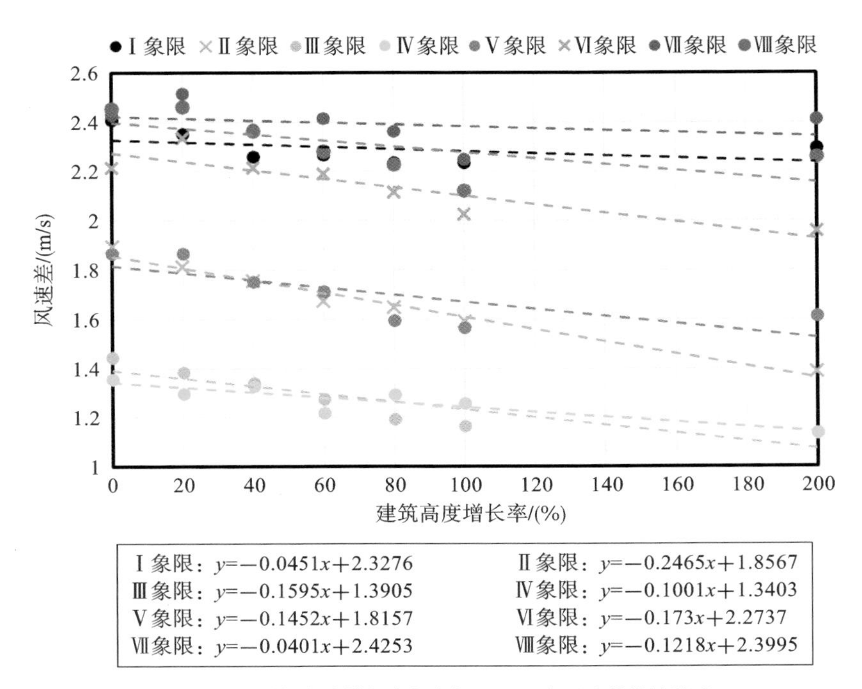

图7-54　建筑高度增长率与夜间10 m高风速差线性关系

内的长江干流为城市天然通风道，通风效果明显，而建筑升高后会对该处气流运动产生更直接的阻挡，从而削弱了水体的导风作用效果。另外，Ⅲ象限和Ⅴ象限内的风速差下降也比较显著，根据上章的分析结果，这两个象限内水体面积占比小，且建筑密度非常大，也因此继续增大建筑高度后，有限的水体带来的导风作用明显降低。

7.3.2 高密度化发展模式对水网调节作用影响

1. 高密度化发展模式对不同圈层水网调节作用影响

图7-55给出了各组建筑密度变化案例，午间15：00不同圈层邻水区内2 m高气温随岸线距离变化情况，第一圈层内建筑密度越高的案例，邻水区气温越高，且随着距离水体沿岸越远，案例之间的温差逐渐变大，而第二圈层和第三圈层案例间的差距相对较小，建筑密度升高导致的城市气温变化是产生这种现象的主要原因。建筑密度大的案例，午间城市冠层内辐射受热面积大，蓄热体积大，午间热量在中心城区聚集，中心城区城市建设强度高，城市升温更明显，因此在第一圈层离水岸线越远的位置，案例间差距越大，将对水体降温作用产生影响。

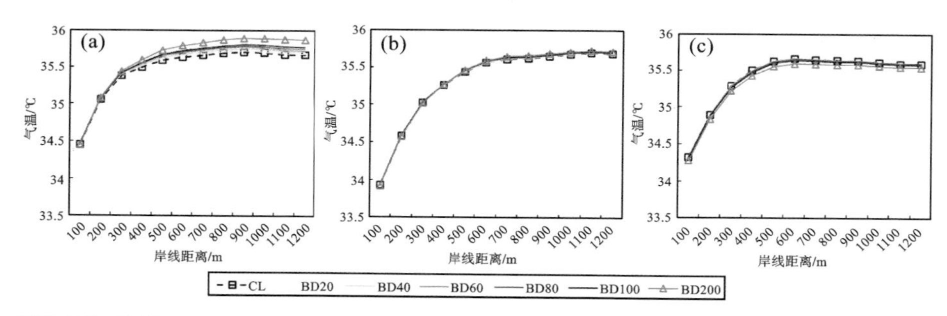

图 7-55 午间 15：00，不同圈层建筑密度变化案例与基础案例邻水区气温随岸线距离变化对比

（a）～（c）分别为武汉市第一圈层、第二圈层、第三圈层

图7-56和图7-57分别为建筑密度升高案例与基础案例降温幅度（WCI）和降温范围（WCD）日变化规律。可以发现，均是第一圈层案例间结果差距最明显，说明建筑密度升高仍然是对第一圈层水体降温作用影响最大，但不同时段的影响规律不同。

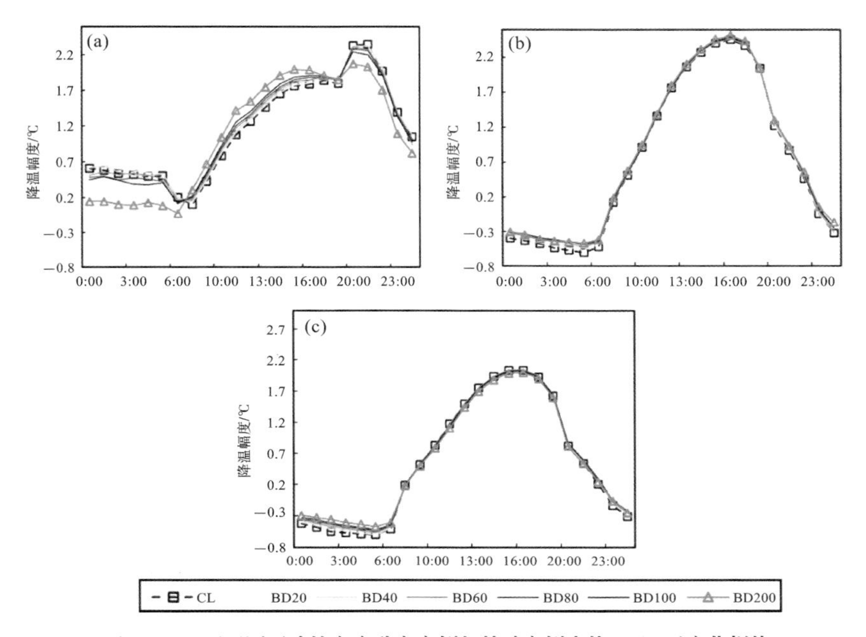

图 7-56　不同圈层建筑密度升高案例与基础案例水体 WCI 日变化规律

（a）第一圈层；（b）第二圈层；（c）第三圈层

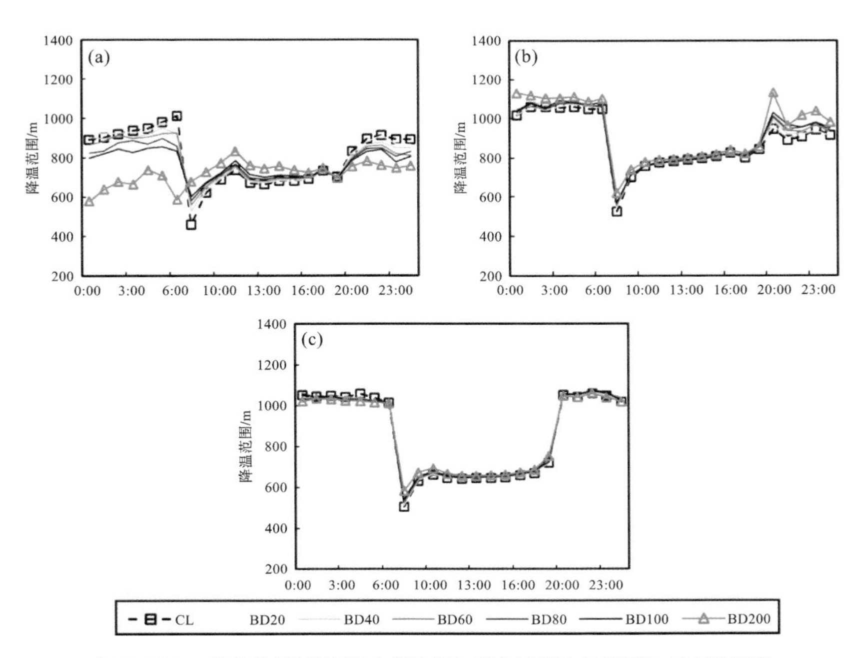

图 7-57　不同圈层建筑密度升高案例与基础案例水体 WCD 日变化规律

（a）第一圈层；（b）第二圈层；（c）第三圈层

建筑密度增长后，在午间11：00至日落前的18：00，第一圈层水体WCI和WCD小幅上升，均在午间13：00左右案例间的差距最大。结合上文分析，建筑密度升高后中心城区的气温变化是主要影响因素。为了说明建筑密度变化对城区气温的影响，如图7-58所示，将各建筑密度升高案例2 m高气温值减去基础案例（CL）2 m高气温值，数据节选自各案例水体降温作用差距最大的13：00。可以看到随着建筑密度升高，中心城区气温也逐渐升高，并且当建筑密度提高一倍以上时，气温变化更加明显。正午13：00左右是城市太阳辐射最强时刻，建筑密度越高的案例，其城市街峡内受热面积越大，也因此建设强度最大的第一圈层内升温明显，导致邻水区与水体之间的温度差更大，故表达水体与周围环境温差的WCI值会增大。建筑密度升高两倍后，虽然正午中心城区水体最大降温幅度能够升高约0.26 ℃，但同时会导致中心城区气温升高近0.5 ℃，长此以往城市中心的热岛现象会表现得更为明显。

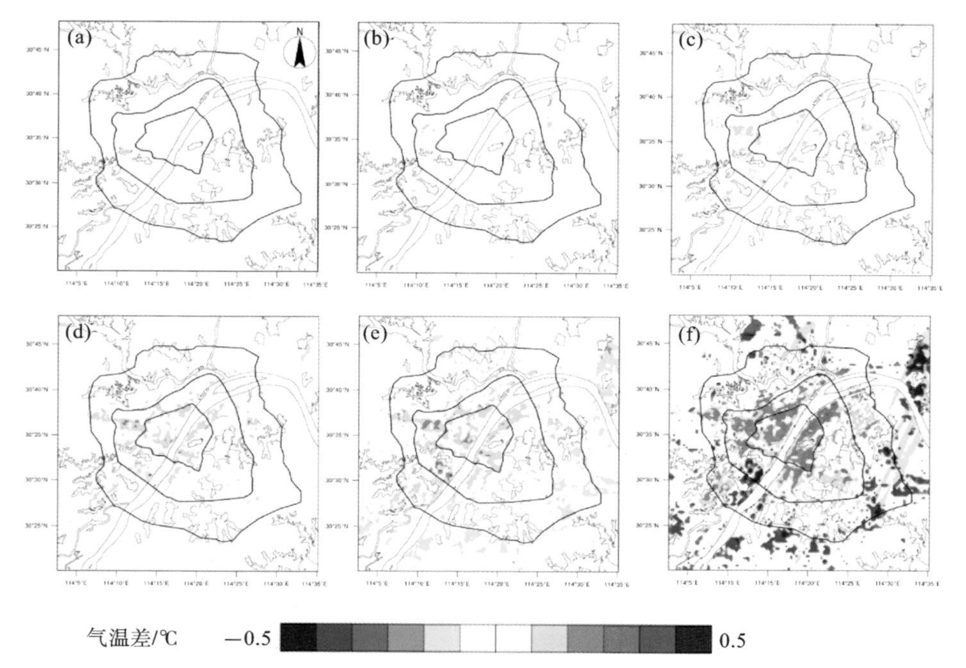

图 7-58　午间 13：00，建筑密度升高案例与基础案例 2 m 高气温差值结果

（a）BD20-CL；（b）BD40-CL；（c）BD60-CL；（d）BD80-CL；（e）BD100-CL；（f）BD200-CL

由图7-56和图7-57可知，午后的18：00至清晨的06：00时间段内，第一圈层出

现了建筑密度越大，水体WCI和WCD越小的变化规律，且特别是在夜间0：00之后，水体WCD和WCI降幅最大。结合前文结论，城市核心区建设强度高，日间吸收热量多，进而产生“高温夜”的现象，这导致夜间中心城区水体温度仍然低于周围城区温度，也因此第一圈层内的水体在夜间也会产生持续的降温作用，这能够缓解夏季夜间城市热岛现象。图7-59为凌晨3：00时刻，各建筑密度升高案例与基础案例的2 m高气温差值，此时城市内气温高低受到城市内蓄热材料放热量影响，建筑密度越大的案例日间蓄热总量越大，从而在夜间放热量也更大，并且发现城市产生的热量会随风往下风向处疏散，这导致第一圈层长江上空的气温也随之升高，水陆间的热力差异减小，故而使水体在夜间的WCI和WCD都被显著削弱。季崇萍等人[26]的研究发现，城市夜间的热岛强度要明显大于日间，而本书发现城市建筑密度的提升不仅会使得城市气温在夜间显著升高，还会因此大幅削弱中心城区水体的降温作用，导致城区废热量增大，这将使得夜间中心城区的热岛问题更加严重。

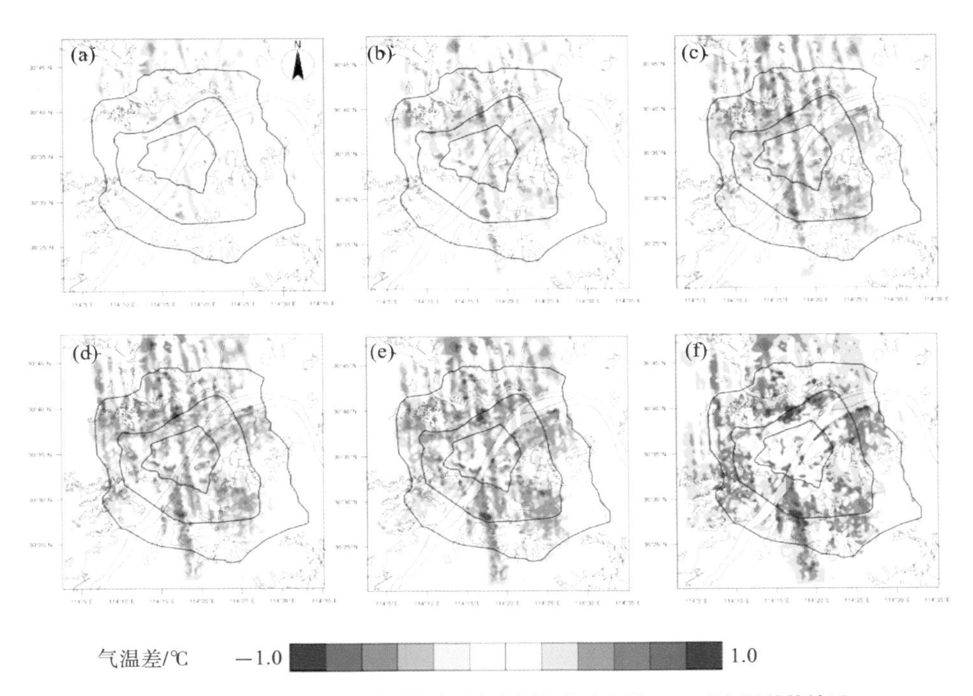

图7-59　夜间3：00，建筑密度升高案例与基础案例2 m高气温差值结果

（a）BD20-CL；（b）BD40-CL；（c）BD60-CL；（d）BD80-CL；（e）BD100-CL；（f）BD200-CL

为了更加量化分析城市建筑密度变化对夜间水体降温作用的影响，图7-60（a）和图7-60（b）分别展示了不同圈层建筑密度增长率与水体WCI和WCD的关系，数据节选自案例间差距最大的夜间0：00至清晨5：00平均值。可以更加直观看到，第一圈层内建筑密度升高会削弱水体的降温作用，而第二、三圈层的水体的“放热”作用会被小幅地削弱，但水体放热量变化值远不及城市夜间升温量，这应该是夜间外环城区升温后，邻水区与水体之间的气温差异变小的原因。建筑密度升高一倍后，夜间第一圈层水体平均WCI和WCD分别降低0.23 ℃和140 m。此外，从图7-60中也

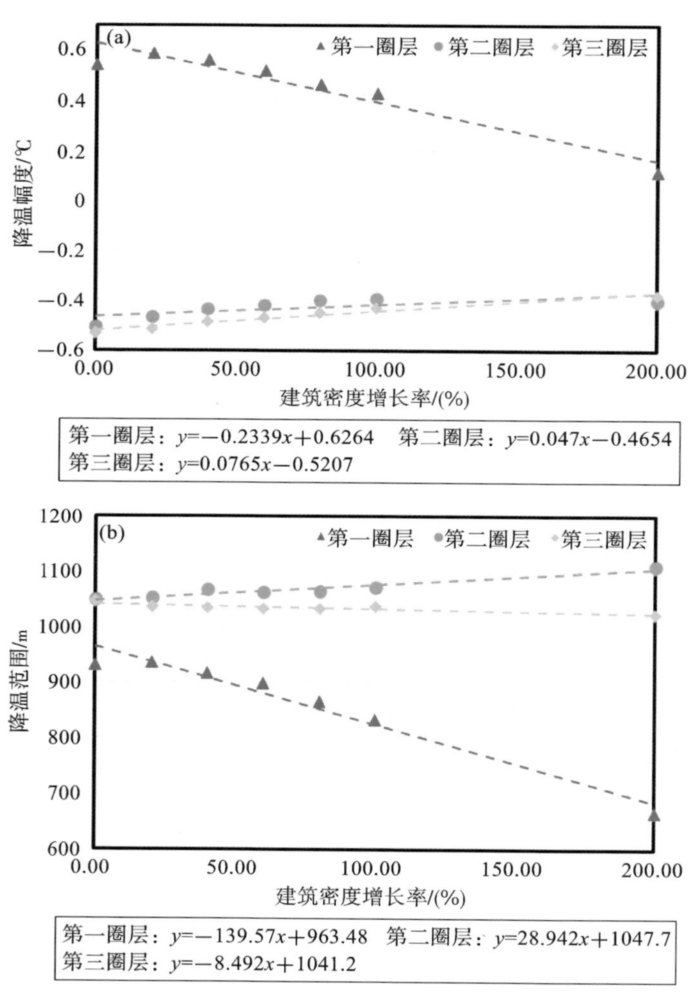

图 7-60 不同圈层水体夜间平均 WCI、WCD 与建筑密度增长率关系

（a）WCI；（b）WCD

可以发现，第一圈层水体WCI和WCD与建筑密度增长率并非简单线性关系，当建筑密度增长率在40%以内时，WCI和WCD变化幅度非常小，甚至有小幅上涨。这是因为当建筑密度小幅增长时，水陆热力差异增大并促进了水体的降温作用。从图7-59（c）可以看到，当建筑密度增长率达到60%时，中心城区升温现象已经非常明显，水体上空的气温也被提升，导致该处WCI和WCD直线式下降。这也意味着从水体降温作用以及城市热环境角度来看，第一圈层中心城区平均建筑密度涨幅最好控制在40%以内，二环内的全域平均建筑密度高于0.32时，就会对水体的降温作用产生显著影响。

前文的研究中发现，在正午时段，水体与陆面热力差引起的局地气压差异，从而产生的中尺度局地环流能够使得外来风发生偏转，可将水体产生的湿冷气团输送至水体两岸，而本书这里通过模拟发现，建筑密度升高后会削弱水体这一调节作用。图7-61为正午13：00，各建筑密度升高案例与基础案例水体对垂直层风速的影响结果对比。由图7-61（a）可以发现，在正午时刻，第一圈层中心城区水体产生了较为明显的垂直湍流，湍流的抬升高度为1.4 km，垂直风速为1 m/s左右。随着建筑密度梯度升高，第一圈层中心城区湍流高度和流速均逐渐降低，这是因为日间水体产生的湍流活动与背景风速相关，Segal M等人的研究表明，当背景风速大于5 m/s左右时，日间水体的水陆风湍流作用将很难产生并被观测到[27]。图7-62为建筑密度升高案例和基础案例的不同圈层10 m高平均风速日变化规律，发现建筑密度升高会使得城市背景风速提高，这归咎于密集的建筑之间气流有更大的相互作用，会产生“狭管效应”[28]，因而有更高的空气动能，从而提升了城区风速，并且建筑密度升高致使午间气温升高，空气动能增加，风速加大。在正午左右，第一圈层风速提升幅度最大，第一圈层内水体产生的垂直湍流作用也因此受到最显著的削弱作用，第三圈层风速涨幅最小且城市气温相对较低，建筑密度升高导致城区气温升高后，也加大了该处大型湖泊的水陆热力差异，这使得第三圈层湍流活动有小幅加强。

由图7-61（g）可知，当建筑密度升高两倍以后，中心城区湍流垂直结构基本被破坏，垂直高度降至1.0 km，垂直流速降至0.2 m/s。从风向上也能分析出湍流活动的减弱，图7-63（a）为第一圈层内基础案例CL和BD200案例邻水区风速风向对比，可以发现在正午12：00至日落前的18：00，建筑密度升高不仅带来风速的增大，

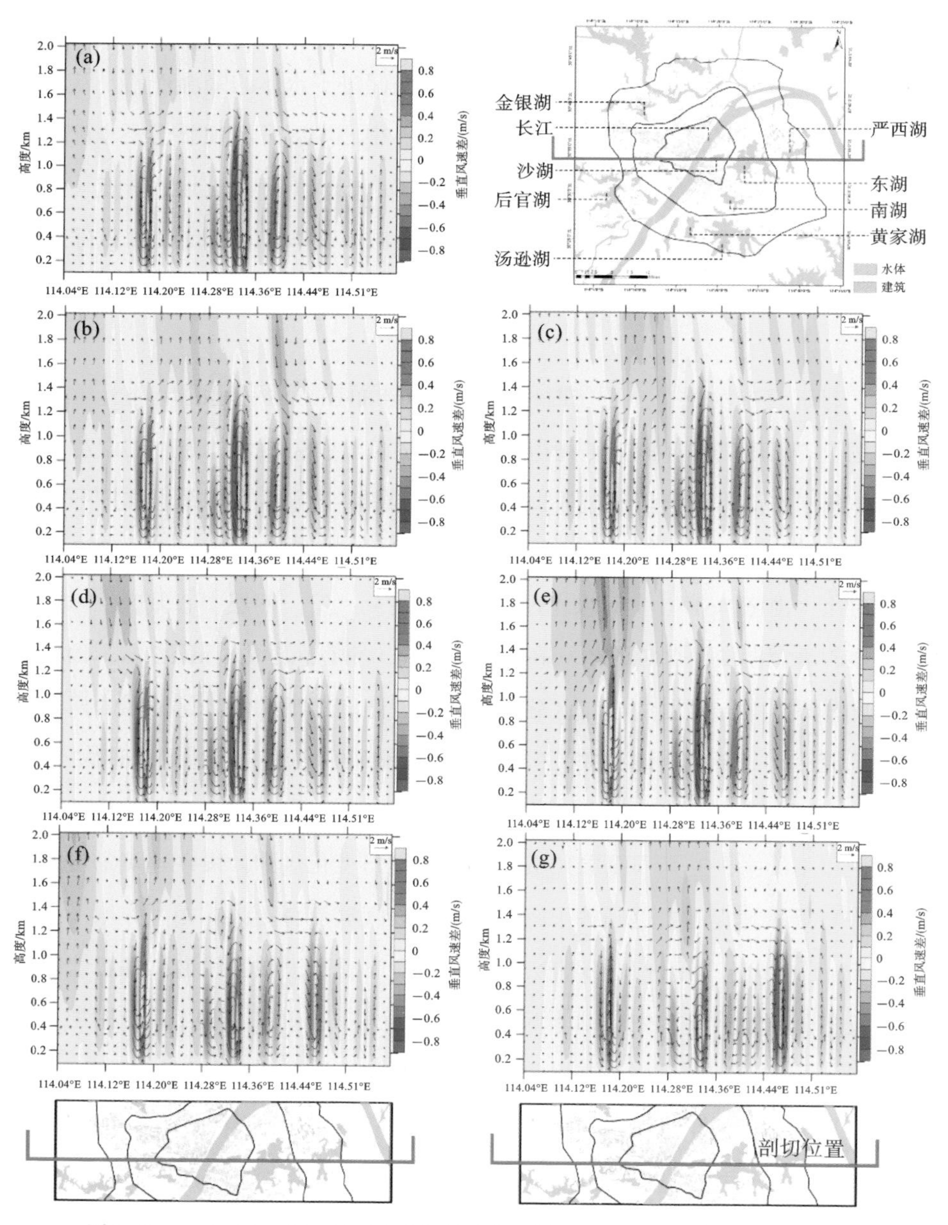

图 7-61　正午 13：00，建筑密度升高案例与基础案例水体对垂直层风速的影响
（垂直风速差为正值代表上升气流，负值为下沉气流）

（a）CL-CLNW；（b）BD20-BD20NW；（c）BD40-BD40NW；（d）BD60-BD60NW；
（e）BD80-BD80NW；（f）BD100-BD100NW；（g）BD200-BD200NW

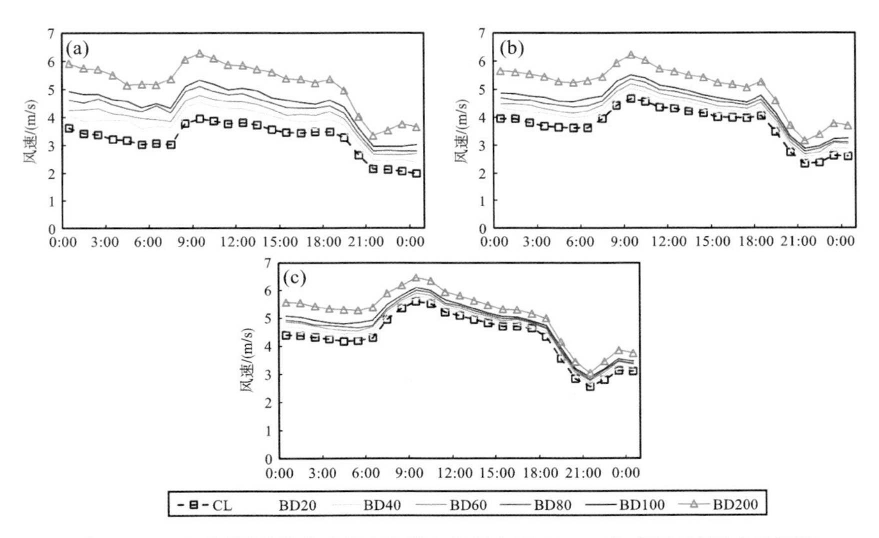

图 7-62 不同圈层建筑密度升高案例与基础案例 10 m 高平均风速日变化规律

（a）第一圈层；（b）第二圈层；（c）第三圈层

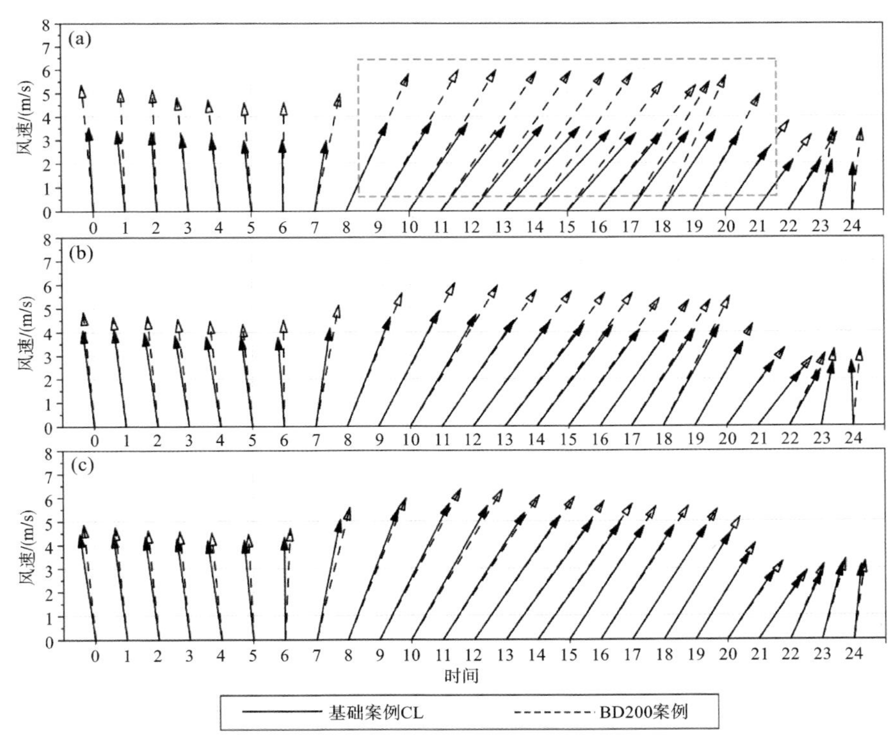

图 7-63 不同圈层邻水区基础案例与 BD200 案例 10 m 高日间风速风向比较

（a）第一圈层；（b）第二圈层；（c）第三圈层

还伴随着东南向偏转，这主要是因为受到中心城区升温增加热力动能产生的偏转作用。但在7.2.1节中发现水体使背景风往西南向偏转，两者的偏转方向相反，这会降低水体产生的风速分量，削弱水体将湿冷气团输送至邻水沿岸的能力。

水体产生的湍流作用能够加速污染物及热量的垂直疏散，城区建筑密度升高还会导致各区风向朝着中心城区聚集，造成废热和污染物在城区滞留的问题，城市中心区聚集的大量废热无法有效依托水陆环流向垂直层疏散，这会使城区产生更加明显的热岛环流并形成城市大气尘盖，进一步恶化城市热环境。

2.高密度化发展模式对不同方位水网调节作用影响

在城市主风道位置水体的风热环境调节作用与邻水区建筑密度紧密相关。本书这里通过对模拟数据的分析，旨在探讨建筑高度不变的前提下，城市高密度化发展模式对不同方位水体微气候调节作用的影响规律，城市方位划分见图7-2。

通过前文的研究发现，建筑密度升高会显著削弱中心城区水体在夜间的降温作用。为了继续探讨在哪一个城市方位，建筑密度的影响最显著，图7-64和图7-65分别展示了不同象限水体WCI和WCD与建筑密度增长率之间的线性关系，数据节选自

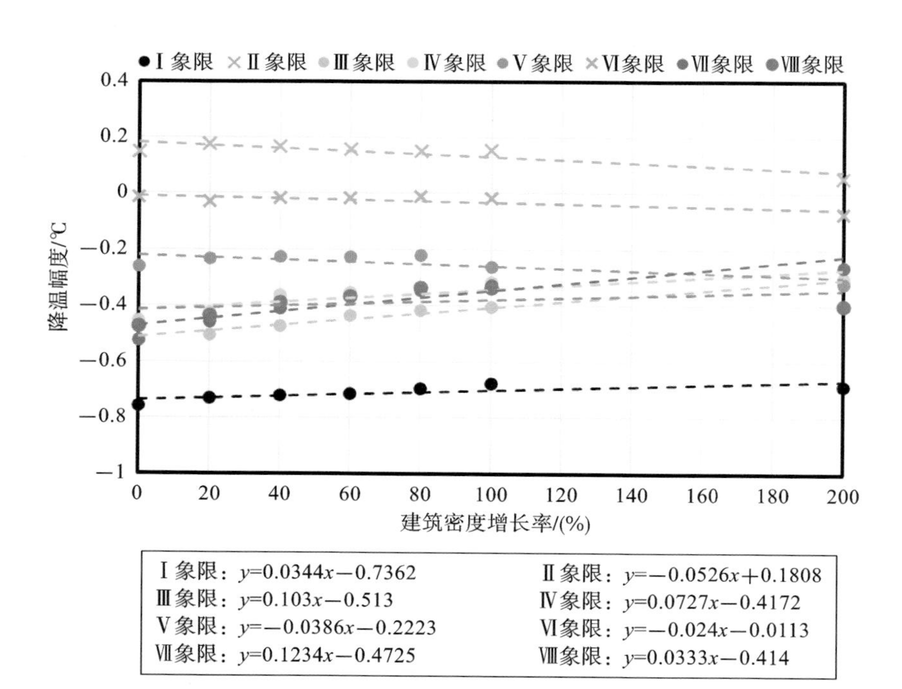

图7-64 建筑密度增长率与夜间水体WCI的线性关系

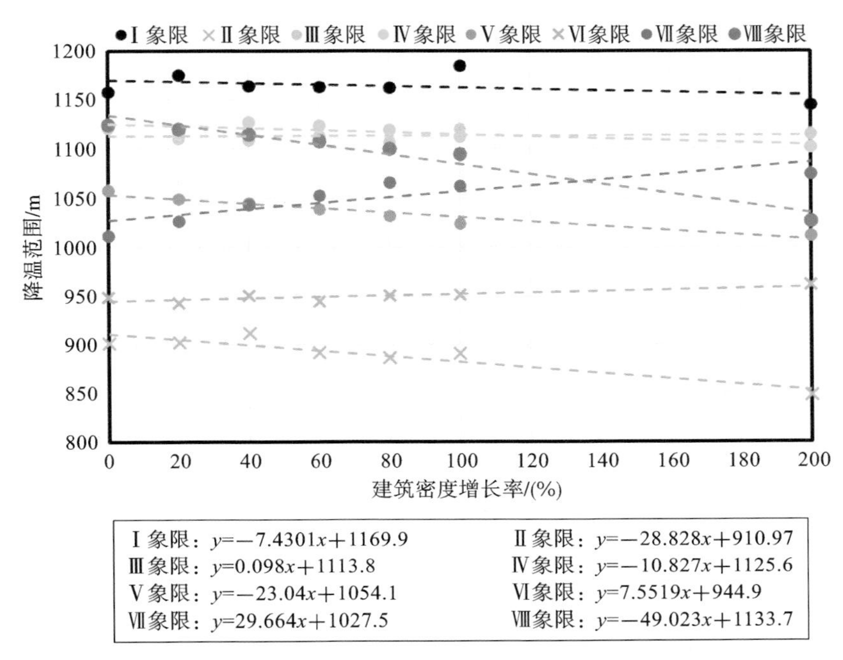

图 7-65　建筑密度增长率与夜间水体 WCD 的线性关系

案例间差距最大的夜间0：00至清晨5：00平均值。

建筑密度升高对Ⅱ象限及Ⅴ象限的水体WCI和WCD均产生了削弱作用，Ⅷ象限内水体WCD的降幅最大。在所有象限中，Ⅱ象限WCI为正值说明该处水体在夜间仍然具有0.2 ℃左右的降温作用，结合前文分析结论，这是由于夜间城市放出的热量会随风往下风向城区疏散，导致Ⅱ象限城区气温较高，水体气温相对较低，所以水体仍然会产生一定的降温作用。而建筑密度越大的案例，日间建筑物蓄热总量越大，因此在夜间的放热量也更大，这会使得下风向处水体表面气温同样升高，水陆热力差异减小，故Ⅱ象限的WCI和WCD均减弱，这也说明了，在夏季主风道下风向处城区不适宜建设高密度建筑群。此外，从图7-65发现，当Ⅱ象限平均建筑密度涨幅在40%以内时，降温范围反而会小幅上升，而当建筑密度涨幅达到60%时，该处降温范围会迅速降低，结合前文分析这是由于建筑密度小幅升高后，密集的建筑之间会产生更大的空气动能，风速会因此提升从而延长了水体的作用距离。而当建筑密度升高至60%时，城市夜间气温显著升高，热量随风疏散至下风向处Ⅱ象限，削弱该处水体的降温作用。故对于主风道下风向城区，建筑密度涨幅也最好控制在60%以内，武汉市目前Ⅱ象限全域平均建筑密度约为0.14，未来控制在0.23左右将对水体降温范围产生最小影响。

在所有象限中Ⅴ象限的平均建筑密度最高，且该处水体面积占比较低，建筑密度增长后带来的影响也最大，这也导致Ⅴ象限水体放热作用进一步加强，因此在建设强度越大的区域更应该控制建筑的密集程度。Ⅷ象限处于研究区内最大的面状湖泊汤逊湖的下风岸，大型水体在夜间会释放更多的热量，故Ⅷ象限的降温幅度为负值，且绝对值最大。而通过图7-65可见，同样是Ⅷ象限水体降温范围显著缩小，这也意味着水体在夜间产生的热量随风疏散的距离变小，会造成夜间热量在下风岸邻水城区聚集，因此在城市大型水体的下风岸区域，应注意沿夏季外来风路径合理控制区域建筑密度，为大型水体日间冷气输送和夜间废热的疏散预留空间。

下风向城区的Ⅰ、Ⅱ象限，以及上风向处的Ⅴ、Ⅵ象限，邻水区建筑密度会显著影响水体的风环境调节作用。通过前文的研究发现，在正午13：00左右，建筑密度变化还会显著削弱水体产生的湍流作用，为了进一步考量建筑密度变化对哪一个方位水体风环境调节作用影响最强，图7-66和图7-67分别给出了城市下风向和上风向处，正午13：00的各组案例垂直风速差值对比，每组案例的差值结果即为水体对垂直层风场的影响。

建筑密度增长会导致主风道下风向处水体湍流作用减弱。图7-66为下风向城区正午各组案例垂直风速差值结果，可见下风向Ⅱ象限水体产生了明显的湍流作用。对比图7-66（a）和图7-66（c），当建筑密度增长40%左右时，Ⅱ象限湍流抬升高度小幅降低，且湍流活动的垂直上升气流的流速明显降低，与此同时，Ⅳ现象金银湖附近湍流上升气流的流速增加，这主要是因为Ⅳ象限和Ⅴ象限的城市建设强度最高，午间城市冠层能够接收辐射的面积也更大，从而升温速度也更快，水陆热力差异增大导致湍流活动增强。对比图7-66（e）、（f）和图7-66（a），当建筑密度升高至80%以上时，Ⅱ象限水体的湍流作用高度由原先的1.6 km降至1.4 km左右，同时上升支流速进一步减弱。由图7-66（g）可见，建筑密度大幅升高200%时，Ⅱ象限水体的湍流垂直结构基本被破坏，湍流强度从所有象限中最强变为最弱，上升气流的流速仅为0.2 m/s左右，这也可以说明建筑密度升高后对主风道下风向处水体影响

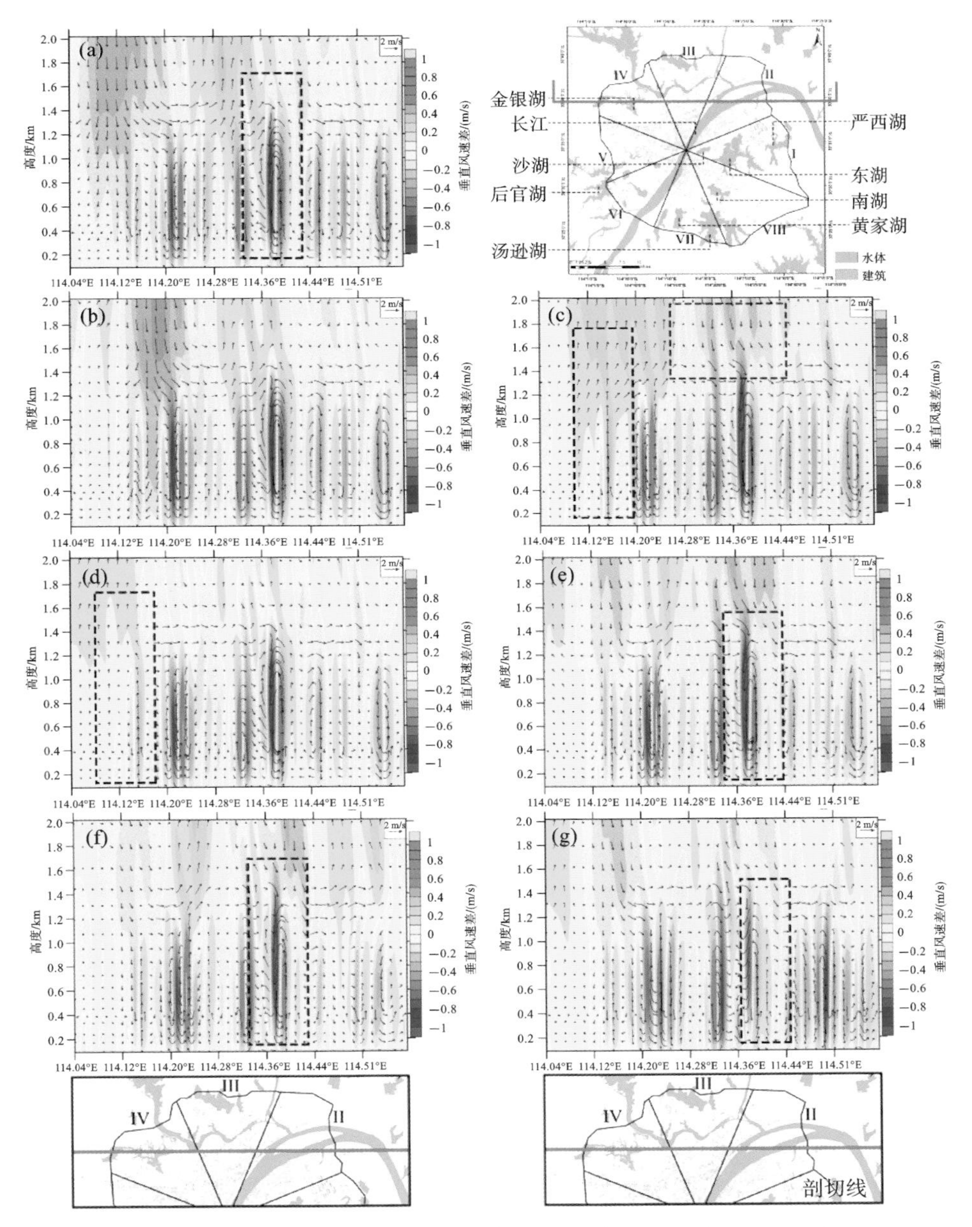

图 7-66 正午 13：00，下风向城区各组案例水体对垂直风速的影响比较
（垂直风速差为正值代表上升气流，负值为下沉气流）

（a）CL-CLNW；（b）BD20-BD20NW；（c）BD40-BD40NW；（d）BD60-BD60NW；
（e）BD80-BD80NW；（f）BD100-BD100NW；（g）BD200-BD200NW

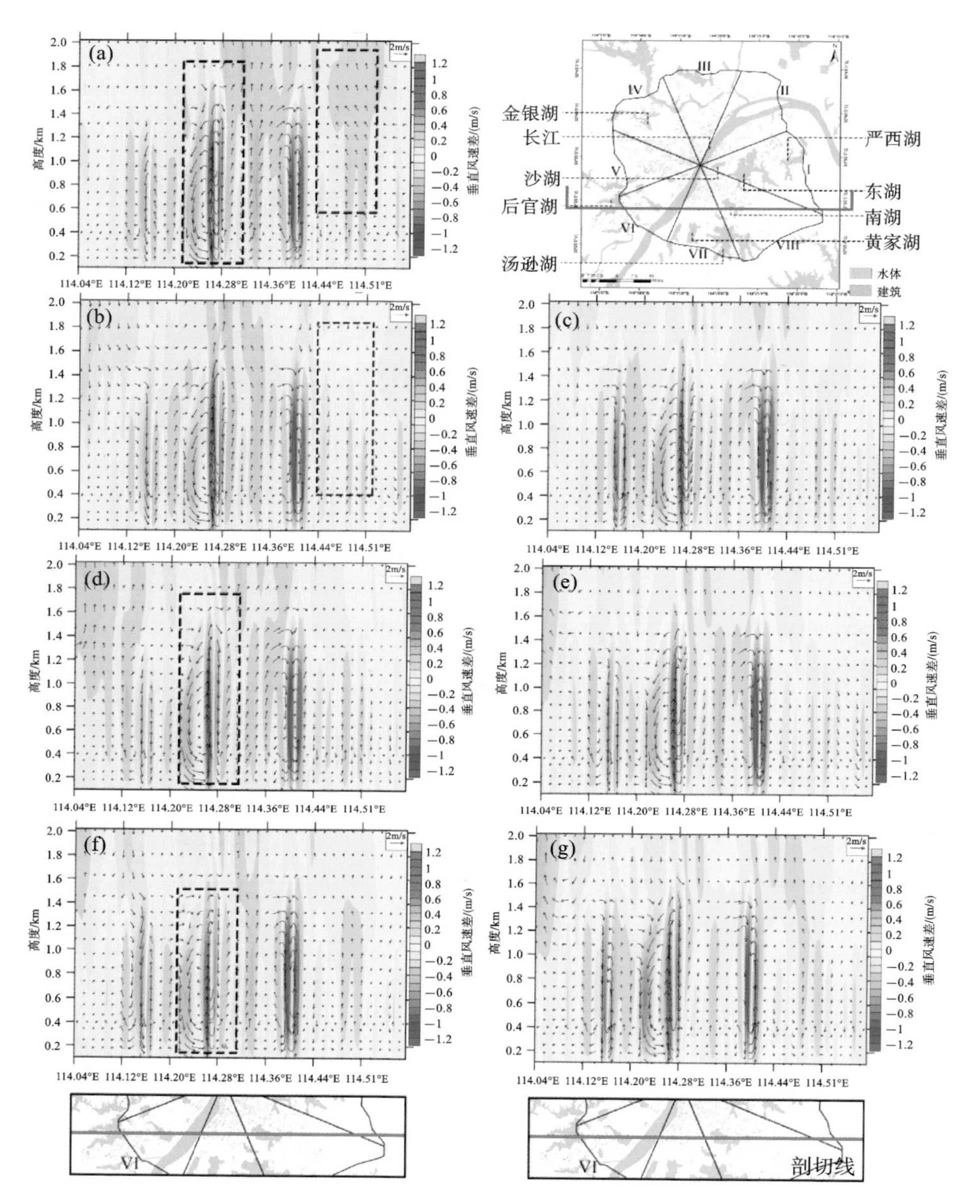

图 7-67 正午 13：00，上风向城区各组案例水体对垂直风速的影响比较
（垂直风速差为正值代表上升气流，负值为下沉气流）

（a）CL-CLNW；（b）BD20-BD20NW；（c）BD40-BD40NW；（d）BD60-BD60NW；
（e）BD80-BD80NW；（f）BD100-BD100NW；（g）BD200-BD200NW

较强。结合上文分析，邻水区风向变化能够反映背景风对水体湍流作用的影响，图7-68给出BD200案例与基础案例在不同圈层邻水区日间风速风向比较，可以进一步发现，建筑密度增长导致Ⅱ象限内风向发生东南向偏转，方向与日间该处水体的偏转作用方向相反，这意味着背景风与水陆风之间会产生相互“抵抗”作用，也因此使Ⅱ象限水体湍流活动减弱。另外，在城市建设强度最高的Ⅳ、Ⅴ象限，风向也发生了转向且与水体偏转作用方向相同，这也是Ⅳ象限湍流作用未被明显削弱的原因。

建筑密度增长也会导致上风向水体湍流活动减弱，但影响不及下风向城区。图7-67为上风向处各组案例垂直风速差值变化情况，从图7-67（a）发现，在Ⅵ象限长江和Ⅷ象限南湖上空，都产生了较为明显的垂直湍流作用，且Ⅵ象限湍流作用更强。从图7-67（d）可见，当建筑密度增长60%左右时，Ⅵ象限湍流垂直高度由1.6 km降至1.4 km。对比图7-67（f）和7-67（a），建筑密度增长一倍后，Ⅵ象限湍流上升气流的流速明显降低，湍流结构也不清晰。从图7-68（f）也可以看出，Ⅵ象限也出现了与Ⅱ象限类似的风向偏转作用，说明建筑密度增长对城市主风道位置风向的影响最显著，这是因为建筑密度越大的案例城区气温越高，而夏季背景风向顺应了主风道处长江干流走向，城市西南角郊外高压冷风经过风道吹向市中心低压高温区域，长江与两岸热压差导致局地风向发生转向，偏转方向与前文研究发现的第一圈层风向偏转方向一致且均为东南向，这也说明了中心城区升温也是长江方位风向偏转的主要原因，这种现象会对位于长江干流处的Ⅱ象限和Ⅵ象限水体日间湍流作用产生最直接的影响。

另外，从图7-67（a）发现，在Ⅷ象限的南湖东侧产生了较为明显的垂直上升的气流，这是因为该处位于大型湖泊汤逊湖下风岸强降温区内，日间受湖陆气压梯度力的影响，产生由低温湖面吹向高温陆面的湖风，在下风岸处湖风遇干暖气流抬升至垂直高空区域，从而产生垂直上升的气流。但从图7-67（b）看到，建筑密度小幅增长20%后，南湖东侧的上升气流强度就被显著削弱，杨沈斌等人[29]研究发现在建筑密集区域陆风平均风速会明显下降约0.7 m/s，这是由建筑密集的区域空气流动能力较开阔地方弱所引起的。由图7-67（f）可见当建筑密度大幅升高一倍以上时垂直气流又有小幅增长，这是因为城区升温明显导致水陆湍流交换作用有所加强，但无论建筑密度涨幅为多少，相比CL案例，该处水体产生的垂直气流都被明显削弱了，并且在本书研究中，同样发现建筑密度增长也会导致Ⅷ象限汤逊湖的夜间放热明显受阻，因此再次说明了在城区大型湖泊下风岸区域控制建筑密度的重要性。

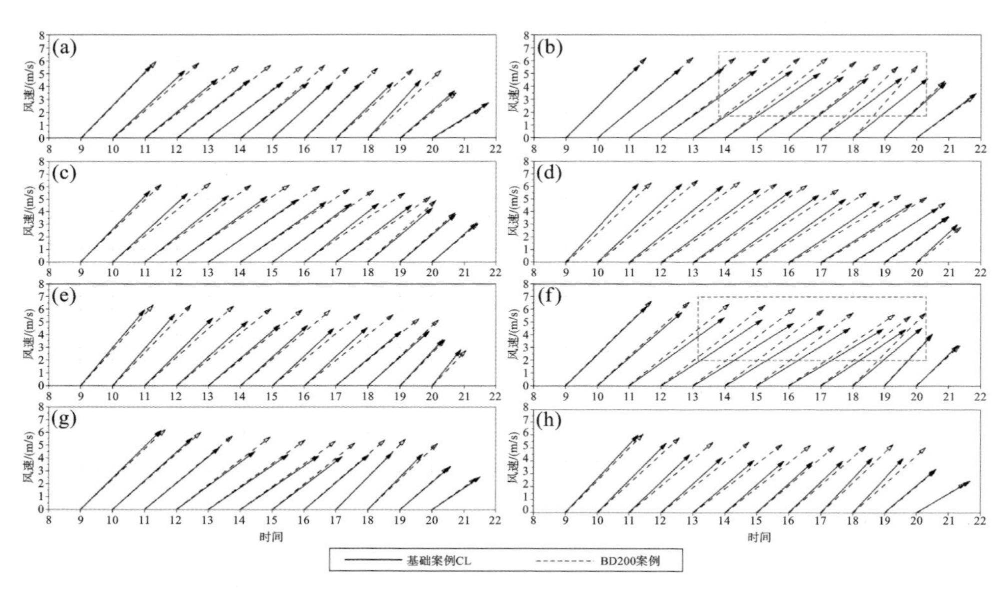

图 7-68　不同象限 BD200 案例与基础案例邻水区风速风向比较

（a）～（h）分别为Ⅰ至Ⅷ象限模拟结果

7.4　本章小结

本章首先从城市不同圈层、不同方位两个角度，探讨了夏季水体对城市空间微气候的影响机制。发现水体微气候调节作用遵循以下规律。

（1）水网对不同圈层城市空间微气候调节作用。

热环境方面，武汉市第二圈层（二环至三环区域）水体面积占比最大，故其降温作用也最显著，日间平均降温幅度约1.63 ℃，降温范围约765 m。第一圈层（二环内）水体降温幅度最小，这是因为中心城区建设强度最高，城市空间形态对水体降温作用的削弱作用最显著，其中邻水区容积率对水体降温作用的影响最大，容积率指标每提升1，水体降温强度下降0.9 ℃。说明需要重点控制中心城区的邻水区附近的建筑物高度，这会降低水体的降温强度以及向外的延伸和辐射范围。

风环境方面，日间（12：00—18：00），第一圈层中心城区的高温使水体产生更强的湍流作用，导致外来风发生一定的转向，这种偏转作用能够将湿冷气团输送至长江沿岸，从而缓解中心城区高温滞留的问题。夜间（0：00—6：00），水体能够提高邻水区风速，但第一圈层内过高的建设强度会削弱水体这一调节作用，建筑密度是关键影响因素，第一圈层建筑密度每升高10%，风速差约下降0.5 m/s。

（2）水网对不同方位城市空间微气候调节作用。

热环境方面，整体来看水体面积占比越高且建设强度越低的方位，水体降温作用越强，沿夏季主风道方位水体的降温作用更依赖于水体的面积，保证该方位上充沛的水体资源，能够显著为城市降温。建筑密度对下风向城区水体的降温作用影响更大，建筑密度每上升10%，水体降温幅度降低0.8 ℃，这是由于在背景风作用下，城市下风向位置热量聚集，建筑密度过高会导致该处废热无法有效扩散，并使水体的降温幅度和降温范围降低。对于迎风面积比指标来说，其对夏季主风道上风向处水体的影响最大，该处建筑物迎风面积增大会阻挡通风道，削弱城市风速，从而抑制水体的降温作用。

风环境方面，日间主风道位置的长江对局地风向的偏转作用最明显，在18：00最高能带来近8°的偏转，意味着依托长江打造通风道，能够将水体产生的冷气扩散至长江沿岸邻水区进行降温。夜间，建筑密度对主风道处水体的导风作用影响最大，上下风向位置建筑密度每升高10%，风速差降幅分别为0.43 m/s和0.56 m/s。这也进一步说明了，下风向城区的建筑密度不宜过高，否则既显著降低该处水体在日间的降温作用，也削弱了其夜间的导风作用，使得夏季水体无法有效帮助城市降温。

根据上述研究，水体对城市空间微气候的调节作用受到水体面积和城市建设强度的共同影响，在建设强度大的区域，水体的降温导风作用越差，同时在顺应夏季主风道方位的水体，也更易受到高密度建筑的影响。但因城市建设发展的需要，无法彻底实现高水体面积、低建设强度的城市布局方案，应找寻两者之间的平衡点，探寻两者之间的相互作用规律，以最大化利用夏季水体的微气候调节效益。

为了进一步挖掘城市建设发展对夏季水体微气候调节作用影响机制，本章分别探讨了高层化和高密度化两种发展模式对水体调节作用的影响。总体来看，发现这两种城市发展模式均对中心城区以及城市主风道处水体的影响最大，主要遵循以下规律。

（1）高层化发展模式对水网调节作用影响。

高层化城市发展模式会显著削弱水体日间的降温作用，建筑升高对水体降温范围的影响更大。对比城市三个圈层，在午间15：00左右，第一圈层中心城区建筑升高将产生更多阴影遮挡，使水陆热力差异减小，导致水体降温幅度下降。水体降温范围的提高依赖于背景风速，过高的建筑会导致中心城区内部通风不畅，从而显著降低中心城区水体的降温范围，由第一圈层至第三圈层，平均建筑高度提高一倍，日间水体平均降温范围约下降76 m、24 m和18 m。

从不同方位上看，建筑升高对处于夏季主风道处水体的降温作用影响最明显，该处水体的降温范围最大下降267 m。对于武汉市来说，主风道处建筑高度涨幅最好在40%以内，目前主风道上风向处VI象限和下风向处II象限的全域平均建筑高度分别约为16.2 m和14.7 m，未来这两处的平均建筑高度分别控制在23 m和21 m以内，将会最小程度地影响水体的降温作用。

水体在夜间的导风作用能够提高邻水区风速，而高层化的城市发展模式将会显著削弱水体这一调节作用。建筑升高一倍后，第一圈层水体夜间的平均导风效果会下降0.3 m/s，降幅为三个圈层中最大，建筑升高对城市夏季风道的阻挡也会显著削弱该处水体的导风作用。经过分析，武汉市二环内平均建筑高度的最大涨幅应控制在60%以内，当二环内全域平均建筑高度大于30 m时，中心城区的整体风速就会降至2 m/s以下，并使得夜间水体导风作用显著减弱，夜间水体产生的热量在城市上层集聚而无法有效疏散，导致垂直范围内产生更强烈的乱流，加剧夜间城市热岛。

（2）高密度化发展模式对水网调节作用影响。

高密度化城市发展模式下，正午中心城区水体降温幅度最大升高约0.26 ℃，但同时会导致中心城区平均气温升高近0.5 ℃。夜间中心城区水体仍具有0.6 ℃左右的降温作用，但当建筑密度增长率在40%以上时，中心城区水体夜间的WCI和WCD直线式下降，这也意味着从水体降温作用来看，第一圈层中心城区平均建筑密度涨幅最好控制在40%以内，二环内的全域平均建筑密度高于0.32时，就会对水体的降温作用产生显著影响。

另外，城市大型湖泊在夜间为放热过程，当建筑密度升高后，水体释放的热量随风疏散的距离会变小，这会造成夜间热量在水体下风岸邻水区聚集，因此在城市大型水体的下风岸区域，应注意沿夏季外来风路径合理控制区域建筑密度，为大型水体日间冷气输送和夜间废热的疏散预留空间。

在风环境方面，建筑密度升高后，正午城区风速提升并对外来风产生偏转作用，中心城区以及主风道长江干流附近背景风往西南向偏转，这一偏转方向与午间水体的风向偏转作用方向相反，进而削弱了中心城区以及主风道处水体产生的湍流作用，这会降低水体产生的风速分量，无法有效将湿冷气团输送至邻水沿岸。另外，在大型湖泊汤逊湖下风岸区域，当建筑密度小幅增长20%后湍流作用的上升流速就显著降低，因此再次说明了在城区大型湖泊下风岸区域控制建筑密度的重要性。

本章参考文献

[1] 刘恒，汤弟伟. 武汉市中心城区城市扩张的时空特征分析[J]. 地理空间信息，2020，18（10）：90-94.

[2] 卢有朋. 城市街区空间形态对热岛效应的影响研究——以武汉市主城区为例[D]. 武汉：华中科技大学，2018.

[3] Wong N H，Tan T，Nindyani A，et al. Influence of water bodies on outdoor air temperature in hot and humid climate[M]. 2012.

[4] Chen X Z，Su Y X，Li D，et al. Study on the cooling effects of urban parks on surrounding environments using Landsat TM data：a case study in Guangzhou, southern China[J]. International Journal of Remote Sensing，2012，33（18）：5889-5914.

[5] Jaganmohan M，Knapp S，Buchmann C，et al. The bigger，the better? The influence of urban green space design on cooling effects for residential areas[J]. Journal of Environment Quality，2015，45.

[6] Hurtado E，Vidal A，Caselles V. Comparison of two atmospheric correction methods for Landsat TM thermal band[J]. International Journal of Remote Sensing，1996，17：237-247.

[7] 杜红玉. 特大型城市“蓝绿空间”冷岛效应及其影响因素研究[D].上海：华东师

范大学，2018.

[8] Li J X，Song C H，Cao L，et al. Impacts of landscape structure on surface urban heat islands：a case study of Shanghai，China[J]. Remote Sensing of Environment，2011，115（12）：3249-3263.

[9] 张帅. 水体微气候调节作用与城市空间形态耦合机制研究——以武汉市夏季为例[D].武汉：华中科技大学，2023.

[10] 王浩，傅抱璞. 水体的温度效应[J]. 气象科学，1991（3）：233-243.

[11] 任侠，王咏薇，张圳，等. 太湖对周边城市热环境影响的模拟[J]. 气象学报，2017，75（4）：645-660.

[12] Sun R H，Chen L D. How can urban water bodies be designed for climate adaptation?[J]. Landscape and Urban Planning，2012，105（1）：27-33.

[13] Haurwitz B. Comments on the sea-breeze circulation[J]. Journal of Meteorology，1947，4：1-8.

[14] Zeng Z W，Zhou X Q，Li L. The impact of water on microclimate in Lingnan area[J]. Procedia Engineering，2017，205：2034-2040.

[15] Turkbeyler E，Yao R，Nobile R，et al. The impact of urban wind environments on natural ventilation[J]. International Journal of Ventilation，2012，11：17-28.

[16] Du H Y，Song X J，Jiang H，et al. Research on the cooling island effects of water body：a case study of Shanghai，China[J]. Ecological Indicators，2016，67：31-38.

[17] 岳文泽，徐丽华. 城市典型水域景观的热环境效应[J]. 生态学报，2013，33（6）：1852-1859.

[18] 覃海润. 太湖湖风环流时空分布特征及与城市热岛的相互影响[D].南京：南京信息工程大学，2015.

[19] 周伟奇，田韫钰. 城市三维空间形态的热环境效应研究进展[J]. 生态学报，2020，40（2）：416-427.

[20] Jamei E，Rajagopalan P，Seyedmahmoudian M，et al. Review on the impact of urban geometry and pedestrian level greening on outdoor thermal comfort[J].

Renewable and Sustainable Energy Reviews，2016，54：1002-1017.

[21] 朱顿. 基于广义通风道理论的城市水网对微气候调节作用研究——以武汉市为例[D].武汉：华中科技大学，2021.

[22] 王凡，王咏薇，高嵩，等. 湖陆风环流对于臭氧高浓度事件影响的模拟分析[J]. 环境科学学报，2019，39（5）：1392-1401.

[23] Cao Q，Luan Q Z，Liu Y P，et al. The effects of 2D and 3D building morphology on urban environments：a multi-scale analysis in the Beijing metropolitan region[J]. Building and Environment，2021，192：107635.

[24] 史彦丽. 建筑室内外风环境的数值方法研究[D].长沙：湖南大学，2008.

[25] 国家大气污染防治攻关联合中心[EB/OL]. https：//www.craes.cn/zjhky/zzjg/kydw/gjdqwrfzl.

[26] 季崇萍，刘伟东，轩春怡. 北京城市化进程对城市热岛的影响研究[J]. 地球物理学报，2006（1）：69-77.

[27] Segal M，Leuthold M，Arritt R W，et al. Small lake daytime breezes：some observational and conceptual evaluations[J]. Bulletin of the American Meteorological Society，1997，78：1135-1147.

[28] Coutts A，Beringer J，Tapper N. Impact of increasing urban density on local climate：spatial and temporal variations in the surface energy balance in Melbourne，Australia[J]. Journal of Applied Meteorology and Climatology，2007，46：477-493.

[29] 杨沈斌，谢锋，李梦琪，等. 基于WRF模拟的晋江市海陆风特征分析[J]. 大气科学学报，2019，42（3）：459-468.

8 基于水网微气候调节作用的城市发展策略探讨

8.1 城市水网保护利用策略

本节目的在于总结归纳前述的研究结果，即哪些位置的水体对城市中心区的气候调节起到更关键的作用。并在应用层面上，从未来城市发展与扩张的角度为武汉市水体资源的保护与利用提供策略与建议。针对夏季高温气候与过渡季静稳气候，基于水网对城市中心区的影响情况，并对水体匮乏、气候环境最恶劣的汉口区域的情况做出了评估。

1.针对夏季高温气候的策略

针对夏季的考量因素有：①日间降温作用，这不但影响居民的热舒适度，也关系到日间地表与城市冠层内的热量获取与累积情况；②晚间热岛的缓解作用，这取决于水网对日间热量储存的间接影响与晚间直接影响的共同作用；③晚间/夜间水平通风作用的提升，该指标反映了晚间城市积热借助背景风疏散的能力。不同圈层水网的评价结果见表8-1，可以总结出以下几点针对夏季的优化策略。

（1）为了最大化发挥水网缓解日间高温的作用，城市中心区水体资源的保护与利用是最重要的。在保护该区域水体不被侵占的基础上，还应控制滨水区域的开发强度，留出足够的生态缓冲区帮助水体的冷效应向外渗透。

（2）近郊区水体缓解城市中心日间高温的能力同样明显，并且对于本地水体匮乏的汉口区域尤为关键。因此在城市未来的发展与规划策略上，宜借鉴“花园城市”“卫星城市”的理念，避免城市野蛮扩张带来近郊区高强度开发，进而损害该区域内的水体。在靠近远郊区的地带建立多个卫星城，留出足够的生态空间发挥近郊区水体的气候调节能力，能明显改善城市中心的气候。

（3）为了最大化发挥水网削弱晚间城市热岛的作用，应当将城市中心区与近郊区水体带来的通风作用提升作为关注点。这是因为虽然水网能够减少城市在白天的热量获取，从而一定程度上减轻晚间热岛效应，但近郊区的水体晚间放热对城市中心区造成的负面影响同样明显。因此在城市规划中，应避免在主导风向与城市中心区、近郊区水体的连线上布置高强度的城市功能区，留出通风廊道，以便有效利用水网缓解城市热岛。

（4）汉口区域（Area1）由于开发强度过高且本地水体匮乏，其过于依赖郊区水体提供的气候调节能力。在城市向外扩张的进程中，随着郊区的生态调节能力的整体减弱，汉口地区气候的恶化程度会比其他水体资源丰富的地区更高。因此在城市内部进行更新时，可以适当地将某些功能区迁移至城市中心区外，并开拓人工湿地与湖泊进行填补。通过采取此类举措，汉口区域的气候环境将能够得到明显改善。

表 8-1　针对夏季不同圈层水网的评价结果

评价指标	评价结果		图例
	对城市中心区	对汉口区域（Area1）	
日间气温降低	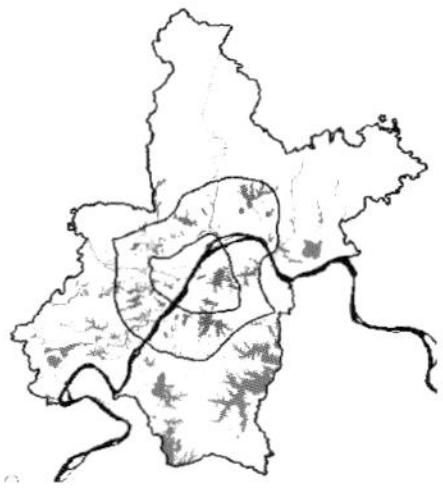	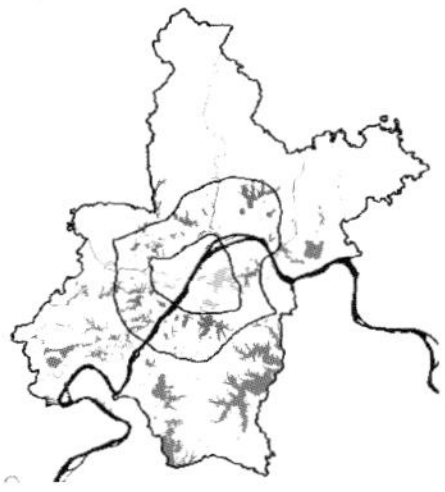	作用明显 作用一般 作用微弱
晚间热岛缓解	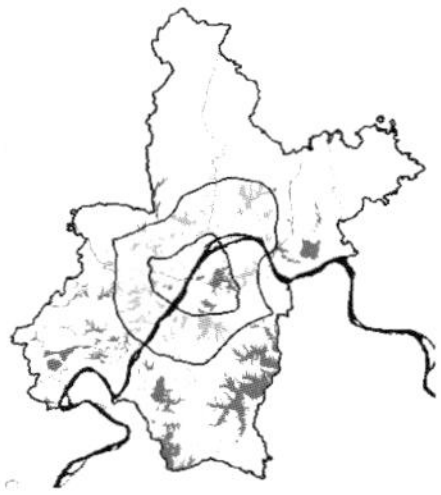	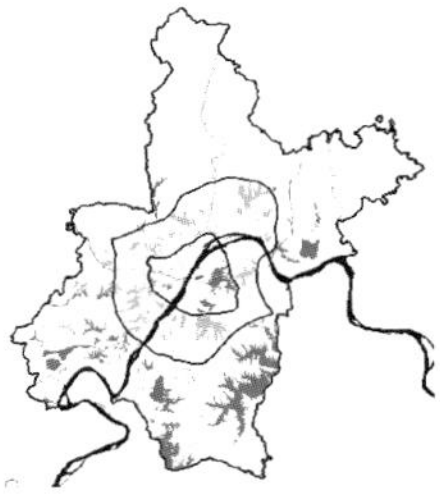	作用明显 负面作用
晚 / 夜间通风作用提升	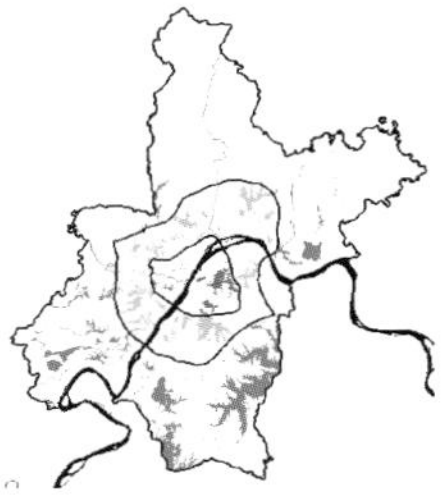	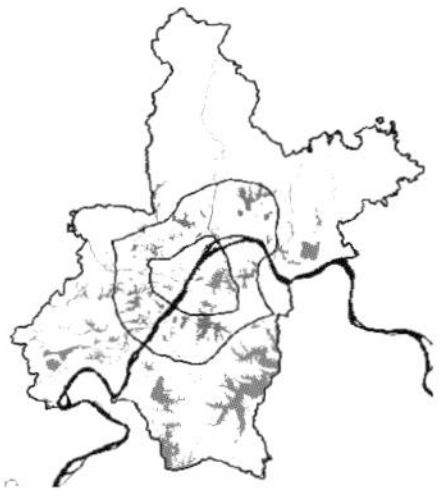	作用明显 作用一般 作用微弱

从不同方位上看，由表8-2可以总结出以下几点针对夏季的优化策略。

表 8-2　针对夏季不同方位水网的评价结果

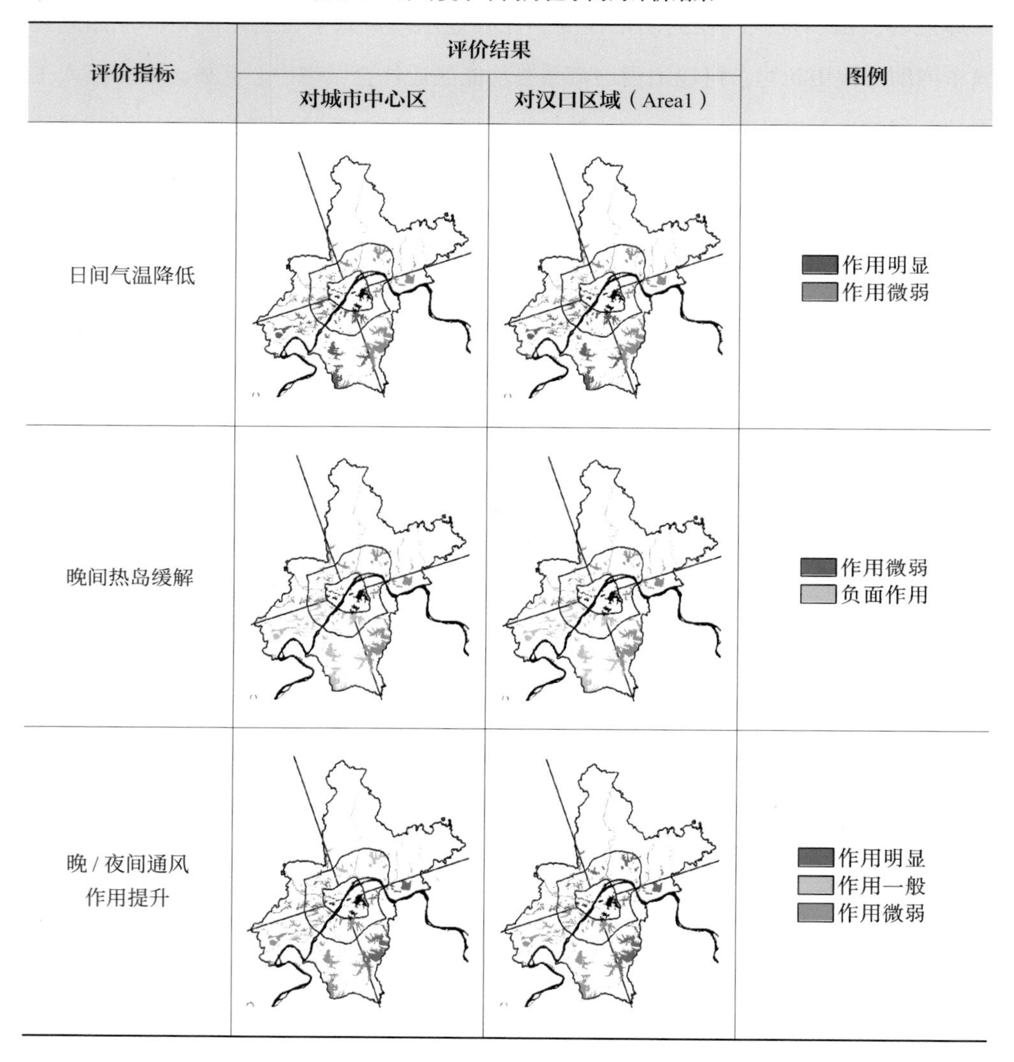

评价指标	评价结果		图例
	对城市中心区	对汉口区域（Area1）	
日间气温降低			作用明显 作用微弱
晚间热岛缓解			作用微弱 负面作用
晚 / 夜间通风作用提升			作用明显 作用一般 作用微弱

（1）在夏季，位于城市中心区上风向（南侧）的水体对日间气温的降低作用最明显。对于夏季炎热的武汉市而言，这部分水体（主要为近郊区的汤逊湖、青菱湖、黄家湖与后官湖）必须得到重点保护。在未来城市的扩张进程中，也需注意不应在这些水体的北侧规划密集的建筑群，以免阻碍水体处的冷空气向下风向渗透。

（2）在夏季晚间时段，由于水体处于放热阶段，位于城市中心区上风向的水体对晚间城市热岛的缓解起负面作用。而该时段侧向与下风向的水体虽然对城市中心区热环境的直接影响较弱，但为城市提供了良好的通风廊道帮助城市废热疏散。因此，对于城市中心区夏季下风向与侧向的区域，其开发程度可以高于上风向区域，但也必须重视对水网作为天然通风廊道的保护与利用。

（3）对于汉口区域，其晚间的通风散热受下风向水体（北向）影响更加明显，这意味着若北部水体在城市开发中受到侵占，或密集的建筑导致空气流动受阻，就会引起城市中心区的热量在此处堆积。因此，从气候环境的角度出发，汉口区域将来的主要扩张方向更应该选择向西而非向北，以避免该区域热环境进一步恶化。

2.针对过渡季静稳气候的策略

从不同圈层上看，针对过渡季的考量因素主要有：①地表辐射逆温的减弱，主要体现在对夜间近地表层气温的提升作用，这与静稳天气的形成和城市空气污染物堆积密切相关；②晚间/夜间水平通风作用的提升，该指标反映了夜间城市空气污染物随背景风疏散的能力；③空气垂直运动的增强，在静风条件下使污染物能够通过垂直运动向上扩散以减轻城市冠层内的污染情况。评价结果如表8-3所示，可以总结出以下几点针对秋季的策略。

（1）城市中心区水体对地表逆温的缓解作用最明显，主要依赖于水体夜间放热对其上方空气的升温作用，因此减少对水体蓄热性能的损害是利用水网气候调节能力的要点。在城市规划与建设中，应当避免对水体进行分隔或改造破坏其生态完整性，同时应尽可能少地在滨水区域布置过多高层建筑遮挡日间辐射。

（2）近郊区的水体对逆温现象的缓解也很明显，影响的主要是城市中心区的陆面气温。因此对这部分水体的保护不但能够缓解夏季的城市热岛，也能在一定程度上遏制过渡季夜间的逆温层发展，提升空气质量。

（3）与夏季类似，城市中心区与近郊区的水体能够为城市提供良好的通风廊道，帮助空气污染物借助背景风力疏散。并且由于过渡季与冬季的主导风向与夏季基本相反，因此保证水体的南北侧尽量开敞能够增强水网在全年大部分时间的通风效果。

（4）独立圈层对垂直运动增幅不明显，远不及水网整体造成的影响。这也表明了在城市开发与生态建设的权衡中，不能仅关注城市中心区水体的保护，而对其他区域肆意侵占与开发。应当将生态文明建设融入城市发展之中，在新建城区贯彻经济与自然协调发展的“生态城市”理念。

表 8-3　针对秋季不同圈层水网的评价结果

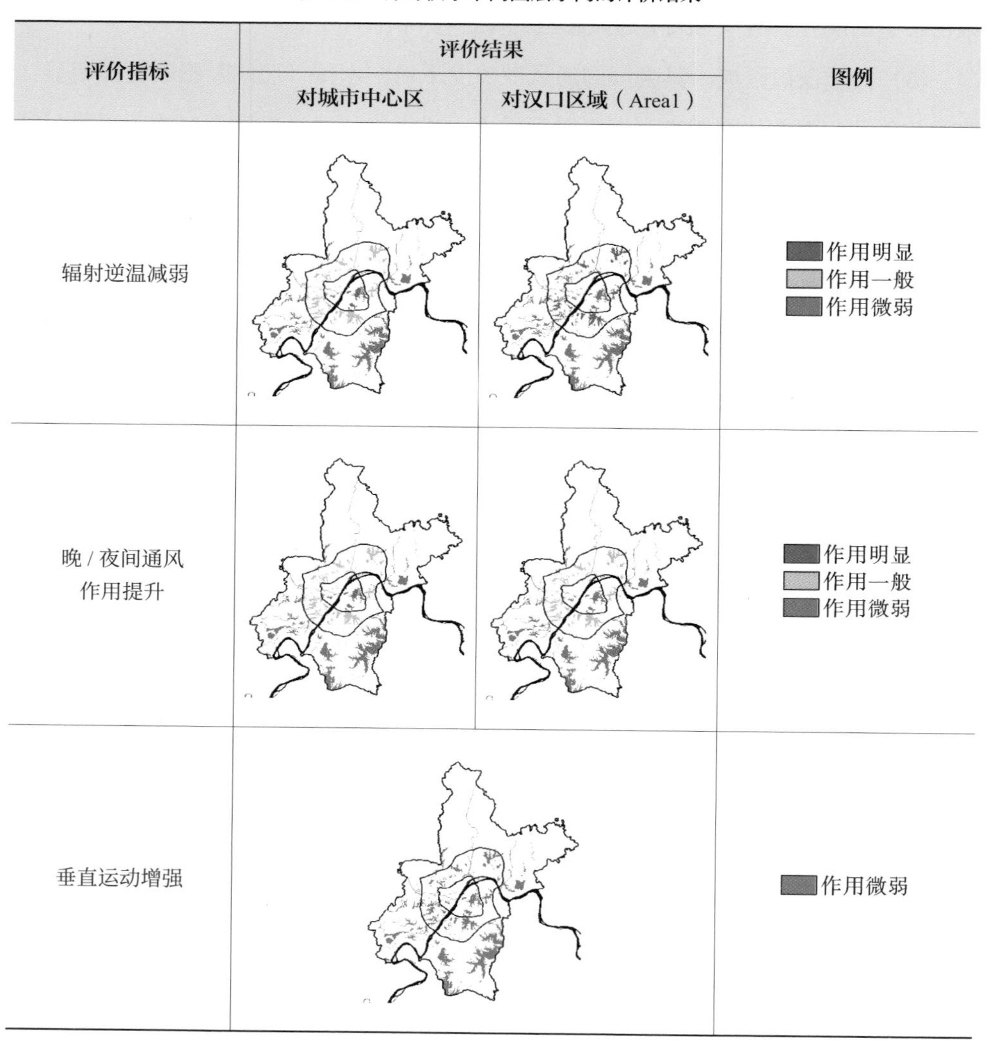

评价指标	评价结果		图例
	对城市中心区	对汉口区域（Area1）	
辐射逆温减弱			作用明显 作用一般 作用微弱
晚 / 夜间通风作用提升			作用明显 作用一般 作用微弱
垂直运动增强			作用微弱

从不同方位上看，背景风是重要的影响因素，针对过渡季的考量因素主要有：①静风时段对地表辐射逆温的减弱；②非静风时段对地表辐射逆温的减弱；③晚间/夜间水平通风作用的提升。不同方位的水体造成的影响与主导风向密切相关，因此

将静风与非静风时段的作用效果分开讨论很有必要。评价结果如表8-4所示，总结出以下几点策略。

（1）在静风时段，由于没有背景风将夜间水体释放的热量扩散，因此城市中心区主要依赖本地水体缓解辐射逆温现象。郊区各方位水体的作用效果都比较一般，水体较丰富的东西部与南部区域带来的影响相对强一些。对于汉口区域，由于离北部水体较近而离南部水体较远，其受到的影响略有不同。

（2）而在有东北向背景风的时段，上风向水体对城市中心区辐射逆温现象的削弱能力凸显。因此，应当注重发挥该区域水体的保温效果，在水体保护的基础上避免在上下风向处布置密集的建筑群阻碍空气流动。这与促进夏季夜间通风的规划策略一致。

（3）在对过渡季水平通风优化的考量上，由于城市中心区通风主要依赖本地水体提供的通风廊道，而上风向与侧风向的水体能更好地与城市中心区水体发挥协同作用，促进外来风流入以增加背景风速，因此，在规划中需要适应东西与北侧的水体设置通风廊道，这也与促进夏季夜间通风的规划策略一致。

综合夏季与过渡季，最优策略可以概括为：控制城市中心区南部的开发强度，并将其水体列为重点生态保护对象；在城市中心区东西侧与北部根据水网特征设置通风廊道，并且城市扩张最好选择向东西部发展；在城市中心区的北部与南部区域，避免在水体的南北侧布置密集建筑群。

表 8-4　针对秋季不同方位水网的评价结果

评价指标	评价结果		图例
	对城市中心区	对汉口区域（Area1）	
辐射逆温减弱（静风）		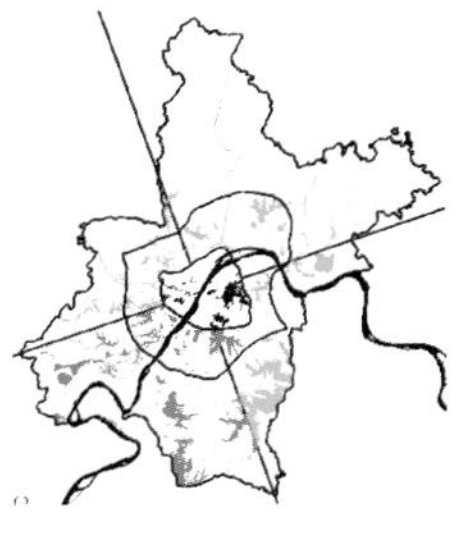	作用一般 作用微弱 负面作用

续表

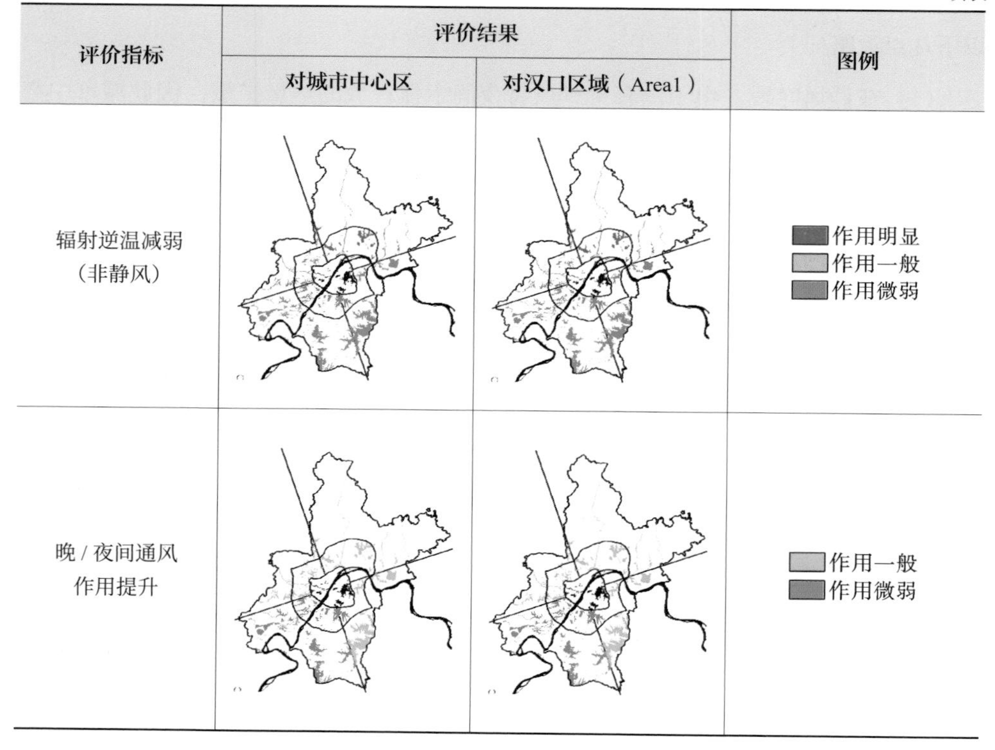

评价指标	评价结果		图例
	对城市中心区	对汉口区域（Area1）	
辐射逆温减弱（非静风）			作用明显 作用一般 作用微弱
晚 / 夜间通风作用提升			作用一般 作用微弱

8.2　中心城区城市空间形态优化策略

减少城市发展对生态资源的侵占、合理保护利用不同位置的水体，有利于水体帮助中心城区降温，缓解夏季城市热岛效应。然而城市土地资源有限，且城市化成为必然趋势，不能无限扩大水体面积，但可以通过合理布置城市建筑，使夏季水体降温作用最大化，这对城市发展和居民生活有更现实的意义。故为达这一目的，本书以城市空间形态为落脚点，针对武汉市中心城区提出以下几点优化策略。

1.邻水区划定水域“蓝线”，打通水体降温散热通道

邻水区水域蓝线的合理划定至关重要，是实现“城水耦合”协调发展的关键举措，应杜绝建筑“与水争地”的现象。武汉市二环内中心城区水体夏季日间平均降温范围在696 m左右，在此范围内城市空间形态的影响也会更强。武汉市二环内邻水区的容积率指标会对水体降温作用产生最显著的影响，当邻水区每个网格单元的容积率升高至1.5左右时，水体降温强度会迅速降至0.2 ℃以下。另外在邻水区内，建筑密度对水体夜间的导风作用的影响更大，当网格平均建筑密度达到0.22以上时，水体带来的导风作用效果会迅速降至0.1 m/s左右，这将不利于疏散夜间水体产生的废热。中心城区水体对城市能够起到最直接的降温作用，故在武汉二环内中心城区水体沿岸700 m左右范围内，应重点将平均容积率大小控制在1.5以内、平均建筑密度控制在0.22以内，这将对水体微气候调节作用的影响最小，从而确保日间水体产生的湿冷气团能够通过邻水空间输送至城区内部帮助城市降温，同时也能够帮助水体在夜间产生的热量快速随风疏散。

2.合理控制中心城区整体建设强度，打造城市“冷岛”

由于中心城区与外环城区下垫面性质存在差异，日间武汉市二环内中心城区水体能够产生较强烈的垂直湍流作用，使邻水区近地面风向往西南方位偏转，这种偏转作用能够增大水陆风水平向量风速，加大中心城区水体与周围环境的热量交换。在夜间，有别于外环城区水体的“加温”作用，中心城区水体还能产生一定的降温效果，能够缓解城区夏季“高温夜”现象。

但在高层化发展模式下，高楼屏风现象会导致城区风速的显著降低，并由此大幅削弱中心城区水体的日间降温作用范围以及水体的夜间导风作用效果。故对于武汉市中心城区的建筑高度需更加精细化管控，如图8-1（a）所示，二环内平均建筑高度最大涨幅应控制在60%以内，当二环内全域平均建筑高度大于30 m时，中心城区的整体风速就会降至2 m/s以下，容易形成夏季高温高湿的静稳气候，使得夜间水体导风作用减弱，这容易造成污染物在水体下风岸积累并二次转化，导致城市出现污染问题。

高密度化发展模式下，城市气温升高会使风向往中心区偏转，与水体的风向偏转作用相互“对抗”，且还会降低中心城区水体在夜间有限的降温作用。经过模拟案例的对比发现，当建筑密度增长率达到60%时，城区全域升温现象会变得非常明显，导致夜间中心城区水体降温幅度和降温范围明显降低，这也意味着从水体降温作用以及城市热环境角度来看，未来武汉市中心城区平均建筑密度最大涨幅最好控制在40%以内［图8-1（b）］，二环内全域平均建筑密度高于0.32时，就会对水体的降温作用以及城市热环境产生更显著的影响。

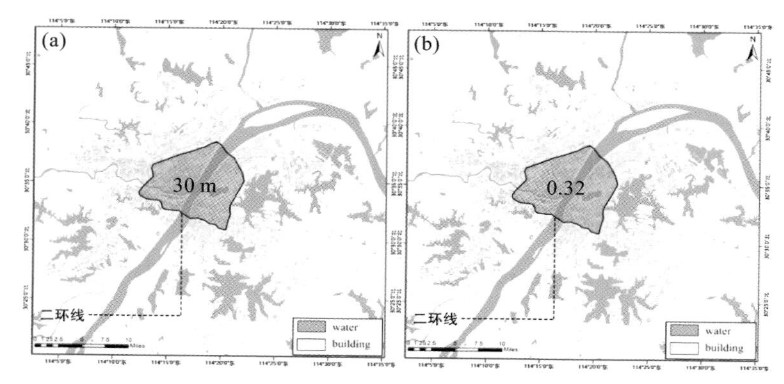

图8-1　武汉二环内中心城区平均建筑高度和平均建筑密度阈值控制

（a）平均建筑高度阈值；（b）平均建筑密度阈值

3. 依托长江打造夏季“冷带”廊道

武汉市南北走向的长江干流在日间能够产生显著湍流运动，使背景风发生最高8°左右的西南向偏转，这一调节作用能将冷空气输送至长江沿岸，在夜间长江还能充当天然风道为城区输送郊区的湿冷空气，故依托长江打造水体“冷廊”，是缓解夏季城市热岛的有效方法。但建筑升高后会阻挡城市风道，该处平均建筑高度增长率达到40%及以上时，日间主风道处水体降温范围就开始呈现下降趋势。对于武汉市来说，目前主风道上风向处Ⅵ象限和下风向处Ⅱ象限的全域平均建筑高度分别约为16.2 m和14.7 m，未来这两处的平均建筑高度分别控制在23 m和21 m以内，将会最小限度地影响现有水体的降温作用，如图8-2（a）所示。

此外，在主风道下风向处Ⅱ象限内，水体产生的冷气以及城区产生的废热都会随风在该处积聚，若该处水体降温作用被削弱，将会“打断”水体产生的降温“冷廊”。因此，无论是下风向处邻水区建筑密度过高带来的空间开敞度低的问题，还是全域建筑密度升高导致的城区升温现象，都会显著降低该处水体的降温作用。通过对比各组案例发现，对于主风道下风向城区，建筑密度涨幅也最好控制在60%以内，武汉市目前Ⅱ象限全域平均建筑密度约为0.14，未来控制在0.23左右时将对水体降温范围产生最小影响［图8-2（b）］。

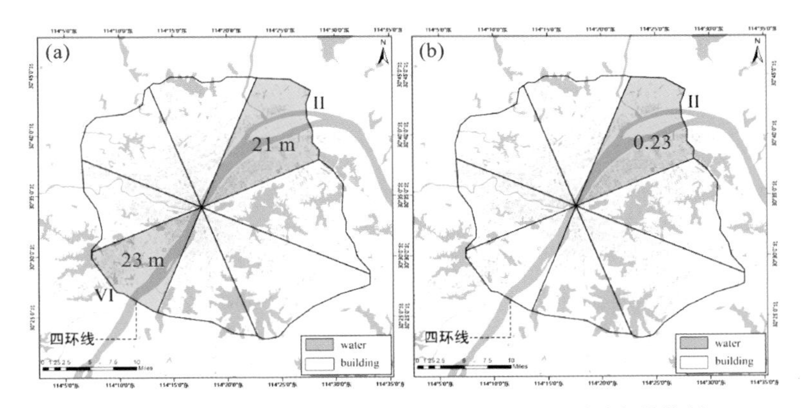

图 8-2　武汉主风道位置平均建筑高度和平均建筑密度阈值控制

（a）平均建筑高度阈值；（b）平均建筑密度阈值